近世代数

丘维声　著

图书在版编目(CIP)数据

近世代数/丘维声著.—北京：北京大学出版社，2015.3
ISBN 978-7-301-25580-3

Ⅰ.①近… Ⅱ.①丘… Ⅲ.①抽象代数—高等学校—教材 Ⅳ.①O153

中国版本图书馆 CIP 数据核字（2015）第 042153 号

书　　　　名	近世代数
著作责任者	丘维声　著
责 任 编 辑	潘丽娜
标 准 书 号	ISBN 978-7-301-25580-3
出 版 发 行	北京大学出版社
地　　　　址	北京市海淀区成府路 205 号　100871
网　　　　址	http://www.pup.cn　　新浪微博：@北京大学出版社
电 子 信 箱	zpup@pup.cn
电　　　　话	邮购部 62752015　发行部 62750672　编辑部 62752021
印 刷 者	河北博文科技印务有限公司
经 销 者	新华书店
	880 毫米×1230 毫米　A5　9.625 印张　266 千字
	2015 年 3 月第 1 版　2024 年 10 月第 9 次印刷
定　　　　价	35.00 元

未经许可，不得以任何方式复制或抄袭本书之部分或全部内容。
版权所有，侵权必究
举报电话：010-62752024　电子信箱：fd@pup.pku.edu.cn
图书如有印装质量问题，请与出版部联系，电话：010-62756370

内 容 简 介

本书是大学数学系近世代数(或抽象代数)课程的教材,是作者积三十多年讲授近世代数及相关课程的经验和心得体会写成的.本书以研究各种代数系统及其态射为主线,内容包括:绪论;第一章群;第二章环的理想,域的构造;第三章整环的整除性;第四章域扩张,伽罗瓦理论;第五章模.本书按照数学的思维方式编写,从客观现象抽象出概念并猜测可能有的规律,解剖麻雀,讲清楚想法,建立严密的讲授体系.学习本书不仅可以学到近世代数的基础知识和基本方法,而且可以受到数学思维方式的熏陶和训练.本书的书末附有习题解答,这是学习近世代数的组成部分.

本书可作为综合性大学、理工科大学和高等师范院校的数学系、应用数学系的近世代数(或抽象代数)课程的教材,也可用作数学教师和科研工作者的参考书.

作者简介

丘维声 1966年毕业于北京大学数学力学系.现为北京大学数学科学学院教授,博士生导师,全国高等学校首届国家级教学名师,美国数学会 Mathematical Reviews 评论员,中国数学会组合数学与图论专业委员会首届常务理事,《数学通报》副主编,教育部高等学校数学与力学教学指导委员会(第一、二届)委员.

出版著作41部,发表教学研究论文22篇,译著(合译)6部.作者编写的具有代表性的优秀教材有:《高等代数(上册、下册)——大学高等代数课程创新教材》(清华大学出版社,2010),《高等代数(第二版)(上册、下册)》(高等教育出版社,2002,2003),《高等代数》(科学出版社,2013),《群表示论》(高等教育出版社,2011),《简明线性代数》(北京大学出版社,2002),《解析几何(第二版)》(北京大学出版社,1996),《抽象代数基础》(高等教育出版社,2003),《有限群和紧群的表示论》(北京大学出版社,1997),《解析几何》(高等教育出版社,2014)等.

作者的研究方向:代数组合论、群表示论、密码学,发表科学研究论文46篇.承担国家自然科学基金重点项目2项,主持国家自然科学基金面上项目3项.

丘维声教授获全国高等学校首届国家级教学名师奖,三次被评为北京大学最受学生爱戴的十佳教师,获宝钢教育奖优秀教师特等奖,北京市高等教育教学成果一等奖,被评为全国电大优秀主讲教师、北京市科学技术先进工作者,获北京大学杨芙清-王阳元院士教学科研特等奖,三次获北京大学教学优秀奖、北京大学科研成果奖等.

前　言

伽罗瓦(E. Galois)在 1829—1831 年间完成的几篇论文中彻底解决了一元 n 次方程根式可解的问题,给出了方程可用根式求解的充分必要条件.伽罗瓦解决这个问题提出的理论引发了代数学的革命性的变化.古典代数学以研究方程的根为中心.伽罗瓦理论创立以后,代数学转变为以研究各种代数系统(群、环、域、模等)的结构及其态射(保持运算的映射)为中心,由此创立了近世代数学(或称为抽象代数学).近世代数学研究结构和态射的观点已经深入到现代数学的各个分支中.

近世代数是大学数学系的必修课程,学生们普遍认为这门课比较难学.作者根据 1980 年以来讲授近世代数(或抽象代数)课三十多年的经验,力求使这门课不那么难学.继作者于 2003 年写的《抽象代数基础》之后,写了本书.作者采取了以下措施使近世代数成为比较容易学的一门课程.

抓住主线.近世代数课的主线是研究代数系统(群、环、域、模等)的结构及其态射.群论的主线是群同态;环论的主线是环的理想;域论的主线是域扩张,其目标是伽罗瓦理论.

从客观现象抽象出概念并猜测可能有的规律.本书从星期这一人们熟悉的生活现象,抽象出集合的划分与等价关系,以及模 m 剩余类环 $\mathbb{Z}_m$ 的概念.从 $\mathbb{Z}_m$ 的可逆元组成的集合 $\mathbb{Z}_m^*$ 只有乘法一种运算,抽象出群的概念;从整数环 $\mathbb{Z}$ 和域 F 上的一元多项式环 $F[x]$ 都有带余除法抽象出欧几里得整环的概念.从 Abel 加法群、域 F 上的线性空间、有单位元 $1(\neq 0)$ 的环等抽象出环上的模的概念.从几何空间的投影猜测可能有群同态基本定理.从 4 阶群,8 阶 Abel 群,9 阶群的类型,猜测 Abel p-群的结构.

讲清楚想法. 从交错群 A_4 有 $1,2,3,4,12$ 阶子群,但是没有 6 阶子群,激发我们去探索对于有限群 G,若素数 p 是 G 的阶的因数,则 G 是否有 p 的方幂阶子群? 设 $|G|=n=p^l m$,其中 p 为素数,$(m,p)=1$,$l>0$. 对于 $1\leqslant k\leqslant l$,G 是否有 p^k 阶子群? 想法:G 的 p^k 阶子群是 G 的一个 p^k 元子集,但是 G 的任意一个 p^k 元子集不一定是子群. 因此,我们要考虑 G 的所有 p^k 元子集组成的集合 Ω. 如果群 G 在 Ω 上有一个作用,那么 Ω 的一个元素 A 的稳定子群 G_A 就是 G 的一个子群. 为了使得 $|G_A|=p^k$,需要选择适当的元素 A. 由于 $|\Omega|=C_n^{p^k}$,因此首先要探索 $C_n^{p^k}$ 的性质,然后我们就能找到 Ω 的合适的元素 A_j,使得 $|G_{A_j}|=p^k$,从而证明了 Sylow 第一定理. 对于 Abel p-群的结构,我们详细讲了证明的想法.

解剖麻雀. 麻雀虽小,五脏俱全,我们在讲伽罗瓦理论时,为了弄清楚伽罗瓦的思想,解剖四次一般方程 $x^4+px^2+q=0$. 它有 4 个复根:

$$x_1=\sqrt{\frac{-p+\sqrt{p^2-4q}}{2}}, \quad x_2=-\sqrt{\frac{-p+\sqrt{p^2-4q}}{2}},$$

$$x_3=\sqrt{\frac{-p-\sqrt{p^2-4q}}{2}}, \quad x_4=-\sqrt{\frac{-p-\sqrt{p^2-4q}}{2}}.$$

通过研究使得方程的根之间其系数属于域 F 的全部代数关系不变的置换组成的集合,给出了方程关于域 F 的群的概念. 进而发现了方程系数域的根式升链与方程的群的递降子群列的联系. 从而引出了伽罗瓦基本定理.

建立严密的讲授体系. 数学的论证是采用公理化的方法,只能从定义、公理和已经证明了的命题出发进行逻辑推理. 因此在讲授近世代数课程时,要全局在胸,在讲前面的知识时要为后面的知识做铺垫. 这样读者学起来就感到自然,渐入佳境,引人入胜. 本书在全局的构思上,以及每一章内容的安排上,都力求构建一个科学的讲授体系. 例如,在第四章域扩张,伽罗瓦理论中,读者学这一章时会感受到这一点.

学习一门课程,一方面要扎实地掌握这门课程的基础知识,这样才能为基础科学研究或数学的应用提供扎实的基础. 但是这还不够,还应当有科学的思维方式,才能有创新.数学的思维方式就是一种科学的思维方式,它是一个全过程:观察客观现象,提出要研究的问题,抓住主要特征,抽象出概念,或者建立模型;运用解剖麻雀、直觉、归纳、类比、联想、逻辑推理等进行探索,猜测可能有的规律;采用公理化的方法,只使用定义、公理和已经证明了的命题进行逻辑推理来严密论证,揭示出事物的内在规律,从而使纷繁复杂的现象变得井然有序."观察—抽象—探索—猜测—论证"是数学思维方式全过程的五个重要环节.本书就是按照数学的思维方式来写的,这是本书的一个鲜明的特色.这样写教材就可以使得读者不仅比较容易地学到数学知识,而且可以受到数学思维方式的熏陶和训练,这对于读者今后从事基础科学研究或者从事数学的应用都有帮助,做出创造性的成果.

学习数学一定要做适当多的习题.通过做习题去掌握基础知识和基本方法,培养分析问题和解决问题的能力,为今后的基础科学研究或数学的应用打下基础.我们建议读者首先要自己思考,运用学过的理论和方法经过深入分析去做习题.一道题是否做对了,论证过程是否严密,这对于初学者是不容易判断的.因此本书在书末写了习题解答,建议读者在自己独立思考做了习题以后,再看本书的习题解答,这样做的收获会更大.

本书可作为大学数学系或应用数学系的近世代数(或抽象代数)课程的教材.各章所需要的课时大致为:绪论 6 学时,第一章 22 学时,第二章 8 学时,第三章 5 学时,第四章 14 学时,第五章 3 学时,合计 58 学时.如果近世代数课的周学时为 4,那么可以在一学期讲完本书(除去加 * 号的内容外).如果周学时为 3,那么可以不讲第三章的 §3.3,第四章的 §4.4,§4.5,以及第五章.

作者感谢西安交通大学及其数学与统计学院.西安交通大学经教育部批准办了数学拔尖班和物理拔尖班,这属于教育部的"基础学科拔尖人才培养试验计划".西安交大聘请作者给数学拔尖班讲授高等代数和高等几何、近世代数等课程.这本书就是作者运用三十多年讲授近世代数课的经验,在给西安交大数学拔尖班 2010 级和 2011 级学生讲授近世代数课的讲稿的基础上,结合作者写的《抽象代数基础》写成的.

作者感谢北京大学出版社的潘丽娜责任编辑,她为本书的出版付出了辛勤的劳动.

作者欢迎广大读者对本书提出宝贵意见.

丘维声
北京大学数学科学学院
2014 年 3 月

目 录

绪论 ……………………………………………………… (1)
- §0.1 近世代数学的创立 ……………………………… (1)
- §0.2 近世代数的重要性 ……………………………… (2)
- §0.3 近世代数的基本方法和应用举例 ……………… (3)
  - 习题 0.3 ……………………………………………… (20)

第一章 群 ……………………………………………… (22)
- §1.1 循环群 …………………………………………… (22)
  - 习题 1.1 ……………………………………………… (29)
- §1.2 图形的对称(性)群 ……………………………… (30)
  - 习题 1.2 ……………………………………………… (34)
- §1.3 n 元对称群 …………………………………… (34)
  - 习题 1.3 ……………………………………………… (40)
- §1.4 子群,Lagrange 定理 …………………………… (40)
  - 习题 1.4 ……………………………………………… (46)
- §1.5 群的直积(直和) ………………………………… (47)
  - 习题 1.5 ……………………………………………… (50)
- §1.6 群的同态,正规子群,商群,群同态基本定理 … (50)
  - 习题 1.6 ……………………………………………… (59)
- §1.7 可解群,单群,Jordan-Hölder 定理 …………… (60)
  - 习题 1.7 ……………………………………………… (67)
- §1.8 群在集合上的作用,轨道-稳定子定理 ………… (68)
  - 习题 1.8 ……………………………………………… (79)
- §1.9 Sylow 定理 ……………………………………… (81)
  - 习题 1.9 ……………………………………………… (88)

§1.10 有限 Abel 群和有限生成的 Abel 群的结构 ………… (89)
　　　习题 1.10 ………………………………………………… (98)
*§1.11 自由群 ………………………………………………… (99)

第二章　环的理想,域的构造 ……………………………… (109)
§2.1 环同态,理想,商环 ………………………………… (109)
　　　习题 2.1 …………………………………………………… (115)
§2.2 理想的运算,环的直和 ……………………………… (116)
　　　习题 2.2 …………………………………………………… (123)
§2.3 素理想和极大理想 …………………………………… (124)
　　　习题 2.3 …………………………………………………… (128)
§2.4 有限域的构造,构造扩域的途径 …………………… (128)
　　　习题 2.4 …………………………………………………… (136)
§2.5 分式域 ………………………………………………… (137)
　　　习题 2.5 …………………………………………………… (142)

第三章　整环的整除性 …………………………………… (143)
§3.1 整除关系,不可约元,素元,最大公因子 …………… (143)
　　　习题 3.1 …………………………………………………… (146)
§3.2 欧几里得整环,主理想整环,唯一因子分解整环 … (147)
　　　习题 3.2 …………………………………………………… (161)
§3.3 诺特环 ………………………………………………… (162)
　　　习题 3.3 …………………………………………………… (165)

第四章　域扩张,伽罗瓦理论 …………………………… (166)
§4.1 域扩张的性质 ………………………………………… (167)
　　　习题 4.1 …………………………………………………… (170)
§4.2 分裂域,正规扩张,可分扩张 ……………………… (171)
　　　习题 4.2 …………………………………………………… (181)
§4.3 域扩张的自同构群,伽罗瓦扩张 …………………… (181)
　　　习题 4.3 …………………………………………………… (189)
§4.4 伽罗瓦理论 …………………………………………… (190)
　　　习题 4.4 …………………………………………………… (197)

§4.5 本原元素,迹与范数 …………………………………… (197)
  习题 4.5 …………………………………………………… (205)
第五章 模 ……………………………………………………… (207)
 §5.1 环上的模,子模,商模,模同态 ………………………… (207)
  习题 5.1 …………………………………………………… (212)
 §5.2 自由模 …………………………………………………… (212)
  习题 5.2 …………………………………………………… (218)
习题解答 ………………………………………………………… (219)
 习题 0.3 ……………………………………………………… (219)
 习题 1.1 ……………………………………………………… (222)
 习题 1.2 ……………………………………………………… (224)
 习题 1.3 ……………………………………………………… (225)
 习题 1.4 ……………………………………………………… (226)
 习题 1.5 ……………………………………………………… (229)
 习题 1.6 ……………………………………………………… (230)
 习题 1.7 ……………………………………………………… (233)
 习题 1.8 ……………………………………………………… (236)
 习题 1.9 ……………………………………………………… (245)
 习题 1.10 …………………………………………………… (248)
 习题 2.1 ……………………………………………………… (251)
 习题 2.2 ……………………………………………………… (253)
 习题 2.3 ……………………………………………………… (256)
 习题 2.4 ……………………………………………………… (259)
 习题 2.5 ……………………………………………………… (262)
 习题 3.1 ……………………………………………………… (265)
 习题 3.2 ……………………………………………………… (268)
 习题 3.3 ……………………………………………………… (275)
 习题 4.1 ……………………………………………………… (276)
 习题 4.2 ……………………………………………………… (278)
 习题 4.3 ……………………………………………………… (282)

习题 4.4 …… (286)
习题 4.5 …… (288)
习题 5.1 …… (290)
习题 5.2 …… (291)
参考文献 …… (293)

绪 论

§0.1 近世代数学的创立

大约在公元前 1700 年,巴比伦人实际上就知道了一元二次方程的求根公式,但是他们的方程是用语言叙述并且用语言解出的. 16 世纪,韦达(Vieta)不仅用字母表示未知量和未知量的乘幂,而且用字母表示系数,从而研究一般的二次方程 $ax^2+bx+c=0(a\neq 0)$. 这使代数成为研究一般类型的方程的学问.

三次、四次方程直到公元 1500 年左右才由费罗(S. L. Ferro)、塔塔格利亚(N. Fontana)、卡尔丹诺(G. Cardano)和费拉里(L. Ferrari)等人先后给出解的公式.

从 16 世纪中叶一直到 19 世纪初,数学家们致力于五次及更高次方程的代数解法,即对于方程
$$x^n+a_1x^{n-1}+\cdots+a_{n-1}x+a_n=0,$$
其中 $n\geqslant 5$,它的解能否通过对方程的系数做加、减、乘(包括乘方)、除和开方(求正整数次方根)运算的公式得到,但是所有寻求这种解法的努力都失败了.历史上第一个明确宣布"不可能用根式解四次以上方程"的数学家是拉格朗日(J. L. Lagrange).他在 1770 年发表的《关于代数方程解的思考》一文中,对二次、三次、四次一般方程的可解性做了透彻的分析,给出了解二次、三次、四次一般方程的统一的、有效的方法,但是对于五次及更高次一般方程则遇到了不可克服的困难.

受到拉格朗日的影响,鲁菲尼(P. Ruffini)在 1813 年的论文中,大胆地着手证明,五次及更高次一般方程是不能用根式解的.鲁菲尼用了一条辅助定理,但是没有证明它.阿贝尔(Abel)读了拉格朗日关于方程论的论文,证明了上述辅助定理(现在叫做阿贝尔定理),然后用这个定理证明了高于四次的一般方程不可用根式求解,论文在 1826 年发表.由于阿贝尔不知道鲁菲尼的工作,因此阿贝尔的证明是迂回而又不

必要的复杂.

在阿贝尔的工作之后,数学家所面临的一个问题是:什么样的特殊的高于四次的方程可用根式求解？伽罗瓦(E. Galois)在1829—1831年间完成的几篇论文中彻底解决了这个问题,给出了方程可用根式求解的充分必要条件,并且由此推导出了阿贝尔-鲁菲尼定理.伽罗瓦在研究方程可用根式求解的充分必要条件这个问题时,创立了崭新的理论,被人们称之为伽罗瓦理论.伽罗瓦理论不仅彻底解决了方程根式可解的问题,而且由此引发了代数学的革命性变化.古典代数学以研究方程的根为中心,伽罗瓦理论创立以后,代数学转变为以研究各种代数系统的结构及其态射(保持运算的映射)为中心,由此创立了近世代数学(或称为抽象代数学).

§0.2　近世代数的重要性

近世代数学研究代数系统的结构和态射的观点已经深入到现代数学的各个分支中.

近世代数学的知识已经用于许多数学分支以及现代物理学、现代化学等学科.例如,群可以用来度量客观事物的对称性,群还可以用来分类几何学.1872年,德国数学家克莱因(F. Klein)在被聘为爱尔朗根大学的数学教授的就职演讲中创造性地提出了运用变换群的观点来区分各种几何:每种几何都由变换群所刻画,并且每种几何所做的是研究在这个变换群下的不变量;一个几何的子几何是在原来变换群的子群下的一族不变量.他的这个观点后来以爱尔朗根纲领(Erlanger Programm)著称.

近世代数学的知识还被直接用于信息时代的现实生活中.例如,为了满足现代社会信息安全的需要,密码学显得越来越重要,而密码学就用到近世代数学的许多知识.现代通信中为了检错和纠错而产生的编码理论也用到近世代数学的许多知识.

近世代数学的创立生动地体现了数学思维方式的威力.数学的思维方式是一个全过程:观察客观现象,提出要研究的问题,抓住主要特征,抽象出概念,或者建立模型;运用解剖麻雀、直觉、归纳、类比、联想、逻辑推理等进行探索,猜测可能有的规律;深入分析,只使用公理、定义和已经证明了的定理进行逻辑推理来严密论证,揭示出事物的内在规律,从而使纷繁复杂的现象变得井然有序. 学习近世代数可以受到数学思维方式的很好的训练,从而在今后不论从事何种工作都可以受益.

§0.3 近世代数的基本方法和应用举例

§0.3.1 集合的划分与等价关系,商集

下表是 2013 年 7 月份的月历:

日	一	二	三	四	五	六
	1	2	3	4	5	6
7	8	9	10	11	12	13
14	15	16	17	18	19	20
21	22	23	24	25	26	27
28	29	30	31			

从时间长河中的所有日子组成的集合 Ω 到整数集 $\mathbb{Z}$ 建立一个对应法则:

$$
\begin{array}{rcl}
\Omega & \longrightarrow & \mathbb{Z} \\
\vdots & & \vdots \\
2013 \text{ 年 } 6 \text{ 月 } 29 \text{ 日} & \longmapsto & -1 \\
6 \text{ 月 } 30 \text{ 日} & \longmapsto & 0 \\
7 \text{ 月 } 1 \text{ 日} & \longmapsto & 1 \\
7 \text{ 月 } 2 \text{ 日} & \longmapsto & 2 \\
\vdots & & \vdots
\end{array}
$$

这在 Ω 与 $\mathbb{Z}$ 之间建立了一个一一对应. 于是星期日、星期一、……、星期六分别是 $\mathbb{Z}$ 的下述子集:

$$\text{星期日} \quad H_0 := \{7k \mid k \in \mathbb{Z}\},$$
$$\text{星期一} \quad H_1 := \{7k+1 \mid k \in \mathbb{Z}\},$$
$$\text{星期二} \quad H_2 := \{7k+2 \mid k \in \mathbb{Z}\},$$
$$\vdots \qquad \vdots$$
$$\text{星期六} \quad H_6 := \{7k+6 \mid k \in \mathbb{Z}\}.$$

从而有
$$\mathbb{Z} = H_0 \bigcup H_1 \bigcup H_2 \bigcup H_3 \bigcup H_4 \bigcup H_5 \bigcup H_6, \quad H_i \bigcap H_j = \varnothing, \text{当} i \neq j.$$

从星期这个例子和其他许多例子抽象出下述概念：

定义 1 如果集合 S 是它的一些非空子集的并集，其中每两个不相等的子集的交为空集(此时称它们**不相交**)，那么把这些子集组成的集合称为 S 的一个**划分**.

在星期的例子中，$\{H_0, H_1, H_2, H_3, H_4, H_5, H_6\}$ 是整数集 $\mathbb{Z}$ 的一个划分.

有没有给出任一集合 S 的划分的统一方法？

从星期的例子看到：两个整数 a 与 b 属于同一个子集当且仅当它们被 7 除后余数相同，此时称 a 与 b **模** 7 **同余**，记做

$$a \equiv b \pmod{7},$$

读做"a 同余于 b 模 7"或"a 模 7 同余于 b".

任给两个整数 a 与 b，要么 a 与 b 模 7 同余，要么 a 与 b 模 7 不同余，二者必居其一且只居其一. 很自然地可以把模 7 同余称为整数集 $\mathbb{Z}$ 上的一个二元关系. 数学上如何给出集合 S 上的二元关系的定义呢？从 $\mathbb{Z}$ 上的模 7 同余关系看到，要考虑所有有序整数对组成的集合：

$$\{(a,b) \mid a, b \in \mathbb{Z}\},$$

把这个集合称为 $\mathbb{Z}$ 与自身的笛卡儿积，记做 $\mathbb{Z} \times \mathbb{Z}$. 一般地，设 S 和 M 是两个集合，令

$$S \times M := \{(s,m) \mid s \in S, m \in M\},$$

称这个集合为 S 与 M 的**笛卡儿积**.

由于整数 a 与 b 模 7 同余当且仅当 a 与 b 被 7 除后余数或者都是 0，或者都是 1，……，或者都是 6，因此

$$a \equiv b \pmod{7} \Leftrightarrow (a,b) \in \bigcup_{i=0}^{6} H_i \times H_i,$$

其中 $\bigcup_{i=0}^{6} H_i \times H_i = (H_0 \times H_0) \bigcup (H_1 \times H_1) \bigcup (H_2 \times H_2) \bigcup (H_3 \times H_3) \bigcup \cdots \bigcup (H_6 \times H_6)$. 由于 $H_i \times H_i$ 是 $\mathbb{Z} \times \mathbb{Z}$ 的一个子集，$i = 0, 1, \cdots, 6$，因此 $\bigcup_{i=0}^{6} H_i \times H_i$ 是 $\mathbb{Z} \times \mathbb{Z}$ 的一个子集. 由于 (a,b) 属于这个子集就表明 a 与 b 有模 7 同余关系，(a,b) 不属于这个子集就表明 a 与 b 没有模 7 同余关系，因此可以干脆把 $\mathbb{Z} \times \mathbb{Z}$ 的这个子集 $\bigcup_{i=0}^{6} H_i \times H_i$ 就叫做 $\mathbb{Z}$ 上的模 7 同余关系. 由此受到启发，引出下述概念：

定义 2 设 S 是一个非空集合，我们把 $S \times S$ 的一个非空子集 W 叫做 S 上的一个**二元关系**. 如果 $(a,b) \in W$，那么称 a **与** b **有** W **关系**，记做 aWb，或 $a \sim b$；如果 $(a,b) \notin W$，那么称 a **与** b **没有** W **关系**.

定义 3 集合 S 上的一个二元关系 $\sim$，如果具有下列性质：

(1) $a \sim a, \forall a \in S$(反身性)；

(2) 若 $a \sim b$，则 $b \sim a$(对称性)；

(3) 若 $a \sim b$ 且 $b \sim c$，则 $a \sim c$(传递性)，

那么称 $\sim$ 是 S 上的一个**等价关系**.

整数集 $\mathbb{Z}$ 上的模 7 同余关系是 $\mathbb{Z}$ 上的一个等价关系. 星期日是由与 0 模 7 同余的整数组成的子集，星期一是由与 1 模 7 同余的整数组成的子集，……，星期六是由与 6 模 7 同余的整数组成的子集. 由此受到启发，引出下述概念：

定义 4 设 $\sim$ 是集合 S 上的一个等价关系. 任给 $a \in S$，令
$$\bar{a} := \{x \in S \mid x \sim a\},$$
把 S 的这个子集称为 a 的**等价类**.

从定义 4 立即得到
$$x \in \bar{a} \Leftrightarrow x \sim a.$$
由于 $a \sim a$，因此 $a \in \bar{a}$. 我们把 a 称为等价类 $\bar{a}$ 的一个**代表**.

星期日、星期一、……、星期六就是 $\mathbb{Z}$ 在模 7 同余关系下的 7 个等价类：
$$\bar{0} = \{x \in \mathbb{Z} \mid x \equiv 0 \pmod{7}\},$$
$$\bar{1} = \{x \in \mathbb{Z} \mid x \equiv 1 \pmod{7}\},$$
$$\cdots\cdots\cdots\cdots\cdots$$

$$\bar{6} = \{x \in \mathbb{Z} \mid x \equiv 6 \pmod{7}\},$$

它们都叫做**模 7 剩余类**. $\{\bar{0}, \bar{1}, \bar{2}, \bar{3}, \bar{4}, \bar{5}, \bar{6}\}$ 是 $\mathbb{Z}$ 的一个划分. 由此我们猜测有下述结论:

定理 1 若集合 S 上有一个等价关系 $\sim$,则所有等价类组成的集合是 S 的一个划分.

根据划分的定义,为了证明定理 1,需要证两点: S 等于所有等价类的并集;每两个不相等的等价类的交为空集. 为了证明第二点,就首先要能够判断什么样的两个等价类是相等的.

命题 1 设 $\sim$ 是集合 S 上的一个等价关系,则

$$\bar{a} = \bar{b} \Leftrightarrow a \sim b.$$

证明 **必要性** 设 $\bar{a} = \bar{b}$,由于 $a \in \bar{a}$,因此 $a \in \bar{b}$. 从而 $a \sim b$.

充分性 设 $a \sim b$. 任取 $c \in \bar{a}$,则 $c \sim a$. 又 $a \sim b$,因此 $c \sim b$. 从而 $c \in \bar{b}$. 于是 $\bar{a} \subseteq \bar{b}$.

由对称性得 $b \sim a$,从上面证得的结论得,$\bar{b} \subseteq \bar{a}$. 因此 $\bar{a} = \bar{b}$. □

注意 若 $c \in \bar{a}$,则 $c \sim a$. 根据命题 1 得,$\bar{c} = \bar{a}$. 因此 c 也可以作为 $\bar{a}$ 的一个代表. 这表明等价类 $\bar{a}$ 中的任一元素都可以作为 $\bar{a}$ 的一个代表. 因此等价类 $\bar{a}$ 的代表不唯一. 这一点要特别注意.

命题 2 设 $\sim$ 是集合 S 上的一个等价关系. 若 $\bar{a} \neq \bar{b}$,则 $\bar{a} \cap \bar{b} = \emptyset$.

证明 假如 $\bar{a} \cap \bar{b} \neq \emptyset$,则有 $c \in \bar{a} \cap \bar{b}$. 于是 $c \sim a$ 且 $c \sim b$. 由对称性得,$a \sim c$. 再由传递性得,$a \sim b$. 根据命题 1 得,$\bar{a} = \bar{b}$,矛盾. 因此若 $\bar{a} \neq \bar{b}$,则 $\bar{a} \cap \bar{b} = \emptyset$. □

定理 1 的证明 令

$$\bigcup_{a \in S} \bar{a} := \{x \in S \mid 存在 \bar{y} 使得 x \in \bar{y}\},$$

则 $\bigcup_{a \in S} \bar{a} \subseteq S$. 任取 $b \in S$,由于 $b \in \bar{b}$,因此 $b \in \bigcup_{a \in S} \bar{a}$. 从而 $S \subseteq \bigcup_{a \in S} \bar{a}$. 于是

$$S = \bigcup_{a \in S} \bar{a}.$$

根据命题 2 得,若 $\bar{a} \neq \bar{b}$,则 $\bar{a} \cap \bar{b} = \emptyset$.

综上所述,所有等价类组成的集合是 S 的一个划分. □

定理 1 给出了集合划分的一个统一的方法,即在集合 S 上建立一个二元关系,验证它是否为等价关系,如果它是等价关系,那么所有等

价类组成的集合是 S 的一个划分.

反之,如果给了集合 S 的一个划分,那么可以在 S 上建立一个等价关系,使得 S 的这个划分就是由所有等价类组成的. 证明请读者思考.

集合的划分有什么好处呢? 例如,在整数集 $\mathbb{Z}$ 中,通过建立模 7 同余关系,所有等价类(即模 7 剩余类)组成的集合 $\{\bar{0},\bar{1},\bar{2},\bar{3},\bar{4},\bar{5},\bar{6}\}$ 是 $\mathbb{Z}$ 的一个划分. $\bar{0}$ 对应于星期日, $\bar{1}$ 对应于星期一, ……, $\bar{6}$ 对应于星期六. 这样就把时间长河中所有日子组成的集合分成了 7 个子集:星期日、星期一、……、星期六. 这样做的好处很多,例如,星期六和星期日可以休息,劳逸结合,学校排课表只安排星期一、星期二、……、星期五分别上什么课就可以了. 由于 $\{\bar{0},\bar{1},\bar{2},\bar{3},\bar{4},\bar{5},\bar{6}\}$ 是通过在 $\mathbb{Z}$ 上建立模 7 同余关系得到的等价类组成的集合,因此这个集合也称为 $\mathbb{Z}$ 对于模 7 同余关系的商集,记做 $\mathbb{Z}/(7)$ 或 $\mathbb{Z}_7$. 由此受到启发,引出下述概念:

定义 5 若 $\sim$ 是集合 S 上的一个等价关系,则所有等价类组成的集合称为 S 对于 $\sim$ 的**商集**,记做 $S/\sim$.

对于一个非空集合 S,通过建立 S 上的一个等价关系 $\sim$,得到 S 对于 $\sim$ 的商集 $S/\sim$,进而研究商集 $S/\sim$ 的性质,这是近世代数的基本方法之一.

0.3.2 模 m 剩余类环 $\mathbb{Z}_m$,环、域和群的概念

与 $\mathbb{Z}$ 上的模 7 同余关系类似,给了一个大于 1 的整数 m,可以在整数集 $\mathbb{Z}$ 上建立一个模 m 同余关系:

整数 a 与 b **模 m 同余** 当且仅当 a 与 b 被 m 除后余数相同,此时记做 $a \equiv b \pmod{m}$.

由于整数 a 与 b 被 m 除后余数相同当且仅当 $a-b$ 是 m 的整数倍,此时记做 $m | a-b$,读做 m **整除** $a-b$,因此

$$a \equiv b \pmod{m} \Leftrightarrow m | a-b.$$

容易验证,模 m 同余是 $\mathbb{Z}$ 上的一个等价关系. 一共有 m 个等价类:

$$\bar{0} = \{x \in \mathbb{Z} \mid x \equiv 0 \pmod{m}\} = \{km \mid k \in \mathbb{Z}\},$$
$$\bar{1} = \{x \in \mathbb{Z} \mid x \equiv 1 \pmod{m}\} = \{km+1 \mid k \in \mathbb{Z}\},$$
$$\cdots\cdots\cdots\cdots\cdots$$
$$\overline{m-1} = \{x \in \mathbb{Z} \mid x \equiv m-1 \pmod{m}\} = \{km+(m-1) \mid k \in \mathbb{Z}\},$$

它们都称为**模 m 剩余类**. $\mathbb{Z}$ 对于模 m 同余关系的商集是
$$\mathbb{Z}_m = \{\overline{0}, \overline{1}, \overline{2}, \cdots, \overline{m-1}\}.$$
模 m 同余关系有如下性质:

命题 1 若 $a \equiv b \pmod{m}, c \equiv d \pmod{m}$, 则
$$a + c \equiv b + d \pmod{m}, \quad ac \equiv bd \pmod{m}.$$

证明 由于 $a \equiv b \pmod{m}, c \equiv d \pmod{m}$, 因此存在整数 k, l, 使得
$$a - b = km, \quad c - d = lm.$$
从而
$$(a+c) - (b+d) = a - b + c - d = km + lm = (k+l)m,$$
$$ac - bd = ac - bc + bc - bd = (a-b)c + b(c-d) = (kc + bl)m.$$
因此
$$a + c \equiv b + d \pmod{m}, \quad ac \equiv bd \pmod{m}. \qquad \square$$

今天是星期五, 过了 181 天是星期几?

由于每经过 7 天又是星期五, 且 $181 \equiv 6 \pmod{7}$, 因此只要计算过了 6 天是星期几? $5 + 6 \equiv 4 \pmod{7}$, 因此过了 6 天是星期四, 从而过了 181 天是星期四.

星期五对应于 $\mathbb{Z}_7$ 的一个元素 $\overline{5}$, 又有 $\overline{181} = \overline{6}$, 我们大胆地尝试如下计算:
$$\overline{5} + \overline{181} = \overline{5} + \overline{6} := \overline{5+6} = \overline{11} = \overline{4}.$$
由于 $\overline{4}$ 对应于星期四, 因此过了 181 天是星期四. 由此受到启发, 我们在 $\mathbb{Z}_m$ 中规定:
$$\overline{a} + \overline{b} := \overline{a+b}. \tag{1}$$
由于等价类的代表不唯一, 因此我们要探究 (1) 式的规定是否合理? 设 $\overline{a} = \overline{c}, \overline{b} = \overline{d}$, 因此
$$a \equiv c \pmod{m}, \quad b \equiv d \pmod{m}.$$
根据命题 1 得
$$a + b \equiv c + d \pmod{m},$$
于是 $\overline{a+b} = \overline{c+d}$. 这证明了 (1) 式的规定是合理的. 于是在 $\mathbb{Z}_m$ 中有加法运算.

运用类比的方法, 在 $\mathbb{Z}_m$ 中规定:
$$\overline{a}\,\overline{b} := \overline{ab}. \tag{2}$$

同理可证,(2)式的规定不依赖于等价类的代表的选择,因此(2)式的规定是合理的,从而 $\mathbb{Z}_m$ 中有乘法运算.

由于模 m 剩余类的加法和乘法分别归结为它们的代表相加和相乘,因此直觉判断 $\mathbb{Z}_m$ 的加法和乘法满足整数的加法和乘法的运算法则. 容易验证这一猜测是真的. 即 $\mathbb{Z}_m$ 的加法满足交换律和结合律;$\overline{0}$ 具有下述性质:
$$\overline{0}+\overline{a}=\overline{a}+\overline{0}=\overline{a}, \quad \forall \overline{a} \in \mathbb{Z}_m,$$
$\overline{0}$ 称为 $\mathbb{Z}_m$ 的**零元**;对于 $\overline{a} \in \mathbb{Z}_m$,有 $\overline{-a} \in \mathbb{Z}_m$,使得
$$\overline{a}+\overline{-a}=\overline{0}, \quad \overline{-a}+\overline{a}=\overline{0},$$
$\overline{-a}$ 称为 $\overline{a}$ 的**负元**,记做 $-\overline{a}$. $\mathbb{Z}_m$ 的乘法满足交换律和结合律,以及对于加法的分配律,并且
$$\overline{1}\overline{a}=\overline{a}\overline{1}=\overline{a}, \quad \forall \overline{a} \in \mathbb{Z}_m,$$
$\overline{1}$ 称为 $\mathbb{Z}_m$ 的**单位元**.

所有偶数组成的集合记做 $2\mathbb{Z}$. 由于两个偶数的和、积仍是偶数,因此 $2\mathbb{Z}$ 也有加法和乘法运算. $2\mathbb{Z}$ 中不存在一个元素能与任一偶数的乘积等于那个偶数自身,因此 $2\mathbb{Z}$ 中没有单位元.

数域 K 上所有 n 级矩阵组成的集合 $M_n(K)$ 中有加法和乘法运算,乘法不满足交换律.

抓住 $\mathbb{Z}$,$\mathbb{Z}_m$,$2\mathbb{Z}$,$M_n(K)$ 的共同特征,我们要抽象出一个代数系统. 为此要搞清楚什么是集合 S 上的一个代数运算.

集合 S 上的一个**二元代数运算**是指 $S \times S$ 到 S 的一个映射.

定义 1 设 R 是一个非空集合,如果 R 上定义了两个代数运算,一个叫做加法,另一个叫做乘法,并且满足下列 6 条运算法则:

(1) $a+b=b+a, \forall a,b \in R$(加法交换律);

(2) $(a+b)+c=a+(b+c), \forall a,b,c \in R$(加法结合律);

(3) R 中有一个元素,记做 0,它具有下述性质:
$$a+0=0+a=a, \quad \forall a \in R, \tag{3}$$
称 0 是 R 的**零元**;

(4) 任给 $a \in R$,都有 $b \in R$,使得
$$a+b=b+a=0, \tag{4}$$
把 b 称为 a 的**负元**,记做 $-a$;

(5) $(ab)c = a(bc), \forall a,b,c \in R$(乘法结合律);

(6) $a(b+c) = ab+ac, \forall a,b,c \in R$(左分配律),

$(b+c)a = ba+ca, \forall a,b,c \in R$(右分配律),

那么称 R 是一个**环**(ring).

可以证明,满足(3)式的元素是唯一的,即 R 的零元唯一. 还可以证明:对于 $a \in R$,满足(4)式的元素 b 唯一,即 a 的负元唯一.

环 R 中可以规定减法如下:
$$a - b := a + (-b).$$

$\mathbb{Z}, \mathbb{Z}_m, 2\mathbb{Z}, M_n(K)$ 都是环,它们分别称为**整数环**,**模 m 剩余类环**,**偶数环**,**数域 K 上 n 级全矩阵环**.

如果环 R 的乘法满足交换律,那么称 R 是**交换环**.

如果环 R 中有一个元素 e 具有下述性质:
$$ea = ae = a, \quad \forall a \in R, \tag{5}$$
那么称 e 是 R 的**单位元**.

可以证明满足(5)式的元素唯一,即 R 的单位元唯一.

环 R 中,零元 0 是对于加法运算具有性质(3)的元素,试问:$0a$ 等于什么?其中 $a \in R$.

命题 2 在环 R 中,$0a = a0 = 0, \forall a \in R$.

证明 需要利用沟通加法和乘法的桥梁:乘法对于加法的左、右分配律.
$$0a = (0+0)a = 0a + 0a. \tag{6}$$
(6)式两边加上 $0a$ 的负元 $-0a$,得
$$0a + (-0a) = (0a + 0a) + (-0a). \tag{7}$$
(7)式左边等于 0;(7)式右边利用加法的结合律和负元的性质得
$$0a + 0 = 0a.$$
因此,$0 = 0a$. 同理可证,$a0 = 0$. □

考虑模 4 剩余类环 $\mathbb{Z}_4 = \{\bar{0}, \bar{1}, \bar{2}, \bar{3}\}$. 我们有
$$\bar{3}\,\bar{3} = \bar{1}, \quad \bar{2}\,\bar{2} = \bar{0}.$$

由此受到启发,引出下述概念:

定义 2 设 R 是有单位元 $e(\neq 0)$ 的环. 对于 $a \in R$,如果存在 $b \in R$,使得

$$ab = ba = e, \qquad (8)$$

那么称 a 是一个**可逆元**(或**单位**),把 b 叫做 a 的**逆元**,记做 a^{-1}。

可以证明:若 a 是可逆元,则满足(8)式的元素 b 是唯一的,即 a 的逆元唯一。

定义 3 设 R 是一个环。对于 $a \in R$,如果存在 $c \in R$ 且 $c \neq 0$,使得 $ac = 0$(或 $ca = 0$),那么称 a 是一个**左零因子**(或**右零因子**)。左、右零因子统称为**零因子**。

根据命题 2 得,环 R 中,0 是一个零因子。

$\mathbb{Z}_4$ 中,$\overline{2}$ 是零因子。由于

$$\overline{2}\,\overline{0} = \overline{0}, \quad \overline{2}\,\overline{1} = \overline{2}, \quad \overline{2}\,\overline{2} = \overline{0}, \quad \overline{2}\,\overline{3} = \overline{2},$$

因此,$\overline{2}$ 不是可逆元。我们猜测且可以证明有下述结论:

命题 3 设 R 是有单位元 $e(\neq 0)$ 的环,则 R 的零因子不是可逆元。

证明 设 a 是左零因子,则存在 $c \in R$ 且 $c \neq 0$,使得

$$ac = 0.$$

假如 a 是可逆元,则在上式两边左乘 a^{-1},得

$$a^{-1}(ac) = a^{-1}0.$$

根据乘法的结合律和逆元的性质,以及命题 2,得

$$ec = 0.$$

于是 $c = 0$,矛盾。因此左零因子 a 不是可逆元。

同理可证,右零因子不是可逆元。 □

命题 3 的逆否命题是:设 R 是有单位元 $e(\neq 0)$ 的环,则 R 的可逆元不是零因子。

模 7 剩余类环 $\mathbb{Z}_7$ 中,

$$\overline{1}\,\overline{1} = \overline{1}, \quad \overline{2}\,\overline{4} = \overline{1}, \quad \overline{3}\,\overline{5} = \overline{1}, \quad \overline{6}\,\overline{6} = \overline{1}.$$

于是 $\mathbb{Z}_7$ 的每个非零元都是可逆元。

在实数环 $\mathbb{R}$ 中,每个非零数 a 都有倒数 $\dfrac{1}{a}$,即每个非零数都是可逆元。

从 $\mathbb{Z}_7$,$\mathbb{R}$ 等受到启发,引出下述概念:

定义 4 设 F 是一个有单位元 $e(\neq 0)$ 的交换环,如果 F 中每个非零元都是可逆元,那么称 F 是一个**域**(field)。

$\mathbb{Z}_7$, $\mathbb{R}$ 都是域.

如果一个域中的元素都属于复数集,那么称这个域是**数域**. 例如, 有理数域 $\mathbb{Q}$, 实数域 $\mathbb{R}$, 复数域 $\mathbb{C}$ 等.

$\mathbb{Z}_2 = \{\bar{0}, \bar{1}\}$ 中, $\bar{1}\,\bar{1} = \bar{1}$, 因此 $\mathbb{Z}_2$ 是域.

$\mathbb{Z}_3 = \{\bar{0}, \bar{1}, \bar{2}\}$ 中, $\bar{2}\,\bar{2} = \bar{1}$, 因此 $\bar{1}, \bar{2}$ 都是可逆元, 从而 $\mathbb{Z}_3$ 是域.

$\mathbb{Z}_4 = \{\bar{0}, \bar{1}, \bar{2}, \bar{3}\}$ 中, $\bar{0}, \bar{2}$ 是零因子, $\bar{1}, \bar{3}$ 是可逆元, 因此 $\mathbb{Z}_4$ 不是域.

$\mathbb{Z}_5 = \{\bar{0}, \bar{1}, \bar{2}, \bar{3}, \bar{4}\}$ 中, $\bar{2}\,\bar{3} = \bar{1}, \bar{4}\,\bar{4} = \bar{1}$, 因此 $\bar{1}, \bar{2}, \bar{3}, \bar{4}$ 都是可逆元, 从而 $\mathbb{Z}_5$ 是域.

$\mathbb{Z}_6 = \{\bar{0}, \bar{1}, \bar{2}, \bar{3}, \bar{4}, \bar{5}\}$ 中, $\bar{2}\,\bar{3} = \bar{0}, \bar{4}\,\bar{3} = \bar{0}, \bar{5}\,\bar{5} = \bar{1}$, 因此 $\bar{0}, \bar{2}, \bar{3}, \bar{4}$ 是零因子, $\bar{1}, \bar{5}$ 是可逆元, 从而 $\mathbb{Z}_6$ 不是域.

从上述例子受到启发, 我们猜测有下列结论:

命题 4 若 m 是合数, 则 $\mathbb{Z}_m$ 不是域.

证明 由于 m 是合数, 因此有
$$m = m_1 m_2, \quad 1 < m_1 < m, \ 1 < m_2 < m.$$
于是在 $\mathbb{Z}_m$ 中, $\bar{0} = \bar{m} = \overline{m_1 m_2}, \overline{m_1} \neq \bar{0}, \overline{m_2} \neq \bar{0}$. 因此 $\overline{m_1}$ 是非零的零因子. 根据命题 3 得, $\overline{m_1}$ 不是可逆元. 于是 $\mathbb{Z}_m$ 中有一个非零元 $\overline{m_1}$ 不是可逆元, 因此 $\mathbb{Z}_m$ 不是域. □

定理 1 在 $\mathbb{Z}_m$ 中, $\bar{a}$ 是可逆元当且仅当 a 与 m 互素.

证明 充分性 设 a 与 m 互素, 则存在 $u, v \in \mathbb{Z}$, 使得
$$ua + vm = 1.$$
于是在 $\mathbb{Z}_m$ 中,
$$\bar{1} = \bar{u}\bar{a} + \bar{v}\bar{m} = \bar{u}\bar{a}.$$
从而 $\bar{a}$ 是可逆元.

必要性 设 $\bar{a}$ 是可逆元, 其中 $0 < a < m$. 假如 a 与 m 不互素, 则 $(a, m) = d \neq 1$. 于是存在正整数 a_1, m_1, 使得
$$a = a_1 d, \quad m = m_1 d.$$
从而
$$am_1 = a_1 d m_1 = a_1 m.$$
因此在 $\mathbb{Z}_m$ 中, $\bar{a}\,\overline{m_1} = \overline{a_1 m} = \bar{0}$. 由于 $\overline{m_1} \neq \bar{0}$, 因此 $\bar{a}$ 是左零因子, 从而 $\bar{a}$ 不是可逆元, 矛盾. 因此 a 与 m 互素. □

推论 1 $\mathbb{Z}_m$ 的每个元素或者是可逆元,或者是零因子,二者必居其一且只居其一. □

定义 5 设 m 是大于 1 的整数. 如果 m 的正因数只有 1 和 m 自身,那么称 m 是一个**素数**(或**质数**);否则称 m 是**合数**.

定理 2 若 p 是素数,则 $\mathbb{Z}_p$ 是一个域.

证明 对于 $0<k<p$,有 $p\nmid k$. 根据素数的特征得 $(p,k)=1$. 再根据定理 1 得,在 $\mathbb{Z}_p$ 中,$\bar{k}$ 是可逆元. 于是 $\mathbb{Z}_p$ 的每个非零元都是可逆元. 又 $\mathbb{Z}_p$ 是有单位元 $\bar{1}(\neq \bar{0})$ 的交换环,因此 $\mathbb{Z}_p$ 是一个域. □

含有限多个元素的域称为**有限域**.

$\mathbb{Z}_m$ 的所有可逆元组成的集合记做 $\mathbb{Z}_m^*$.

根据定理 1 可得到,$\mathbb{Z}_{12}^*=\{\bar{1},\bar{5},\bar{7},\overline{11}\}$. 由于 $\bar{1}+\bar{5}=\bar{6}\notin \mathbb{Z}_{12}^*$,因此 $\mathbb{Z}_{12}$ 的加法不是 $\mathbb{Z}_{12}^*$ 的运算. 由于

$$\bar{1}\bar{a}=\bar{a},\ \bar{5}\bar{5}=\bar{1},\ \bar{7}\bar{7}=\bar{1},\ \overline{11}\,\overline{11}=\bar{1},\ \bar{5}\bar{7}=\overline{11},\ \bar{5}\,\overline{11}=\bar{7},\ \bar{7}\,\overline{11}=\bar{5},$$

因此 $\mathbb{Z}_{12}$ 的乘法是 $\mathbb{Z}_{12}^*$ 的运算. 从而 $\mathbb{Z}_{12}^*$ 有一个运算,即模 12 剩余类的乘法;$\bar{1}$ 是 $\mathbb{Z}_{12}^*$ 的单位元;并且对于 $\mathbb{Z}_{12}^*$ 的每个元素 $\bar{a}$,都存在 $\bar{b}\in \mathbb{Z}_{12}^*$,使得 $\bar{a}\bar{b}=\bar{1}$. 由此受到启发,引出下述概念:

定义 5 设 G 是一个非空集合. 如果在 G 上定义了一个代数运算,通常称为乘法,并且满足:

(1) $(ab)c=a(bc),\ \forall a,b,c\in G$(结合律);

(2) G 中有一个元素 e,使得

$$ea=ae=a,\quad \forall a\in G,$$

称 e 是 G 的**单位元**;

(3) 对于 G 中每个元素 a,存在 $b\in G$,使得

$$ba=ab=e,$$

称 a **可逆**,把 b 称为 a 的**逆元**,记做 a^{-1},

那么称 G 是一个**群**(group).

可以证明,群 G 的单位元唯一,G 中每个元素 a 的逆元唯一,且

$$(a^{-1})^{-1}=a.$$

如果群 G 的乘法还满足交换律,那么称 G 是**交换群**或 Abel **群**.

命题 5 $\mathbb{Z}_m^*$ 是一个群,称它为 $\mathbb{Z}_m$ 的**单位群**.

证明 任取 $\bar{a}, \bar{b} \in \mathbb{Z}_m^*$,由于
$$(\bar{a}\bar{b})(\bar{b}^{-1}\bar{a}^{-1}) = \bar{a}(\bar{b}\bar{b}^{-1})\bar{a}^{-1} = \bar{a}\bar{1}\bar{a}^{-1} = \bar{1},$$
因此 $\bar{a}\bar{b}$ 是 $\mathbb{Z}_m$ 的可逆元,从而 $\bar{a}\bar{b} \in \mathbb{Z}_m^*$. 于是 $\mathbb{Z}_m$ 的乘法是 $\mathbb{Z}_m^*$ 的运算.

由于 $\mathbb{Z}_m$ 的乘法满足结合律,因此 $\mathbb{Z}_m^*$ 的乘法也满足结合律. 由于 $\bar{1} \in \mathbb{Z}_m^*$,因此 $\mathbb{Z}_m^*$ 有单位元 $\bar{1}$. 对于 $\mathbb{Z}_m^*$ 中每个元素 $\bar{a}$,由于 $\bar{a}\bar{a}^{-1} = \bar{a}^{-1}\bar{a} = \bar{1}$,因此 $\bar{a}^{-1}$ 也是 $\mathbb{Z}_m$ 的可逆元,从而 $\bar{a}^{-1} \in \mathbb{Z}_m^*$. 于是 $\mathbb{Z}_m^*$ 中每个元素 $\bar{a}$ 可逆.

综上所述,$\mathbb{Z}_m^*$ 是一个群. □

由于 $\mathbb{Z}_m^*$ 的乘法满足交换律,因此 $\mathbb{Z}_m^*$ 是 Abel 群.

我们通过在整数集 $\mathbb{Z}$ 上建立模 m 同余关系,得到商集 $\mathbb{Z}_m$,在 $\mathbb{Z}_m$ 中规定加法和乘法运算,引出了环的概念;当 p 是素数时,$\mathbb{Z}_p$ 的每个非零元都是可逆元,由此引出了域的概念. $\mathbb{Z}_m$ 的所有可逆元组成的集合 $\mathbb{Z}_m^*$ 只有一个运算:模 m 剩余类的乘法,由此引出了群的概念.

近世代数的中心问题是研究群、环、域等代数系统的结构及其态射(保持运算的映射).

运用代数系统的结构及其态射去解决有关问题,这是近世代数应用的常用方法. 我们在下面一小节来举一个典型例子.

0.3.3 欧拉函数

定义 1 设 m 是大于 1 的整数,集合 $\{1, 2, \cdots, m\}$ 中与 m 互素的整数的个数记做 $\varphi(m)$,称 $\varphi(m)$ 是**欧拉函数**.

根据 §0.3.2 中的定理 1 立即得到下述命题 1:

命题 1 $\varphi(m)$ 等于 $\mathbb{Z}_m$ 中可逆元的个数,即 $\varphi(m) = |\mathbb{Z}_m^*|$. □

如何计算欧拉函数 $\varphi(m)$ 的值?

命题 2 设 p 是素数,则 $\varphi(p) = p - 1$.

证明 设 p 是素数,则 $\mathbb{Z}_p$ 是一个域. 从而 $|\mathbb{Z}_p^*| = p - 1$. 因此
$$\varphi(p) = p - 1. \qquad \square$$

现在来探索 $\varphi(p^r)$ 等于多少?其中 p 是素数.

根据定义 1,容易求出 m 较小时 $\varphi(m)$ 的值. 见下表:

m	$\{1,2,\cdots,m\}$ 中与 m 互素的整数	$\varphi(m)$
2	1	1
3	1, 2	2
4	1, 3	2
5	1, 2, 3, 4	4
6	1, 5	2
8	1, 3, 5, 7	4
9	1, 2, 4, 5, 7, 8	6
12	1, 5, 7, 11	4
24	1, 5, 7, 11, 13, 17, 19, 23	8

$$\varphi(3^2)=\varphi(9)=6=3\times 2=3^1\times(3-1),$$
$$\varphi(2^3)=\varphi(8)=4=2^2\times 1=2^2\times(2-1),$$
$$\varphi(2^2)=\varphi(4)=2=2^1\times 1=2^1\times(2-1).$$

由此受到启发,猜测有下述结论:

命题 3 设 p 是素数,则对一切正整数 r,有
$$\varphi(p^r)=p^{r-1}(p-1).$$

证明 先计算集合 $\{1,2,\cdots,p^r\}$ 中与 p^r 不互素的整数的个数. 任取这个集合中的一个元素 a,根据互素的整数的性质得,若 $(a,p)=1$,则 $(a,p^r)=1$. 根据素数的特征得,若 $(a,p)\neq 1$,则 $p\mid a$,于是 $(a,p^r)\neq 1$. 因此,
$$(a,p^r)\neq 1 \Leftrightarrow (a,p)\neq 1 \Leftrightarrow p\mid a$$
$$\Leftrightarrow a=p, 2p,\cdots, p^{r-1}p.$$
从而集合 $\{1,2,\cdots,p^r\}$ 中与 p^r 不互素的整数有 p^{r-1} 个. 于是
$$\varphi(p^r)=p^r-p^{r-1}=p^{r-1}(p-1). \qquad \square$$

观察:
$$\varphi(6)=\varphi(2\times 3)=2=1\times 2=\varphi(2)\times\varphi(3),$$
$$\varphi(12)=\varphi(3\times 4)=4=2\times 2=\varphi(3)\times\varphi(4),$$
$$\varphi(12)=\varphi(2\times 6)=4\neq 1\times 2=\varphi(2)\times\varphi(6),$$

$$\varphi(24) = \varphi(3 \times 8) = 8 = 2 \times 4 = \varphi(3) \times \varphi(8),$$
$$\varphi(24) = \varphi(4 \times 6) = 8 \neq 2 \times 2 = \varphi(4) \times \varphi(6).$$

猜测有下述结论:

设 $m = m_1 m_2$, 且 $(m_1, m_2) = 1$, 则
$$\varphi(m) = \varphi(m_1)\varphi(m_2). \tag{1}$$

这个猜测是真的吗? 我们来探索.

(1)式左边的 $\varphi(m)$ 是 $\mathbb{Z}_m$ 的可逆元的个数. (1)式右边的 $\varphi(m_1)$ 是 $\mathbb{Z}_{m_1}$ 的可逆元的个数, $\varphi(m_2)$ 是 $\mathbb{Z}_{m_2}$ 的可逆元的个数, 那么 $\varphi(m_1)\varphi(m_2)$ 有没有可能是某一个环的可逆元的个数呢? 考虑 $\mathbb{Z}_{m_1}$ 与 $\mathbb{Z}_{m_2}$ 的笛卡儿积:

$$\mathbb{Z}_{m_1} \times \mathbb{Z}_{m_2} = \{(\tilde{a}_1, \tilde{\tilde{a}}_2) \mid \tilde{a}_1 \in \mathbb{Z}_{m_1}, \tilde{\tilde{a}}_2 \in \mathbb{Z}_{m_2}\}.$$

在 $\mathbb{Z}_{m_1} \times \mathbb{Z}_{m_2}$ 中规定加法和乘法运算如下:
$$(\tilde{a}_1, \tilde{\tilde{a}}_2) + (\tilde{b}_1, \tilde{\tilde{b}}_2) := (\tilde{a}_1 + \tilde{b}_1, \tilde{\tilde{a}}_2 + \tilde{\tilde{b}}_2),$$
$$(\tilde{a}_1, \tilde{\tilde{a}}_2)(\tilde{b}_1, \tilde{\tilde{b}}_2) := (\tilde{a}_1 \tilde{b}_1, \tilde{\tilde{a}}_2 \tilde{\tilde{b}}_2).$$

容易验证 $\mathbb{Z}_{m_1} \times \mathbb{Z}_{m_2}$ 成为一个有单位元 $(\tilde{1}, \tilde{\tilde{1}})$ 的交换环, 把这个环叫做环 $\mathbb{Z}_{m_1}$ 与 $\mathbb{Z}_{m_2}$ 的**直和**, 记做 $\mathbb{Z}_{m_1} \oplus \mathbb{Z}_{m_2}$. 我们有

$(\tilde{a}_1, \tilde{\tilde{a}}_2)$ 是 $\mathbb{Z}_{m_1} \oplus \mathbb{Z}_{m_2}$ 的可逆元

$\Leftrightarrow$ 存在 $(\tilde{b}_1, \tilde{\tilde{b}}_2) \in \mathbb{Z}_{m_1} \oplus \mathbb{Z}_{m_2}$, 使得 $(\tilde{a}_1, \tilde{\tilde{a}}_2)(\tilde{b}_1, \tilde{\tilde{b}}_2) = (\tilde{1}, \tilde{\tilde{1}})$,

即 $(\tilde{a}_1 \tilde{b}_1, \tilde{\tilde{a}}_2 \tilde{\tilde{b}}_2) = (\tilde{1}, \tilde{\tilde{1}})$

$\Leftrightarrow$ 存在 $\tilde{b}_1 \in \mathbb{Z}_{m_1}, \tilde{\tilde{b}}_2 \in \mathbb{Z}_{m_2}$, 使得 $\tilde{a}_1 \tilde{b}_1 = \tilde{1}, \tilde{\tilde{a}}_2 \tilde{\tilde{b}}_2 = \tilde{\tilde{1}}$

$\Leftrightarrow \tilde{a}_1$ 是 $\mathbb{Z}_{m_1}$ 的可逆元, 且 $\tilde{\tilde{a}}_2$ 是 $\mathbb{Z}_{m_2}$ 的可逆元.

由此得出下述结论:

命题 4 $\mathbb{Z}_{m_1} \oplus \mathbb{Z}_{m_2}$ 的可逆元的个数等于 $\varphi(m_1)\varphi(m_2)$. □

命题 4 给出了 $\varphi(m_1)\varphi(m_2)$ 的一个结构性的解释.

既然(1)式的左边是 $\mathbb{Z}_m$ 的可逆元的个数, (1)式的右边是 $\mathbb{Z}_{m_1} \oplus \mathbb{Z}_{m_2}$ 的可逆元的个数, 自然应当去研究环 $\mathbb{Z}_m$ 与 $\mathbb{Z}_{m_1} \oplus \mathbb{Z}_{m_2}$ 的关系. 为此, 首先要建立 $\mathbb{Z}_m$ 到 $\mathbb{Z}_{m_1} \oplus \mathbb{Z}_{m_2}$ 的一个对应法则:

$$\sigma: \mathbb{Z}_m \to \mathbb{Z}_{m_1} \oplus \mathbb{Z}_{m_2}$$
$$\bar{x} \mapsto (\tilde{x}, \tilde{\tilde{x}}).$$

σ 是不是一个映射？由于 $m=m_1m_2$，因此
$$\bar{x}=\bar{y} \Leftrightarrow x\equiv y(\mathrm{mod}\ m) \Leftrightarrow m\,|\,x-y$$
$$\Rightarrow m_1\,|\,x-y, \text{且}\ m_2\,|\,x-y$$
$$\Leftrightarrow x\equiv y(\mathrm{mod}\ m_1), \text{且}\ x\equiv y(\mathrm{mod}\ m_2)$$
$$\Leftrightarrow \tilde{x}=\tilde{y}, \text{且}\ \tilde{\tilde{x}}=\tilde{\tilde{y}} \Leftrightarrow (\tilde{x},\tilde{\tilde{x}})=(\tilde{y},\tilde{\tilde{y}}).$$

从而 σ 是 $\mathbb{Z}_m$ 到 $\mathbb{Z}_{m_1}\oplus\mathbb{Z}_{m_2}$ 的一个映射. 由于 $(m_1,m_2)=1$，因此从 $m_1\,|\,x-y$，且 $m_2\,|\,x-y$，可推出 $m_1m_2\,|\,x-y$. 于是上述推导过程的第三个 "$\Rightarrow$" 可换成 "$\Leftrightarrow$"，从而 σ 是单射. 由于 $|\mathbb{Z}_m|=m=m_1m_2=|\mathbb{Z}_{m_1}\oplus\mathbb{Z}_{m_2}|$，因此 σ 也是满射. 从而 σ 是双射. 由于
$$\sigma(\bar{x}\,\bar{y})=\sigma(\overline{xy})=(\widetilde{xy},\widetilde{\widetilde{xy}})=(\widetilde{x}\widetilde{y},\widetilde{\widetilde{x}}\widetilde{\widetilde{y}})=(\tilde{x},\tilde{\tilde{x}})(\tilde{y},\tilde{\tilde{y}})=\sigma(\bar{x})\sigma(\bar{y}),$$
因此 σ 保持乘法运算. 同理可证 σ 保持加法运算，即
$$\sigma(\bar{x}+\bar{y})=\sigma(\bar{x})+\sigma(\bar{y}).$$
由此引出下述概念：

定义 2 如果环 R 到环 R' 有一个双射 σ，并且 σ 保持加法和乘法运算，即
$$\sigma(a+b)=\sigma(a)+\sigma(b),\quad \forall\,a,b\in R;$$
$$\sigma(ab)=\sigma(a)\sigma(b),\quad \forall\,a,b\in R,$$
那么称 σ 是 R 到 R' 的一个**环同构映射**，此时称环 R 与 R' 是**同构的**，记做 $R\cong R'$.

从上面的讨论得出：

定理 1 设 $m=m_1m_2$，且 $(m_1,m_2)=1$，则 $\sigma:\bar{x}\mapsto(\tilde{x},\tilde{\tilde{x}})$ 是 $\mathbb{Z}_m$ 到 $\mathbb{Z}_{m_1}\oplus\mathbb{Z}_{m_2}$ 的一个环同构映射，从而 $\mathbb{Z}_m\cong\mathbb{Z}_{m_1}\oplus\mathbb{Z}_{m_2}$. □

由于环 $\mathbb{Z}_m$ 与 $\mathbb{Z}_{m_1}\oplus\mathbb{Z}_{m_2}$ 是同构的，因此直觉猜测 $\mathbb{Z}_m$ 的可逆元对应到 $\mathbb{Z}_{m_1}\oplus\mathbb{Z}_{m_2}$ 的可逆元. 论证如下：由于 σ 是单射，因此
$$\bar{a} \text{ 是 } \mathbb{Z}_m \text{ 的可逆元} \Leftrightarrow \text{存在 } \bar{b}\in\mathbb{Z}_m, \text{使得 } \bar{a}\bar{b}=\bar{1}$$
$$\Leftrightarrow \text{存在 } \bar{b}\in\mathbb{Z}_m, \text{使得 } \sigma(\bar{a}\bar{b})=\sigma(\bar{1})$$
$$\Leftrightarrow \text{存在 } \bar{b}\in\mathbb{Z}_m, \text{使得 } \sigma(\bar{a})\sigma(\bar{b})=(\tilde{1},\tilde{\tilde{1}})$$
$$\Rightarrow \sigma(\bar{a}) \text{ 是 } \mathbb{Z}_{m_1}\oplus\mathbb{Z}_{m_2} \text{ 的可逆元}.$$

由于 σ 是 $\mathbb{Z}_m$ 到 $\mathbb{Z}_{m_1}\oplus\mathbb{Z}_{m_2}$ 的满射，因此 $\mathbb{Z}_{m_1}\oplus\mathbb{Z}_{m_2}$ 的每个元素可以写成 $\sigma(\bar{b})$ 这种形式，其中 $\bar{b}\in\mathbb{Z}_m$. 从而上述推导过程的最后一步的 "$\Rightarrow$" 可换

成"⇔". 因此我们证明了：

$\bar{a}$ 是 $\mathbb{Z}_m$ 的可逆元 $\Leftrightarrow \sigma(\bar{a})$ 是 $\mathbb{Z}_{m_1} \oplus \mathbb{Z}_{m_2}$ 的可逆元.

又由于 σ 是 $\mathbb{Z}_m$ 到 $\mathbb{Z}_{m_1} \oplus \mathbb{Z}_{m_2}$ 的双射，因此 σ 诱导了 $\mathbb{Z}_m^*$ 到 $(\mathbb{Z}_{m_1} \oplus \mathbb{Z}_{m_2})^*$ 的一个双射，其中 $(\mathbb{Z}_{m_1} \oplus \mathbb{Z}_{m_2})^*$ 表示 $\mathbb{Z}_{m_1} \oplus \mathbb{Z}_{m_2}$ 的所有可逆元组成的集合. 于是 $|\mathbb{Z}_m^*| = |(\mathbb{Z}_{m_1} \oplus \mathbb{Z}_{m_2})^*|$，从而

$$\varphi(m) = \varphi(m_1)\varphi(m_2).$$

于是我们证明了前面做出的猜测是真的，即

定理 2 设 $m = m_1 m_2$，且 $(m_1, m_2) = 1$，则 $\varphi(m) = \varphi(m_1)\varphi(m_2)$. □

我们是运用近世代数研究代数系统的结构和态射的观点来证明定理 2 的. 首先给出 $\varphi(m_1)\varphi(m_2)$ 的一个结构性的解释，它是环 $\mathbb{Z}_{m_1} \oplus \mathbb{Z}_{m_2}$ 的可逆元的个数；然后在环 $\mathbb{Z}_m$ 与 $\mathbb{Z}_{m_1} \oplus \mathbb{Z}_{m_2}$ 之间建立一个双射 σ，并且证明 σ 保持乘法运算和加法运算，从而 σ 是 $\mathbb{Z}_m$ 到 $\mathbb{Z}_{m_1} \oplus \mathbb{Z}_{m_2}$ 的一个环同构映射. 由此得出，$\bar{a}$ 是 $\mathbb{Z}_m$ 的可逆元当且仅当 $\sigma(\bar{a})$ 是 $\mathbb{Z}_{m_1} \oplus \mathbb{Z}_{m_2}$ 的可逆元. 于是 $\mathbb{Z}_m$ 的可逆元的个数 $\varphi(m)$ 等于 $\mathbb{Z}_{m_1} \oplus \mathbb{Z}_{m_2}$ 的可逆元的个数，即为

$$\varphi(m_1)\varphi(m_2).$$

推论 1 设 $m = p_1^{r_1} p_2^{r_2} \cdots p_s^{r_s}$，其中 $p_1, p_2, \cdots, p_s$ 是两两不相等的素数，则

$$\varphi(m) = p_1^{r_1-1}(p_1-1) p_2^{r_2-1}(p_2-1) \cdots p_s^{r_s-1}(p_s-1).$$

证明 由于 $p_1^{r_1}, p_2^{r_2}, \cdots, p_s^{r_s}$ 两两互素，因此

$$\begin{aligned}\varphi(m) &= \varphi(p_1^{r_1})\varphi(p_2^{r_2} \cdots p_s^{r_s}) = \varphi(p_1^{r_1})\varphi(p_2^{r_2})\varphi(p_3^{r_3} \cdots p_s^{r_s}) \\ &= \cdots\cdots = \varphi(p_1^{r_1})\varphi(p_2^{r_2})\varphi(p_3^{r_3})\cdots\varphi(p_s^{r_s}) \\ &= p_1^{r_1-1}(p_1-1) p_2^{r_2-1}(p_2-1) \cdots p_s^{r_s-1}(p_s-1).\end{aligned}$$ □

从上述定理 2 的证明看到，对于实际问题，选取或构造合适的代数系统，利用代数系统的结构及其态射解决问题，这是近世代数应用的特色.

0.3.4 域的特征

在环 R 中，规定

$$ma := \underbrace{a + a + \cdots + a}_{m \text{ 个}},$$

即 m 个 a 的和记做 ma，读做"a 的 m 倍". 容易证明：
$$(m+n)a = ma + na, \quad (mn)a = m(na),$$
$$m(a+b) = ma + mb, \quad m(ab) = (ma)b = a(mb),$$
其中 m, n 都是正整数.

模 p 剩余类域 $\mathbb{Z}_p$ 与数域 K 有什么不同点呢？在 $\mathbb{Z}_p$ 中，
$$p\bar{1} = \underbrace{\bar{1} + \bar{1} + \cdots + \bar{1}}_{p\text{个}} = \bar{p} = \bar{0},$$
$$l\bar{1} = \bar{l} \neq \bar{0}, \quad \text{当 } 0 < l < p.$$
在数域 K 中，$\forall n \in \mathbb{N}^*$ 有
$$n1 = n \neq 0.$$
对于任一域 F，它的单位元 e 的正整数倍有什么规律？

情形 1 $\forall n \in \mathbb{N}^*$，有 $ne \neq 0$.

情形 2 存在正整数 n，使得 $ne = 0$. 设 n 是使 $ne = 0$ 成立的最小正整数. 假如 n 不是素数，则
$$n = n_1 n_2, \quad 1 < n_1 < n, \quad 1 < n_2 < n.$$
于是
$$(n_1 e)(n_2 e) = n_1[e(n_2 e)] = n_1[n_2(ee)] = n_1(n_2 e) = (n_1 n_2)e = ne = 0.$$
根据 n 的选择得，$n_1 e \neq 0$，$n_2 e \neq 0$. 于是 $n_1 e$ 是零因子. 从而 $n_1 e$ 不是可逆元，又 $n_1 e \neq 0$，这与 F 是域矛盾. 因此 n 是素数.

综上所述，我们证明了下述结论：

定理 1 设域 F 的单位元为 e，则或者 $\forall n \in \mathbb{N}^*$ 有 $ne \neq 0$，或者存在一个素数 p，使得 $pe = 0$，而对于 $0 < l < p$，有 $le \neq 0$. □

从定理 1 受到启发，引出下述概念：

定义 1 设域 F 的单位元为 e. 如果 $\forall n \in \mathbb{N}^*$ 有 $ne \neq 0$，那么称**域 F 的特征**为 0；如果存在一个素数 p，使得 $pe = 0$，而对于 $0 < l < p$，有 $le \neq 0$，那么称**域 F 的特征**为 p.

域 F 的特征记做 char F.

根据定理 1 得，任一域 F 的特征或者是 0，或者为一个素数.

模 p 剩余类域 $\mathbb{Z}_p$ 的特征为 p；任一数域的特征为 0. 这就是 $\mathbb{Z}_p$ 与数域的本质区别.

命题 1 设域 F 的特征为素数 p，则 $\forall a \in F$ 有 $pa = 0$.

证明 $pa = p(ea) = (pe)a = 0a = 0$. □

在数域 K 中,任一非零数的任一正整数倍都不等于 0,而在特征为素数 p 的域 F 中,任一非零元的 p 倍都等于 0. 近世代数拓宽了人们的视野,不细察不知道,世界真奇妙!

习 题 0.3

1. 实数集 $\mathbb{R}$ 上的小于或等于关系(即 $\leqslant$)是不是一个等价关系?

2. 平面上所有点组成的集合记做 S,在平面上取定一个直角坐标系 Oxy. 在 S 上定义一个二元关系 $\sim$ 如下:
$$P_1(x_1, y_1) \sim P_2(x_2, y_2) \Leftrightarrow x_1 - x_2 \in \mathbb{Z}, \text{且 } y_1 - y_2 \in \mathbb{Z}.$$
$\sim$ 是不是 S 上的一个等价关系? 写出理由.

3. 在 $\mathbb{Z}$ 上建立模 2 同余关系如下:
整数 a 与 b 模 2 同余 $\Leftrightarrow a$ 与 b 被 2 除后余数相同.
说明模 2 同余关系是一个等价关系,等价类称为模 2 剩余类. 模 2 剩余类有几个? 写出它们.

4. 在 $\mathbb{Z}$ 上建立模 4 同余关系如下:
整数 a 与 b 模 4 同余 $\Leftrightarrow a$ 与 b 被 4 除后余数相同.
模 4 同余关系是一个等价关系,等价类称为模 4 剩余类. 写出所有模 4 剩余类.

5. 分别写出 $\mathbb{Z}$ 对于模 2 同余关系的商集 $\mathbb{Z}_2$,$\mathbb{Z}$ 对于模 4 同余关系的商集 $\mathbb{Z}_4$.

6. 今天是星期五,过了 102 天是星期几? 过了 365 天呢?

7. 今天是星期三,过了 368 天是星期几?

8. 在 $\mathbb{Z}_7$ 中计算:
$$\overline{1} - \overline{2}, \overline{2} - \overline{1}, \overline{1} - \overline{4}, \overline{4} - \overline{1}, \overline{2} - \overline{4}, \overline{4} - \overline{2},$$
所得的 6 个差有什么规律?

9. 在 $\mathbb{Z}_7$ 中计算每个非零元的平方,所得的元素与第 8 题的题目中的元素有什么联系?

10. 对于 $\mathbb{Z}_{11}$ 的子集 $D = \{\overline{1}, \overline{3}, \overline{4}, \overline{5}, \overline{9}\}$,计算 D 中每两个不同元素的差,所得的 20 个差有什么规律?

11. 在 $\mathbb{Z}_{11}$ 中计算每个非零元的平方,所得的元素与第 10 题中 D 的元素有什么联系?

12. $\mathbb{Z}_8, \mathbb{Z}_9, \mathbb{Z}_{10}, \mathbb{Z}_{11}, \mathbb{Z}_{12}, \mathbb{Z}_{13}$ 哪些不是域? 哪些是域?

13. 写出 $\mathbb{Z}_{18}$ 的所有可逆元和所有零因子.

14. 分别写出群 $\mathbb{Z}_4^*, \mathbb{Z}_6^*, \mathbb{Z}_8^*, \mathbb{Z}_9^*, \mathbb{Z}_{10}^*, \mathbb{Z}_{15}^*$ 的所有元素?

15. 分别在群 $\mathbb{Z}_9^*, \mathbb{Z}_{15}^*$ 中求出每个元素的逆元.

16. 求 $\varphi(2^5), \varphi(3^4), \varphi(5^3)$.

17. 写出 $\mathbb{Z}_4 \oplus \mathbb{Z}_9$ 的所有可逆元.

18. $\mathbb{Z}_{27} \oplus \mathbb{Z}_{49}$ 的可逆元有多少个?

19. 求 $\varphi(100), \varphi(225), \varphi(56)$.

20. 求 $\varphi(60), \varphi(1360), \varphi(420)$.

21. 设大于 1 的整数 $m = p_1^{r_1} p_2^{r_2} \cdots p_s^{r_s}$, 其中 $p_1, p_2, \cdots, p_s$ 是两两不等的素数. 证明:
$$\varphi(m) = m\left(1 - \frac{1}{p_1}\right)\left(1 - \frac{1}{p_2}\right) \cdots \left(1 - \frac{1}{p_s}\right).$$

22. 设 F 是特征为 2 的域. 任给 $a, b \in F$, 计算: $(a+b)^2, (a+b)^4, (a+b)^8$. 由此你能猜测 $(a+b)^{2^r}$ 等于多少吗? 你能证明这个猜测是真的吗?

23. 设 F 是特征为素数 p 的域. 证明: $\forall a, b \in F$, 有 $(a+b)^p = a^p + b^p$.

第一章 群

§1.1 循环群

设 G 是一个群,对于 $a,b \in G$,由于
$$(ab)(b^{-1}a^{-1}) = a(bb^{-1})a^{-1} = aea^{-1} = e, \quad (b^{-1}a^{-1})(ab) = e,$$
因此 $(ab)^{-1} = b^{-1}a^{-1}$.

由于群 G 的运算适合结合律,因此可以令
$$a^n := \underbrace{aa\cdots a}_{n\text{个}}.$$
我们还规定:
$$a^0 := e, \quad a^{-n} := (a^{-1})^n, \quad n \in \mathbb{N}^*.$$
容易验证:
$$a^n a^m = a^{n+m}, \quad (a^n)^m = a^{nm}, \quad n,m \in \mathbb{Z}.$$
注意,一般地 $(ab)^n \neq a^n b^n$.

如果群 G 的运算写成加法,那么把 G 的单位元称为**零元**,记做 0;把 a 的逆元称为**负元**,记做 $-a$;把 a^n 写成 na,读做"a 的 n 倍",即
$$0a := 0; \quad na := \underbrace{a+a+\cdots+a}_{n\text{个}}, \quad (-n)a := n(-a), \quad n \in \mathbb{Z}^*.$$

如果群 G 有无限多个元素,那么称 G 是**无限群**. 如果群 G 只有有限多个元素,那么称 G 为**有限群**. 此时 G 的元素个数称为 G 的**阶**,记做 $|G|$.

容易验证,整数集 $\mathbb{Z}$ 对于加法成为一个群,记做 $(\mathbb{Z}, +)$,它的零元为 0,即
$$(\mathbb{Z}, +) = \{k \mid k \in \mathbb{Z}\}.$$

模 m 剩余类环 $\mathbb{Z}_m$ 对于加法成为一个群,记做 $(\mathbb{Z}_m, +)$,它的零元为 $\bar{0}$,即
$$(\mathbb{Z}_m, +) = \{\bar{0}, \bar{1}, \bar{2}, \cdots, \overline{m-1}\} = \{l\bar{1} \mid l = 0, 1, \cdots, m-1\}.$$

对于群 $\mathbb{Z}_9^* = \{\overline{1}, \overline{2}, \overline{4}, \overline{5}, \overline{7}, \overline{8}\}$，由于

$$\overline{2}^2 = \overline{4}, \quad \overline{2}^3 = \overline{8}, \quad \overline{2}^4 = \overline{7}, \quad \overline{2}^5 = \overline{5}, \quad \overline{2}^6 = \overline{1}.$$

因此

$$\mathbb{Z}_9^* = \{\overline{2}^r \mid r = 0, 1, 2, 3, 4, 5\}.$$

从上述例子，我们抽象出下述概念：

定义 1 设群 G 的运算记做乘法（或加法），如果 G 的每一个元素能写成 G 的某一个元素 a 的整数次幂（或 a 的整数倍）的形式，那么称 G 为**循环群**，把 a 叫做 G 的一个**生成元**，并把 G 记成 $\langle a \rangle$.

设 $G = \langle a \rangle$，运算记成乘法（或加法），单位元为 e（或零元为 0）.

情形 1 $\forall n \in \mathbb{N}^*$ 都有 $a^n \neq e$（或 $na \neq 0$）.

此时若 $i \neq j$，则必有 $a^i \neq a^j$（或 $ia \neq ja$）. 因此

$$\langle a \rangle = \{\cdots, a^{-n}, \cdots, a^{-1}, e, a, a^2, \cdots, a^n, \cdots\}$$

$$(\text{或} \langle a \rangle = \{\cdots, -na, \cdots, -a, 0, a, 2a, \cdots, na, \cdots\}).$$

此时称 $\langle a \rangle$ 是**无限循环群**. 例如，$(\mathbb{Z}, +)$ 是无限循环群.

情形 2 存在 $n \in \mathbb{N}^*$，使得 $a^n = e$（或 $na = 0$）.

设 n 是使得 $a^n = e$（或 $na = 0$）成立的最小正整数，则

$$\langle a \rangle = \{e, a, a^2, \cdots, a^{n-1}\}, \quad \text{注意 } a^{-1} = a^{n-1}$$

$$(\text{或} \langle a \rangle = \{0, a, 2a, \cdots, (n-1)a\}).$$

此时 $\langle a \rangle$ 的阶为 n. 例如，$(\mathbb{Z}_m, +)$ 是 m 阶循环群，$\mathbb{Z}_9^*$ 是 6 阶循环群.

循环群一定是 Abel 群，但是 Abel 群不一定是循环群. 例如，$\mathbb{Z}_8^* = \{\overline{1}, \overline{3}, \overline{5}, \overline{7}\}$. 由于 $\overline{3}^2 = \overline{1}, \overline{5}^2 = \overline{1}, \overline{7}^2 = \overline{1}$，因此 $\mathbb{Z}_8^*$ 不是循环群.

探索：有限 Abel 群满足什么条件才是循环群？

从 n 阶循环群 $G = \langle a \rangle$ 的生成元 a 满足 $a^n = e$，且 n 是使得 $a^n = e$ 成立的最小正整数受到启发，引出下述概念：

定义 2 对于群 G 的元素 a，若存在正整数 n，使得 $a^n = e$（或 $na = 0$），则把使得 $a^n = e$（或 $na = 0$）成立的最小正整数 n 称为 a 的**阶**，记做 $|a|$；若 $\forall n \in \mathbb{Z}^*$ 都有 $a^n \neq e$（或 $na \neq 0$），则称 a 是**无限阶元素**.

例如，在 $(\mathbb{Z}, +)$ 中，1 是无限阶元素. 在 $(\mathbb{Z}_m, +)$ 中，$\overline{1}$ 的阶为 m. 在 $\mathbb{Z}_9^*$ 中，$\overline{2}$ 的阶为 6.

命题 1 有限群 G 是循环群当且仅当 G 中有一个元素的阶等于群 G 的阶.

证明 **必要性** 设 $G=\langle a\rangle$ 是 n 阶循环群,则 G 的生成元 a 满足 $a^n=e$,且 n 是使得 $a^n=e$ 成立的最小正整数. 于是 a 的阶为 n.

充分性 设有限群 G 中有一个元素 a 的阶等于群 G 的阶 n,则 e, $a,a^2,\cdots,a^{n-1}$ 两两不等(假如有 $a^i=a^j$,其中 $0\leqslant i<j<n$,则 $a^{j-i}=e$,这与 a 的阶为 n 矛盾). 于是集合 $\{e,a,a^2,\cdots,a^{n-1}\}$ 的元素个数为 n,又它是 G 的子集,且 $|G|=n$,因此 $\{e,a,a^2,\cdots,a^{n-1}\}=G$. 这表明 G 是循环群. □

从命题 1 中看到,群的元素的阶对于研究群的结构有帮助.

命题 2 群 G 的运算为乘法,设 G 中元素 a 的阶为 n,则对于正整数 m,有
$$a^m=e \Leftrightarrow n\,|\,m.$$

证明 设 $m=hn+r, 0\leqslant r<n$,则
$$a^m=a^{hn+r}=(a^n)^h a^r=e^h a^r=a^r.$$
由于 a 的阶为 n,因此 $a^m=e \Leftrightarrow a^r=e \Leftrightarrow r=0 \Leftrightarrow m=hn \Leftrightarrow n\,|\,m.$ □

命题 3 群 G 的运算为乘法,设 G 中元素 a 的阶为 n,则 $\forall k\in\mathbb{N}^*$,有
$$|a^k|=\frac{n}{(n,k)}.$$

证明 设 a^k 的阶为 s,则
$$e=(a^k)^s=a^{ks}.$$
由于 a 的阶为 n,因此根据命题 2,可得 $n\,|\,ks$. 从而
$$\frac{n}{(n,k)}\,\bigg|\,\frac{k}{(n,k)}s.$$
由于 $\left(\dfrac{n}{(n,k)},\dfrac{k}{(n,k)}\right)=1$,因此 $\dfrac{n}{(n,k)}\,|\,s$.

想证 $s\,\bigg|\,\dfrac{n}{(n,k)}$,为此对 a^k 用命题 2 去考虑
$$(a^k)^{\frac{n}{(n,k)}}=a^{n\frac{k}{(n,k)}}=e^{\frac{k}{(n,k)}}=e.$$
于是 $s\,\bigg|\,\dfrac{n}{(n,k)}.$

综上所述,$s=\dfrac{n}{(n,k)}.$ □

命题 4 群 G 中,若 $ab=ba$, a,b 的阶分别为 n,m,且 $(n,m)=1$,则

ab 的阶等于 nm.

证明 由于 $ab=ba$,因此
$$(ab)^{nm}=a^{nm}b^{nm}=e^m e^n=e.$$
从而 ab 是有限阶元素,设 ab 的阶为 s,则 $s\mid nm$. 由于
$$e=(ab)^{sn}=a^{sn}b^{sn}=e^s b^{sn}=b^{sn},$$
因此 $m\mid sn$. 由于 $(m,n)=1$,因此 $m\mid s$. 同理可证,$n\mid s$. 由于 $(n,m)=1$,因此 $nm\mid s$.

综上所述,$s=nm$. □

$\mathbb{Z}_9^*=\{\overline{1},\overline{2},\overline{4},\overline{5},\overline{7},\overline{8}\}$ 是 Abel 群,由前面已证得 $\overline{2}$ 的阶为 6;由于 $\overline{4}^2=\overline{7},\overline{4}^3=\overline{1}$,因此 $\overline{4}$ 的阶为 3;由于 $\overline{5}^2=\overline{7},\overline{5}^3=\overline{8},\overline{5}^4=\overline{4},\overline{5}^5=\overline{2},\overline{5}^6=\overline{1}$,因此 $\overline{5}$ 的阶为 6;由于 $\overline{7}^2=\overline{4},\overline{7}^3=\overline{1}$,因此 $\overline{7}$ 的阶为 3;由于 $\overline{8}^2=\overline{1}$,因此 $\overline{8}$ 的阶为 2;$\overline{1}$ 的阶为 1. 由此看出,$\mathbb{Z}_9^*$ 中 $\overline{2}$ 的阶 6 是其他元素的阶的倍数. 由此受到启发,猜测有下述结论:

命题 5 设 G 是有限 Abel 群,则 G 中有一个元素的阶是其他元素的阶的倍数.

证明 设 a 是 G 中阶最大的一个元素,a 的阶为 n. 假如 G 中有一个元素 b 的阶 m 不是 n 的因数,则存在一个素数 p,使得 $p^r\mid m$,但是 $p^r\nmid n$. 设
$$m=p^r l,\quad n=p^s k,\quad (k,p)=1,\quad 0\leqslant s<r,$$
则
$$|b^l|=\frac{m}{(m,l)}=\frac{p^r l}{l}=p^r,$$
$$|a^{p^s}|=\frac{n}{(n,p^s)}=\frac{p^s k}{p^s}=k.$$
由于 $(p,k)=1$,因此 $(p^r,k)=1$. 根据命题 4 得,
$$|b^l a^{p^s}|=p^r k>p^s k=n.$$
这与 a 是最大阶元素矛盾. 因此 G 中每个元素的阶都是 a 的阶的因数. □

$\mathbb{Z}_9^*$ 是循环群,在 $\mathbb{Z}_9^*$ 中,$x^2=\overline{1}$ 的解恰有两个:$\overline{1}$ 和 $\overline{8}$;$x^3=\overline{1}$ 的解恰有 3 个:$\overline{1},\overline{4},\overline{7}$;$x^6=\overline{1}$ 的解恰有 6 个:$\overline{1},\overline{2},\overline{4},\overline{5},\overline{7},\overline{8}$.

$\mathbb{Z}_8^*$ 不是循环群,在 $\mathbb{Z}_8^*$ 中,$x^2=\overline{1}$ 的解有 4 个:$\overline{1},\overline{3},\overline{5},\overline{7}$.

从上述例子受到启发,猜测有下述结论:

定理 1 设 G 是有限 Abel 群. 如果对于任给的正整数 m, 方程 $x^m = e$ 在 G 中的解的个数不超过 m, 那么 G 是循环群.

证明 设 a 是群 G 的最大阶元素, a 的阶为 n. 则 G 中每个元素的阶都是 n 的因数, 从而 G 中每个元素都是方程 $x^n = e$ 的解. 由已知条件得, $|G| \leqslant n$.

由于 a 的阶为 n, 因此 $e, a, a^2, \cdots, a^{n-1}$ 是 G 中 n 个不同的元素, 从而 $|G| \geqslant n$.

综上所述得, $|G| = n$. 于是 a 的阶等于 $|G|$. 因此 G 是循环群. □

定理 2 有限域 F 的所有非零元组成的集合 F^* 对于乘法成为一个群, 且 F^* 是循环群.

证明 由于 F 中两个非零元的乘积仍是非零元, 因此域 F 的乘法是 F^* 的一个运算. F^* 的乘法运算满足结合律, F 的单位元 $e \in F^*$, F^* 的每个元素都是可逆元, 因此 F^* 成为一个群, 并且它是 Abel 群.

任给正整数 m, 由于域 F 上的 m 次多项式 $x^m - e$ 在 F 中至多有 m 个根 (重根按重数计算), 因此方程 $x^m = e$ 在 F^* 中的解的个数不超过 m. 根据定理 1, F^* 是循环群. □

推论 1 若 p 是素数, 则 $\mathbb{Z}_p^*$ 是循环群.

证明 若 p 是素数, 则 $\mathbb{Z}_p$ 是有限域, 从而 $\mathbb{Z}_p^*$ 是循环群. □

$\mathbb{Z}_4^* = \{\overline{1}, \overline{3}\}$. 由于 $\overline{3}^2 = \overline{1}$, 因此 $\mathbb{Z}_4^*$ 是循环群.

$\mathbb{Z}_6^* = \{\overline{1}, \overline{5}\}$. 由于 $\overline{5}^2 = \overline{1}$, 因此 $\mathbb{Z}_6^*$ 是循环群.

$\mathbb{Z}_8^*$ 不是循环群, $\mathbb{Z}_9^*$ 是循环群.

$\mathbb{Z}_{10}^* = \{\overline{1}, \overline{3}, \overline{7}, \overline{9}\}$. 由于 $\overline{3}^2 = \overline{9}, \overline{3}^3 = \overline{7}, \overline{3}^4 = \overline{1}$, 因此 $\mathbb{Z}_{10}^*$ 是循环群.

$\mathbb{Z}_{12}^* = \{\overline{1}, \overline{5}, \overline{7}, \overline{11}\}$. 由于 $\overline{5}^2 = \overline{1}, \overline{7}^2 = \overline{1}, \overline{11}^2 = \overline{1}$, 因此 $\mathbb{Z}_{12}^*$ 不是循环群.

$\mathbb{Z}_{14}^* = \{\overline{1}, \overline{3}, \overline{5}, \overline{9}, \overline{11}, \overline{13}\}$. 由于 $\overline{3}^2 = \overline{9}, \overline{3}^3 = \overline{13}, \overline{3}^4 = \overline{11}, \overline{3}^5 = \overline{5}, \overline{3}^6 = \overline{1}$, 因此 $\mathbb{Z}_{14}^*$ 是循环群.

$\mathbb{Z}_{15}^* = \{\overline{1}, \overline{2}, \overline{4}, \overline{7}, \overline{8}, \overline{11}, \overline{13}, \overline{14}\}$. 由于 $\overline{2}^2 = \overline{4}, \overline{2}^3 = \overline{8}, \overline{2}^4 = \overline{1}; \overline{4}^2 = \overline{1}; \overline{7}^2 = \overline{4}, \overline{7}^3 = \overline{13}, \overline{7}^4 = \overline{1}; \overline{8}^2 = \overline{4}, \overline{8}^3 = \overline{2}, \overline{8}^4 = \overline{1}; \overline{11}^2 = \overline{1}; \overline{13}^2 = \overline{4}, \overline{13}^3 = \overline{7}, \overline{13}^4 = \overline{1}; \overline{14}^2 = \overline{1}$, 因此 $\mathbb{Z}_{15}^*$ 不是循环群.

$\mathbb{Z}_{16}^* = \{\overline{1}, \overline{3}, \overline{5}, \overline{7}, \overline{9}, \overline{11}, \overline{13}, \overline{15}\}$. 由于 $\overline{3}^2 = \overline{9}, \overline{3}^3 = \overline{11}, \overline{3}^4 = \overline{1}; \overline{5}^2 = \overline{9}$,
$\overline{5}^3 = \overline{13}, \overline{5}^4 = \overline{1}; \overline{7}^2 = \overline{1}; \overline{9}^2 = \overline{1}; \overline{11}^2 = \overline{9}, \overline{11}^3 = \overline{3}, \overline{11}^4 = \overline{1}; \overline{13}^2 = \overline{9}, \overline{13}^3 = \overline{5}$,
$\overline{13}^4 = \overline{1}; \overline{15}^2 = \overline{1}$, 因此 $\mathbb{Z}_{16}^*$ 不是循环群.

$\mathbb{Z}_{18}^* = \{\overline{1}, \overline{5}, \overline{7}, \overline{11}, \overline{13}, \overline{17}\}$. 由于 $\overline{5}^2 = \overline{7}, \overline{5}^3 = \overline{17}, \overline{5}^4 = \overline{13}, \overline{5}^5 = \overline{11}, \overline{5}^6 = \overline{1}$, 因此 $\mathbb{Z}_{18}^*$ 是循环群.

从以上例子以及推论 1, 你能猜测: 当 m 是什么样的大于 1 的整数时, $\mathbb{Z}_m^*$ 是循环群?

定理 3 设 m 是大于 1 的整数, 则 $\mathbb{Z}_m^*$ 为循环群当且仅当 m 为下列情形之一:
$$2, 4, p^r, 2p^r, \quad \text{其中 } p \text{ 是奇素数}, r \in \mathbb{N}^*.$$

证明 定理 3 的证明省略, 感兴趣的读者可看参考文献[2]第 40—43 页的定理 5、定理 6. □

类似于环同构的概念, 也有群同构的概念.

定义 3 如果群 G 到群 $\widetilde{G}$ 有一个双射 σ, 使得
$$\sigma(ab) = \sigma(a)\sigma(b), \quad \forall a, b \in G,$$
那么称 σ 是 G 到 $\widetilde{G}$ 的一个**群同构映射**, 此时称群 G 与 $\widetilde{G}$ 是**同构的**, 记做 $G \cong \widetilde{G}$.

命题 6 设 σ 是 G 到 $\widetilde{G}$ 的一个群同构映射, 则
(1) $\sigma(e) = \bar{e}$, 其中 $\bar{e}$ 是 $\widetilde{G}$ 的单位元;
(2) $\sigma(a^{-1}) = \sigma(a)^{-1}, \forall a \in G$;
(3) a 与 $\sigma(a)$ 或者同为无限阶元素, 或者它们的阶相同.

证明 (1) $\sigma(e) = \sigma(ee) = \sigma(e)\sigma(e)$. 两边左乘 $\sigma(e)^{-1}$, 得
$$\bar{e} = \sigma(e)^{-1}[\sigma(e)\sigma(e)] = \bar{e}\sigma(e) = \sigma(e).$$
(2) 由于 $aa^{-1} = e$, 因此 $\sigma(a)\sigma(a^{-1}) = \bar{e}$, 从而 $\sigma(a)^{-1} = \sigma(a^{-1})$.
(3) $\forall n \in \mathbb{N}^*$, 由于 σ 是单射, 因此
$$a^n = e \Leftrightarrow \sigma(a^n) = \sigma(e) \Leftrightarrow [\sigma(a)]^n = \bar{e}.$$
从而, a 与 $\sigma(a)$ 或者同为无限阶元素, 或者它们的阶相同. □

从定义 3 和命题 6 看到, 同构的两个群, 它们的元素存在一个一一对应, 并且有关运算的性质被保持.

群的同构是所有群组成的集合上的一个二元关系, 容易验证它具有反身性、对称性和传递性, 因此它是一个等价关系, 等价类称为同

构类.

所有循环群组成的集合 Ω 有多少个同构类?

定理 4　(1) 任意一个无限循环群都与 $(\mathbb{Z},+)$ 同构;

(2) 对于 $m>1$,任意一个 m 阶循环群都与 $(\mathbb{Z}_m,+)$ 同构;

(3) 1 阶循环群都与加法群 $\{0\}$ 同构.

证明　(1) 设 $G=\langle a\rangle$ 是无限循环群,则 $G=\{a^k\mid k\in\mathbb{Z}\}$. 令
$$\sigma: G \to (\mathbb{Z},+)$$
$$a^k \mapsto k.$$
由于 $a^k=a^l \Leftrightarrow k=l$,因此 σ 是 G 到 $(\mathbb{Z},+)$ 的一个映射,且 σ 是单射. 任给 $k\in\mathbb{Z}$,有 $\sigma(a^k)=k$. 因此 σ 是满射. 从而 σ 是双射. 又有
$$\sigma(a^k a^l)=\sigma(a^{k+l})=k+l=\sigma(a^k)+\sigma(a^l),$$
因此 σ 是 G 到 $(\mathbb{Z},+)$ 的一个群同构映射. 从而 $G\cong(\mathbb{Z},+)$.

(2) 现在设 $G=\langle a\rangle$ 是 m 阶循环群,其中 $m>1$,则
$$G=\{e,a,a^2,\cdots,a^{m-1}\}.$$
令
$$\tau: G \to (\mathbb{Z}_m,+)$$
$$a^k \mapsto \bar{k},\quad 0\leqslant k<m.$$
由于 $a^k=a^l(0\leqslant k,l<m) \Leftrightarrow k=l(0\leqslant k,l<m) \Leftrightarrow \bar{k}=\bar{l}(0\leqslant k,l<m)$,因此 τ 是 G 到 $(\mathbb{Z}_m,+)$ 的一个映射,且 τ 是单射. 任给 $\bar{k}\in\mathbb{Z}_m, 0\leqslant k<m$,则 $\tau(a^k)=\bar{k}$,因此 τ 是满射. 从而 τ 是双射.

对于 $0\leqslant k,l<m$,设 $k+l=qm+r, 0\leqslant r<m$,则在 $\mathbb{Z}_m$ 中,$\overline{k+l}=\bar{r}$. 由于 $G=\langle a\rangle$ 的阶为 m,因此 a 的阶为 m. 于是有
$$\tau(a^k a^l)=\tau(a^{k+l})=\tau(a^{qm+r})=\tau(a^r)=\bar{r}=\overline{k+l}$$
$$=\bar{k}+\bar{l}=\tau(a^k)+\tau(a^l).$$

综上所述,τ 是 G 到 $(\mathbb{Z}_m,+)$ 的一个群同构映射. 因此 $G\cong(\mathbb{Z}_m,+)$.

(3) 容易验证,1 阶循环群 $\{e\}$ 与加法群 $\{0\}$ 同构. □

从定理 4 得到,所有无限循环群恰好组成一个同构类,它的代表是 $(\mathbb{Z},+)$;所有 1 阶循环群恰好组成一个同构类,它的代表是加法群 $\{0\}$;所有 2 阶循环群恰好组成一个同构类,它的代表是 $(\mathbb{Z}_2,+)$;所有 3 阶循环群恰好组成一个同构类,它的代表是 $(\mathbb{Z}_3,+)$;……;任给一个大于 1 的整数 m,所有 m 阶循环群恰好组成一个同构类,它的代表是

$(\mathbb{Z}_m, +)$.

设 R 是一个环,由于 R 的加法运算满足结合律、交换律,且 R 有零元,每个元素有负元,因此环 R 对于加法成为一个 Abel 群,记做 $(R, +)$.

定理 5 设 m_1, m_2 都是大于 1 的整数,则 $(\mathbb{Z}_{m_1} \oplus \mathbb{Z}_{m_2}, +)$ 是循环群当且仅当 m_1 与 m_2 互素.

证明 充分性 设 m_1 与 m_2 互素,则根据 §0.3.3 中的定理 1 得,环 $\mathbb{Z}_{m_1 m_2}$ 与环 $\mathbb{Z}_{m_1} \oplus \mathbb{Z}_{m_2}$ 同构,其中环同构映射为 $\sigma: \bar{x} \mapsto (\tilde{x}, \tilde{\tilde{x}})$. 由于 σ 是 $\mathbb{Z}_{m_1 m_2}$ 到 $\mathbb{Z}_{m_1} \oplus \mathbb{Z}_{m_2}$ 的一个双射,且保持加法运算,因此 σ 是 $(\mathbb{Z}_{m_1 m_2}, +)$ 到 $(\mathbb{Z}_{m_1} \oplus \mathbb{Z}_{m_2}, +)$ 的一个群同构映射. 由于 $(\mathbb{Z}_{m_1 m_2}, +)$ 是 $m_1 m_2$ 阶循环群,因此它的一个生成元 $\bar{1}$ 的阶为 $m_1 m_2$. 根据命题 6 得,$(\tilde{1}, \tilde{\tilde{1}})$ 的阶为 $m_1 m_2$. 又由于 $(\mathbb{Z}_{m_1} \oplus \mathbb{Z}_{m_2}, +)$ 的阶为 $m_1 m_2$,因此 $(\mathbb{Z}_{m_1} \oplus \mathbb{Z}_{m_2}, +)$ 是循环群.

必要性 证它的逆否命题:设 $(m_1, m_2) \neq 1$,去证群 $(\mathbb{Z}_{m_1} \oplus \mathbb{Z}_{m_2}, +)$ 不是循环群. 只要证 $(\mathbb{Z}_{m_1} \oplus \mathbb{Z}_{m_2}, +)$ 的任一元素 $(\tilde{a}_1, \tilde{\tilde{a}}_2)$ 的阶都小于群 $(\mathbb{Z}_{m_1} \oplus \mathbb{Z}_{m_2}, +)$ 的阶 $m_1 m_2$ 就可以了. 设 $(m_1, m_2) = d > 1$, 则 $m_1 = k_1 d$, $1 \leqslant k_1 < m_1$; $m_2 = k_2 d$, $1 \leqslant k_2 < m_2$. 由于 $(\mathbb{Z}_{m_1}, +)$ 是 m_1 阶循环群,因此 $\tilde{1}$ 的阶为 m_1. 同理,$\tilde{\tilde{1}}$ 的阶为 m_2. 于是有

$$k_1 d k_2 (\tilde{a}_1, \tilde{\tilde{a}}_2) = (k_1 d k_2 \tilde{a}_1, k_1 d k_2 \tilde{\tilde{a}}_2) = (k_2 m_1 \tilde{a}_1, k_1 m_2 \tilde{\tilde{a}}_2)$$
$$= (k_2 m_1 \tilde{1} \tilde{a}_1, k_1 m_2 \tilde{\tilde{1}} \tilde{\tilde{a}}_2) = (k_2 \tilde{0} \tilde{a}_1, k_1 \tilde{\tilde{0}} \tilde{\tilde{a}}_2) = (\tilde{0}, \tilde{\tilde{0}}).$$

从而 $(\tilde{a}_1, \tilde{\tilde{a}}_2)$ 的阶 $s \mid k_1 d k_2$. 由于 $k_1 d k_2 = m_1 k_2 < m_1 m_2$, 因此 $s < m_1 m_2$. 于是 $(\mathbb{Z}_{m_1} \oplus \mathbb{Z}_{m_2}, +)$ 不是循环群. □

从定理 5 立即得到, $(\mathbb{Z}_2 \oplus \mathbb{Z}_2, +) = \{(\bar{0}, \bar{0}), (\bar{0}, \bar{1}), (\bar{1}, \bar{0}), (\bar{1}, \bar{1})\}$ 是非循环的 4 阶 Abel 群. 由于 $2(\bar{0}, \bar{1}) = (2\bar{0}, 2\bar{1}) = (\bar{0}, \bar{0})$, 因此 $(\bar{0}, \bar{1})$ 是 2 阶元. 类似可证 $(\bar{1}, \bar{0})$, $(\bar{1}, \bar{1})$ 都是 2 阶元. 由于 $(\mathbb{Z}_2 \oplus \mathbb{Z}_2, +)$ 没有 4 阶元,而 $(\mathbb{Z}_4, +)$ 有 4 阶元 $\bar{1}$, 因此 $(\mathbb{Z}_2 \oplus \mathbb{Z}_2, +)$ 与 $(\mathbb{Z}_4, +)$ 不同构.

习 题 1.1

1. 设 n 是正整数,在复数域 $\mathbb{C}$ 中,所有 n 次单位根(即多项式 $x^n - 1$ 的复根)组成的集合对于复数的乘法成为一个群,称它为 $\mathbb{C}$ 中的 **n 次单位根群**,记做 U_n.

令 $\xi_n = e^{i\frac{2\pi}{n}}$，说明 U_n 是循环群，ξ_n 是它的一个生成元.

2. 如果一个棱锥的底面是正 n 边形（$n \geqslant 3$），并且顶点在底面的射影是底面的中心，那么称这个棱锥是**正 n 棱锥**. 空间中绕某条直线的旋转 σ，如果把一个正 n 棱锥变成与它自身重合的图形，那么称 σ 是这个正 n 棱锥的一个**旋转对称(性)变换**. 写出一个正 n 棱锥的所有旋转对称(性)变换，说明它们组成的集合 G 对于映射的乘法成为一个群，这个群是不是循环群？

3. 分别求出 $\mathbb{Z}_7^*$，$\mathbb{Z}_{11}^*$ 的所有生成元.

4. $\mathbb{Z}_{14}^*$ 是不是循环群？如果是，求出它的所有生成元.

5. 证明：若 $\mathbb{Z}_m^*$ 是循环群，则 $\mathbb{Z}_m^*$ 的生成元的个数等于 $\varphi(\varphi(m))$.

6. 设 m 是大于 1 的整数，求 m 阶循环群 G 的生成元的个数.

7. $(\mathbb{Z}_8, +)$ 的生成元有多少个？写出它们.

8. 复数域中的 n 次单位根群 U_n 的生成元称为**本原 n 次单位根**. 对于给定的正整数 $n > 1$，有多少个本原 n 次单位根？写出它们.

9. $\mathbb{Z}_{19}^*$，$\mathbb{Z}_{20}^*$，$\mathbb{Z}_{21}^*$，$\mathbb{Z}_{22}^*$，$\mathbb{Z}_{24}^*$，$\mathbb{Z}_{25}^*$，$\mathbb{Z}_{50}^*$，$\mathbb{Z}_{81}^*$，$\mathbb{Z}_{98}^*$，$\mathbb{Z}_{100}^*$，哪些是循环群？哪些不是循环群？

10. $(\mathbb{Z}_3 \oplus (\mathbb{Z}_2 \oplus \mathbb{Z}_2), +)$ 与 $(\mathbb{Z}_2 \oplus \mathbb{Z}_6, +)$ 同构吗？写出理由.

11. 下列 4 个 24 阶 Abel 群中，哪些是彼此同构的？

$(\mathbb{Z}_{24}, +)$，$(\mathbb{Z}_{12} \oplus \mathbb{Z}_2, +)$，$(\mathbb{Z}_6 \oplus \mathbb{Z}_4, +)$，$(\mathbb{Z}_3 \oplus (\mathbb{Z}_4 \oplus \mathbb{Z}_2), +)$.

12. 下列 100 阶 Abel 群中，哪些是循环群？

$(\mathbb{Z}_4 \oplus \mathbb{Z}_{25}, +)$，$(\mathbb{Z}_4 \oplus (\mathbb{Z}_5 \oplus \mathbb{Z}_5), +)$，$(\mathbb{Z}_2 \oplus \mathbb{Z}_{50}, +)$，$(\mathbb{Z}_{10} \oplus \mathbb{Z}_{10}, +)$.

13. 设 G 是一个群，证明：映射 $\sigma: x \mapsto x^{-1}$ 是 G 到自身的同构映射当且仅当 G 是 Abel 群.

14. 证明：如果群 G 的每一个非单位元的阶都为 2，那么 G 必为 Abel 群.

15. 证明：如果群 G 的阶为偶数，那么 G 必有 2 阶元.

16. 群 G 中，若 $ab = ba$，$|a| = n$，$|b| = m$，试问：ab 的阶等于 $[n, m]$ 吗？写出理由.

§1.2 图形的对称(性)群

自然界和现实生活中，许多事物都具有对称性. 如何度量对称性？

例如，等腰三角形具有对称性：关于底边上的高所在的直线对称. 这种对称性可以如下刻画：在平面上关于等腰三角形的底边上的高所在的直线的反射下，等腰三角形的像与它自身重合.

由上述例子受到启发,考察平面上(或空间中)一个图形 Γ 是否具有对称性,应当考察在平面上(或空间中)的一个变换下,图形 Γ 的像是否与自身重合.这种变换自然应当是保持任意两点的距离不变的变换.

定义 1 平面上(或空间中)的一个变换 σ 如果保持任意两点的距离不变,那么称 σ 是平面上(或空间中)的一个**正交点变换**(或**保距变换**)(isometry).

定义 2 平面上(或空间中)的一个正交点变换 σ 如果使得图形 Γ 的像与自身重合,那么称 σ 是图形 Γ 的**对称(性)变换**.

我们把图形 Γ 的所有对称(性)变换组成的集合记做 G. 我们知道,平面上(或空间中)两个正交点变换的乘积还是正交点变换;并且如果它们都使得图形 Γ 的像与自身重合,那么它们的乘积也使得 Γ 的像与自身重合,因此图形 Γ 的任意两个对称(性)变换的乘积还是 Γ 的对称(性)变换,从而映射的乘法是 G 上的一个运算,它满足结合律;恒等变换 I 属于 G,I 是 G 的单位元. 由于正交点变换是可逆变换,且正交点变换的逆变换还是正交点变换(见参考文献[3]第六章 §2 的性质 5),且如果 σ 使得 Γ 的像与自身重合,那么 σ^{-1} 也使得 Γ 的像与自身重合,因此图形 Γ 的对称(性)变换 σ 的逆变换仍是 Γ 的对称(性)变换. 从而 G 的每个元素都在 G 中有逆元. 综上所得,G 是一个群,称 G 是**图形 Γ 的对称(性)群**(symmetry group),它可以用来度量图形的对称性.

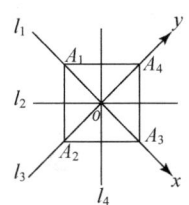

图 1.1

正方形 $A_1A_2A_3A_4$ 的对称(性)群记做 D_4,它含有哪些元素? 如图 1.1 所示.

D_4 含有下列元素:

绕正方形的中心 O 转角为 $\dfrac{\pi}{2}$ 的旋转,记做 σ,

绕正方形的中心 O 转角为 π 的旋转,它等于 σ^2,

绕正方形的中心 O 转角为 $\dfrac{3\pi}{2}$ 的旋转,它等于 σ^3,

绕正方形的中心 O 转角为 2π 的旋转,它等于 $\sigma^4=I$;

关于直线 l_1 的反射,记做 τ_1,

关于直线 l_2 的反射,记做 τ_2,
关于直线 l_3 的反射,记做 τ_3,
关于直线 l_4 的反射,记做 τ_4.
因此
$$D_4 \supseteq \{I, \sigma, \sigma^2, \sigma^3, \tau_1, \tau_2, \tau_3, \tau_4\}.$$
容易看出,$\tau_i^2 = I, i = 1, 2, 3, 4.$ 因此 $\tau_i^{-1} = \tau_i, i = 1, 2, 3, 4.$

我们来探索 $\tau_i (i = 2, 3, 4)$ 能否用 τ_1 和 σ 来表示.

设 τ 是关于直线 l 的反射,γ 是绕 l 上一个定点 O 转角为 θ 的旋转.试问:$\gamma\tau$ 是什么样的变换? 取点 O 为直角坐标系的原点,l 为 x 轴,建立右手直角坐标系 Oxy. 平面上任一点 $P(x, y)$ 在 τ 下的像是点 $P'(x, -y)$,点 P' 在 γ 下的像点 P'' 的坐标为 $(x\cos\theta - (-y)\sin\theta, x\sin\theta + (-y)\cos\theta)$. 由于点 P 在 $\gamma\tau$ 下的像为 P'',因此 $\gamma\tau$ 在 Oxy 中的公式为
$$x' = x\cos\theta + y\sin\theta, \quad y' = x\sin\theta - y\cos\theta.$$
根据参考文献[3]习题 6.2 第 11 题的结论得,$\gamma\tau$ 是关于直线 $\tilde{l}: x\sin\dfrac{\theta}{2} - y\cos\dfrac{\theta}{2} = 0$ 的反射.

现在以 O 为原点,l_1 为 x 轴建立直角坐标系 Oxy. 则 $\sigma\tau_1$ 是关于直线 $x\sin\dfrac{\pi}{4} - y\cos\dfrac{\pi}{4} = 0$ 的反射,即关于直线 l_2 的反射,于是 $\tau_2 = \sigma\tau_1$. 同理,$\sigma^2\tau_1$ 是关于直线 $x\sin\dfrac{\pi}{2} - y\cos\dfrac{\pi}{2} = 0$ 的反射,即关于直线 l_3 的反射,于是 $\tau_3 = \sigma^2\tau_1$. 同理,$\sigma^3\tau_1$ 是关于直线 $x\sin\dfrac{3\pi}{4} - y\cos\dfrac{3\pi}{4} = 0$ 的反射,即关于直线 l_4 的反射,于是 $\tau_4 = \sigma^3\tau_1$.

D_4 还有没有其他元素?

根据参考文献[3]第六章§6.2 的定理 6.4,平面上的正交点变换或者是平移,或者是旋转,或者是反射,或者是它们的乘积.于是正方形 $A_1A_2A_3A_4$ 的对称(性)变换或者是绕中心 O 的旋转,或者是关于过点 O 的直线的反射,或者是它们的乘积. 根据上面证得的结果,绕点 O 的旋转与关于过点 O 的直线的反射的乘积是关于过点 O 的某一条直线的反射.图 1.1 中的正方形顶点的有序组 $A_1A_2A_3A_4$ 成逆时针方向,绕点

O 的转角为正角的旋转使 $A_1A_2A_3A_4$ 仍成逆时针方向. 而关于过点 O 的直线的反射, 使得 $A_1A_2A_3A_4$ 成顺时针方向. 任取 $\eta \in D_4$, 设顶点 A_1 在 η 下的像是顶点 $A_j, j \in \{1, 2, 3, 4\}$.

情形 1 η 使 $A_1A_2A_3A_4$ 成逆时针方向, 则 η 必定是绕点 O 的旋转. 由于 A_1 在 η 下的像为 A_j, 因此转角为 $(j-1)\frac{\pi}{2}$. 从而 $\eta = \sigma^{j-1}$.

情形 2 η 使 $A_1A_2A_3A_4$ 成顺时针方向, 则 η 为关于过点 O 的直线的反射. 于是 η 必为 $\tau_1, \tau_2, \tau_3, \tau_4$ 之一. 由于 A_1 在 η 下的像为 A_j, 因此 $\eta = \tau_j$.

综上所述, $D_4 = \{I, \sigma, \sigma^2, \sigma^3, \tau_1, \tau_2, \tau_3, \tau_4\}$.

由于 $\tau_j = \sigma^{j-1}\tau_1, j = 1, 2, 3, 4$, 因此
$$D_4 = \{I, \sigma, \sigma^2, \sigma^3, \tau_1, \sigma\tau_1, \sigma^2\tau_1, \sigma^3\tau_1\}.$$

由此看出, D_4 可以由两个元素 σ 和 τ_1 生成. 我们把 σ, τ_1 称为 D_4 的两个**生成元**, 它们具有性质:
$$\sigma^4 = I, \quad \tau_1^2 = I. \tag{1}$$
由于 $(\sigma\tau_1)^2 = \tau_2^2 = I$, 即 $(\sigma\tau_1)(\sigma\tau_1) = I$, 因此两边左乘 σ^{-1} 得
$$\tau_1\sigma\tau_1 = \sigma^{-1}. \tag{2}$$
有了公式(1)和(2)以后, D_4 中任意两个元素的乘积就都可以计算出来了. 从(2)式得, $\tau_1\sigma = \sigma^{-1}\tau_1 = \sigma^3\tau_1$. 于是
$$(\sigma^2\tau_1)\sigma^3 = \sigma^2(\tau_1\sigma)\sigma^2 = \sigma^2(\sigma^3\tau_1)\sigma^2 = \sigma(\tau_1\sigma)\sigma = \sigma(\sigma^3\tau_1)\sigma = \sigma^4(\tau_1\sigma) = \sigma^3\tau_1.$$
我们把(1)式和(2)式称为 D_4 的两个生成元 σ 和 τ_1 适合的关系, 从而可以把 D_4 简洁地写成
$$D_4 = \langle \sigma, \tau \,|\, \sigma^4 = \tau^2 = I, \tau\sigma\tau = \sigma^{-1} \rangle, \tag{3}$$
其中 $\tau = \tau_1$. 事实上, τ 可以是关于正方形的任意一条对称轴的反射.

上面对于正方形的对称(性)群的研究方法, 完全适用于任何一个正 n 边形($n \geq 3$). 因此可以得出下述结论:

设正 n 边形($n \geq 3$)的中心为 O, 用 σ 表示绕点 O 转角为 $\frac{2\pi}{n}$ 的旋转, 用 τ 表示关于正 n 边形的某条对称轴的反射, 则正 n 边形的对称(性)群 D_n 为
$$D_n = \langle \sigma, \tau \,|\, \sigma^n = \tau^2 = I, \tau\sigma\tau = \sigma^{-1} \rangle,$$
其中 σ, τ 是 D_n 的两个生成元. 由于 $\tau\sigma = \sigma^{-1}\tau = \sigma^{n-1}\tau \neq \sigma\tau$, 因此 D_n 是非

Abel 群. 正 n 边形的对称(性)群 D_n 称为**二面体群**(dihedralgroup), 且 D_n 的阶为 $2n$.

习 题 1.2

1. 写出正六边形的对称(性)群 D_6 的所有元素, D_6 的生成元是什么？生成元适合的关系有哪些？D_6 的阶是多少？
2. 正五边形的对称(性)群 D_5 中, $(\sigma\tau)(\sigma^2\tau)$ 是哪个元素？
3. 写出正四面体的旋转对称(性)群的所有元素.
4. 写出正方体的旋转对称(性)群的所有元素.

§1.3 n 元对称群

群可以用来刻画图形的对称性，不止如此，群还可以用来刻画许多事物的对称性.

一元二次方程 $x^2+bx+c=0$ 的两个复根 x_1, x_2 适合下述关系：
$$x_1+x_2=-b, \quad x_1 x_2=c. \tag{1}$$
直观上感到这两个式子反映了复根 x_1, x_2 的对称性. 如何更深刻地揭示复根 x_1, x_2 的对称性？记 $\Omega=\{x_1, x_2\}$, 令
$$\sigma: \Omega \to \Omega$$
$$x_1 \mapsto x_2$$
$$x_2 \mapsto x_1,$$
即把 x_1 与 x_2 对调，此时(1)式成为
$$x_2+x_1=-b, \quad x_2 x_1=c. \tag{2}$$
这表明 Ω 到自身的一个双射 σ 使得 $x^2+bx+c=0$ 的两个复根 x_1, x_2 的关系式(1)保持成立. 这就揭示了这两个复根 x_1, x_2 的对称性的本质.

由此受到启发，为了刻画事物的对称性，需要考虑一个非空集合 Ω 到自身的所有双射组成的集合，记做 S_Ω. Ω 到自身的任意两个双射的乘积仍是 Ω 到自身的双射，因此映射的乘法是 S_Ω 上的一个运算，它满足结合律. Ω 上的恒等变换 I 是 S_Ω 的单位元, Ω 到自身的任一双射 σ 的逆

映射 σ^{-1} 仍是 Ω 到自身的双射. 于是 S_Ω 成为一个群, 称它为集合 Ω 上的**全变换群**(full transformation group).

特别地, 当 Ω 为有限集合时, Ω 到自身的一个双射叫做 Ω 上的一个**置换**(permutation). 设 Ω 含有 n 个元素, 不妨设 $\Omega = \{1, 2, \cdots, n\}$, 这时 Ω 上的一个置换称为 n **元置换**(permutation on n letters), 并且称 Ω 上的全变换群为 n **元对称群**(symmetric group on n letters), 记做 S_n.

设 n 元置换 σ 把 i 映成 $a_i (i=1,2,\cdots,n)$, 则通常把 σ 写成下述形式:

$$\sigma = \begin{pmatrix} 1 & 2 & \cdots & n \\ a_1 & a_2 & \cdots & a_n \end{pmatrix}. \tag{3}$$

由于 σ 是 Ω 到自身的一个双射, 因此 $a_1 a_2 \cdots a_n$ 是 $1, 2, \cdots, n$ 的一个 n 元排列. 反之, 对于任一 n 元排列 $a_1 a_2 \cdots a_n$, (3)式给出的 σ 是一个 n 元置换. 因此 S_n 与所有 n 元排列组成的集合之间有一个一一对应. 由于 n 元排列的总数是 $n!$, 因此 $|S_n| = n!$.

S_n 中任意两个置换相乘是按照映射的乘法进行的, 以 S_4 中两个置换 σ, τ 为例. 设

$$\sigma = \begin{pmatrix} 1 & 2 & 3 & 4 \\ 2 & 3 & 4 & 1 \end{pmatrix}, \quad \tau = \begin{pmatrix} 1 & 2 & 3 & 4 \\ 4 & 3 & 2 & 1 \end{pmatrix}. \tag{4}$$

则

$$\sigma\tau = \begin{matrix} 1 & 2 & 3 & 4 \\ \downarrow & \downarrow & \downarrow & \downarrow \\ 4 & 3 & 2 & 1 \\ \downarrow & \downarrow & \downarrow & \downarrow \\ 1 & 4 & 3 & 2 \end{matrix} = \begin{pmatrix} 1 & 2 & 3 & 4 \\ 1 & 4 & 3 & 2 \end{pmatrix}, \tag{5}$$

$$\tau\sigma = \begin{matrix} 1 & 2 & 3 & 4 \\ \downarrow & \downarrow & \downarrow & \downarrow \\ 2 & 3 & 4 & 1 \\ \downarrow & \downarrow & \downarrow & \downarrow \\ 3 & 2 & 1 & 4 \end{matrix} = \begin{pmatrix} 1 & 2 & 3 & 4 \\ 3 & 2 & 1 & 4 \end{pmatrix}. \tag{6}$$

我们还可以用一种更节省的方式写出置换. 例如, (4)式中的 σ, 它把 $1 \mapsto 2, 2 \mapsto 3, 3 \mapsto 4, 4 \mapsto 1$, 于是可以把 σ 写成下述形式:

$$\sigma = (1\ 2\ 3\ 4). \tag{7}$$

类似地,(4)式中的 τ,它把 $1\mapsto 4, 4\mapsto 1, 2\mapsto 3, 3\mapsto 2$,于是可以把 τ 写成下述形式:

$$\tau = (14)(23). \tag{8}$$

由此引出下述概念:

如果一个 n 元置换 σ 把 i_1 映成 i_2,把 i_2 映成 i_3,……,把 i_{r-1} 映成 i_r,把 i_r 映成 i_1,并且 σ 保持其余元素不变,那么称 σ 为一个 r-**轮换**(r-cycle),简称为**轮换**,记做 $(i_1 i_2 i_3 \cdots i_{r-1} i_r)$,也可以写成 $(i_2 i_3 \cdots i_{r-1} i_1)$,还可以写成 $(i_3 i_4 \cdots i_{r-1} i_1 i_2)$,等等. 特别地,2-轮换也称为**对换**;恒等映射 I 记做 (1).

两个轮换如果它们之间没有公共的元素,那么称它们**不相交**(disjoint).

例如,S_5 中,(134) 与 (25) 是不相交的两个轮换. 乘积 $(134)(25)$ 把 $1\mapsto 3, 2\mapsto 5, 3\mapsto 4, 4\mapsto 1, 5\mapsto 2$,而乘积 $(25)(134)$ 也是把 $1\mapsto 3, 2\mapsto 5, 3\mapsto 4, 4\mapsto 1, 5\mapsto 2$. 因此,$(134)(25)=(25)(134)$. 这种分析方法对于任意两个不相交的轮换都适用. 因此我们得到:

不相交的两个轮换对乘法是可交换的.

从(4)式中的 σ, τ 写成轮换形式的过程,容易猜想有下述结论:

定理 1 S_n 中任一非单位元的置换都能表示成一些两两不相交的轮换的乘积,并且除了轮换的排列次序外,表示法是唯一的.

证明 设 $\sigma \in S_n$,且 $\sigma \neq (1)$. 于是在 $\Omega = \{1, 2, \cdots, n\}$ 中至少有一个 i_1 使得 $\sigma(i_1) \neq i_1$. 设

$$\sigma(i_1) = i_2, \quad \sigma(i_2) = i_3, \quad \cdots.$$

由于 $|\Omega|=n$,因此在有限步后所得的像必与前面的元素重复. 设 i_r 是第一个与前面的元素重复的元素,设 $i_r = i_j, j<r$. 假如 $j>1$,由于 $\sigma(i_{r-1})=i_r$,$\sigma(i_{j-1})=i_j$,因此

$$\sigma^{r-1}(i_1) = i_r = i_j = \sigma^{j-1}(i_1). \tag{9}$$

在(9)式两边用 σ^{-1} 作用得

$$\sigma^{r-2}(i_1) = \sigma^{j-2}(i_1).$$

即 $i_{r-1}=i_{j-1}$. 这与 i_r 的选择矛盾. 因此 $j=1$. 从而 $i_r=i_1$. 于是得到一个轮换 $\sigma_1 = (i_1 i_2 \cdots i_{r-1})$.

在 $\Omega\setminus\{i_1,i_2,\cdots,i_{r-1}\}$ 中重复上述步骤,便可得到 σ 表示成两两不相交轮换乘积的式子:

$$\sigma = \sigma_1\sigma_2\cdots\sigma_t.$$

唯一性 假设 σ 还有一个表示成两两不相交轮换乘积的式子:$\sigma=\tau_1\tau_2\cdots\tau_s$. 任取在 σ 下变动的元素 a,则在 $\sigma_1,\sigma_2,\cdots,\sigma_t$ 中存在唯一的 σ_l,使得 $\sigma_l(a)\neq a$. 同理,在 $\tau_1,\tau_2,\cdots,\tau_s$ 中存在唯一的 τ_k,使得 $\tau_k(a)\neq a$. 我们有

$$\sigma_l^m(a) = \sigma^m(a) = \tau_k^m(a), \quad m=0,1,2,\cdots.$$

由于 $\sigma_l = (a\ \sigma_l(a)\ \sigma_l^2(a)\ \cdots),\tau_k=(a\ \tau_k(a)\ \tau_k^2(a)\ \cdots)$,因此 $\sigma_l=\tau_k$. 继续这样的讨论,可得 $t=s$,并且在适当排列 $\tau_1,\tau_2,\cdots,\tau_s$ 的次序后,有 $\sigma_i=\tau_i,i=1,2,\cdots,t$. 从而唯一性成立. □

现在对于(4)式中的 σ,τ,用它们的轮换分解式(7),(8)来做乘法:

$$\sigma\tau = (1234)(14)(23) = (1)(24)(3) = (24), \tag{10}$$
$$\tau\sigma = (14)(23)(1234) = (13)(2)(4) = (13). \tag{11}$$

像(10),(11)式那样,在运算的结果中常常把1-轮换省略不写.

对于(4)式中的 σ,容易求出它的逆元:

$$\sigma^{-1} = \begin{pmatrix} 1 & 2 & 3 & 4 \\ 4 & 1 & 2 & 3 \end{pmatrix} = (1432).$$

与 σ 的轮换表示式 $\sigma=(1234)$ 比较,猜测有如下结论:

$$(i_1i_2\cdots i_{r-1}i_r)^{-1} = (i_1i_ri_{r-1}\cdots i_2). \tag{12}$$

证明如下:由于

$$(i_1i_2\cdots i_{r-1}i_r)(i_1i_ri_{r-1}\cdots i_2) = (i_1)(i_2)\cdots(i_{r-1})(i_r),$$
$$(i_1i_ri_{r-1}\cdots i_2)(i_1i_2\cdots i_{r-1}i_r) = (i_1)(i_2)\cdots(i_{r-1})(i_r),$$

因此 $(i_1i_2\cdots i_{r-1}i_r)^{-1}=(i_1i_ri_{r-1}\cdots i_2).$

通过直接计算可知下式成立:

$$(1234) = (14)(13)(12).$$

一般地,可以直接验证下式成立:

$$(i_1i_2i_3\cdots i_{r-1}i_r) = (i_1i_r)(i_1i_{r-1})\cdots(i_1i_3)(i_1i_2). \tag{13}$$

再结合定理1,以及 $(1)=(12)(12)$,得

推论 1 S_n 中每一个置换都可以表示成一些对换的乘积. □

注意 把置换表示成对换的乘积,其表示方式不唯一,并且这些对

换会相交. 例如,
$$(134) = (14)(13), \tag{14}$$
$$(134) = (12)(34)(24)(12). \tag{15}$$
从(14),(15)式看出,把(134)表示成对换的乘积,对换的个数都是偶数. 由此猜测有下述结论:

命题 1 S_n 中一个置换表示成对换的乘积,其中对换的个数的奇偶性由这个置换本身决定,与表示方式无关.

证明 任取 $\sigma \in S_n$,设
$$\sigma = \begin{pmatrix} 1 & 2 & \cdots & n \\ a_1 & a_2 & \cdots & a_n \end{pmatrix}.$$
则 σ 把 n 元排列 $12\cdots n$ 变成 n 元排列 $a_1 a_2 \cdots a_n$. 根据参考文献[4]第 29 页的命题 2,把 n 元排列 $12\cdots n$ 变成 $a_1 a_2 \cdots a_n$ 可以经过一系列对换实现,并且所做对换的次数与 n 元排列 $a_1 a_2 \cdots a_n$ 有相同的奇偶性. 因此 σ 可以表示成一些对换的乘积,其中对换的个数由 σ 本身决定,与表示方式无关. □

由于命题 1,我们引出下述概念:

如果置换 σ 可以表示成偶数个对换的乘积,那么称 σ 是**偶置换**;如果 σ 可以表示成奇数个对换的乘积,那么称 σ 是**奇置换**.

每一个对换都是奇置换;每一个 3-轮换都是偶置换,这是因为
$$(ijk) = (ik)(ij).$$
S_n 的单位元 (1) 是偶置换,这是因为 $(1) = (12)(12)$.

从偶置换的定义得出,两个偶置换的乘积仍是偶置换. 于是映射的乘法是 S_n 中所有偶置换组成的集合(记做 A_n)上的一个运算,它满足结合律. (1) 是 A_n 的单位元. 从(12)式看出, r 轮换的逆还是 r 轮换,结合 (13)式和定理 1 得,偶置换的逆还是偶置换. 因此 A_n 成为一个群,称它为 **n 元交错群**(alternating group).

由于任一偶置换 σ 与对换 (12) 的乘积是奇置换,任一奇置换与对换 (12) 的乘积是偶置换,因此 A_n 与 S_n 中所有奇置换组成的集合之间有一个一一对应,从而
$$|A_n| = \frac{1}{2}|S_n| = \frac{n!}{2}.$$

我们已经知道,设群 G 的运算记做乘法(或加法),如果 G 中存在一个元素 a,使得 G 的每一个元素能表示成 a 的整数次幂(或 a 的整数倍)的形式,那么称 G 为**循环群**,把 a 叫做 G 的一个**生成元**,把 G 记成 $\langle a \rangle$. 这表明循环群是由一个元素生成的群.

我们还知道,正方形的对称(性)群 D_4 为
$$D_4 = \{I, \sigma, \sigma^2, \sigma^3, \tau, \sigma\tau, \sigma^2\tau, \sigma^3\tau\},$$
其中 σ 是绕正方形的中心 O 转角为 $\dfrac{\pi}{2}$ 的旋转,τ 是关于正方形的某一条对称轴的反射. D_4 的每一个元素可以表示成 σ 的方幂与 τ 的方幂的乘积. 这表明 D_4 是由两个元素 σ 与 τ 生成的,且 σ 与 τ 的运算满足 $\tau\sigma\tau = \sigma^{-1}$.

由此受到启发,引出下述概念:

定义 1 设 S 是群 G 的一个非空子集,如果 G 中每一个元素都能表示成 S 中有限多个元素的整数次幂的乘积,那么称 S **是群 G 的生成元集**,或者说 S **的所有元素生成 G**.

如果群 G 有一个生成元集是有限集,那么称 G 是**有限生成的群**. 如果这个生成元集是 $\{a_1, a_2, \cdots, a_t\}$,则记做
$$G = \langle a_1, a_2, \cdots, a_t \rangle.$$

有限群 G 一定是有限生成的,这是因为 G 本身就是它的一个有限生成元集;反之不对. 例如,整数加群 $(\mathbb{Z}, +)$ 是有限生成的(它由 1 生成),但是 $(\mathbb{Z}, +)$ 是无限群.

n 元对称群 S_n 由几个置换生成?我们知道,S_n 中每个置换可以表示成一些对换的乘积,又任一对换 (ij) 可以表示成
$$(ij) = (1i)(1j)(1i).$$
因此 S_n 可以由 $\{(12), (13), (14), \cdots, (1n)\}$ 生成,即
$$S_n = \langle (12), (13), (14), \cdots, (1n) \rangle.$$

S_n 能不能由两个元素生成?参看本节习题的第 5 题.

n 元交错群 $A_n (n \geqslant 3)$ 可以由什么样的置换生成?由于任一偶置换可以表示成偶数个对换的乘积,且 S_n 可以由 $(12), (13), (14), \cdots, (1n)$ 生成,因此只要考察 $(1i)(1j)$ 能写成什么形式. 由于 $(1i)(1j) = (1ji)$,因此每一个 n 元偶置换 $(n \geqslant 3)$ 可以表示成一些 3-轮换的乘积. 从而 A_n 由 3-轮换生成.

习 题 1.3

1. 在 S_5 中,设
$$\sigma = \begin{pmatrix} 1 & 2 & 3 & 4 & 5 \\ 3 & 1 & 5 & 2 & 4 \end{pmatrix}, \quad \tau = \begin{pmatrix} 1 & 2 & 3 & 4 & 5 \\ 4 & 5 & 1 & 3 & 2 \end{pmatrix}.$$
(1) 求 $\sigma\tau, \tau\sigma$;
(2) 分别写出 σ, τ 的轮换分解式;
(3) 求 $\sigma^{-1}, \sigma\tau\sigma^{-1}$;
(4) 分别写出 σ, τ 的一种对换分解式;
(5) 说出 σ, τ 是偶置换,还是奇置换.

2. 在 S_n 中,设 $\sigma = (i_1 i_2 \cdots i_r)$,证明:对于任意 $\tau \in S_n$,有
$$\tau\sigma\tau^{-1} = (\tau(i_1) \quad \tau(i_2) \quad \cdots \quad \tau(i_r)).$$

3. r 轮换是偶置换还是奇置换,与 r 的奇偶性有什么关系?

4. 分别写出 A_3, A_4 的所有元素(用轮换分解式表示).

5. 证明:(1) $S_n = \langle (12), (23), \cdots, (n-1, n) \rangle$;
(2) $S_n = \langle (12), (12\cdots n) \rangle$.

6. 证明:当 $n \geqslant 3$ 时,$A_n = \langle (123), (124), \cdots, (12n) \rangle$.

§1.4 子群,Lagrange 定理

A_n 是 n 元对称群 S_n 的一个子集,它对于 S_n 的运算也成为一个群.由此引出下述概念:

定义 1 如果群 G 的一个非空子集 H 对于 G 的运算也成为一个群,那么称 H 为 G 的一个**子群**,记做 $H < G$.

n 元对称群 S_n 的任一子群称为 n 元**置换群**.

非空集合 Ω 上的全变换群 S_Ω 的任一子群称为 Ω 上的**变换群**.

群 G 中,仅由单位元素 e 组成的子集 $\{e\}$ 是 G 的一个子群. G 本身也是 G 的一个子群. $\{e\}$ 和 G 称为 G 的**平凡子群**.

从定义 1 看出,如果 H 是群 G 的一个子群,那么任给 $a, b \in H$,有 $ab \in H$. 设 e' 是 H 的单位元,则 $e'e' = e'$. 两边右乘 e' 在 G 中的逆元 $(e')^{-1}$ 得,$e'e'(e')^{-1} = e'(e')^{-1}$. 由此得出,$e'e = e$. 又由于 $e'e = e'$,因此

$e = e'$. 这表明群 G 的单位元 e 是 G 的子群 H 的单位元. 任给 $b \in H$, 设 b 在 H 中的逆元为 c, 则 $bc = cb = e$. 从 G 中看此式得, $c = b^{-1}$. 因此 $b^{-1} \in H$. 综上所述得, 如果 H 是群 G 的一个子群, 那么从 $a, b \in H$ 可推出 $ab^{-1} \in H$. 下面我们来证明, 这个条件也是群 G 的非空子集 H 为子群的充分条件.

命题 1 群 G 的非空子集 H 是子群当且仅当从 $a, b \in H$ 可推出
$$ab^{-1} \in H.$$

证明 必要性 在上面一段已证.

充分性 由于 H 非空集, 因此存在 $c \in H$. 由已知条件得
$$e = cc^{-1} \in H.$$
任给 $b \in H$, 由已知条件得, $eb^{-1} \in H$, 于是 $b^{-1} \in H$.

任给 $a, b \in H$, 由已知条件和已证明的结论得, $a(b^{-1})^{-1} \in H$, 于是 $ab \in H$. 因此群 G 的运算是 H 的运算. 由于群 G 的运算满足结合律, 因此它在 H 中的限制也满足结合律. 上面已证 G 的单位元 $e \in H$, 从而 H 有单位元 e, 且任给 $b \in H$, 有 $b^{-1} \in H$, 因此 b 在 H 中有逆元 b^{-1}.

综上所述, H 是一个群, 从而 H 是 G 的子群. □

利用群 G 的子群 H 可以研究群 G 的结构, 这是因为利用子群 H 可以给出集合 G 的一个划分. 为了给出 G 的一个划分, 需要在 G 上建立一个二元关系且这个二元关系是等价关系. 我们可以从几何空间中的例子受到启发, 设 π_0 是过原点 O 的一个平面, 如图 1.2 所示.

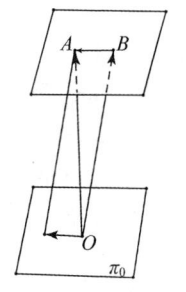

图 1.2

$\overrightarrow{OA}$ 与 $\overrightarrow{OB}$ 属于同一个与 π_0 平行(或重合)的平面当且仅当 $\overrightarrow{OA} - \overrightarrow{OB} \in \pi_0$.

上述建立了几何空间中的一个二元关系, 且这个二元关系满足反身性、对称性和传递性, 从而是一个等价关系. 每一个等价类都是与 π_0 平行或重合的一个平面. 于是 π_0 以及与 π_0 平行的所有平面组成的集合就是几何空间的一个划分.

从几何空间的例子受到启发, 设 H 是群 G 的一个子群, 我们规定 G 上的一个二元关系 $\sim$ 如下:
$$a \sim b :\Leftrightarrow ab^{-1} \in H.$$

我们来验证~是一个等价关系：

(1) 反身性：$a\sim a, \forall a\in G$.

证明 由于 $aa^{-1}=e\in H$，因此 $a\sim a$. □

(2) 对称性：若 $a\sim b$，则 $b\sim a$.

证明 若 $a\sim b$，则 $ab^{-1}\in H$. 由于 $H<G$，因此 $(ab^{-1})^{-1}\in H$. 于是 $ba^{-1}\in H$. 从而 $b\sim a$. □

(3) 传递性：若 $a\sim b$ 且 $b\sim c$，则 $a\sim c$.

证明 若 $a\sim b$ 且 $b\sim c$，则 $ab^{-1}\in H, bc^{-1}\in H$. 由于 $H<G$，因此 $(ab^{-1})(bc^{-1})\in H$. 于是 $ac^{-1}\in H$. 从而 $a\sim c$. □

综上所述，~是 G 上的一个等价关系. 任给 $a\in G$，其等价类为

$$\bar{a}=\{x\in G\,|\,x\sim a\}=\{x\in G\,|\,xa^{-1}\in H\}=\{x\in G\,|\,xa^{-1}=h, h\in H\}$$
$$=\{x\in G\,|\,x=ha, h\in H\}=\{ha\,|\,h\in H\}=:Ha,$$

称 Ha 是 H 的一个**右陪集**，a 称为**陪集代表**. 于是 H 的所有右陪集组成的集合是 G 的一个划分，此集合也称为 G 关于子群 H 的**右商集**，记做 $(G/H)_r$.

类似地，还可以规定 G 上的一个二元关系~如下：

$$a\sim b :\Leftrightarrow b^{-1}a\in H.$$

同理可证：~是 G 上的一个等价关系. a 的等价类为

$$\bar{a}=\{x\in G\,|\,x\sim a\}=\{x\in G\,|\,a^{-1}x\in H\}=\{x\in G\,|\,a^{-1}x=h, h\in H\}$$
$$=\{x\in G\,|\,x=ah, h\in H\}=\{ah\,|\,h\in H\}=:aH,$$

称 aH 是 H 的一个**左陪集**，a 称为**陪集代表**. 于是 H 的所有左陪集组成的集合是 G 的一个划分，此集合也称为 G 关于子群 H 的**左商集**，记做 $(G/H)_l$.

令
$$\sigma:(G/H)_l \to (G/H)_r$$
$$aH \mapsto Ha^{-1}.$$

由于 $aH=cH \Leftrightarrow c^{-1}a\in H \Leftrightarrow c^{-1}(a^{-1})^{-1}\in H \Leftrightarrow Hc^{-1}=Ha^{-1}$，因此 σ 是 $(G/H)_l$ 到 $(G/H)_r$ 的一个映射，且是单射. 任给 $Hb\in(G/H)_r$，有 $\sigma(b^{-1}H)=H(b^{-1})^{-1}=Hb$，因此 σ 是满射，从而 σ 是双射. 于是 $(G/H)_l$ 与 $(G/H)_r$ 的基数相同. 由此引出下述概念：

定义 2 设 H 是群 G 的一个子群，把 $(G/H)_l$（或 $(G/H)_r$）的基数称为 H 在 G 中的**指数**，记做 $[G:H]$.

若群 G 的子群 H 在 G 中的指数 $[G:H]=r$,则
$$G = H \cup a_1 H \cup a_2 H \cup \cdots \cup a_{r-1} H, \qquad (1)$$
其中 $H, a_1 H, a_2 H, \cdots, a_{r-1} H$ 两两不相交. 我们称(1)式是群 G 关于子群 H 的**左陪集分解式**, $\{e, a_1, a_2, \cdots, a_{r-1}\}$ 称为 H 在 G 中的**左陪集代表系**.

令
$$\tau: H \to aH$$
$$h \mapsto ah.$$

容易看出 τ 是 H 到 aH 的一个映射,且 τ 是单射,满射,因此 τ 是双射. 从而子群 H 与它的任一左陪集 aH 的基数相同. 利用这个结论和(1)式可推导出下述重要结论:

定理 1(Lagrange **定理**) 设 G 是有限群, H 是 G 的任一子群,则
$$|G| = [G:H]|H|,$$
从而 G 的任一子群 H 的阶是 G 的阶的因数.

证明 设 $[G:H] = r$,则从 G 关于子群 H 的左陪集分解式(1)得
$$|G| = |H| + |a_1 H| + \cdots + |a_{r-1} H|$$
$$= \underbrace{|H| + |H| + \cdots + |H|}_{r\uparrow} = r|H| = [G:H]|H|. \qquad \square$$

设 G 是有限群, $a \in G$. 设 a 的阶为 s. 令
$$H = \{e, a, a^2, \cdots, a^{s-1}\}.$$
任给 $i, j \in \{0, 1, \cdots, s-1\}$,不妨设 $i \leqslant j$,我们有
$$a^i(a^j)^{-1} = a^{i-j} = a^{-(j-i)} = a^{s-(j-i)} \in H,$$
$$a^j(a^i)^{-1} = a^{j-i} \in H.$$
因此 H 是 G 的一个子群,称 H 是**由 a 生成的子群**,记做 $\langle a \rangle$. 由 H 的定义知, $\langle a \rangle$ 的阶等于 a 的阶. 由定理 1 立即得到下述推论 1:

推论 1 设 G 是有限群,则 G 的任一元素 a 的阶是 G 的阶的因数,从而 $a^{|G|} = e$. $\qquad \square$

推论 2 素数阶群一定是循环群.

证明 设群 G 的阶为素数 p,于是 G 中有非单位元 a,由于 $|a| \mid p$,因此 $|a| = p = |G|$. 从而 $G = \langle a \rangle$. $\qquad \square$

利用推论 1,可以给出数论中欧拉定理和费马小定理的一个简短的证明.

欧拉定理 设 m 是大于 1 的整数,若整数 a 与 m 互素,则
$$a^{\varphi(m)} \equiv 1 (\mathrm{mod}\ m).$$

证明 由于 $(a,m)=1$,因此 $\bar{a}\in \mathbb{Z}_m^*$. 由于 $|\mathbb{Z}_m^*|=\varphi(m)$,因此根据推论 1 得,
$$\bar{a}^{\varphi(m)}=\bar{1}.$$
从而 $\overline{a^{\varphi(m)}}=\bar{1}$,于是
$$a^{\varphi(m)}\equiv 1(\mathrm{mod}\ m). \qquad \square$$

费马小定理 设 p 是素数,则对于任意整数 a,有
$$a^p\equiv a(\mathrm{mod}\ p).$$

证明 若 $(a,p)=1$,则根据欧拉定理得
$$a^{p-1}\equiv 1(\mathrm{mod}\ p).$$
又有 $a\equiv a(\mathrm{mod}\ p)$,因此 $a^p\equiv a(\mathrm{mod}\ p)$.

若 $(a,p)\neq 1$,则 $p|a$. 于是 $p|a^p$. 从而 $a^p\equiv a(\mathrm{mod}\ p)$. $\qquad \square$

现在我们来决定有限循环群的所有子群.

定理 2 设 $G=\langle a\rangle$ 是 n 阶循环群,则

(1) G 的每一个子群都是循环群;

(2) 对于 G 的阶 n 的每一个正因数 s,都存在唯一的一个 s 阶子群,它们就是 G 的全部子群.

证明 (1) 设 H 是 G 的非平凡子群,则 H 中有 G 的非单位元. 于是在 H 中存在幂指数最小的 a 的方幂,设为 a^k,其中 $k\neq 0$. 任取 $a^q\in H$,设 $q=lk+r, 0\leqslant r<k$. 则
$$a^r=a^{q-lk}=a^q(a^k)^{-l}\in H.$$
假如 $r\neq 0$,则上式与 a^k 的取法矛盾,因此 $r=0$. 从而
$$a^q=(a^k)^l\in \langle a^k\rangle.$$
于是 $H\subseteq \langle a^k\rangle$. 又有 $\langle a^k\rangle\subseteq H$,因此 $H=\langle a^k\rangle$.

G 的平凡子群 $\{e\}$,G 都是循环群.

(2) 设 s 是 G 的阶 n 的任一正因数,则存在正整数 d 使得 $n=ds$. 由于 a 的阶为 n,因此
$$|a^d|=\frac{n}{(n,d)}=\frac{n}{d}=s.$$
于是 $\langle a^d\rangle$ 是 G 的一个 s 阶子群.

设 H 是 G 的任意一个 s 阶子群. 根据(1)的结论, H 是循环群. 设 $H=\langle a^k \rangle$. 于是 $|a^k|=s=\dfrac{n}{d}$. 又有 $|a^k|=\dfrac{n}{(n,k)}$, 因此 $(n,k)=d$. 从而存在 $u,v\in\mathbb{Z}$, 使得
$$un+vk=d.$$
于是
$$a^d=a^{un}a^{vk}=(a^k)^v\in\langle a^k\rangle=H.$$
从而 $\langle a^d\rangle\subseteq H$. 又由于 $|\langle a^d\rangle|=s=|H|$, 因此 $\langle a^d\rangle=H$. 这证明了 G 的 s 阶子群唯一.

根据 Lagrange 定理, n 阶群 G 的每一个子群的阶都是 n 的因数, 因此上述得到的子群就是循环群 G 的全部子群. □

4 阶群有多少个同构类? 任给 4 阶群 G, 则 G 中非单位元的阶只可能是 2 或 4.

情形 1 G 有 4 阶元 a, 则 $G=\langle a\rangle$. 从而 $G\cong(\mathbb{Z}_4,+)$.

情形 2 G 没有 4 阶元, 则 G 的 3 个非单位元 a,b,c 的阶都为 2. $ab\neq e$ (否则 $a=b^{-1}=b$, 矛盾); $ab\neq a$ (否则 $b=e$, 矛盾); $ab\neq b$ (否则 $a=e$, 矛盾). 因此 $ab=c$. 同理 $ba=c$. 于是 $ab=c=ba$. 由于 a,b,c 的地位是一样的, 因此也有 $ac=b=ca, bc=a=cb$. 从而 G 是 Abel 群. 令
$$\begin{aligned}\sigma:G &\to (\mathbb{Z}_2\oplus\mathbb{Z}_2,+)\\ e &\mapsto (\overline{0},\overline{0}),\\ a &\mapsto (\overline{0},\overline{1}),\\ b &\mapsto (\overline{1},\overline{0}),\\ c &\mapsto (\overline{1},\overline{1}),\end{aligned}$$
则 σ 是 G 到 $(\mathbb{Z}_2\oplus\mathbb{Z}_2,+)$ 的一个映射, 且 σ 是单射、满射, 因此 σ 是双射. 我们有
$$\sigma(ab)=\sigma(c)=(\overline{1},\overline{1})=(\overline{0},\overline{1})+(\overline{1},\overline{0})=\sigma(a)+\sigma(b),$$
同理有 $\sigma(ac)=\sigma(a)+\sigma(c), \sigma(bc)=\sigma(b)+\sigma(c)$. 还有
$$\sigma(ea)=\sigma(e)+\sigma(a),\ \sigma(eb)=\sigma(e)+\sigma(b),\ \sigma(ec)=\sigma(e)+\sigma(c);$$
$$\sigma(a^2)=\sigma(e)=(\overline{0},\overline{0})=(\overline{0},\overline{1})+(\overline{0},\overline{1})=\sigma(a)+\sigma(a),$$
$$\sigma(b^2)=\sigma(b)+\sigma(b),\ \sigma(c^2)=\sigma(c)+\sigma(c).$$
因此 σ 是 G 到 $(\mathbb{Z}_2\oplus\mathbb{Z}_2,+)$ 的一个同构映射, 从而

$$G \cong (\mathbb{Z}_2 \oplus \mathbb{Z}_2, +).$$

综上所述,4 阶群恰有两个同构类：一类是 4 阶循环群,它的代表是 $(\mathbb{Z}_4, +)$；另一类是 4 阶非循环的 Abel 群,它的代表是 $(\mathbb{Z}_2 \oplus \mathbb{Z}_2, +)$,称它为 **Klein 群**,也称为**四群**(德文是 Vierergruppe),记做 V.

习 题 1.4

1. 设 k 是一个非负整数,令
$$k\mathbb{Z} := \{km \mid m \in \mathbb{Z}\}.$$
(1) 说明 $k\mathbb{Z}$ 是 $(\mathbb{Z}, +)$ 的一个子群；
(2) 说明 $k\mathbb{Z}$ 是循环群.

2. 设 A, B 是群 G 的两个非空子集,若群 G 的运算为乘法,则规定 $AB := \{ab \mid a \in A, b \in B\}$；若群 G 的运算为加法,则规定 $A + B := \{a + b \mid a \in A, b \in B\}$. 证明：(1) 群 G 的子集的运算满足结合律,即设 A, B, C 是群 G 的非空子集. 若 G 的运算为乘法,则 $(AB)C = A(BC)$；若 G 的运算为加法,则 $(A + B) + C = A + (B + C)$.
(2) 若 G 的运算为乘法,则 $(A \cup B)C = (AC) \cup (BC)$.

3. 设 H, K 都是群 G(运算为乘法)的子群. 证明：HK 为 G 的子群当且仅当
$$HK = KH.$$

4. 举一个例子说明 H, K 都是群 G 的子群,但是 HK 不是 G 的子群.

5. 证明：群 G 的任意子群族 $\{H_i \mid i \in I\}$ 的交集 $\bigcap_{i \in I} H_i$ 仍是 G 的子群.

6. 设 H, K 都是群 G 的有限子群,证明：
$$|HK| = \frac{|H| \cdot |K|}{|H \cap K|}.$$

7. 设 S 是群 G 的一个非空子集. G 的包含 S 的所有子群的交集 $\bigcap_{S \subseteq H < G} H$ 称为**由 S 生成的子群**,记做 $\langle S \rangle$,称 S 是**子群** $\langle S \rangle$ 的**生成元集**. 证明：
$$\langle S \rangle = \{x_1^{m_1} x_2^{m_2} \cdots x_k^{m_k} \mid x_i \in S, m_i \in \mathbb{Z}, 1 \leqslant i \leqslant k, k \in \mathbb{N}^*\},$$
其中 $x_1, x_2, \cdots, x_k$ 不必是不同的.

8. 在 $(\mathbb{C}, +)$ 中,由 $\{1, i\}$ 生成的子群 $\langle 1, i \rangle$ 称为**高斯整数群**,它的元素是什么样子？

9. 如图 1.3 是一个正方形的棋盘,求它的对称(性)群.

10. 分别求 $(\mathbb{Z}_4, +), (\mathbb{Z}_6, +)$ 的所有子群.

11. 写出 S_3 的所有子群.

12. 写出 A_4 的所有子群.

13. 证明：域 F 的乘法群 F^* 的有限子群必为循环群.

14. 证明：§1.1 的定理 1 的逆命题成立，即若 $G=\langle a \rangle$ 是 n 阶循环群，则对于任给正整数 m，方程 $x^m=e$ 在 G 中的解的个数不超过 m.

15. 群 G 中元素 a，如果存在 $b \in G$ 使得 $b^2=a$，那么称 a 是**平方元**，把 b 称为 a 的一个**平方根**. 证明：奇数阶群 G 的每个元素 a 都是平方元，且 a 的平方根唯一.

图 1.3

§1.5 群的直积(直和)

4 阶非循环的 Abel 群 ($\mathbb{Z}_2 \oplus \mathbb{Z}_2, +$) 可看成是两个 2 阶群 ($\mathbb{Z}_2, +$) 与 ($\mathbb{Z}_2, +$) 的直和. 由此受到启发，可以利用两个群来构造一个较大的群.

设 G 和 $\widetilde{G}$ 是两个群，运算都为乘法，在 $G \times \widetilde{G}$ 上规定
$$(g_1, \widetilde{g}_1)(g_2, \widetilde{g}_2) := (g_1 g_2, \widetilde{g}_1 \widetilde{g}_2).$$
这是 $G \times \widetilde{G}$ 到自身的一个映射，因此这是 $G \times \widetilde{G}$ 上的一个运算. 由于群 G 和群 $\widetilde{G}$ 的运算满足结合律，因此容易验证 $G \times \widetilde{G}$ 上的这个运算满足结合律. 设 e 和 $\widetilde{e}$ 分别是 G 和 $\widetilde{G}$ 的单位元，则易验证 $(e, \widetilde{e})$ 是 $G \times \widetilde{G}$ 的单位元. $G \times \widetilde{G}$ 的每个元素 $(g, \widetilde{g})$ 有逆元 $(g^{-1}, \widetilde{g}^{-1})$. 综上所述，$G \times \widetilde{G}$ 成为一个群，称它为群 G 与 $\widetilde{G}$ 的**直积**，仍记做 $G \times \widetilde{G}$.

若群 G 和 $\widetilde{G}$ 的运算都为加法，则在 $G \times \widetilde{G}$ 上规定
$$(g_1, \widetilde{g}_1) + (g_2, \widetilde{g}_2) := (g_1 + g_2, \widetilde{g}_1 + \widetilde{g}_2).$$
同理，$G \times \widetilde{G}$ 对于这个运算成为一个群，其单位元(也称为零元)为 $(0, \widetilde{0})$，其中 $0, \widetilde{0}$ 分别为 $G, \widetilde{G}$ 的单位元(即零元)；$(g, \widetilde{g})$ 的负元为 $(-g, -\widetilde{g})$. 此时群 $G \times \widetilde{G}$ 称为群 G 和 $\widetilde{G}$ 的**直和**，记做 $G \oplus \widetilde{G}$.

直积 $G \times \widetilde{G}$ 与 $\widetilde{G} \times G$ 同构，这是因为 $(g, \widetilde{g}) \mapsto (\widetilde{g}, g)$ 是 $G \times \widetilde{G}$ 到 $\widetilde{G} \times G$ 的一个群同构映射.

容易验证，$G \times \widetilde{G}$ 的一个子集 $\{(g, \widetilde{e}) \mid g \in G\}$ 是一个子群，它就是 $G \times \{\widetilde{e}\}$. 映射 $g \mapsto (g, \widetilde{e})$ 给出了 G 到 $G \times \{\widetilde{e}\}$ 的一个同构映射，从而 $G \cong G \times \{\widetilde{e}\}$. 同理 $G \times \widetilde{G}$ 的一个子集 $\{(e, \widetilde{g}) \mid \widetilde{g} \in \widetilde{G}\}$ 也是一个子群，它

就是 $\{e\}\times\widetilde{G}$,并且有 $\widetilde{G}\cong\{e\}\times\widetilde{G}$.

类似地,设 $G_1, G_2, \cdots, G_s$ 都是群,运算都为乘法,在 $G_1\times G_2\times\cdots\times G_s$ 上规定
$$(x_1, x_2, \cdots, x_s)(y_1, y_2, \cdots, y_s) := (x_1 y_1, x_2 y_2, \cdots, x_s y_s),$$
则这是 $G_1\times G_2\times\cdots\times G_s$ 上的一个运算. 容易验证 $G_1\times G_2\times\cdots\times G_s$ 对于这个运算成为一个群,称它是群 $G_1, G_2, \cdots, G_s$ 的**直积**,仍记做 $G_1\times G_2\times\cdots\times G_s$.

若群 $G_1, G_2, \cdots, G_s$ 的运算都是加法,则在 $G_1\times G_2\times\cdots\times G_s$ 上规定
$$(x_1, x_2, \cdots, x_s) + (y_1, y_2, \cdots, y_s) := (x_1 + y_1, x_2 + y_2, \cdots, x_s + y_s),$$
容易验证 $G_1\times G_2\times\cdots\times G_s$ 成为一个群,称它为群 $G_1, G_2, \cdots, G_s$ 的**直和**,记做 $G_1\oplus G_2\oplus\cdots\oplus G_s$.

群的直积是用小群构造大群的一种最简单的方法. 利用群 G 的两个子群的直积还可以研究群 G 的结构.

设 H, K 都是群 G 的子群,我们来探索需要满足什么条件可以有 $H\times K\cong G$. 容易想到 $H\times K$ 到 G 的一个映射 σ 可以如下规定:
$$\sigma: H\times K \to G$$
$$(h, k) \mapsto hk.$$

σ 是满射 $\Leftrightarrow$ G 中每个元素 g 能表示成 $g = hk, h\in H, k\in K$
$ \Leftrightarrow G = HK$.

σ 是单射 $\Leftrightarrow$ 从 $\sigma(h_1, k_1) = \sigma(h_2, k_2)$ 可推出 $(h_1, k_1) = (h_2, k_2)$
$ \Leftrightarrow$ 从 $h_1 k_1 = h_2 k_2$ 可推出 $h_1 = h_2$ 且 $k_1 = k_2$
$ \Leftrightarrow$ 从 $h_2^{-1} h_1 = k_2 k_1^{-1}$ 可推出 $h_1 = h_2$ 且 $k_1 = k_2$
$ \Leftrightarrow H\cap K = \{e\}$.

上述推导过程的最后一步的"$\Rightarrow$"理由如下: 假如 $H\cap K\neq\{e\}$, 则存在非单位元 $a\in H\cap K$. 于是从 $h_2^{-1} h_1 = k_2 k_1^{-1} = a$ 推出 $h_1 = h_2 a \neq h_2$, 这与已知条件矛盾. 因此 $H\cap K = \{e\}$.

$\sigma[(h_1, k_1)(h_2, k_2)] = \sigma(h_1, k_1)\sigma(h_2, k_2), \forall (h_1, k_1), (h_2, k_2)\in H\times K$
$ \Leftrightarrow (h_1 h_2)(k_1 k_2) = (h_1 k_1)(h_2 k_2), \forall h_1, h_2\in H, k_1, k_2\in K$
$ \Leftrightarrow H$ 中每个元素与 K 中每个元素可交换.

上述推导过程的最后一步的"$\Rightarrow$"理由如下: 假如有 $h_2\in H, k_1\in K$, 使得 $h_2 k_1 \neq k_1 h_2$, 则 $h_1(h_2 k_1)k_2 \neq h_1(k_1 h_2)k_2$, 即

$$(h_1h_2)(k_1k_2) \neq (h_1k_1)(h_2k_2),$$

这与已知条件矛盾. 因此 H 中每个元素与 K 中每个元素可交换.

综上所述,我们证明了下述定理:

定理 1 设 H, K 是群 G 的两个子群, 则 $H \times K \cong G$ 且其同构映射为 $(h, k) \mapsto hk$ 当且仅当下列条件成立:

(1) $G = HK$;

(2) $H \cap K = \{e\}$;

(3) H 中每个元素与 K 中每个元素可交换. □

设 H, K 是群 G 的两个子群, 如果 $H \times K \cong G$, 其同构映射为 $(h, k) \mapsto hk$, 那么称 G 是它的子群 H 与 K 的**内直积**, 习惯上就记做 $G = H \times K$, 这是把 (h, k) 与 hk 等同. 此时, G 中每个元素 g 能唯一地表示成 $g = hk$, 其中 $h \in H, k \in K$.

当群 G 的运算为加法时, 如果 $H \oplus K \cong G$, 其同构映射为 $(h, k) \mapsto h + k$, 那么称 G 是它的子群 H 与 K 的**内直和**, 习惯上就记做 $G = H \oplus K$, 这是把 (h, k) 与 $h + k$ 等同. 此时, G 中每个元素 g 能唯一地表示成 $g = h + k$, 其中 $h \in H, k \in K$.

可以把定理 1 推广到群 G 的多个子群的情形:

定理 2 设 $H_1, H_2, \cdots, H_s$ 都是群 G 的子群, G 的运算为加法, 则 $H_1 \oplus H_2 \oplus \cdots \oplus H_s \cong G$ 且其同构映射为 $(h_1, \cdots, h_s) \mapsto h_1 + \cdots + h_s$ 当且仅当下列条件都成立:

(1) $G = H_1 + H_2 + \cdots + H_s$;

(2) $H_i \cap \left(\sum\limits_{j \neq i} H_j \right) = \{e\}, i = 1, 2, \cdots, s$;

(3) H_i 的每个元素与 H_j 的每个元素可交换, $i \neq j, 1 \leqslant i, j \leqslant s$,

其中同构映射为 $(h_1, h_2, \cdots, h_s) \mapsto h_1 + h_2 + \cdots + h_s, h_i \in H_i, i = 1, 2, \cdots, s$.

定理 2 的证明方法类似于定理 1 的证法, 请读者思考.

设 $H_1, H_2, \cdots, H_s$ 都是群 G(运算为加法)的子群, 如果 $H_1 \oplus H_2 \oplus \cdots \oplus H_s \cong G$, 其同构映射为

$$(h_1, h_2, \cdots, h_s) \mapsto h_1 + h_2 + \cdots + h_s, \quad h_i \in H_i, i = 1, 2, \cdots, s,$$

那么称 G 是它的子群 $H_1, H_2, \cdots, H_s$ 的**内直和**, 习惯上记做

$$G = H_1 \oplus H_2 \oplus \cdots \oplus H_s,$$

这是把 $(h_1, h_2, \cdots, h_s)$ 与 $h_1 + h_2 + \cdots + h_s$ 等同. 此时, G 中每个元素 g

能唯一地表示成 $g=h_1+h_2+\cdots+h_s$,其中 $h_i \in H_i, i=1,2,\cdots,s$.

习 题 1.5

1. 把 $(\mathbb{Z}_6,+)$ 分解成它的两个非平凡子群的内直和.

2. 设 $G=\langle a \rangle$ 是 6 阶循环群,把 G 分解成它的两个非平凡子群的内直积.

3. $(\mathbb{Z}_4,+)$ 能分解成它的两个非平凡子群的内直和吗?写出理由.

4. $(\mathbb{Z}_8,+)$ 能分解成它的两个或三个非平凡子群的内直和吗?写出理由.

5. 设 G 是 p^m 阶循环群,其中 p 是素数,m 是正整数.证明:G 不能分解成它的一些非平凡子群的内直和.

6. 设 V 是域 F 上的 n 维线性空间,V 对于加法成为一个 Abel 群,记做 $(V,+)$. V 中取一个基 $\alpha_1,\alpha_2,\cdots,\alpha_n,\langle \alpha_i \rangle$ 对于加法成为 $(V,+)$ 的一个子群,$i=1,2,\cdots,n$. 证明:
$$(V,+) = \langle \alpha_1 \rangle \oplus \langle \alpha_2 \rangle \oplus \cdots \oplus \langle \alpha_n \rangle.$$

7. 域 F 上所有 n 阶可逆矩阵组成的集合,对于矩阵乘法成为一个群,称它为域 F 上 n 级**一般线性群**,记做 $GL_n(F)$. 域 F 上所有行列式为 1 的 n 阶矩阵组成的集合,对于矩阵乘法也成为一个群,称它为域 F 上 n 级**特殊线性群**,记做 $SL_n(F)$. 实数域上所有 n 级正交矩阵组成的集合对于矩阵乘法成为一个群,称它为 n 阶**正交群**,记做 O_n. 实数域上所有行列式为 1 的 n 阶正交矩阵组成的集合,对于矩阵的乘法成为一个群,称它为 n 阶**特殊正交群**,记做 SO_n. SO_n 是 O_n 的一个子群,证明:若 n 为奇数,则
$$O_n = SO_n \times \{I, -I\}.$$

8. 复数域上的 n 阶矩阵 A 如果满足 $A^* A = I$(其中 $A^* = \overline{A}'$),那么称 A 是**酉矩阵**.复数域上所有 n 阶酉矩阵组成的集合,对于矩阵乘法成为一个群,称它为 n 阶**酉群**,记做 U_n. 行列式为 1 的所有 n 阶酉矩阵组成的集合,对于矩阵乘法也成为一个群,称它为 n 阶**特殊酉群**,记做 SU_n. 证明:$U_1 \cong SO_2$.

§1.6 群的同态,正规子群,商群,群同态基本定理

令
$$\sigma:(\mathbb{Z},+) \to (\mathbb{Z}_m,+)$$
$$k \mapsto \bar{k},$$

则 σ 是 $(\mathbb{Z},+)$ 到 $(\mathbb{Z}_m,+)$ 的一个映射,并且任给 $k,l \in \mathbb{Z}$,有
$$\sigma(k+l) = \overline{k+l} = \bar{k}+\bar{l} = \sigma(k)+\sigma(l).$$

由此受到启发,引出下述概念:

定义 1 若群 G 到群 $\widetilde{G}$ 有一个映射 σ,使得
$$\sigma(ab)=\sigma(a)\sigma(b), \quad \forall\, a,b\in G,$$
则称 σ 是群 G 到 $\widetilde{G}$ 的一个**同态映射**,简称为**同态**.

若群 G 到 $\widetilde{G}$ 的同态 σ 是单射,则称 σ 是**单同态**;若 σ 是满射,则称 σ 是**满同态**.

群 G 到 $\widetilde{G}$ 的同态映射 σ 只比同构映射少了"双射"这个条件,但它们都是保持运算的映射,因此在同构映射的性质中,凡是没有用到"σ 是双射"这个条件的,对于同态映射也成立.

设 σ 是群 G 到 $\widetilde{G}$ 的一个同态映射,则 σ 有下列性质:

性质 1 $\sigma(e)=\tilde{e}$,其中 $e,\tilde{e}$ 分别为 $G,\widetilde{G}$ 的单位元.

性质 2 $\sigma(a^{-1})=\sigma(a)^{-1}, \forall\, a\in G$.

性质 3 G 的子群 H 在 σ 下的像 $\sigma(H)$ 是 $\widetilde{G}$ 的子群;特别地,$\sigma(G)$ 是 $\widetilde{G}$ 的子群,$\sigma(G)$ 也记做 $\mathrm{Im}G$.

证明 由于 $\sigma(e)=\tilde{e}$,因此 $\tilde{e}\in\sigma(H)$. $\sigma(H)$ 中任取 $\sigma(a),\sigma(b)$,其中 $a,b\in H$. 由于 $\sigma(a)\sigma(b)^{-1}=\sigma(a)\sigma(b^{-1})=\sigma(ab^{-1})$,且 $ab^{-1}\in H$,因此 $\sigma(a)\sigma(b)^{-1}\in\sigma(H)$. 从而 $\sigma(H)$ 是 $\widetilde{G}$ 的一个子群. □

性质 4 若 $a\in G$ 且 $a^n=e$,则 $\sigma(a)^n=\tilde{e}$. 于是若 a 是 G 的 n 阶元,则 $\sigma(a)$ 的阶是 n 的一个因数.

证明 由于 $a^n=e$,因此 $\tilde{e}=\sigma(e)=\sigma(a^n)=\sigma(a)^n$. □

在本节开头的例子中,$(\mathbb{Z}_m,+)$ 的零元 $\bar{0}$ 在 σ 下的原像集为 $\{lm\,|\,l\in\mathbb{Z}\}=:m\mathbb{Z}$. 由此受到启发,引出下述概念:

定义 2 设 σ 是群 G 到 $\widetilde{G}$ 的一个同态,则 $\widetilde{G}$ 的单位元 $\tilde{e}$ 在 σ 下的原像集称为 σ 的**核**,记做 $\mathrm{Ker}\sigma$,即
$$\mathrm{Ker}\sigma:=\{a\in G\,|\,\sigma(a)=\tilde{e}\}. \tag{1}$$

我们来探索群 G 到 $\widetilde{G}$ 的同态 σ 的核 $\mathrm{Ker}\sigma$ 具有什么性质.

命题 1 设 σ 是群 G 到 $\widetilde{G}$ 的一个同态,则 $\mathrm{Ker}\sigma$ 是 G 的一个子群.

证明 由于 $\sigma(e)=\tilde{e}$,因此 $e\in\mathrm{Ker}\sigma$.

任取 $a,b\in\mathrm{Ker}\sigma$,则 $\sigma(a)=\tilde{e},\sigma(b)=\tilde{e}$. 从而
$$\sigma(ab^{-1})=\sigma(a)\sigma(b)^{-1}=\tilde{e}\tilde{e}^{-1}=\tilde{e}.$$
于是 $ab^{-1}\in\mathrm{Ker}\sigma$. 因此 $\mathrm{Ker}\sigma<G$. □

命题 2 设 σ 是群 G 到 $\widetilde{G}$ 的一个同态，则 σ 是单射当且仅当
$$\mathrm{Ker}\sigma = \{e\}.$$

证明 必要性 设 σ 是单射，则 $\forall a \in G$，若 $a \neq e$，则 $\sigma(a) \neq \sigma(e) = \tilde{e}$. 因此 $\mathrm{Ker}\sigma = \{e\}$.

充分性 设 $\mathrm{Ker}\sigma = \{e\}$. 若 G 中元素 a,b 使得 $\sigma(a) = \sigma(b)$，则 $\sigma(a)\sigma(b)^{-1} = \tilde{e}$. 从而 $\sigma(ab^{-1}) = \sigma(a)\sigma(b)^{-1} = \tilde{e}$. 由此得出 $ab^{-1} \in \mathrm{Ker}\sigma$. 由于 $\mathrm{Ker}\sigma = \{e\}$，因此 $ab^{-1} = e$. 从而 $a = b$，于是 σ 是单射. □

例 1 所有 2 次单位根组成的集合 $\{-1,1\}$ 对于复数的乘法成为一个群，称它为 **2 次单位根群**，记做 U_2. 令 σ 是 S_3 到 U_2 的一个映射，σ 把 S_3 中的偶置换映到 1，把奇置换映到 -1.

(1) 证明：σ 是 S_3 到 U_2 的一个同态；

(2) 求 $\mathrm{Ker}\sigma$；

(3) 写出 S_3 关于子群 $\mathrm{Ker}\sigma$ 的左陪集分解式和右陪集分解式；

(4) $(12)\mathrm{Ker}\sigma$ 与 $\mathrm{Ker}\sigma(12)$，$(13)\mathrm{Ker}\sigma$ 与 $\mathrm{Ker}\sigma(13)$，$(23)\mathrm{Ker}\sigma$ 与 $\mathrm{Ker}\sigma(23)$ 分别有什么关系？

证明 (1) 任取 S_3 中的两个偶置换 γ_1, γ_2 和两个奇置换 δ_1, δ_2，则 $\gamma_1\gamma_2, \delta_1\delta_2$ 都是偶置换，而 $\gamma_i\delta_j$ 是奇置换，其中 $i=1,2, j=1,2$. 于是
$$\sigma(\gamma_1\gamma_2) = 1 = \sigma(\gamma_1)\sigma(\gamma_2), \quad \sigma(\delta_1\delta_2) = 1 = (-1)(-1) = \sigma(\delta_1)\sigma(\delta_2);$$
$$\sigma(\gamma_i\delta_j) = -1 = \sigma(\gamma_i)\sigma(\delta_j), \quad i=1,2, j=1,2.$$
因此 σ 是 S_3 到 U_2 的一个同态. □

(2) $\mathrm{Ker}\sigma = \{\gamma \in S_3 \mid \gamma \text{ 是偶置换}\} = \{(1), (123), (132)\}$.

(3) 由于 $[S_3 : \mathrm{Ker}\sigma] = \dfrac{6}{3} = 2$，因此左陪集分解式为
$$S_3 = \mathrm{Ker}\sigma \cup (12)\mathrm{Ker}\sigma, \quad \text{或 } S_3 = \mathrm{Ker}\sigma \cup (13)\mathrm{Ker}\sigma,$$
$$\text{或 } S_3 = \mathrm{Ker}\sigma \cup (23)\mathrm{Ker}\sigma.$$
右陪集分解式为
$$S_3 = \mathrm{Ker}\sigma \cup \mathrm{Ker}\sigma(12), \quad \text{或 } S_3 = \mathrm{Ker}\sigma \cup \mathrm{Ker}\sigma(13),$$
$$\text{或 } S_3 = \mathrm{Ker}\sigma \cup \mathrm{Ker}\sigma(23).$$

(4) 从 S_3 关于 $\mathrm{Ker}\sigma$ 的左、右陪集分解式得出
$$(12)\mathrm{Ker}\sigma = \mathrm{Ker}\sigma(12), \quad (13)\mathrm{Ker}\sigma = \mathrm{Ker}\sigma(13), \quad (23)\mathrm{Ker}\sigma = \mathrm{Ker}\sigma(23).$$

从例 1 的第 (4) 小题受到启发，我们猜测有下述结论：

命题 3 设 σ 是群 G 到 $\widetilde{G}$ 的一个同态，则 $\forall a \in G$，有
$$a(\mathrm{Ker}\sigma) = (\mathrm{Ker}\sigma)a.$$

证明 对于任取 $a \in G$ 和任给 $x \in \mathrm{Ker}\sigma$，有
$$\sigma(axa^{-1}) = \sigma(a)\sigma(x)\sigma(a)^{-1} = \sigma(a)\tilde{e}\sigma(a)^{-1} = \tilde{e},$$
因此 $axa^{-1} \in \mathrm{Ker}\sigma$. 从而 $ax = (axa^{-1})a \in (\mathrm{Ker}\sigma)a$. 于是
$$a(\mathrm{Ker}\sigma) \subseteq \mathrm{Ker}\sigma(a).$$

任给 $y \in \mathrm{Ker}\sigma$，有
$$\sigma(a^{-1}ya) = \sigma(a)^{-1}\sigma(y)\sigma(a) = \sigma(a)^{-1}\tilde{e}\sigma(a) = \tilde{e},$$
因此 $a^{-1}ya \in \mathrm{Ker}\sigma$. 从而 $ya = a(a^{-1}ya) \in a(\mathrm{Ker}\sigma)$. 于是
$$(\mathrm{Ker}\sigma)a \subseteq a(\mathrm{Ker}\sigma).$$

综上所述，$a(\mathrm{Ker}\sigma) = (\mathrm{Ker}\sigma)a$. □

从命题 3 受到启发，我们引出下述概念：

定义 3 如果群 G 的子群 H 满足：$\forall a \in G$，有
$$aH = Ha,$$
那么称 H 是 G 的**正规子群**，记做 $H \triangleleft G$.

从定义 3 立即得到，$\{e\}, G$ 都是 G 的正规子群，称它们为**平凡的正规子群**.

从命题 3 立即得到：

命题 4 设 σ 是群 G 到 $\widetilde{G}$ 的一个同态，则 $\mathrm{Ker}\sigma$ 是 G 的一个正规子群. □

从定义 3 可以推出群 G 的子群 H 是 G 的正规子群的充分必要条件如下：

命题 5 群 G 的子群 H 是 G 的正规子群当且仅当
$$aHa^{-1} = H, \quad \forall a \in G.$$

证明 群 G 的子群 H 是 G 的正规子群 $\Leftrightarrow aH = Ha, \forall a \in G$
$\Leftrightarrow (aH)a^{-1} = (Ha)a^{-1}, \forall a \in G$
$\Leftrightarrow aHa^{-1} = H(aa^{-1}), \forall a \in G$
$\Leftrightarrow aHa^{-1} = H, \forall a \in G.$ □

从命题 5 受到启发，我们考虑下述命题：

命题 6 设 H 是群 G 的一个子群，任取 $a \in G$，则 aHa^{-1} 也是 G 的一个子群，称它为 H 的一个**共轭子群**.

证明 $e=aea^{-1}\in aHa^{-1}$. 任取 $ah_1a^{-1},ah_2a^{-1}\in aHa^{-1}$, 其中 $h_1,h_2\in H$. 由于 $H<G$, 因此有
$$(ah_1a^{-1})(ah_2a^{-1})^{-1}=(ah_1a^{-1})(ah_2^{-1}a^{-1})=ah_1h_2^{-1}a^{-1}\in aHa^{-1}.$$
从而 aHa^{-1} 是 G 的一个子群. □

利用命题 6 可以给出命题 5 的另一种叙述方式:

命题 5′ 群 G 的子群 H 是 G 的正规子群当且仅当 H 的共轭子群都等于 H. □

判断群 G 的子群 H 是否为 G 的正规子群, 一个常用方法如下:

命题 7 设 H 是群 G 的一个子群, 若任给 $a\in G$, 任取 $h\in H$, 都有 $aha^{-1}\in H$, 则 $H\lhd G$.

证明 任给 $a\in G$, 由于对于任意 $h\in H$ 都有 $aha^{-1}\in H$, 因此
$$aHa^{-1}\subseteq H.$$
根据上一段证得的结论得, 任给 $a\in G$, 有 $a^{-1}H(a^{-1})^{-1}\subseteq H$, 即 $a^{-1}Ha\subseteq H$. 从而 $a(a^{-1}Ha)a^{-1}\subseteq aHa^{-1}$. 于是 $(aa^{-1})H(aa^{-1})\subseteq aHa^{-1}$. 因此 $H\subseteq aHa^{-1}$.

综上所述, 任给 $a\in G$, 有 $aHa^{-1}=H$. 因此 $H\lhd G$. □

从例 1 的第 (3),(4) 小题受到启发, 猜测有下述命题:

命题 8 设 H 是群 G 的子群, 若 $[G:H]=2$, 则 $H\lhd G$.

证明 任取 $a\in G$, 若 $a\notin H$, 则由于 $[G:H]=2$, 因此有
$$G=H\cup aH,\quad G=H\cup Ha.$$
由此推出, $aH=Ha$. 若 $a\in H$, 则 $aH=H=Ha$. 因此 $H\lhd G$. □

例 2 证明: 当 $n>1$ 时, $A_n\lhd S_n$.

证明 由于 $[S_n:A_n]=2$, 根据命题 8, 可得 $A_n\lhd S_n$. □

例 3 A_4 的 4 阶子群 $V=\{(1),(12)(34),(13)(24),(14)(23)\}$, 证明: $V\lhd A_4$.

证明 任给 $\tau\lhd S_4$, 任取 $(a_1a_2)(a_3a_4)\in V$, 有
$$\tau(a_1a_2)(a_3a_4)\tau^{-1}=\tau(a_1a_2)\tau^{-1}\tau(a_3a_4)\tau^{-1}$$
$$=(\tau(a_1)\tau(a_2))(\tau(a_3)\tau(a_4))\in V.$$
因此 $V\lhd S_4$. 从而 $V\lhd A_4$. □

正规子群对于研究群的结构起着重要作用. 设 $N\lhd G$, 则 $(G/N)_l=(G/N)_r$, 记做 G/N. 在 G/N 中规定

$$(aN)(bN) := abN. \tag{2}$$

我们来说明(2)式的规定是合理的：设 $aN=cN, bN=dN$，则 $c^{-1}a \in N$，$d^{-1}b \in N$. 从而

$$(cd)^{-1}(ab)=d^{-1}c^{-1}ab \in d^{-1}Nb=d^{-1}bN=N.$$

因此 $abN=cdN$. 这表明(2)式的规定与陪集代表的选择无关，从而是合理的. 于是(2)式在商集 G/N 中定义了一种运算. 由于

$$[(aH)(bH)](cH)=(abH)(cH)=(ab)cH,$$
$$(aH)[(bH)(cH)]=(aH)(bcH)=a(bc)H=(ab)cH,$$

因此 $[(aH)(bH)](cH)=(aH)[(bH)(cH)].$

由于

$$N(aN)=(eN)(aN)=eaN=aN, \quad (aN)N=(aN)(eN)=aeN=aN,$$

因此 N 是 G/N 的单位元. 由于

$$(a^{-1}N)(aN)=a^{-1}aN=eN=N, \quad (aN)(a^{-1}N)=aa^{-1}N=eN=N,$$

因此 $(aN)^{-1}=a^{-1}N.$

综上所述，若 $N \triangleleft G$，则商集 G/N 对于(2)式定义的运算成为一个群，称它为群 G 对于它的正规子群 N 的**商群**.

命题 9 设 G 为有限群，$N \triangleleft G$，则 $|G/N| = \dfrac{|G|}{|N|}$.

证明 由于 $|G|=[G:N]|N|$，因此 $|G/N|=[G:N]=\dfrac{|G|}{|N|}$. □

群 G 与它对于正规子群 N 的商群 G/N 之间有什么关系呢？

定理 1 设 N 是群 G 的一个正规子群，令

$$\pi: G \to G/N$$
$$a \mapsto aN,$$

则 π 是群 G 到商群 G/N 的一个满同态，并且 $\mathrm{Ker}\pi = N$. 我们把 π 称为**自然同态**或**标准同态**.

证明 π 是 G 到 G/N 的一个映射，且 π 是满射. 由于

$$\pi(ab)=abN=(aN)(bN)=\pi(a)\pi(b),$$

因此 π 是 G 到 G/N 的一个满同态. 又由于

$$x \in \mathrm{Ker}\pi \Leftrightarrow \pi(x)=N \Leftrightarrow xN=N \Leftrightarrow x \in N,$$
因此
$$\mathrm{Ker}\pi=N.\qquad\square$$

定理1表明：若 N 是群 G 的正规子群，则商群 G/N 是群 G 在自然同态下的像，并且正规子群 N 是自然同态的核.

命题4指出，群 G 到群 $\widetilde{G}$ 的任一同态 σ 的核 $\mathrm{Ker}\sigma$ 是 G 的正规子群. 试问：商群 $G/\mathrm{Ker}\sigma$ 与同态 σ 的像 $\mathrm{Im}\sigma$ 有什么联系？我们从几何空间的例子来探索这个问题.

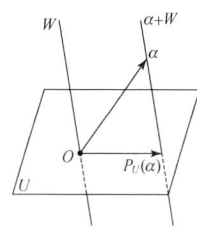

图 1.4

设 V 是几何空间(以原点 O 为起点的所有定位向量组成的空间)，U 是过原点 O 的一个平面，W 是过原点 O 的一条直线，且 W 不在平面 U 内. 如图 1.4 所示，平行于 W 在 U 上的投影 P_U 是 V 上的一个线性变换，从而 P_U 是群 $(V,+)$ 到自身的一个同态. 同态 P_U 的核 $\mathrm{Ker}P_U=W$，同态 P_U 的像 $\mathrm{Im}P_U=U$. 任给 $\alpha \in V$，$\alpha+W$ 是把 W 沿 α 平移得到的一条直线，且 $\alpha+W \in V/W$. 从图 1.4 看到，把直线 $\alpha+W$ 对应于向量 $P_U(\alpha)$ 是 V/W 到 U 的一个映射，即 $V/\mathrm{Ker}P_U$ 到 $\mathrm{Im}P_U$ 的一个映射.

由上述几何空间的例子受到启发，我们猜测有下述结论：

定理2(群同态基本定理) 设 σ 是群 G 到 $\widetilde{G}$ 的一个同态，则 $\mathrm{Ker}\sigma$ 是 G 的一个正规子群，且
$$G/\mathrm{Ker}\sigma \cong \mathrm{Im}\sigma.$$

证明 命题4已证同态 σ 的核 $\mathrm{Ker}\sigma$ 是 G 的正规子群. 令
$$\psi: G/\mathrm{Ker}\sigma \to \mathrm{Im}\sigma$$
$$a(\mathrm{Ker}\sigma) \mapsto \sigma(a).$$
由于
$$a(\mathrm{Ker}\sigma)=b(\mathrm{Ker}\sigma) \Leftrightarrow b^{-1}a \in \mathrm{Ker}\sigma \Leftrightarrow \sigma(b^{-1}a)=\tilde{e}$$
$$\Leftrightarrow \sigma(b)^{-1}\sigma(a)=\tilde{e} \Leftrightarrow \sigma(a)=\sigma(b),$$
因此 ψ 是 $G/\mathrm{Ker}\sigma$ 到 $\mathrm{Im}\sigma$ 的一个映射，且 ψ 是单射. 从 ψ 的定义看出，ψ 是满射，从而 ψ 是双射. 又由于
$$\psi[a(\mathrm{Ker}\sigma)c(\mathrm{Ker}\sigma)]=\psi[ac(\mathrm{Ker}\sigma)]=\sigma(ac)=\sigma(a)\sigma(c)$$
$$=\psi[a(\mathrm{Ker}\sigma)]\psi[c(\mathrm{Ker}\sigma)],$$
因此 ψ 是 $G/\mathrm{Ker}\sigma$ 到 $\mathrm{Im}\sigma$ 的一个群同构映射. 从而

$$G/\mathrm{Ker}\sigma \cong \mathrm{Im}\sigma.\qquad\square$$

定理 2 表明:若群 G 到 $\widetilde{G}$ 有一个同态 σ,则同态 σ 的核是 G 的正规子群,同态 σ 的像 $\mathrm{Im}\sigma$ 与商群 $G/\mathrm{Ker}\sigma$ 同构.

从定理 1 和定理 2 看到:群 G 的正规子群与群同态的核之间的关系;群 G 对于正规子群的商群与群同态的像之间的关系. 即,群 G 的任一正规子群 N 是群 G 到商群 G/N 的自然同态 π 的核,群 G 到 $\widetilde{G}$ 的任一同态的核是 G 的正规子群;群 G 到商群 G/N 的自然同态 π 的像是商群 G/N,群 G 到 $\widetilde{G}$ 的任一同态 σ 的像 $\mathrm{Im}\sigma$ 与商群 $G/\mathrm{Ker}\sigma$ 同构.

上一段的议论使我们初步领悟到:群同态是研究群的结构及其应用的主线.

利用群同态基本定理可以推导出一些群是同构的. 首先要建立一个合适的映射 σ,证明它是满同态;然后去求同态的核 $\mathrm{Ker}\sigma$;最后根据群同态基本定理得同态像同构于商群.

定理 3(第一群同构定理) 设 G 是一个群,$H<G,N\triangleleft G$,则

(1) $HN<G$;

(2) $H\cap N\triangleleft H$,且 $H/H\cap N\cong HN/N$.

证明 (1) 根据习题 1.4 的第 3 题,只要证 $HN=NH$,就有 $HN<G$. 任取 $h\in H, n\in N$,由于 $N\triangleleft G$,因此 $hnh^{-1}\in hNh^{-1}=N$. 从而有
$$hn=(hnh^{-1})h\in NH,$$
于是 $HN\subseteq NH$. 又有 $h^{-1}nh\in h^{-1}Nh=N$,从而有
$$nh=h(h^{-1}nh)\in HN,$$
于是 $NH\subseteq HN$. 因此 $HN=NH$. 从而 $HN<G$.

(2) 由于 $HN<G$,且 $N\triangleleft G$,因此 $N\triangleleft HN$. 令
$$\sigma: H\to HN/N$$
$$h\mapsto hN,$$
则 σ 是群 G 到 G/N 的自然同态 π 在 H 上的限制,从而 σ 保持乘法运算. 于是 σ 是 H 到 HN/N 的群同态. 任取 HN/N 中的一个元素 $(hn)N$,有 $\sigma(h)=hN=(hn)N$,因此 σ 是满射,于是 $\mathrm{Im}\sigma=HN/N$. 根据群同态基本定理得
$$H/\mathrm{Ker}\sigma\cong HN/N.$$
由于

$$h \in \mathrm{Ker}\sigma \Leftrightarrow h \in H, \text{且 } \sigma(h) = N \Leftrightarrow h \in H, \text{且 } hN = N$$
$$\Leftrightarrow h \in H, \text{且 } h \in N \Leftrightarrow h \in H \cap N,$$

因此 $\mathrm{Ker}\sigma = H \cap N$. 从而 $H \cap N \triangleleft H$, 且

$$H/H \cap N \cong HN/N. \qquad \square$$

设 $N \triangleleft G$, 我们来探索商群 G/N 的子群是什么样子. 设 S 是商群 G/N 的一个子群, 则 S 的元素是 N 的一些左陪集. 把 S 中的所有左陪集的代表组成的集合记做 H, 由于对一切 $n \in N$ 有 $nN = N \in S$, 因此 $n \in H$. 从而 $N \subseteq H$. 任给 $b_1, b_2 \in H$, 则 $b_1 N, b_2 N \in S$. 由于 S 是 G/N 的子群, 因此 $(b_1 N)(b_2 N)^{-1} \in S$, 即 $b_1 b_2^{-1} N \in S$. 于是 $b_1 b_2^{-1} \in H$. 从而 H 是 G 的包含 N 的一个子群. 由于 $N \triangleleft G$, 因此 $N \triangleleft H$. 从而有商群 H/N. 于是 $S = H/N$. 因此商群 G/N 的子群形如 H/N, 其中 H 是 G 的包含 N 的子群.

进一步探索: 在什么条件下, H/N 是 G/N 的正规子群呢? 若 $H/N \triangleleft G/N$, 则对任给 $hN \in H/N$, 对任意 $aN \in G/N$, 都有

$$(aN)(hN)(aN)^{-1} \in H/N, \quad \text{即 } aha^{-1}N \in H/N.$$

从而 $aha^{-1} \in H$. 于是 $H \triangleleft G$. 因此 G/N 的正规子群形如 H/N, 其中 H 是 G 的包含 N 的正规子群. 反之也成立, 即我们有下述定理 4:

定理 4(第二群同构定理) 设 G 是一个群, $N \triangleleft G$, H 是 G 的包含 N 的正规子群, 则 $H/N \triangleleft G/N$, 且

$$(G/N)/(H/N) \cong G/H.$$

证明 令

$$\sigma: G/N \to G/H$$
$$aN \mapsto aH.$$

由于 $aN = bN \Leftrightarrow b^{-1}a \in N \Rightarrow b^{-1}a \in H \Leftrightarrow aH = bH$, 因此 σ 是 G/N 到 G/H 的一个映射. 由 σ 的定义知道, σ 是满射, 从而 $\mathrm{Im}\sigma = G/H$. 又由于 $\sigma[(aN)(cN)] = \sigma[(ac)N] = (ac)H = (aH)(cH) = \sigma(aN)\sigma(cN)$, 因此 σ 是 G/N 到 G/H 的一个满同态. 根据群同态基本定理得

$$(G/N)/\mathrm{Ker}\sigma \cong G/H.$$

由于

$$aN \in \mathrm{Ker}\sigma \Leftrightarrow \sigma(aN) = H \Leftrightarrow aH = H$$
$$\Leftrightarrow a \in H \Leftrightarrow aN \in H/N,$$

因此 $\mathrm{Ker}\sigma = H/N$. 从而 $H/N \triangleleft G/N$, 且 $(G/N)/(H/N) \cong G/H$. $\square$

习 题 1.6

1. 设 f 是实数加法群 $(\mathbb{R},+)$ 到非零复数乘法群 $\mathbb{C}^*$ 的一个映射：
$$f(x) = e^{2\pi i x}.$$
(1) 证明：f 是一个同态；
(2) 求 $\mathrm{Ker}\, f$ 和 $\mathrm{Im}\, f$.

2. 设 ψ 是非零复数乘法群 $\mathbb{C}^*$ 到自身的一个映射：
$$\psi(z) = \frac{z}{|z|}.$$
(1) 证明：ψ 是一个同态；
(2) 求 $\mathrm{Ker}\, \psi$ 和 $\mathrm{Im}\, \psi$.

3. 设 C 是复平面上的单位圆，它对于复数乘法成一个群，证明：$(\mathbb{R},+)/\mathbb{Z} \cong C$.

4. 设 C 是复平面上的单位圆，证明：$\mathbb{C}^*/\mathbb{R}^+ \cong C$，其中 $\mathbb{R}^+$ 表示正实数集对于乘法所成的群.

5. 设 F 是一个域，σ 是 $\mathrm{GL}_n(F)$ 到 F^* 的行列式映射，即 $\sigma(\mathbf{A}) = |\mathbf{A}|$.
(1) 证明：σ 是 $\mathrm{GL}_n(F)$ 到 F^* 的一个群同态；
(2) 求 $\mathrm{Ker}\, \sigma$ 和 $\mathrm{Im}\, \sigma$；
(3) 证明：$\mathrm{SL}_n(F) \triangleleft \mathrm{GL}_n(F)$；
(4) 证明：$\mathrm{GL}_n(F)/\mathrm{SL}_n(F) \cong F^*$.

6. 设 G 是实数域 $\mathbb{R}$ 上所有一次函数组成的集合，H 是一次项的系数为 1 的所有一次函数组成的集合. 证明：
(1) G 对于映射的乘法成为一个群；
(2) H 是 G 的正规子群，且 $G/H \cong \mathbb{R}^*$，其中 $\mathbb{R}^*$ 是非零实数的乘法群.

7. 设 G 和 $\tilde{G}$ 是两个群，证明：
$$G \times \{\tilde{e}\} \triangleleft G \times \tilde{G}, \quad \{e\} \times \tilde{G} \triangleleft G \times \tilde{G};$$
$$G \times \tilde{G} / G \times \{\tilde{e}\} \cong \tilde{G}, \quad G \times \tilde{G}/\{e\} \times \tilde{G} \cong G.$$

8. 设群 G 是它的子群 H 与 K 的内直积，证明：
$$H \triangleleft G, \quad K \triangleleft G, \quad G/H \cong K, \quad G/K \cong H.$$

9. 设 H 和 K 都是群 G 的正规子群，且 $G = HN$, $H \cap N = \{e\}$. 证明：G 是 H 与 K 的内直积.

10. 设 G 是一个群，$N \triangleleft G, H < G$，如果 $G = NH$，且 $N \cap H = \{e\}$，那么称 G 可分解成它的正规子群 N 与子群 H 的**半直积**，记做 $G = N \rtimes H$. 证明：如果 $G = N \rtimes H$，那么

$$G/N \cong H.$$

11. 证明：S_n 可分解成 A_n 与 $\langle(12)\rangle$ 的半直积，其中 $n \geqslant 3$.

12. 证明：如果置换群 G 含有奇置换，那么 G 必有指数为 2 的子群.

13. 设 σ 是群 G 到群 $\widetilde{G}$ 的一个满同态，记 $K = \mathrm{Ker}\sigma$. 设 $\widetilde{H} < \widetilde{G}$，令 $\sigma^{-1}(\widetilde{H}) = \{g \in G \mid \sigma(g) \in \widetilde{H}\}$. 证明：

(1) $\sigma^{-1}(\widetilde{H}) < G$，且 $K \subseteq \sigma^{-1}(\widetilde{H})$；

(2) $\widetilde{H} \to \sigma^{-1}(\widetilde{H})$ 是 $\widetilde{G}$ 的所有子群组成的集合 $\widetilde{\Omega}$ 到 G 的包含 K 的所有子群组成的集合 Ω 的一个双射.

§1.7 可解群，单群，Jordan-Hölder 定理

如同从一个物体的三视图可以了解这个物体的形状和大小一样，对于群 G，我们可以从它的不同的同态像去了解群 G 的结构. 而从群同态基本定理知道，群 G 的每一个同态像都同构于 G 对于同态核的商群，且同态核是 G 的正规子群. 由于 Abel 群的结构比较容易研究，因此我们来探索群 G 对于什么样的正规子群的商群是 Abel 群，这只要去找群 G 到某一个群 $\widetilde{G}$ 的同态 σ，使得 $\mathrm{Im}\sigma$ 为 Abel 群的条件是什么.

设 σ 是群 G 到群 $\widetilde{G}$ 的一个同态，则

$$\begin{aligned}\mathrm{Im}\sigma \text{ 为 Abel 群} &\Leftrightarrow \sigma(x)\sigma(y) = \sigma(y)\sigma(x), \quad \forall \sigma(x), \sigma(y) \in \mathrm{Im}\sigma \\ &\Leftrightarrow \sigma(xy)\sigma(x)^{-1}\sigma(y)^{-1} = \bar{e}, \quad \forall x, y \in G \\ &\Leftrightarrow \sigma(xyx^{-1}y^{-1}) = \bar{e}, \quad \forall x, y \in G \\ &\Leftrightarrow xyx^{-1}y^{-1} \in \mathrm{Ker}\sigma, \quad \forall x, y \in G \\ &\Leftrightarrow \{xyx^{-1}y^{-1} \mid x, y \in G\} \subseteq \mathrm{Ker}\sigma. \end{aligned} \quad (1)$$

我们把 $xyx^{-1}y^{-1}$ 称为 x 与 y 的**换位子**，记做 $[x, y]$. 我们有

$$xy = yx \Leftrightarrow xyx^{-1}y^{-1} = e. \quad (2)$$

定义 1 群 G 的所有换位子组成的子集生成的子群称为 G 的**换位子群**或者**导群**，记做 G' 或 $[G, G]$，即

$$G' = \langle \{xyx^{-1}y^{-1} \mid x, y \in G\} \rangle.$$

从(2)式立即得到：

$$\text{群 } G \text{ 为 Abel 群} \Leftrightarrow G' = \{e\}.$$

从(1)式和习题 1.4 的第 7 题立即得到：

§1.7 可解群,单群,Jordan-Hölder 定理

命题 1 设 σ 是群 G 到群 $\widetilde{G}$ 的一个同态,则
$$\operatorname{Im}\sigma \text{ 为 Abel 群} \Leftrightarrow G' \subseteq \operatorname{Ker}\sigma.\qquad \square$$

命题 2 $G' \triangleleft G.$

证明 任给 $a \in G$,任取 $z \in G'$,有 $aza^{-1}z^{-1} \in G'$,从而 $aza^{-1}z^{-1}z \in G'$. 于是 $aza^{-1} \in G'$. 因此 $G' \triangleleft G$. $\qquad\square$

命题 3 G/G' 是 Abel 群.

证明 G/G' 是群 G 到商群 G/G' 的自然同态 $\pi:a \mapsto aG'$ 的像,且 $\operatorname{Ker}\pi = G'$. 因此根据命题 1 得,$G/G'$ 是 Abel 群. $\qquad\square$

命题 4 设 $N \triangleleft G$,则
$$G/N \text{ 为 Abel 群} \Leftrightarrow G' \subseteq N.$$

证明 G/N 是群 G 到商群 G/N 的自然同态 π 的像,且 $\operatorname{Ker}\pi = N$. 因此根据命题 1 得
$$G/N \text{ 为 Abel 群} \Leftrightarrow G' \subseteq N.\qquad\square$$

从命题 4 看出,在群 G 的所有 Abel 商群中,G/G' 是最大的一个. 从命题 4 还可看出,求群 G 的换位子群 G' 的方法如下: 先找出 G 的一个正规子群 N,使得 G/N 为 Abel 群. 从而 $G' \subseteq N$. 然后在 N 中,找一个子群,它应当是 G 的正规子群,并且是最小的正规子群,它就是 G'; 或者分析 N 的任一元素是否可由换位子生成,如果是,那么 $N \subseteq G'$,从而 $G' = N$.

例 1 求 A_4 的换位子群.

解 A_4 有一个正规子群 $V = \{(1),(12)(34),(13)(24),(14)(23)\}$. 由于 $|A_4/V| = \dfrac{12}{4} = 3$,因此 A_4/V 是 Abel 群. 从而 $A_4' \subseteq V$. 由于
$$(123)[(12)(34)](123)^{-1} = (23)(14),$$
因此 $\langle(12)(34)\rangle$ 不是 A_4 的正规子群. 同理,V 的其余两个 2 阶子群也不是 A_4 的正规子群. 因此 A_4' 不是 V 的 2 阶子群. 又由于 A_4 是非 Abel 群,因此 $A_4' \neq \{(1)\}$. 从而 $A_4' = V$.

在例 1 中,$A_4' = V$. 而 V 是 4 阶 Abel 群,因此 $V' = \{(1)\}$. 由此受到启发,引出下述概念:

定义 2 设 G 是一个群,G' 的换位子群记做 $G^{(2)}$,……,$G^{(k-1)}$ 的换位子群记做 $G^{(k)}$,……. 如果有一个正整数 k,使得 $G^{(k)} = \{e\}$,那么称 G

是**可解群**；否则，称 G 是**不可解群**.

若 G 是 Abel 群，则 $G'=\{e\}$. 从而 Abel 群都是可解群.

A_4 是可解群，我们有 $A_4 \triangleright V \triangleright \{(1)\}$，且 $A_4/V, V/\{(1)\}$ 都是 Abel 群. 由此受到启发，猜测并且可以证明下述定理 1：

定理 1 群 G 是可解群当且仅当存在 G 的递降的子群列：
$$G = G_0 \triangleright G_1 \triangleright G_2 \triangleright \cdots \triangleright G_s = \{e\}, \tag{3}$$
并且每个商群 G_{i-1}/G_i 都是 Abel 群，$i=1,2,\cdots,s$.

证明 必要性 设 G 是可解群，则有正整数 k，使得 $G^{(k)}=\{e\}$. 从而有
$$G \triangleright G' \triangleright G^{(2)} \triangleright \cdots \triangleright G^{(k)} = \{e\}, \tag{4}$$
并且由于 $G^{(i)}$ 是 $G^{(i-1)}$ 的换位子群，因此 $G^{(i-1)}/G^{(i)}$ 是 Abel 群，$i=1,2,\cdots,k$，其中 $G^{(0)}=G, G^{(1)}=G'$.

充分性 设群 G 有递降的子群列(3)，并且每个商群 G_{i-1}/G_i 是 Abel 群 ($i=1,2,\cdots,s$). 由于 $G_1 \triangleleft G_0$，且 G_0/G_1 是 Abel 群，因此 $G' \subseteq G_1$. 由于 $G_2 \triangleleft G_1$，且 G_1/G_2 是 Abel 群，因此 $G_1' \subseteq G_2$. 从而 $G^{(2)} = (G')' \subseteq G_1' \subseteq G_2$. 用数学归纳法，假设 $G^{(l)} \subseteq G_l$ 成立，由于 $G_{l+1} \triangleleft G_l$，且 G_l/G_{l+1} 是 Abel 群，因此 $G_l' \subseteq G_{l+1}$. 从而 $G^{(l+1)} = (G^{(l)})' \subseteq G_l' \subseteq G_{l+1}$. 由数学归纳法原理，对于 $i=1,2,\cdots,s$，都有 $G^{(i)} \subseteq G_i$. 由于 $G^{(s)} \subseteq G_s = \{e\}$. 从而 $G^{(s)} = \{e\}$. 因此 G 是可解群. □

定理 2 可解群的每个子群和同态像都是可解群.

*证明 设 G 是可解群，则有一个正整数 k，使得 $G^{(k)}=\{e\}$. 设 H 是 G 的任一子群，则 $H' \subseteq G'$. 依次下去可得，$H^{(k)} \subseteq G^{(k)}$，从而 $H^{(k)}=\{e\}$. 因此 H 是可解群.

设 σ 是群 G 到群 $\widetilde{G}$ 的一个同态，则 $\forall x, y \in G$，有
$$\sigma[x,y] = \sigma(xyx^{-1}y^{-1}) = \sigma(x)\sigma(y)\sigma(x)^{-1}\sigma(y)^{-1} = [\sigma(x), \sigma(y)], \tag{5}$$
因此 $\sigma(G') \subseteq (\sigma(G))'$. 任取 $\sigma(x), \sigma(y) \in \sigma(G)$，则由(5)式得
$$[\sigma(x), \sigma(y)] = \sigma[x,y] \in \sigma(G'),$$
因此 $(\sigma(G))' \subseteq \sigma(G')$. 从而 $\sigma(G') = (\sigma(G))'$. 于是 σ 限制到 G' 上是 G' 到 $\sigma(G)'$ 的一个满同态. 同理有
$$\sigma(G^{(2)}) = \sigma((G')') = (\sigma(G'))' = ((\sigma(G))')' = (\sigma(G))^{(2)}.$$

§1.7 可解群,单群,Jordan-Hölder 定理   63

用数学归纳法可证得,
$$\sigma(G^{(i)}) = (\sigma(G))^{(i)}, \quad i=1,2,\cdots,k.$$
从而 $(\sigma(G))^{(k)} = \sigma(G^{(k)}) = \sigma(\{e\}) = \{\bar{e}\}$. 因此同态像 $\sigma(G)$ 是可解群. □

推论 1 可解群的商群是可解群.

证明 设 N 是可解群 G 的任一正规子群,则 $\pi:a\mapsto aN$ 是群 G 到商群 G/N 的一个满同态. 根据定理 2 得,同态像 G/N 是可解群. □

定理 3 设 N 是群 G 的正规子群,若 N 和 G/N 都是可解群,则 G 是可解群.

*__证明__ 由于 $N \triangleleft G$,因此 $\pi:a\mapsto aN$ 是群 G 到商群 G/N 的满同态. 根据定理 2 的证明过程得,$\pi(G^{(i)}) = (G/N)^{(i)}$. 由于 G/N 是可解群,因此有正整数 k 使得 $(G/N)^{(k)} = \{N\}$. 从而 $\pi(G^{(k)}) = \{N\}$. 由此得出,$\forall a \in G^{(k)}$ 有 $aN = N$,从而 $a \in N$,因此 $G^{(k)} \subseteq N$. 由于 N 是可解群,因此有正整数 l,使得 $N^{(l)} = \{e\}$. 又由于 $(G^{(k)})^{(l)} \subseteq N^{(l)}$,因此 $G^{(k+l)} = \{e\}$. 从而 G 是可解群. □

从定理 3 看到,利用群 G 的正规子群 N 和商群 G/N 的结构可了解群 G 的结构. 由此可以体会到正规子群在研究群的结构中起着重要的作用.

定义 3 如果群 G 只有平凡的正规子群 $\{e\}$ 和 G,那么称 G 是**单群**.

哪些群是单群? 哪些群不是单群?

定理 4 Abel 群 G 是单群当且仅当 G 是素数阶循环群.

证明 **必要性** Abel 群 G 的每个子群都是正规子群. 设 Abel 群 G 是单群,则 G 只有两个子群:$\{e\}$ 和 G. 从而当 $a \neq e$ 时,$\langle a \rangle = G$. 于是 G 是循环群. 若 G 是无限循环群,则 $G \cong (\mathbb{Z},+)$. 容易验证,偶数集 $2\mathbb{Z}$ 是 $(\mathbb{Z},+)$ 的一个子群,因此 $(\mathbb{Z},+)$ 不是单群. 从而 G 不是单群,与已知条件矛盾. 于是 G 是有限循环群. 设 $|G| = m$. 假如 m 是合数,则 $m = m_1 m_2$,其中 $1 < m_1 < m$. 于是 G 有 m_1 阶子群,矛盾. 因此 m 必为素数,从而 G 是素数阶循环群.

充分性 设 G 是素数 p 阶循环群,由于 G 的子群的阶是 G 的阶的因子,而素数 p 的正因子只有 1 和 p,因此 G 只有两个子群:$\{e\}$ 和 G. 从而 G 是单群. □

定理 5 若非 Abel 群 G 是单群,则 G 是不可解群.

证明 假如 G 是可解群,则有正整数 k 使得 $G^{(k)}=\{e\}$. 由于 G 是非 Abel 群,因此 $G' \neq \{e\}$. 由于 G 是单群,且 $G' \triangleleft G$,因此 $G'=G$. 于是 $\forall m \in \mathbb{N}^*$,有 $G^{(m)}=G$,矛盾. 因此 G 是不可解群. □

由定理 5 立即得到:

推论 2 非 Abel 群的可解群不是单群. □

推论 2 告诉我们,非 Abel 单群只能从不可解群中去寻找.

1962 年,W. Feit 和 J. Thompson 证明了:每一个奇数阶群都是可解群,其证明长达 255 页. 这个结果称为 Feit-Thompson 定理,它表明:不可解的有限群必为偶数阶群. 从而 Feit-Thompson 定理证明了 Burnside 猜想:有限群中,所有非 Abel 单群都是偶数阶群.

找出所有的有限单群的问题称为**有限单群分类问题**,它是在 20 世纪 40 年代初提出的. 经过 40 年的努力,参与有限单群分类工作的数学工作者于 1980 年宣告有限单群分类问题获得解决,全部的有限单群是:

(Ⅰ) 素数阶循环群;

(Ⅱ) $n \geqslant 5$ 的交错群 A_n;

(Ⅲ) Lie 型单群(共 16 族);

(Ⅳ) 26 个散在单群.

这个结果称为**有限单群分类定理**,它由 500 多篇论文组成,在各种数学杂志上占了约 15000 页版面.

在定理 1 中,我们用递降子群列刻画了可解群的结构. 现在我们用递降子群列来刻画一般群的结构.

定义 4 群 G 的一个递降的子群列:

$$G = G_0 \triangleright G_1 \triangleright G_2 \triangleright \cdots \triangleright G_r = \{e\}, \tag{6}$$

称为 G 的一个**次正规子群列**. (6) 的商群组

$$G_0/G_1, \quad G_1/G_2, \quad \cdots, \quad G_{r-1}/G_r \tag{7}$$

称为 (6) 的**因子群组**,其中含有非单位元的因子群的个数称为 (6) 的**长度**.

注意 G 的一个次正规子群列 (6) 中,每一个 G_i 是其前一个 G_{i-1} 的正规子群,但是不要求 G_i 是 G 的正规子群.

若 G 的一个次正规子群列 (6) 中没有重复的项出现,则 (6) 的因子群组中每个因子群都含有非单位元.

定义 5 群 G 的一个次正规子群列 (6) 如果满足：每个因子群 $G_{i-1}/G_i (i=1,2,\cdots,r)$ 都是单群，那么称 (6) 是 G 的一个**合成群列**.

每个群 G 都有次正规子群列. 理由如下：若 G 是单群，则 G 有次正规子群列：$G \triangleright \{e\}$，这也是单群 G 的合成群列；下面设 G 不是单群，则 G 有非平凡的正规子群 N_1. 于是 G 至少有两个次正规子群列：$G \triangleright \{e\}$，$G \triangleright N_1 \triangleright \{e\}$. 若 N_1 也不是单群，则 N_1 有非平凡的正规子群 N_2，依次下去，可得到 G 的一个次正规子群列：
$$G = G_0 \triangleright N_1 \triangleright N_2 \triangleright \cdots \triangleright N_s = \{e\}. \tag{8}$$
(8) 中没有重复的项出现.

交错群 A_4 有 3 个合成群列：
$$A_4 \triangleright V \triangleright [(12)(34)] \triangleright \{(1)\},$$
$$A_4 \triangleright V \triangleright [(13)(24)] \triangleright \{(1)\},$$
$$A_4 \triangleright V \triangleright [(14)(23)] \triangleright \{(1)\},$$
其中 $V = \{(1),(12)(34),(13)(24),(14)(23)\}$.

命题 5 每个有限群至少有一个合成群列.

证明 设 G 是有限群. 根据上面的议论，G 有无重复项的次正规子群列，且其长度不会超过 G 的阶. 不妨设 (6) 是 G 的一个无重复项的具有最大长度的次正规子群列，我们来证明 (6) 是 G 的一个合成群列. 假如 (6) 不是 G 的合成群列，则 (6) 有某个因子群 G_i/G_{i+1} 不是单群. 于是 G_i/G_{i+1} 有非平凡的正规子群 H/G_{i+1}，其中 H 是 G_i 的包含 G_{i+1} 的非平凡正规子群，且 $H \neq G_{i+1}$. 从而在 G_i 与 G_{i+1} 之间可以插入 H，使得
$$G_i \triangleright H \triangleright G_{i+1}.$$
因此 (6) 中可以插入一项 H，使得
$$G = G_0 \triangleright G_1 \triangleright \cdots \triangleright G_i \triangleright H \triangleright G_{i+1} \triangleright \cdots \triangleright G_r = \{e\}. \tag{9}$$
这是 G 的一个无重复项的次正规子群列，它的长度为 $r+1$. 这与 (6) 是最大长度的无重复项的次正规子群列矛盾. 因此 (6) 是 G 的一个合成群列. □

推论 3 有限群 G 是可解群当且仅当存在一个递降的子群列：
$$G = H_0 \triangleright H_1 \triangleright H_2 \triangleright \cdots \triangleright H_r = \{e\},$$
其中每一个商群 $H_{i-1}/H_i (i=1,2,\cdots,r)$ 都是素数阶循环群.

证明 充分性由定理 1 立即得到;必要性由命题 5 和定理 4 得到. □

交错群 A_4 的上述 3 个合成群列的长度都是 3,且其中任意两个合成群列的因子群组能够配对,使得对应的因子群是同构的. 由此受到启发,我们猜测并且来证明下述定理:

定理 6(Jordan-Hölder **定理**) 有限群 G 的任意两个无重复项的合成群列有相同的长度,并且其因子群组能用某种方法配对,使得对应的因子群是同构的.

***证明** 设 G 的两个无重复项的合成群列为

$$G = G_0 \triangleright G_1 \triangleright \cdots \triangleright G_r = \{e\}, \tag{10}$$

$$G = H_0 \triangleright H_1 \triangleright \cdots \triangleright H_s = \{e\}. \tag{11}$$

对第一个合成群列(10)的长度 r 做数学归纳法.

若 $r=1$,则 G 为单群. 由于单群 G 只有两个正规子群:$\{e\}$ 和 G,因此 G 的无重复项的合成群列只有一个:$G \triangleright \{e\}$. 从而当 $r=1$ 时,命题为真.

假设对于第一个合成群列的长度为 $r-1$ 时命题成立,现在来看第一个合成群列的长度为 r 的情形.

先看一个特殊情形:若 $G_1 = H_1$,则在(10),(11)中去掉第一项后,就是同一个群 $G_1 = H_1$ 的合成群列,它们的长度分别为 $r-1$ 和 $s-1$. 根据归纳假设得,$r-1 = s-1$,从而 $r=s$;而且它们的因子群组能用某种方法配对,使得对应的因子群同构,从而(10),(11)的因子群组也有这样的性质.

下面讨论一般情形,即 $G_1 \neq H_1$ 的情形. 由于 G/G_1 和 G/H_1 都是单群,因此它们的正规子群分别只有 $G/G_1, G_1/G_1$ 和 $G/H_1, H_1/H_1$. 从而 G 的包含 G_1 的正规子群只有 G, G_1;G 的包含 H_1 的正规子群只有 G, H_1. 由于 $G_1 \neq H_1$,因此 $G_1 H_1 \supsetneqq G_1, G_1 H_1 \supsetneqq H_1$. 由于 $G_1 \triangleleft G, H_1 \triangleleft G$,因此 $G_1 H_1 \triangleleft G$,从而 $G_1 H_1 = G$. 令 $G_1 \cap H_1 = N_2$,则根据第一群同构定理得

$$N_2 \triangleleft G_1, \quad G_1/N_2 \cong G/H_1;$$
$$N_2 \triangleleft H_1, \quad H_1/N_2 \cong G/G_1.$$

任意取定 N_2 的一个无重复项的合成群列

$$N_2 \triangleright N_3 \triangleright \cdots \triangleright N_t = \{e\}, \tag{12}$$

利用它做出 G 的两个新的无重复项的合成群列：
$$G = G_0 \triangleright G_1 \triangleright N_2 \triangleright \cdots \triangleright N_t = \{e\}, \tag{13}$$
$$G = H_0 \triangleright H_1 \triangleright N_2 \triangleright \cdots \triangleright N_t = \{e\}. \tag{14}$$

比较(10)和(13)，G 的这两个合成群列的第二项相同，于是根据前面讨论的特殊情形的结论得，$r=t$，且(10)的因子群组
$$G/G_1, \quad G_1/G_2, \quad G_2/G_3, \quad \cdots, \quad G_{r-1}/G_r \tag{15}$$
与(13)的因子群组
$$G/G_1, \quad G_1/N_2, \quad N_2/N_3, \quad \cdots, \quad N_{r-1}/N_r \tag{16}$$
能用某种方法配对，使得对应的因子群是同构的.

再比较(11)和(14)，G 的这两个合成群列的第二项相同，于是根据前面的特殊情形的结论得，$s=t$，从而 $r=s$，且(11)的因子群组
$$G/H_1, \quad H_1/H_2, \quad H_2/H_3, \quad \cdots, \quad H_{r-1}/H_r \tag{17}$$
与(14)的因子群组
$$G/H_1, \quad H_1/N_2, \quad N_2/N_3, \quad \cdots, \quad N_{r-1}/N_r \tag{18}$$
能用某种方法配对，使得对应的因子群是同构的. 由于
$$G/G_1 \cong H_1/N_2, \quad G_1/N_2 \cong G/H_1,$$
因此(13)的因子群组(16)与(14)的因子群组(18)能够配对，使得对应的因子群是同构的. 从而(10)的因子群组(15)与(11)的因子群组(17)能用某种方法配对，使得对应的因子群是同构的. 这证明了对于第一个合成群列的长度为 r 时命题为真.

由数学归纳法原理得，定理 6 对任意有限群都成立. □

Jordan-Hölder 定理告诉我们，一个有限群 G 的任一无重复项的合成群列的因子群组(不计次序)在同构的意义下是由 G 唯一决定的，与合成群列的选取无关，因此这个因子群组也称为群 G 的因子群组，它由一组非平凡的单群组成. 由此体会到单群是有限群的结构的基本建筑块.

习 题 1.7

1. 分别求 D_3, D_4 的换位子群.
2. 求 D_n 的换位子群，其中 $n \geqslant 3$.
3. 求 S_n 的换位子群，其中 $n \geqslant 3$.

4. 证明：当 $n \geq 5$ 时，$A_n' = A_n$.

5. S_4 是不是可解群？

6. 当 $n \geq 5$ 时，S_n 是不可解群吗？

7. 证明：当 $n \geq 5$ 时，A_n 是单群.

8. 证明：$(\mathbb{Z},+)$ 的每一个子群都是由一个非负整数生成的子群.

9. $(\mathbb{Z},+)/N$ 是素数阶循环群当且仅当 N 是 $(\mathbb{Z},+)$ 的什么样的子群？

10. $p^r\mathbb{Z}/H$ 是素数阶循环群当且仅当 H 是 $p^r\mathbb{Z}$ 的什么样的子群？其中 r 是正整数.

11. $p_1^{r_1} p_2^{r_2} \mathbb{Z}/H$ 是素数阶循环群当且仅当 H 是 $p_1^{r_1} p_2^{r_2} \mathbb{Z}$ 的什么样的子群？其中 p_1, p_2 是不等的素数.

12. 证明：$(\mathbb{Z},+)$ 没有合成群列.

§1.8 群在集合上的作用，轨道-稳定子定理

研究群论，一方面要研究群的结构，另一方面要把群用到各个领域中.

伽罗瓦(E. Galois)在研究方程根式可解的条件时，他的想法的出发点是什么呢？为了弄清楚伽罗瓦的想法，考虑 4 次一般方程

$$x^4 + px^2 + q = 0, \tag{1}$$

解得方程(1)的 4 个根如下：

$$x_1 = \sqrt{\frac{-p+\sqrt{p^2-4q}}{2}}, \quad x_2 = -\sqrt{\frac{-p+\sqrt{p^2-4q}}{2}},$$

$$x_3 = \sqrt{\frac{-p-\sqrt{p^2-4q}}{2}}, \quad x_4 = -\sqrt{\frac{-p-\sqrt{p^2-4q}}{2}}.$$

令 $\Omega = \{x_1, x_2, x_3, x_4\}$，方程(1)的 4 个根有如下关系：

$$x_1 + x_2 = 0, \quad x_3 + x_4 = 0. \tag{2}$$

对于 $\sigma \in S_4$，规定 $\sigma \circ x_i := x_{\sigma(i)}$. 若 $\sigma, \tau \in S_4$，则

$$(\tau\sigma) \circ x_i = x_{\tau\sigma(i)} = x_{\tau(\sigma(i))} = \tau \circ x_{\sigma(i)} = \tau \circ (\sigma \circ x_i);$$

$$(1) \circ x_i = x_i.$$

S_4 中下述 8 个置换使得关系式(2)保持成立：

$(1), (12), (34), (12)(34), (13)(24), (14)(23), (1423), (1324).$

容易验证，这 8 个置换组成的集合 H 对于乘法和求逆运算封闭，因此

H 是 S_4 的一个子群. 这是伽罗瓦的想法的出发点, 即考虑方程的根的置换群, 它保持根之间的关系式不变. 从上述例子中方程的根的置换受到启发, 引出下述概念:

定义 1 设 G 是一个群, Ω 是一个非空集合. 如果映射
$$\sigma: G \times \Omega \to \Omega$$
$$(a, x) \mapsto a \circ x$$
满足:
$$(ab) \circ x = a \circ (b \circ x), \quad \forall a, b \in G, \forall x \in \Omega; \tag{3}$$
$$e \circ x = x, \quad \forall x \in \Omega, \tag{4}$$
那么称**群 G 在集合 Ω 上有一个作用**.

等式 (3) 表明, G 的两个元素的乘积的作用等于相继作用; 等式 (4) 表明, G 的单位元的作用等于恒等作用.

定义 1 给出的群 G 在集合 Ω 上的作用是直观的. 下面我们深入分析一下群 G 在集合 Ω 上的作用是什么意思. 从定义 1 看到, 有了群 G 在集合 Ω 上的一个作用, 则对于任意给定的 $a \in G$, 有 Ω 到自身的一个映射 $\psi(a)$:
$$\psi(a): \Omega \to \Omega$$
$$x \mapsto a \circ x. \tag{5}$$

对于任给 $a, b \in G$, 有
$$\psi(ab)x = (ab) \circ x = a \circ (b \circ x) = a \circ [\psi(b)x]$$
$$= \psi(a)[\psi(b)x] = [\psi(a)\psi(b)]x, \quad \forall x \in \Omega.$$
于是
$$\psi(ab) = \psi(a)\psi(b). \tag{6}$$
从而
$$\psi(aa^{-1})x = \psi(a)\psi(a^{-1})x, \quad \forall x \in \Omega.$$
由于
$$\psi(e)x = e \circ x = x, \quad \forall x \in \Omega, \tag{7}$$
因此
$$\psi(a)\psi(a^{-1})x = \psi(e)x = x, \quad \forall x \in \Omega. \tag{8}$$
从而
$$\psi(a)\psi(a^{-1}) = 1_{\Omega}. \tag{9}$$

同理
$$\psi(a^{-1})\psi(a) = 1_\Omega. \tag{10}$$

(9),(10)式表明,$\psi(a)$ 是 Ω 上的一个可逆变换,从而 $\psi(a)$ 是 Ω 到自身的一个双射.因此 $\psi(a) \in S_\Omega$.令

$$\psi: G \to S_\Omega$$
$$a \mapsto \psi(a),$$

则 ψ 是 G 到 S_Ω 的一个映射.(6)式表明 ψ 保持运算.因此 ψ 是 G 到 S_Ω 的一个群同态.这证明了下述命题1:

命题1 设群 G 在集合 Ω 上有一个作用,任给 $a \in G$,令
$$\psi(a)x := a \circ x, \quad \forall x \in \Omega,$$
则 $\psi: a \mapsto \psi(a)$ 是 G 到 S_Ω 的一个群同态. □

同态 ψ 的核 $\mathrm{Ker}\psi$ 称为这个**作用的核**,于是有

$a \in G$ 是这个作用的核 $\Leftrightarrow a \in \mathrm{Ker}\psi$
$\Leftrightarrow \psi(a) = 1_\Omega$
$\Leftrightarrow \psi(a)x = x, \quad \forall x \in \Omega$
$\Leftrightarrow a \circ x = x, \quad \forall x \in \Omega.$

当 $\mathrm{Ker}\psi = \{e\}$ 时,称这个作用是**忠实的**,此时 ψ 是 G 到 S_Ω 的一个单同态.

命题1的逆命题也成立,即有下述命题2:

命题2 设群 G 到非空集合 Ω 上的全变换群 S_Ω 有一个同态 ψ,令
$$a \circ x := \psi(a)x, \quad \forall a \in G, \forall x \in \Omega,$$
则 G 在 Ω 上有一个作用:$(a, x) \mapsto a \circ x$.

证明 由于 $a \circ x := \psi(a)x \in \Omega$,因此 $(a, x) \mapsto a \circ x$ 是 $G \times \Omega$ 到 Ω 的一个映射.任给 $a, b \in G$,有
$$(ab) \circ x = \psi(ab)x = \psi(a)\psi(b)x = \psi(a)(b \circ x) = a \circ (b \circ x),$$
$$e \circ x = \psi(e)x = 1_\Omega x = x.$$

因此 $(a, x) \mapsto a \circ x$ 是 G 在 Ω 上的一个作用. □

考虑群 G 在集合 Ω 上的作用可以双赢:对于群 G 来说,可以通过 G 在适当集合上的各种作用来研究群 G 的结构;对于集合 Ω 来说,可以选择合适的群在 Ω 上的作用来研究 Ω 的性质.下面我们来讨论群 G 在适当集合上的若干重要作用,并且利用这些作用来研究群 G 的结构.

§1.8 群在集合上的作用,轨道-稳定子定理

1. 群 G 在集合 G 上的左平移

设 G 是一个群,令
$$G \times G \to G$$
$$(a, x) \mapsto ax. \tag{11}$$

由于
$$(ab)x = a(bx), \quad \forall a, b \in G, \forall x \in G,$$
$$ex = x, \quad \forall x \in G.$$

因此(11)式给出了群 G 在集合 G 上的一个作用,称它为群 G 在集合 G 上的**左平移**.

G 中元素 a 属于左平移的核 $\Leftrightarrow ax = x, \forall x \in G \Leftrightarrow a = e$,因此左平移的核等于 $\{e\}$. 从而左平移是忠实的作用. 于是左平移引起了群 G 到 S_G 的一个单同态 ψ,因此 $G \cong \operatorname{Im}\psi$. 由于 $\operatorname{Im}\psi < S_G$,因此群 G 与集合 G 上的一个变换群同构. 这样我们证明了下述定理:

定理 1(Cayley 定理) 任意一个群都同构于某一集合上的变换群. □

由定理 1 立即得到下面的推论:

推论 1 任意一个有限群都同构于一个置换群. □

定理 1 和推论 1 的意义在于,指出了任何一个抽象群本质上是变换群(对于无限群而言)或置换群(对于有限群而言).

类似地,可以讨论群 G 在集合 G 上的右平移.

2. 群 G 在左商集 $(G/H)_l$ 上的左平移

设 H 是群 G 的一个子群,令
$$G \times (G/H)_l \to (G/H)_l$$
$$(a, xH) \mapsto axH. \tag{12}$$

由于 $xH = yH \Rightarrow y^{-1}x \in H \Rightarrow (ay)^{-1}(ax) \in H \Rightarrow axH = ayH$,
$(ab) \circ xH = (ab)xH = a(bx)H = a \circ (b \circ xH), \quad \forall a, b \in G, \forall xH \in (G/H)_l$,
$e \circ xH = exH = xH, \quad \forall xH \in (G/H)_l$.

因此(12)式给出了群 G 在左商集 $(G/H)_l$ 上的一个作用,称它为群 G 在 $(G/H)_l$ 上的左平移.

类似地,可以讨论群 G 在右商集 $(G/H)_r$ 上的右平移.

3. 群 G 在集合 G 上的共轭作用

令
$$G \times G \to G$$
$$(a,x) \mapsto axa^{-1}. \qquad (13)$$

对于任意 $a,b \in G$,任意 $x \in G$,有
$$(ab) \circ x = (ab)x(ab)^{-1} = a(bxb^{-1})a^{-1} = a(b \circ x)a^{-1} = a \circ (b \circ x),$$
$$e \circ x = exe^{-1} = x.$$

因此(13)式给出了群 G 在集合 G 上的一个作用,称它为群 G 在集合 G 上的**共轭作用**,于是有

a 属于共轭作用的核 $\Leftrightarrow a \circ x = x, \quad \forall x \in G$
$\Leftrightarrow axa^{-1} = x, \quad \forall x \in G$
$\Leftrightarrow ax = xa, \quad \forall x \in G$
$\Leftrightarrow a \in \{b \in G \mid bx = xb, \forall x \in G\} =: Z(G).$

因此共轭作用的核等于 $Z(G)$. $Z(G)$ 称为群 G 的**中心**,它是由与 G 中每个元素都可交换的元素组成的集合.

群 G 在集合 G 上的共轭作用引起了群 G 到 S_G 的一个同态 σ,把 a 在 σ 下的像记做 σ_a,于是
$$\sigma_a(x) = a \circ x = axa^{-1}, \quad \forall x \in G. \qquad (14)$$

上面已求出了 $\mathrm{Ker}\sigma = Z(G)$,而同态 σ 的像 $\mathrm{Im}\sigma = \{\sigma_a \mid a \in G\}$. σ_a 有什么性质?由于 $\sigma_a \in S_G$,因此 σ_a 是 G 到自身的一个双射.对于任意 $x,y \in G$,有
$$\sigma_a(xy) = a(xy)a^{-1} = (axa^{-1})(aya^{-1}) = \sigma_a(x)\sigma_a(y),$$
因此 σ_a 是 G 到自身的一个同构映射.

群 G 到自身的一个同构映射称为 G 的一个**自同构**.由(14)式定义的 σ_a 称为 G 的一个**内自同构**.

容易看出,群 G 的所有自同构组成的集合对于映射的乘法成为一个群,称它为 G 的**自同构群**,记做 $\mathrm{Aut}(G)$.

群 G 的所有内自同构组成的集合是上述的 $\mathrm{Im}\sigma$,它是 S_G 的一个子群,称它是 G 的**内自同构群**,记做 $\mathrm{Inn}(G)$.由于 G 的每个内自同构 σ_a 是 G 的一个自同构,因此 $\mathrm{Inn}(G) < \mathrm{Aut}(G)$.

对于任意给定的 $\tau \in \mathrm{Aut}(G)$，任取 $\sigma_a \in \mathrm{Inn}(G)$，有
$$(\tau\sigma_a\tau^{-1})x = \tau\sigma_a(\tau^{-1}x) = \tau[a(\tau^{-1}x)a^{-1}]$$
$$= \tau(a)\tau(\tau^{-1}x)\tau(a^{-1}) = \tau(a)x\tau(a)^{-1}$$
$$= \sigma_{\tau(a)}(x), \quad \forall x \in G.$$
因此 $\tau\sigma_a\tau^{-1} = \sigma_{\tau(a)} \in \mathrm{Inn}(G)$. 从而 $\mathrm{Inn}(G) \triangleleft \mathrm{Aut}(G)$.

由于 $\mathrm{Ker}\sigma = Z(G)$, $\mathrm{Im}\sigma = \mathrm{Inn}(G)$，因此根据群同态基本定理得
$$G/Z(G) \cong \mathrm{Inn}(G).$$
这证明了下述定理：

定理 2 设 G 是一个群，则
$$\mathrm{Inn}(G) \cong G/Z(G). \qquad \square$$

群 G 在集合 Ω 上的一个作用可以给出集合 Ω 的一个划分. 首先在集合 Ω 上规定一个二元关系如下：
$$y \sim x :\Leftrightarrow \text{存在 } a \in G \text{ 使得 } y = a \circ x. \tag{15}$$
由于 $\forall x \in \Omega$，有 $e \circ x = x$，因此 $x \sim x$. 从而 $\sim$ 有反身性. 由于
$y \sim x \Leftrightarrow$ 存在 $a \in G$，使得 $y = a \circ x$
$\Rightarrow$ 存在 $a \in G$，使得 $a^{-1} \circ y = a^{-1} \circ (a \circ x) = (a^{-1}a) \circ x = e \circ x = x$
$\Rightarrow x \sim y$,

因此 $\sim$ 有对称性. 又由于
$z \sim y$ 且 $y \sim x \Rightarrow$ 存在 $a, b \in G$，使得 $z = b \circ y, y = a \circ x$
$\Rightarrow$ 存在 $a, b \in G$，使得 $z = b \circ (a \circ x) = (ba) \circ x$
$\Rightarrow z \sim x$,

因此 $\sim$ 有传递性. 综上所述，$\sim$ 是 Ω 上的一个等价关系. 于是所有等价类组成的集合是 Ω 上的一个划分. 任给 $x \in \Omega$,
$$\bar{x} = \{y \in \Omega \mid y \sim x\}$$
$$= \{y \in \Omega \mid \text{存在 } a \in G \text{ 使得 } y = a \circ x\}$$
$$= \{a \circ x \mid a \in G\}$$
$$=: G(x).$$

我们把 $G(x) := \{a \circ x \mid a \in G\}$ 称为 x 的 G-**轨道**. 于是 Ω 的所有 G-轨道组成的集合是 Ω 的一个划分. Ω 的任意两条 G-轨道或者相等，或者不相交. Ω 等于它的所有两两不相交的 G-轨道的并集，即

$$\Omega = \bigcup_{i \in I} G(x_i), \tag{16}$$

且当 $i \neq j$ 时, $G(x_i) \cap G(x_j) = \varnothing$. $\{x_i \mid i \in I\}$ 称为 Ω 的 G-轨道的**完全代表系**.

为了计算 x 的 G-轨道 $G(x)$ 的长度(即 $|G(x)|$), 首先需要分析 G 中的元素 a, b 使得 $a \circ x = b \circ x$ 成立的条件:

$a \circ x = b \circ x \Leftrightarrow b^{-1} \circ (a \circ x) = b^{-1} \circ (b \circ x) \Leftrightarrow (b^{-1}a) \circ x = (b^{-1}b) \circ x \Leftrightarrow (b^{-1}a) \circ x = x$.

由此受到启发, 应当考虑 G 的下述子集:

$$G_x := \{g \in G \mid g \circ x = x\}. \tag{17}$$

由于 $e \circ x = x$, 因此 $e \in G_x$. 任给 $g, h \in G_x$, 则 $g \circ x = x, h \circ x = x$. 从而

$$h^{-1} \circ x = h^{-1} \circ (h \circ x) = (h^{-1}h) \circ x = e \circ x = x.$$

于是有

$$(gh^{-1}) \circ x = g \circ (h^{-1} \circ x) = g \circ x = x.$$

因此 $gh^{-1} \in G_x$. 从而 G_x 是 G 的一个子群, 称 G_x 是 x 的**稳定子群**.

G_x 里的每个元素保持 x 不动, 现在进一步探索 G_x 的同一个陪集里的元素对 x 的作用如何. 由于

$$\begin{aligned}aG_x = bG_x &\Leftrightarrow b^{-1}a \in G_x \Leftrightarrow (b^{-1}a) \circ x = x \Leftrightarrow b^{-1} \circ (a \circ x) = x \\ &\Leftrightarrow b \circ [b^{-1} \circ (a \circ x)] = b \circ x \Leftrightarrow (bb^{-1}) \circ (a \circ x) = b \circ x \\ &\Leftrightarrow a \circ x = b \circ x. \end{aligned} \tag{18}$$

因此 G_x 的同一个陪集里的元素对 x 的作用的效果是一样的. 从而令

$$\varphi : (G/G_x)_l \to G(x)$$
$$aG_x \mapsto a \circ x,$$

则由 (18) 式得, φ 是 $(G/G_x)_l$ 到 $G(x)$ 的一个映射, 且 φ 是单射. 由 φ 的定义看出, φ 是满射. 因此 φ 是双射. 于是我们证明了下述定理:

定理 3(**轨道-稳定子定理**) 设群 G 在集合 Ω 上有一个作用, 则对于任给 $x \in \Omega$, 有

$$|G(x)| = [G : G_x], \tag{19}$$

即 x 的 G-轨道的基数等于 x 的稳定子群 G_x 在 G 中的指数. □

把定理 3 应用到有限群上, 立即得到下述推论:

推论 2 如果有限群 G 在集合 Ω 上有一个作用, 那么对于任给 $x \in \Omega$, 有

§1.8 群在集合上的作用,轨道-稳定子定理

$$|G(x)| = \frac{|G|}{|G_x|}, \tag{20}$$

即

$$|G| = |G_x||G(x)|. \tag{21}$$

从而 Ω 的每一条 G-轨道的长度都是 G 的阶的因子. □

下面我们把轨道和稳定子群的有关结论应用到群 G 在集合 G 上的共轭作用中去.

任给 $x \in G$, x 的 G-轨道 $G(x)$ 为

$$G(x) = \{a \circ x \mid a \in G\} = \{axa^{-1} \mid a \in G\}. \tag{22}$$

(22)式右端的集合称为 x 的**共轭类**. 于是群 G 在集合 G 上的共轭作用下, x 的 G-轨道就是 x 的共轭类. 从而 G 的任意两个共轭类或者相等, 或者不相交.

$$\begin{aligned}
x \text{ 的共轭类只含一个元素 } x &\Leftrightarrow \forall a \in G, axa^{-1} = x \\
&\Leftrightarrow \forall a \in G, ax = xa \\
&\Leftrightarrow x \in Z(G).
\end{aligned} \tag{23}$$

当 G 是有限群时,从(16)式得

$$G = Z(G) \cup \left[\bigcup_{j=1}^{r} G(x_j)\right], \tag{24}$$

其中 $\{x_1, \cdots, x_r\}$ 是 G 的非中心元素的共轭类的完全代表系. 从而

$$|G| = |Z(G)| + \sum_{j=1}^{r} |G(x_j)|. \tag{25}$$

我们把(25)式称为有限群 G 的**类方程**.

群 G 在集合 G 上的共轭作用下, x 的稳定子群 G_x 为

$$\begin{aligned}
G_x &= \{g \in G \mid g \circ x = x\} = \{g \in G \mid gxg^{-1} = x\} \\
&= \{g \in G \mid gx = xg\} \\
&=: C_G(x),
\end{aligned} \tag{26}$$

其中 $C_G(x) := \{g \in G \mid gx = xg\}$ 称为 x 在 G 里的**中心化子**.

当 G 是有限群时,把轨道-稳定子定理应用到群 G 在集合 G 上的共轭作用中去,得

$$|G(x)| = [G : C_G(x)], \tag{27}$$

即 x 的共轭类所含元素的个数等于 x 的中心化子在 G 中的指数.

例1 求出 D_4 的所有共轭类.

解 先求 D_4 的中心 $Z(D_4)$. 由于 $\tau\sigma^2\tau^{-1}=(\tau\sigma\tau^{-1})^2=(\sigma^{-1})^2=\sigma^2$, 因此 $\sigma^2\in Z(D_4)$. σ,τ 都不属于 $Z(D_4)$. 从而 $Z(D_4)=\{I,\sigma^2\}$.

由于 $\tau\notin C_{D_4}(\sigma)$, 因此 $C_{D_4}(\sigma)=\langle\sigma\rangle$. 从而 σ 的共轭类里元素的个数等于 $[D_4:C_{D_4}(\sigma)]=2$. 由于 $\tau\sigma\tau^{-1}=\sigma^{-1}=\sigma^3$, 因此 σ 的共轭类为 $\{\sigma,\sigma^3\}$.

由于 $\tau\notin Z(D_4)$, 且 $|C_{D_4}(\tau)|$ 是 $|D_4|=8$ 的因子, 因此 $C_{D_4}(\tau)=\{I,\tau,\sigma^2,\sigma^2\tau\}$. 从而 τ 的共轭类含 2 个元素. 由于
$$\sigma\tau\sigma^{-1}=\sigma(\tau\sigma^3\tau^{-1})\tau=\sigma(\sigma^{-3})\tau=\sigma^2\tau,$$
因此 τ 的共轭类为 $\{\tau,\sigma^2\tau\}$.

由于 $\sigma\tau\notin Z(D_4)$, 且 $|C_{D_4}(\sigma\tau)|$ 是 8 的因子, 因此 $C_{D_4}(\sigma\tau)=\{I,\sigma\tau,\sigma^2,\sigma^3\tau\}$. 从而 $\sigma\tau$ 的共轭类含 2 个元素, 它为 $\{\sigma\tau,\sigma^3\tau\}$.

综上所述, D_4 共有 5 个共轭类:
$$\{I\},\quad\{\sigma^2\},\quad\{\sigma,\sigma^3\},\quad\{\tau,\sigma^2\tau\},\quad\{\sigma\tau,\sigma^3\tau\}.$$

如果群 G 在集合 Ω 上的作用只有一条轨道, 即对于任意 $x,y\in\Omega$, 都存在 $g\in G$, 使得 $y=g\circ x$, 那么称 G 在 Ω 上的这个作用是**传递的**. 此时称 Ω 是群 G 的一个**齐性空间**.

设有限群 G 在有限集合 Ω 上有一个作用, 我们来求 Ω 的 G-轨道条数. 设 Ω 有 r 条 G-轨道, 则
$$\Omega=\bigcup_{i=1}^{r}G(x_i),$$
其中 $\{x_1,x_2,\cdots,x_r\}$ 是 Ω 的 G-轨道的完全代表系. 由于两条 G-轨道或者相等, 或者不相交, 因此若 x,y 属于同一条 G-轨道, 则 $G(x)=G(y)$. 于是 $G(x)$ 与 $G(y)$ 只能算一条轨道. 由于 $|\Omega|=\sum_{i=1}^{r}|G(x_i)|=\sum_{i=1}^{r}\dfrac{|G|}{|G_{x_i}|}$, 因此为了求 G-轨道条数 r, 就需要去研究同一条轨道里的元素的稳定子群之间的关系.

设群在集合 Ω 上有一个作用, Ω 中的元素 x 与 y 属于同一条 G-轨道, 则存在 $a\in G$, 使得 $y=a\circ x$. 由于
$$h\in G_y \Leftrightarrow h\circ y=y \Leftrightarrow h\circ(a\circ x)=a\circ x$$
$$\Leftrightarrow (ha)\circ x=a\circ x \Leftrightarrow a^{-1}\circ[(ha)\circ x]=a^{-1}\circ(a\circ x)$$
$$\Leftrightarrow (a^{-1}ha)\circ x=(a^{-1}a)\circ x \Leftrightarrow (a^{-1}ha)\circ x=x$$

$\Leftrightarrow a^{-1}ha \in G_x \Leftrightarrow h \in aG_xa^{-1}.$

因此 $G_y = aG_xa^{-1}$，即 G_y 是 G_x 的共轭子群．令

$$\tau_a : G_x \to G_y$$
$$g \mapsto aga^{-1},$$

则 τ_a 是 G_x 到 G_y 的一个映射，且 τ_a 是单射．任取 $h \in G_y$，由于 $G_y = aG_xa^{-1}$，因此存在 $g \in G_x$ 使得 $h = aga^{-1}$．从而 $\tau_a(g) = aga^{-1} = h$．于是 τ_a 是满射．因此 τ_a 是双射．从而 $|G_y| = |G_x|$．于是我们证明了下述命题：

命题 3 设群 G 在集合 Ω 上有一个作用，则同一条 G-轨道上的点，它们的稳定子群彼此共轭，从而这些稳定子群的基数相同． □

设有限群 G 在有限集合 Ω 上有一个作用，则

$$\Omega = \bigcup_{i=1}^{r} G(x_i).$$

为了求 G-轨道条数 r，给定 $i \in \{1, 2, \cdots, r\}$，根据命题 3 得，$G(x_i)$ 里每个元素的稳定子群的阶都等于 $|G_{x_i}|$．从而 $G(x_i)$ 里所有元素的稳定子群的阶之和为 $|G(x_i)| |G_{x_i}| = |G|$．因此 Ω 里所有元素的稳定子群的阶之和为

$$\sum_{x \in \Omega} |G_x| = r|G|. \tag{29}$$

为了求出 r，需要有另一种方法计算 $\sum_{x \in \Omega} |G_x|$．从稳定子群 G_x 的定义受到启发，考虑 $G \times \Omega$ 的下述子集 S：

$$S = \{(g, x) \mid g \circ x = x\}. \tag{30}$$

我们用两种方法来计算 $|S|$．一方面，对于给定的 $x \in \Omega$，g 的取法有 $|G_x|$ 种，因此

$$|S| = \sum_{x \in \Omega} |G_x| = r|G|; \tag{31}$$

另一方面，对于给定的 $g \in G$，x 的取法的种数为

$$|\{x \in \Omega \mid g \circ x = x\}|.$$

记 $F(g) := \{x \in \Omega \mid g \circ x = x\}$，称 $F(g)$ 是 g 的**不动点集**．于是

$$|S| = \sum_{g \in G} |F(g)|. \tag{32}$$

从 (31),(32) 式得

$$r = \frac{1}{|G|} \sum_{g \in G} |F(g)|. \tag{33}$$

于是我们证明了下述定理：

定理 4（Burnside 引理） 设有限群 G 在有限集合 Ω 上有一个作用，则 Ω 的 G-轨道条数 r 为
$$r = \frac{1}{|G|}\sum_{g\in G}|F(g)|. \qquad \square$$

设群 G 在集合 Ω 上有一个作用，对于 $x\in\Omega$，若 x 的 G-轨道只含一个元素（即 x 自身），则称 x 是群 G 的一个**不动点**. 群 G 的所有不动点组成的集合称为群 G 的**不动点集**，记做 Ω_0.

若有限群 G 的阶是素数 p 的方幂，即 $|G|=p^m$，其中 $m\geqslant 1$，则称 G 是 p-**群**.

命题 4 设 p-群 G 在有限集合 Ω 上有一个作用，则
$$|\Omega_0| \equiv |\Omega| \pmod{p}. \qquad (34)$$

证明 根据(16)式得
$$|\Omega| = |\Omega_0| + \sum_{j=1}^{r}|G(x_j)|, \qquad (35)$$
其中 $|G(x_j)|>1,j=1,2,\cdots,r$. 根据推论 2，$|G(x_j)|$ 是 G 的阶 p^m 的因子. 从而
$$|G(x_j)| = p^{s_j}, \quad 0<s_j\leqslant m, j=1,2,\cdots,r.$$
因此 $|\Omega|=|\Omega_0|+\sum_{j=1}^{r}p^{s_j}$. 于是 $|\Omega|\equiv|\Omega_0|\pmod{p}$. $\qquad \square$

推论 3 p-群必有非平凡的中心（即不等于 $\{e\}$）.

证明 设 G 是 p-群，考虑群 G 在集合 G 上的共轭作用，则群 G 的不动点集 $\Omega_0=Z(G)$. 根据命题 4 得，
$$|Z(G)| \equiv |G| \equiv 0 \pmod{p}.$$
从而 $p\mid|Z(G)|$. 因此 $Z(G)\neq\{e\}$. $\qquad \square$

例 2 设 p 是素数，则 p^2 阶群或者是循环群，或者同构于 $(\mathbb{Z}_p,+)\oplus(\mathbb{Z}_p,+)$，从而 p^2 阶群都是 Abel 群.

证明 设群 G 的阶是 p^2.

情形 1 G 含有 p^2 阶元，则 G 是循环群.

情形 2 G 不含 p^2 阶元，则 G 的每个非单位元都是 p 阶元. 根据推论 3，$Z(G)\neq\{e\}$. 于是可以在 $Z(G)$ 中取一个非单位元 a，则 $\langle a\rangle$ 是 p 阶

循环群. 取 $b\notin \langle a\rangle$,则 $\langle b\rangle$ 是 p 阶循环群,且 $\langle a\rangle\cap\langle b\rangle=\{e\}$. 由于
$$|\langle a\rangle\langle b\rangle|=\frac{|\langle a\rangle||\langle b\rangle|}{|\langle a\rangle\cap\langle b\rangle|}=p^2,$$
因此 $G=\langle a\rangle\langle b\rangle$. 由于 $a\in Z(G)$,因此 $\langle a\rangle$ 的每个元素与 $\langle b\rangle$ 的每个元素可交换. 从而根据 §1.5 的定理 1 得,$G\cong\langle a\rangle\times\langle b\rangle$. 由于 p 阶循环群都同构于 $(\mathbb{Z}_p,+)$,因此
$$G\cong(\mathbb{Z}_p,+)\oplus(\mathbb{Z}_p,+).$$
从而 G 是 Abel 群. □

习 题 1.8

1. 令
$$(\mathbb{Z},+)\times\mathbb{R}\to\mathbb{R}$$
$$(n,x)\mapsto n+x,$$
说明这个映射给出了群 $(\mathbb{Z},+)$ 在实数集 $\mathbb{R}$ 上的一个作用.

2. 令
$$(\mathbb{Z},+)\times\mathbb{R}\to\mathbb{R}$$
$$(n,x)\mapsto(-1)^n x,$$
说明这个映射给出了群 $(\mathbb{Z},+)$ 在实数集 $\mathbb{R}$ 上的一个作用.

3. 证明:映射 $\sigma:x\mapsto x^{-1}$ 是任一 Abel 群 G 的一个自同构.

4. 设 F 是一个域,求一般线性群 $GL_n(F)$ 的中心.

5. $GL_2(\mathbb{C})$ 的每一个元素 $\begin{pmatrix}a & b \\ c & d\end{pmatrix}$ 引起了扩充复平面 $\mathbb{C}\cup\{\infty\}$ 上的一个变换:
$$z\mapsto\frac{az+b}{cz+d},$$
称它为 Möbius 变换. 证明:

(1) 所有 Möbius 变换组成的集合 G 对于映射的乘法成一个群,称它为 Möbius 群;

(2) $GL_2(\mathbb{C})/Z(GL_2(\mathbb{C}))\cong G$.

6. 设 G 是一个群,证明:如果 $G/Z(G)$ 是循环群,那么 G 是 Abel 群.

7. 分别求 D_{2m-1}, D_{2m} 的中心,其中 $m\geqslant 2$.

8. 求 S_n 的中心,其中 $n\geqslant 3$.

9. 分别求 6 次单位根群 U_6 和 9 次单位根群 U_9 的自同构群.

10. 求 $(\mathbb{Z}_2 \oplus \mathbb{Z}_2, +)$ 的自同构群.

11. 求 S_3 的自同构群.

12. 设 H 是群 G 的一个子群,如果 G 的每一个自同构都把 H 映成自身,那么称 H 是 G 的**特征子群**. 证明: G 的中心 $Z(G)$ 和 G 的换位子群 G' 都是 G 的特征子群.

13. 分别求 D_5, D_6 的所有共轭类.

14. 分别求 D_{2m-1}, D_{2m} 的所有共轭类.

15. S_n 中,设置换 σ 的不相交的轮换分解式(包含所有的 1-轮换)为
$$\sigma = (a_1 a_2 \cdots a_{l_1})(b_1 b_2 \cdots b_{l_2}) \cdots (q_1 q_2 \cdots q_{l_t}),$$
其中 $l_1 \geqslant l_2 \geqslant \cdots \geqslant l_t$,且 $l_1 + l_2 + \cdots + l_t = n$,则我们把有序整数组 $(l_1, l_2, \cdots, l_t)$ 称为置换 σ 的**型**,也称为 n 的一个**分拆**. 证明:

(1) σ_1 与 σ_2 在 S_n 中共轭当且仅当 σ_1 与 σ_2 同型;

(2) S_n 的共轭类的个数等于 n 的分拆的个数.

16. 求 S_4 的共轭类的个数,以及每个共轭类的代表和元素数目.

17. 求 A_4 的共轭类的个数,以及每个共轭类的代表和元素数目.

18. S_n 中,σ 是一个 n-轮换,求 σ 的共轭类里元素的个数,以及 $C_{S_n}(\sigma)$.

19. 求正交群 O_2 的所有共轭类.

20. 证明: 群 G 的子群 H 为正规子群当且仅当 H 是 G 的一些共轭类的并集.

21. (1) 求 S_5 的共轭类的个数,以及每个共轭类的代表和元素数目;

(2) 证明: S_5 只有三个正规子群: $\{(1)\}, A_5, S_5$.

22. 设 G 是 p-群,$N \triangleleft G$,且 $|N| = p$. 证明: $N \subseteq Z(G)$.

23. 设 G 是一个群,G 的所有子群组成的集合记做 Ω. 令
$$G \times \Omega \to \Omega$$
$$(a, H) \mapsto aHa^{-1},$$
容易验证这给出了群 G 在 Ω 上的一个作用,称它为群 G 在子群集合 Ω 上的**共轭作用**. H 的 G-轨道 $G(H)$ 是由 H 的所有共轭子群组成的. H 的稳定子群
$$G_H = \{g \in G \mid gHg^{-1} = H\}$$
称为 H 在 G 中的**正规化子**,记做 $N_G(H)$. 容易看出 $H \triangleleft N_G(H)$. 证明: 如果 G 为有限群,$H < G$,那么 H 的共轭子群的个数等于 $[G : N_G(H)]$.

24. 设 H 是有限群 G 的一个非平凡子群,证明:
$$G \neq \bigcup_{g \in G} gHg^{-1}.$$

25. 设 G 为一个 $2k$ 阶群,k 为奇数. 证明: G 必有指数为 2 的子群.

26. 设 H 是群 G 的一个子群,证明: 群 G 在左商集 $(G/H)_l$ 上的左平移的核

等于 $\bigcap_{x\in G} xHx^{-1}$.

27. 设 G 是一个有限群, $H<G$, 且 $[G:H]=n>1$. 证明: H 包含 G 的一个指数整除 $n!$ 的非平凡正规子群, 或者 G 同构于 S_n 的一个子群.

28. 设 G 为一个有限群, p 为 $|G|$ 的最小素因子. 证明: 指数为 p 的子群 (如果存在) 必为正规子群.

29. 设群 G 在集合 Ω 和 Ω' 上分别有一个作用 "∘" 和 "·", 如果 Ω 到 Ω' 有一个双射 σ, 使得
$$\sigma(a \circ x) = a \cdot (\sigma(x)), \quad \forall a \in G, \forall x \in \Omega,$$
那么称群 G 的这两个作用是**等价的**. 证明: 群 G 在任一集合 Ω 上的传递作用等价于群 G 在左商集 $(G/G_x)_l$ 上的左平移, 其中 $x \in \Omega$.

30. 设 N 和 H 是两个群, 并且 H 到 $\mathrm{Aut}(N)$ 有一个同态 ψ, 在集合 $N \times H$ 上定义一个二元运算如下:
$$(n_1, h_1)(n_2, h_2) := (n_1 \psi(h_1) n_2, h_1 h_2).$$
证明: $N \times H$ 成为一个群, 称它为 N 与 H 的**半直积**, 记做 $N \rtimes H$. 令 $\widetilde{N} = \{(n, e) \mid n \in N\}$, 证明: $\widetilde{N} \triangleleft N \rtimes H$, $\widetilde{N} \cong N$.

31. 设 G 是一个群, $N \triangleleft G$, $H < G$. 证明: 如果 $G = NH$, 且 $N \cap H = \{e\}$, 那么 $G \cong N \rtimes H$. 此时我们记成 $G = N \rtimes H$, 称 G 可分解成它的正规子群 N 与子群 H 的**半直积** (此概念参看习题 1.6 的第 10 题).

32. 设群 G 和群 $\widetilde{G}$ 分别在集合 Ω 和 W 上有一个作用. 令
$$(G \times \widetilde{G}) \times (\Omega \times W) \to \Omega \times W$$
$$((g, \widetilde{g}), (x, y)) \mapsto (g \circ x, \widetilde{g} \circ y).$$
证明: 这给出了群 $G \times \widetilde{G}$ 在集合 $\Omega \times W$ 上的一个作用, 称它是**乘积作用**; 并且求 (x, y) 的 $G \times \widetilde{G}$-轨道, 以及 (x, y) 的稳定子群.

33. 证明: n 阶循环群 $G = \langle a \rangle$ 的自同构群同构于 $\mathbb{Z}_n^*$.

§1.9 Sylow 定理

§1.4 的 Lagrange 定理指出, 有限群 G 的任一子群的阶是 G 的阶的因数. 反之, 对于有限群 G 的阶的任一正因数 d, 是否存在 d 阶子群? 这对于有限循环群是成立的, 但是交错群 A_4 没有 6 阶子群, 6 是 A_4 的阶 12 的一个因数, A_4 有 2 阶, 3 阶, 4 阶子群, 其中 2, 3 是素数, 4 是素数 2 的方幂. 这激发我们去探索对于有限群 G, 若素数 p 是 $|G|$ 的一个因数, 则 G 是否有 p 的方幂阶子群?

设群 G 的阶 $n = p^l m$,其中 p 为素数,$(m,p)=1, l>0$. 对于 $1 \leqslant k \leqslant l$, G 是否有 p^k 阶子群?

想法 G 的 p^k 阶子群是 G 的一个 p^k 元子集. 但是 G 的任意一个 p^k 元子集不一定是子群. 因此我们要考虑 G 的所有 p^k 元子集组成的集合 Ω. 如果群 G 在集合 Ω 上有一个作用,那么 Ω 的一个元素 A 的稳定子群 G_A 就是 G 的一个子群. 为了使 $|G_A| = p^k$,需要选择这个元素 A. 由于 $|\Omega| = C_n^{p^k}$,因此首先探索组合数 $C_n^{p^k}$ 的性质,其表达式为

$$C_n^{p^k} = \frac{n(n-1)\cdots(n-j)\cdots(n-p^k+1)}{p^k(p^k-1)\cdots(p^k-j)\cdots(p^k-p^k+1)}.$$

先解剖一个"麻雀":设 $n = 18 = 3^2 \times 2$,则

$$C_{18}^{3^2} = \frac{18 \times (18-1) \times (18-2) \times \cdots \times (18-7) \times (18-8)}{9 \times (9-1) \times (9-2) \times \cdots \times (9-7) \times (9-8)}.$$

比较分子的 $(18-j)$ 与分母的 $(9-j)$,发现 $(18-3)$ 与 $(9-3)$ 都含有因数 3, $(18-6)$ 与 $(9-6)$ 都含有因数 3,其他的 $(18-j)$ 与 $(9-j)$ 都不含因数 3. 由此猜测 $C_n^{p^k}$ 的表达式中,分子的 $(n-j)$ 与分母的 (p^k-j) 含有的 p 的方幂一样,其中 $1 \leqslant j \leqslant p^k$. 我们来证明这一猜测是真的. 设 $j = p^t j'$,其中 $(j',p)=1, 0 \leqslant t < k$,则

$$n - j = p^l m - p^t j' = p^t(p^{l-t}m - j'),$$
$$p^k - j = p^k - p^t j' = p^t(p^{k-t} - j').$$

由于 $(j',p)=1$,因此 $p^{l-t}m - j'$ 与 $p^{k-t} - j'$ 都不含因子 p,从而 $(n-j)$ 与 (p^k-j) 含有的 p 的方幂都是 p^t. 又 $\frac{n}{p^k} = p^{l-k}m, (m,p)=1$,因此 $C_n^{p^k}$ 含有的 p 的最高次幂为 p^{l-k}. 于是我们证明了下述引理:

引理 设 $n = p^l m$,其中 $(m,p)=1$, p 是素数,则对于 $1 \leqslant k \leqslant l$,有
$$p^{l-k} | C_n^{p^k}, \quad p^{l-k+1} \nmid C_n^{p^k}. \qquad \square$$

上述集合 Ω 的每一个元素形如:
$$A = \{a_1, a_2, \cdots, a_{p^k}\}, \quad \text{其中 } a_i \in G, i=1,2,\cdots,p^k.$$

对于 $g \in G$,令
$$g \circ A := \{ga_1, ga_2, \cdots, ga_{p^k}\}.$$

容易验证,这是群 G 在集合 Ω 上的一个作用. 于是
$$\Omega = \bigcup_{i=1}^r G(A_i),$$

且当 $i \neq j$ 时,$G(A_i) \cap G(A_j) = \emptyset$. 从而 $|\Omega| = \sum_{j=1}^{r} |G(A_i)|$. 由引理得,$p^{l-k+1} \nmid |\Omega|$. 于是至少有一条轨道 $G(A_j)$ 满足 $p^{l-k+1} \nmid |G(A_j)|$. 根据轨道-稳定子定理,$|G| = |G(A_j)| |G_{A_j}|$. 由于 p^l 恰好整除 $|G|$,且 $|G(A_j)|$ 含有的 p 因子至多为 p^{l-k}. 因此 $|G_{A_j}|$ 含有的 p 的因子至少为 p^k,即

$$|G_{A_j}| = p^k q \geqslant p^k.$$

另一方面,对于任意 $g \in G_{A_j}$,有 $g \circ A_j = A_j$. 于是对于 $a \in A_j$,有 $ga \in A_j$. 从而

$$G_{A_j} a = \{ga \mid g \in G_{A_j}\} \subseteq A_j.$$

因此

$$|G_{A_j}| = |G_{A_j} a| \leqslant |A_j| = p^k.$$

综上所述,$|G_{A_j}| = p^k$. 从而 G_{A_j} 就是 G 的一个 p^k 阶子群. 这样我们证明了下述定理:

定理 1(Sylow **第一定理**) 设群 G 的阶 $n = p^l m$,其中 p 为素数,$(m,p) = 1, l > 0$,则对于 $1 \leqslant k \leqslant l$,$G$ 中必有 p^k 阶子群,其中 p^l 阶子群(即 p 的最高方幂阶子群)称为 G 的 Sylow p-**子群**. □

事物的临界点往往起着至关重要的作用,因此我们来仔细探讨有限群 G 的 Sylow p-子群的性质.

我们已经知道,G 的子群 H 到它的共轭子群 gHg^{-1} 有一个双射:$h \mapsto ghg^{-1}$,因此 H 与它的共轭子群有相同的基数. 于是如果 P 是有限群 G 的一个 Sylow p-子群,那么 P 的任一共轭子群也是 G 的 Sylow p-子群. 反之,G 的任意两个 Sylow p-子群是否共轭?如果我们能证明 G 的任一 p^k 阶子群 H 都包含于 G 的 Sylow p-子群 P 的某个共轭子群中,那么就可以证明 G 的任意两个 Sylow p-子群都共轭.

设群 G 的阶 $n = p^l m$,其中 p 为素数,$(m,p) = 1, l > 0$. 任取 G 的一个 p^k 阶子群 H,其中 $1 \leqslant k \leqslant l$. 任取 G 的一个 Sylow p-子群 P. 我们来探索 H 包含于 P 的某个共轭子群中的条件:

存在 $a \in G$,使得 $H \subseteq aPa^{-1}$ ⇔ 存在 $a \in G$,使得 $a^{-1} Ha \subseteq P$

⇔ 存在 $a \in G$,使得 $a^{-1} ha \in P, \forall h \in H$

⇔ 存在 $a \in G$,使得 $(ha) P = aP, \forall h \in H$.

由此受到启发,考虑群 H 在 $(G/P)_l$ 上的左平移:
$$h \circ (gP) := (hg)P,$$
则
存在 $a \in G$,使得 $H \subseteq aPa^{-1}$ $\Leftrightarrow$ 存在 $a \in G$,使得 $h \circ (aP) = aP, \forall h \in H$
$\Leftrightarrow$ aP 是 H 在 $(G/P)_l$ 上的左平移的不动点.

用 Ω_0 表示 H 在 $(G/P)_l$ 上左平移的不动点集. 由于 H 是 p-群,因此根据 §1.8 的命题 4 得
$$|\Omega_0| \equiv |(G/P)_l| = \frac{|G|}{|P|} = \frac{p^l m}{p^l} = m \not\equiv 0 \pmod{p},$$
于是 $|\Omega_0| \neq 0$. 从而存在 $a \in G$,使得 $H \subseteq aPa^{-1}$.

任取 G 的两个 Sylow p-子群 $P, \widetilde{P}$. 根据上面所证的结论,存在 $a \in G$,使得 $\widetilde{P} \subseteq aPa^{-1}$. 又由于 $|\widetilde{P}| = p^l = |aPa^{-1}|$,因此 $\widetilde{P} = aPa^{-1}$. 从而 $\widetilde{P}$ 与 P 共轭. 于是我们证明了下述定理:

定理 2(Sylow **第二定理**) 设群 G 的阶 $n = p^l m$,其中 p 为素数,$(m, p) = 1, l > 0$,则

(1) 对于 $1 \leqslant k \leqslant l$, G 的任一 p^k 阶子群一定包含于 G 的某个 Sylow p-子群中;

(2) G 的任意两个 Sylow p-子群在 G 中共轭. □

推论 1 有限群 G 的 Sylow p-子群是正规子群当且仅当 G 的 Sylow p-子群的个数为 1.

证明 设 P 是有限群 G 的一个 Sylow p-子群.

必要性 设 P 是 G 的正规子群,则 P 的共轭子群都等于 P,又 G 的任一 Sylow p-子群都与 P 共轭,因此 G 的 Sylow p-子群的个数为 1.

充分性 设 G 的 Sylow p-子群的个数为 1. 由于 P 的任一共轭子群都是 G 的 Sylow p-子群,因此 P 的共轭子群都等于 P. 从而 P 是 G 的正规子群. □

从推论 1 看出,我们要会求有限群 G 的 Sylow p-子群的个数.

设群 G 的阶 $n = p^l m$,其中 p 为素数,$(m, p) = 1, l > 0$. 用 Ω 表示 G 的所有 Sylow p-子群组成的集合,即
$$\Omega = \{P_1, P_2, \cdots, P_r\}.$$
我们想求 $|\Omega|$. 根据 §1.8 的命题 4,我们要找一个 p-群在集合 Ω 上的一个

作用. 这个 p-群自然可以取成 P_1. 为了使 P_1 在上述集合 Ω 上有一个作用，则应当考虑 P_1 在 Ω 上的共轭作用，即对于任给的 $a \in P_1$，令 $a \circ P_i := a P_i a^{-1}$. 把这个作用的不动点集记做 Ω_0，由于 $|\Omega| \equiv |\Omega_0| \pmod{p}$. 因此我们来求 Ω_0. 对于 $Q \in \Omega$，有

$$Q \in \Omega_0 \Leftrightarrow a \circ Q = Q, \forall a \in P_1 \Leftrightarrow aQa^{-1} = Q, \forall a \in P_1$$
$$\Leftrightarrow a \in N_G(Q), \forall a \in P_1 \Leftrightarrow P_1 \subseteq N_G(Q).$$

由于 P_1, Q 是 G 的 Sylow p-子群，因此 P_1, Q 也是 $N_G(Q)$ 的 Sylow p-子群. 又由于 $Q \triangleleft N_G(Q)$，因此根据推论 1 得，$N_G(Q)$ 的 Sylow p-子群的个数为 1. 于是 $Q = P_1$. 从而 $\Omega_0 = \{P_1\}$. 因此

$$|\Omega| \equiv |\Omega_0| = 1 \pmod{p}.$$

根据习题 1.8 的第 23 题，P_1 在 G 中的共轭子群的个数等于 $[G : N_G(P_1)]$. 又 P_1 在 G 中的共轭子群的个数就是 G 的 Sylow p-子群的个数 r，因此 $r = [G : N_G(P_1)]$. 从而 $r | |G|$，即 $r | p^l m$. 由于 $r = |\Omega| \equiv 1 \pmod{p}$，因此 $(r, p) = 1$. 从而 $r | m$. 于是我们证明了下述定理：

定理 3（Sylow **第三定理**） 设群 G 的阶 $n = p^l m$，其中 p 为素数，$(m, p) = 1, l > 0$，则 G 的 Sylow p-子群的个数 r 模 p 同余于 1，且 r 是 m 的因子，即

$$r \equiv 1 \pmod{p}, \quad 且 \ r | m. \qquad \square$$

Sylow 定理在研究有限群的结构中起着十分重要的作用. 让我们来看几个例子.

例 1 证明：不存在阶为 12 的单群.

证明 设群 G 的阶为 $12 = 2^2 \times 3$，则 G 有 Sylow 2-子群. G 的 Sylow 2-子群的个数 $r \equiv 1 \pmod{2}$，且 $r | 3$. 于是 $r = 1$ 或 $r = 3$.

情形 1　$r = 1$，则 G 的 Sylow 2-子群 P 是 G 的正规子群.

情形 2　$r = 3$，则 G 的 Sylow 2-子群有 3 个：P_1, P_2, P_3. 它们组成集合 Ω. 群 G 在 Ω 上有共轭作用. 由此作用引起群 G 到 S_3 的一个同态 ψ. 从而 $G/\operatorname{Ker}\psi \cong \operatorname{Im}\psi$. 由于 $\operatorname{Im}\psi < S_3$，因此 $|\operatorname{Im}\psi| \leq 6$. 而 $|G| = 12$，因此 $\operatorname{Ker}\psi \neq \{e\}$. 假如 $\operatorname{Ker}\psi = G$，则 $\forall g \in G$ 有 $gP_1g^{-1} = P_1$. 于是 $P_1 \triangleleft G$. 这与 $r = 3$ 矛盾. 因此 $\operatorname{Ker}\psi \neq G$. 从而 $\operatorname{Ker}\psi$ 是 G 的非平凡正规子群.

综上所述，12 阶群 G 不是单群. $\qquad \square$

例 2 设 p 是奇素数，决定 $2p$ 阶群的类型（即互不同构的类型，今

后不再每次声明).

解 设 G 是 $2p$ 阶群. 根据 Sylow 第一定理, G 有 p 阶子群 P 和 2 阶子群 H. 由于素数阶群一定是循环群, 因此 $P=\langle a\rangle$, $H=\langle b\rangle$. 由于 $[G:P]=2$, 因此 $P\triangleleft G$. 由于 $b\notin\langle a\rangle$, 因此 G 对于 $\langle a\rangle$ 的右陪集分解式是
$$G=\langle a\rangle \bigcup \langle a\rangle b.$$

情形 1 ab 的阶为 $2p$, 则 $G=\langle ab\rangle$, 即 G 是 $2p$ 阶循环群.

情形 2 ab 的阶为 2, 则 $abab=e$, 从而 $bab=a^{-1}$. 此时
$$G=\langle a,b\mid a^p=b^2=e, bab=a^{-1}\rangle.$$
容易看出, G 同构于二面体群 D_p.

情形 3 ab 的阶为 p, 则 $(ab)^p=e$. 由于 $\langle a\rangle\triangleleft G$, 因此有
$$\langle a\rangle=\langle a\rangle(ab)^p=(\langle a\rangle ab)^p=(\langle a\rangle b)^p=\langle a\rangle b^p=\langle a\rangle b,$$
矛盾. 这表明 ab 的阶不可能为 p.

综上所述, $2p$ 阶群或者是循环群, 或者同构于二面体群 D_p.

从例 2 立即得到, 6 阶群或者是循环群, 或者同构于二面体群 D_3. 从而 $S_3\cong D_3$.

我们已经知道, D_4 是 8 阶非 Abel 群. 还有没有其他的 8 阶非 Abel 群?

在 18 世纪末和 19 世纪初, C. Wessel(1797), R. Argand(1806), 高斯(Gauss, 1831)分别给出了复数 $a+bi$ 的几何表示, 这样复数才有了合法的地位. 从那以后, 数学家们认识到复数能用来表示并研究平面上的向量, 进而应用到物理学中. 但是数学家不久就发现, 复数的应用是受到限制的. 例如, 当几个力作用于一个物体时, 这些力不一定在平面上. 因此需要把复数加以推广. 首先想到了 3 维向量, 但是向量的内积不是代数运算, 向量的外积虽然是代数运算, 但是它既不满足交换律, 又不满足结合律, 与复数乘法相去甚远. 对复数的推广做出重要贡献的是哈密尔顿(W. R. Hamilton), 他经过长期努力, 于 1843 年发现他所要找的新数应当包含 4 个分量, 而且必须放弃乘法的交换性. 他把这种新数命名为**四元数**. 哈密尔顿的四元数形如:
$$a+bi+cj+dk, \tag{1}$$
其中 a,b,c,d 为实数, i,j,k 满足
$$\mathrm{i}^2=\mathrm{j}^2=\mathrm{k}^2=-1, \tag{2}$$

$$ij = -ji = k, \quad jk = -kj = i, \quad ki = -ik = j. \tag{3}$$

两个四元数相乘可以根据上面的规则仿照复数乘法那样去做. 哈密尔顿证明了四元数乘法满足结合律. 四元数是历史上第一次构造的不满足乘法交换律的数系.

所有四元数组成的集合用 $\mathbb{H}$ 表示. 它对于四元数的加法(类似于复数的加法)和乘法成为一个有单位元的非交换环, 并且每个非零元都可逆. 我们称 $\mathbb{H}$ 是**四元数体**.

考虑四元数体 $\mathbb{H}$ 的一个子集:

$$Q = \{\pm 1, \pm i, \pm j, \pm k\}. \tag{4}$$

从(2), (3)式看出, Q 对于四元数的乘法封闭, 1 是 Q 的单位元, 并且每个元素的逆元仍在 Q 中:

$$i^{-1} = -i, \quad j^{-1} = -j, \quad k^{-1} = -k. \tag{5}$$

因此 Q 成为一个群, 称它是**四元数群**. 从(2), (3)式还可以得出

$$i^4 = 1, \quad j^4 = 1, \quad jij^{-1} = (-k)(-j) = kj = -i = i^{-1}.$$

因此,

$$Q = \langle i, j \mid i^4 = j^4 = 1, jij^{-1} = i^{-1} \rangle. \tag{6}$$

四元数群 Q 是 8 阶非 Abel 群. 由于 Q 的 2 阶元只有 -1, 而 D_4 有 4 个二阶元, 因此 Q 与 D_4 不同构.

例 3 确定 8 阶群的类型.

解 设 G 是 8 阶群. 如果 G 有一个 8 阶元, 那么 G 是循环群, 它同构于 $(\mathbb{Z}_8, +)$. 下面设 G 没有 8 阶元, 根据 Sylow 第一定理, G 必有 4 阶子群 H. 由于 $[G:H] = 2$, 因此 $H \triangleleft G$. 4 阶群只有两种: 循环群, 非循环的 Abel 群.

情形 1 G 有 4 阶循环子群 H. 设 $H = \langle a \rangle$, 则 G 对于 $\langle a \rangle$ 的右陪集分解式为 $G = \langle a \rangle \cup \langle a \rangle b$. 根据 Lagrange 定理, b 的阶为 4 或 2. 由于 $b \notin \langle a \rangle$, 因此 $b^2 \notin \langle a \rangle b$. 从而 $b^2 \in \langle a \rangle$. 由于 $|b^2| = \dfrac{|b|}{(|b|, 2)}$, 因此当 $|b| = 4$ 时, $|b^2| = 2$, 从而 $b^2 = a^2$; 当 $|b| = 2$ 时, $b^2 = e$.

此外我们考察 ba. 由于 $b \notin \langle a \rangle$, 因此 $ba \notin \langle a \rangle$, 且 $ba \neq b$. 假如 $ba = a^2 b$, 则 $a = b^{-1} a^2 b$. 由此推出, $a^2 = (b^{-1} a^2 b)^2 = b^{-1} a^4 b = e$, 矛盾. 因此 $ba = ab$ 或 $ba = a^3 b$. 根据 b^2 和 ba 的可能性, 我们分下述 4 种情形讨论:

情形 1.1　$ba=ab, b^2=e$. 此时 G 是 Abel 群. 由于 $G=\langle a\rangle\langle b\rangle$, 且 $\langle a\rangle\cap\langle b\rangle=\{e\}$, 因此根据 §1.5 的定理 1 得, $G=\langle a\rangle\times\langle b\rangle$. 从而
$$G\cong(\mathbb{Z}_4,+)\oplus(\mathbb{Z}_2,+).$$

情形 1.2　$ba=ab, b^2=a^2$. 此时 G 是 Abel 群. 由于 $(a^3b)^2=a^6b^2=a^2b^2=a^4=e$, 因此 a^3b 是 2 阶元. 由于 $G=\langle a\rangle\cup\langle a\rangle a^3b$, 因此 $G=\langle a\rangle\langle a^3b\rangle$, 且 $\langle a\rangle\cap\langle a^3b\rangle=\{e\}$. 因此 $G=\langle a\rangle\times\langle a^3b\rangle$. 从而
$$G\cong(\mathbb{Z}_4,+)\oplus(\mathbb{Z}_2,+).$$

情形 1.3　$ba=a^3b, b^2=e$. 此时 $bab^{-1}=a^3=a^{-1}$. 因此
$$G=\langle a,b\,|\,a^4=b^2=e, bab^{-1}=a^{-1}\rangle.$$
从而 $G\cong D_4$.

情形 1.4　$ba=a^3b, b^2=a^2$. 此时 $bab^{-1}=a^3=a^{-1}$. 因此
$$G=\langle a,b\,|\,a^4=b^4=e, bab^{-1}=a^{-1}\rangle.$$
与 (6) 式比较, 令 $a\mapsto i, b\mapsto j$, 容易验证, 这给出了 G 到四元数群 Q 的一个同构映射, 因此 $G\cong Q$.

情形 2　G 没有 4 阶循环子群. 从而 G 的 4 阶子群 $H\cong(\mathbb{Z}_2,+)\oplus(\mathbb{Z}_2,+)$. 于是 $H=\{e,a,b,ab\}$, 其中 a,b,ab 都是 2 阶元. 设 G 对于 H 的右陪集分解式为 $G=H\cup Hc$, 则 $G=H\langle c\rangle$, 且 $H\cap\langle c\rangle=\{e\}$. 由于 G 的每个非单位元都是 2 阶元, 因此根据习题 1.1 的第 14 题得, G 必为 Abel 群. 从而
$$G=H\times\langle c\rangle\cong(\mathbb{Z}_2,+)\oplus(\mathbb{Z}_2,+)\oplus(\mathbb{Z}_2,+).$$

综上所述, 8 阶群 G 只有 5 种不同构的类型, 它们的代表分别是:
$(\mathbb{Z}_8,+), (\mathbb{Z}_4,+)\oplus(\mathbb{Z}_2,+), (\mathbb{Z}_2,+)\oplus(\mathbb{Z}_2,+)\oplus(\mathbb{Z}_2,+), D_4, Q.$

习　题　1.9

1. 证明: 不存在阶为 148 的单群.
2. 证明: 不存在阶为 36 的单群.
3. 证明: 不存在阶为 56 的单群.
4. 证明: 不存在阶为 30 的单群.
5. 确定 10 阶群的类型.
6. 确定 15 阶群的类型.

7. 确定 35 阶群的类型.
8. 确定 21 阶群的类型.
9. 设 p,q 都是素数,且 $p<q$. 确定 pq 阶群的类型.
10. 设 p,q 是不同的素数,证明: p^2q 阶群必有一个正规的 Sylow 子群.
11. 设群 G 的阶为 p^3,其中 p 是素数. 证明: 如果 G 是非 Abel 群,那么
$$|Z(G)| = p, \quad \text{且 } Z(G) = G'.$$
12. 设 p 是素数,计算 S_p 中 Sylow p-子群的个数. 由此证明 Wilson 定理:
$$(p-1)! \equiv -1 (\mathrm{mod}\ p).$$
13. 设 G 为一个有限群,$N \triangleleft G$,P 是 N 的一个 Sylow p-子群. 证明:
$$G = N \cdot N_G(P).$$
14. 证明: 如果有限群 G 有一个循环的 Sylow 2-子群,那么 G 有一个指数为 2 的子群.

§1.10 有限 Abel 群和有限生成的 Abel 群的结构

这一节我们来研究有限 Abel 群的结构. 先观察几个具体的例子: 素数 p 阶群都是循环群,其代表是 $(\mathbb{Z}_p, +)$.

4 阶群都是 Abel 群,它们有两种类型,代表分别是
$$(\mathbb{Z}_4, +), \quad (\mathbb{Z}_2, +) \oplus (\mathbb{Z}_2, +).$$

6 阶群有两种类型,代表分别是
$$(\mathbb{Z}_6, +), \quad D_3;$$
其中 6 阶 Abel 群的代表是 $(\mathbb{Z}_6, +) \cong (\mathbb{Z}_2, +) \oplus (\mathbb{Z}_3, +)$.

8 阶 Abel 群有三种类型,代表分别是
$$(\mathbb{Z}_8, +), \quad (\mathbb{Z}_2, +) \oplus (\mathbb{Z}_4, +), \quad (\mathbb{Z}_2, +) \oplus (\mathbb{Z}_2, +) \oplus (\mathbb{Z}_2, +).$$

9 阶群都是 Abel 群,有两种类型,代表分别是
$$(\mathbb{Z}_9, +), \quad (\mathbb{Z}_3, +) \oplus (\mathbb{Z}_3, +).$$

上述 Abel 群或者是循环群,或者同构于素数方幂阶循环群的直和. 例如,8 阶 Abel 群的三种类型中,循环群的阶组成的集合分别是
$$\{2^3\}, \quad \{2, 2^2\}, \quad \{2, 2, 2\}.$$
它们分别对应于 8 写成素数方幂乘积的所有三种可能情形:
$$8 = 2^3, \quad 8 = 2 \times 2^2, \quad 8 = 2 \times 2 \times 2.$$
由此受到启发,猜测有下述结论:

定理 1　设 P 是 Abel p-群，$|P|=p^l$，则
$$P \cong (\mathbb{Z}_{p^{k_1}}, +) \oplus (\mathbb{Z}_{p^{k_2}}, +) \oplus \cdots \oplus (\mathbb{Z}_{p^{k_r}}, +),$$
其中 $k_1 \leqslant k_2 \leqslant \cdots \leqslant k_r$，且 $k_1+k_2+\cdots+k_r=l$. 我们把有重集合 $\{p^{k_1}, p^{k_2}, \cdots, p^{k_r}\}$ 称为 P 的**初等因子**.

想法　P 是有限群，因此 P 可以由有限多个元素生成. 设 G 是一个群，如果 G 有一个生成元集 W 含 r 个元素，而 G 的任何 $r-1$ 个元素都不能生成 G，那么称 W 是 G 的一个**极小生成元集**. 对于有限群（或有限生成的群）G，一定存在极小生成元集（因为正整数集 $\mathbb{N}^*$ 的任一非空子集里必有最小数）. G 的极小生成元集不唯一. 任取 G 的两个极小生成元集 W_1, W_2，其中 W_i 含 r_i 个元素，$i=1,2$. 由于 W_1 是 G 的极小生成元集，因此任何 r_1-1 个元素都不能生成 G，从而 $r_2 \geqslant r_1$. 由于 W_2 是 G 的极小生成元集，因此同理有 $r_1 \geqslant r_2$. 从而 $r_1=r_2$. 这表明 G 的任何两个极小生成元集含有的元素个数相同. 这样我们就可以在定理 1 的证明中，对 Abel p-群的极小生成元集含有的元素个数做数学归纳法.

证明　对 Abel p-群的极小生成元集含有的元素个数 n 做数学归纳法.

当 $n=1$ 时，这个群是循环群，于是命题为真.

设 $n=r-1$ 时，命题为真. 现在来看 $n=r$ 的情形. 设 P 是阶为 p^l 的 Abel p-群，它的极小生成元集含有 r 个元素. 想证 $P=\langle a_1 \rangle \times P_1$，其中 P_1 是 P 的一个子群，且 P_1 的极小生成元集含有 $r-1$ 个元素，从而对 P_1 可用归纳假设. 为了证 $P=\langle a_1 \rangle \times P_1$，需要证 $P=\langle a_1 \rangle P_1$，且 $\langle a_1 \rangle \cap P_1 = \{e\}$. 如何找这样的元素 a_1？假如 $\langle a_1 \rangle \cap P_1 \neq \{e\}$，则存在 $0<s<|a_1|$，使得 $a_1^s \in P_1$. 设 $P_1 = \langle b_2, \cdots, b_r \rangle$，则 $a_1^s = b_2^{i_2} \cdots b_r^{i_r}$，即
$$a_1^s b_2^{-i_2} \cdots b_r^{-i_r} = e. \tag{1}$$
我们把（1）式称为 P 的**生成元** $a_1, b_2, \cdots, b_r$ **的一个关系**. 设 a_1 的阶 $|a_1|=m_1$，则 $a_1^{m_1}=e$. 从而有生成元的另一个关系：
$$a_1^{m_1} b_2^0 \cdots b_r^0 = e. \tag{2}$$
为了能得出矛盾，注意到 $s<m_1$，我们应当在 P 的所有极小生成元集的全部关系中，从生成元的正的幂指数组成的集合里选取一个最小的正整数，设为 m_1，然后去找 a_1 使得 a_1 的阶为 m_1. 从而保证 $\langle a_1 \rangle \cap P_1 = \{e\}$.

设 P 的一个极小生成元集 $\{x_1, x_2, \cdots, x_r\}$ 中有一个关系为

§1.10 有限 Abel 群和有限生成的 Abel 群的结构

$$x_1^{m_1} x_2^{j_2} \cdots x_r^{j_r} = e, \qquad (3)$$

其中 m_1 是上一段选取的最小正整数. 我们断言 $m_1 | j_2$. 理由如下:设 $j_2 = q_2 m_1 + u, 0 \leqslant u < m_1$,则

$$e = x_1^{m_1} x_2^{q_2 m_1 + u} x_3^{j_3} \cdots x_r^{j_r} = (x_1 x_2^{q_2})^{m_1} x_2^u x_3^{j_3} \cdots x_r^{j_r}.$$

容易看出,$\{x_1 x_2^{q_2}, x_2, x_3, \cdots, x_r\}$ 也是 P 的一个极小生成元集. 于是从 m_1 的选择知道,必有 $u=0$. 从而 $j_2 = m_1 q_2$. 同理可证,$m_1 | j_3, \cdots, m_1 | j_r$. 于是 $j_3 = q_3 m_1, \cdots, j_r = q_r m_1$. 因此(3)式成为

$$x_1^{m_1} x_2^{q_2 m_1} x_3^{q_3 m_1} \cdots x_r^{q_r m_1} = e,$$

即

$$(x_1 x_2^{q_2} x_3^{q_3} \cdots x_r^{q_r})^{m_1} = e. \qquad (4)$$

令

$$a_1 = x_1 x_2^{q_2} x_3^{q_3} \cdots x_r^{q_r}, \qquad (5)$$

则

$$x_1 = a_1 x_2^{-q_2} x_3^{-q_3} \cdots x_r^{-q_r}.$$

从而 $\{a_1, x_2, x_3, \cdots, x_r\}$ 也是 P 的一个极小生成元集. 从(4)式得, $a_1^{m_1} = e$. 于是从 m_1 的选择知道,m_1 是 a_1 的阶. 因此,$m_1 = p^{k_1}$,其中 k_1 是某个正整数,且 $k_1 \leqslant l$. 令

$$P_1 = \langle x_2, x_3, \cdots, x_r \rangle. \qquad (6)$$

于是 $P = \langle a_1 \rangle P_1$. 假如 $\langle a_1 \rangle \cap P_1 \neq \{e\}$,则存在 $1 \leqslant s_1 < m_1$,使得 $a_1^{s_1} \in P_1$. 从而有 $a_1^{s_1} = x_2^{s_2} \cdots x_r^{s_r}$. 由此得出

$$a_1^{s_1} x_2^{-s_2} \cdots x_r^{-s_r} = e. \qquad (7)$$

这与 m_1 的选择矛盾. 因此 $\langle a_1 \rangle \cap P_1 = \{e\}$. 又由于 P 是 Abel 群,因此

$$P = \langle a_1 \rangle \times P_1. \qquad (8)$$

$\{x_2, x_3, \cdots, x_r\}$ 必为 P_1 的一个极小生成元集. 对 P_1 重复上述做法. 在 P_1 的所有极小生成元集的全部关系中,从生成元的正的幂指数组成的集合里选取一个最小的正整数,设为 m_2. 不妨设 P_1 的一个极小生成元集 $\{y_2, y_3, \cdots, y_r\}$ 有一个关系为

$$y_2^{m_2} y_3^{n_3} \cdots y_r^{n_r} = e. \qquad (9)$$

同理可证 $m_2 = p^{k_2}$,其中 k_2 是某个正整数,且 $k_2 \leqslant l$. 从(9)式得

$$a_1^{m_1} y_2^{m_2} y_3^{n_3} \cdots y_r^{n_r} = e. \qquad (10)$$

由于容易看出 $\{a_1, y_2, y_3, \cdots, y_r\}$ 也是 P 的一个极小生成元集,因此从

(10)式可得出 $m_1 \mid m_2$(与前面证 $m_1 \mid j_2$ 的方法一样). 于是 $k_1 \leqslant k_2$.

对 P_1 用归纳假设得出
$$P \cong (\mathbb{Z}_{p^{k_2}}, +) \oplus (\mathbb{Z}_{p^{k_3}}, +) \oplus \cdots \oplus (\mathbb{Z}_{p^{k_r}}, +), \tag{11}$$
其中 $k_2 \leqslant k_3 \leqslant \cdots \leqslant k_r$, 且 $k_2 + k_3 + \cdots + k_r = l - k_1, k_1 \leqslant k_2$. 由于 $\langle a_1 \rangle \cong (\mathbb{Z}_{p^{k_1}}, +)$, 因此从(8), (11)式得
$$P \cong (\mathbb{Z}_{p^{k_1}}, +) \oplus (\mathbb{Z}_{p^{k_2}}, +) \oplus (\mathbb{Z}_{p^{k_3}}, +) \oplus \cdots \oplus (\mathbb{Z}_{p^{k_r}}, +),$$
其中 $k_1 \leqslant k_2 \leqslant k_3 \leqslant \cdots \leqslant k_r$, 且 $k_1 + k_2 + k_3 + \cdots + k_r = l$.

根据数学归纳法原理, 对一切正整数 r, 命题为真. □

利用定理 1 和 Sylow 定理, 可以得出任意有限 Abel 群的结构.

设 Abel 群 G 的阶 $n = p_1^{l_1} p_2^{l_2} \cdots p_s^{l_s}$, 其中 $p_1, p_2, \cdots, p_s$ 是两两不同的素数, $l_i > 0, i = 1, 2, \cdots, s$. 根据 Sylow 第一定理, G 有 Sylow p_i-子群 $H_i, i = 1, 2, \cdots, s$. 由于 $p_i \neq p_j$, 因此 $H_i \cap H_j = \{e\}$. 从而
$$|H_i H_j| = \frac{|H_i| |H_j|}{|H_i \cap H_j|} = p_i^{l_i} p_j^{l_j}.$$
用数学归纳法容易证明
$$|H_1 H_2 \cdots H_s| = p_1^{l_1} p_2^{l_2} \cdots p_s^{l_s} = |G|.$$
因此 $G = H_1 H_2 \cdots H_s$. 又 $H_i \cap \left(\prod_{j \neq i} H_j \right) = \{e\}, i = 1, 2, \cdots, s$, 且 G 是 Abel 群, 于是根据 §1.5 的定理 2 得
$$G = H_1 \times H_2 \times \cdots \times H_s.$$
由于 H_i 是 $p_i^{l_i}$ 阶 Abel 群, 因此根据定理 1 得
$$H_i \cong (\mathbb{Z}_{p_i^{k_{i1}}}, +) \oplus (\mathbb{Z}_{p_i^{k_{i2}}}, +) \oplus \cdots \oplus (\mathbb{Z}_{p_i^{k_{ir_i}}}, +),$$
其中 $k_{i1} \leqslant k_{i2} \leqslant \cdots \leqslant k_{ir_i}$, 且 $k_{i1} + k_{i2} + \cdots + k_{ir_i} = l_i$. 于是我们证明了下述定理:

定理 2 设 G 是 n 阶 Abel 群, $n = p_1^{l_1} p_2^{l_2} \cdots p_s^{l_s}$, 其中 $p_1, p_2, \cdots, p_s$ 是两两不同的素数, 且 $p_1 < p_2 < \cdots < p_s, l_i > 0, i = 1, 2, \cdots, s$. 则
$$G \cong (\mathbb{Z}_{p_1^{k_{11}}}, +) \oplus (\mathbb{Z}_{p_1^{k_{12}}}, +) \oplus \cdots \oplus (\mathbb{Z}_{p_1^{k_{1r_1}}}, +) \cdots \oplus (\mathbb{Z}_{p_s^{k_{s1}}}, +) \cdots \oplus (\mathbb{Z}_{p_s^{k_{sr_s}}}, +),$$
(12)

其中 $k_{i1} \leqslant k_{i2} \leqslant \cdots \leqslant k_{ir_i}$, 且 $k_{i1} + k_{i2} + \cdots + k_{ir_i} = l_i, i = 1, 2, \cdots, s$. 我们把有重集合
$$\{p_1^{k_{11}}, p_1^{k_{12}}, \cdots, p_1^{k_{1r_1}}, \cdots, p_s^{k_{s1}}, \cdots, p_s^{k_{sr_s}}\} \tag{13}$$

§1.10 有限 Abel 群和有限生成的 Abel 群的结构　　93

称为 G 的**初等因子**.

注意　下面的定理 3 证明了有限 Abel 群 G 的初等因子是唯一的.

如果两个有限 Abel 群 G 和 $\widetilde{G}$ 有相同的初等因子(13),那么它们都同构于(12)式右端的群.根据同构关系的对称性和传递性得,$G \cong \widetilde{G}$.

反之,如果两个有限 Abel 群 G 和 $\widetilde{G}$ 同构,那么它们是否有相同的初等因子？下面来探索这个问题.

设 G 和 $\widetilde{G}$ 都是有限 Abel 群,它们同构,则它们的阶相同.设它们的阶为 $n = p_1^{l_1} p_2^{l_2} \cdots p_s^{l_s}$,其中 $p_1 < p_2 < \cdots < p_s$,则根据前面的论述,G 和 $\widetilde{G}$ 分别是它们的 Sylow 子群的内直积：

$$G = H_1 \times H_2 \times \cdots \times H_s, \tag{14}$$

$$\widetilde{G} = \widetilde{H}_1 \times \widetilde{H}_2 \times \cdots \times \widetilde{H}_s, \tag{15}$$

其中 $H_i, \widetilde{H}_i$ 分别是 $G, \widetilde{G}$ 的 Sylow p_i-子群,$i = 1, 2, \cdots, s$.由于 G 与 $\widetilde{G}$ 同构,因此

$$H_1 \times H_2 \times \cdots \times H_s \cong \widetilde{H}_1 \times \widetilde{H}_2 \times \cdots \times \widetilde{H}_s. \tag{16}$$

设同构映射为 ψ.由于 $(h_1, h_2, \cdots, h_s)^{p_1^i} = (h_1^{p_1^i}, h_2^{p_1^i}, \cdots, h_s^{p_1^i})$,因此从 $(h_1, h_2, \cdots, h_s)^{p_1^i} = (e, e, \cdots, e)$ 可推出 $h_2 = \cdots = h_s = e$.于是 $H_1 \times H_2 \times \cdots \times H_s$ 里的 p_1^i 阶元必形如 $(h_1, e, \cdots, e)$.同理 $\widetilde{H}_1 \times \widetilde{H}_2 \times \cdots \times \widetilde{H}_s$ 里的 p_1^i 阶元必形如 $(\widetilde{h}_1, \widetilde{e}, \cdots, \widetilde{e})$.由于同构映射 ψ 把 p_1^i 阶元映成 p_1^i 阶元,因此 $\psi(h_1, e, \cdots, e) = (\widetilde{h}_1, \widetilde{e}, \cdots, \widetilde{e})$.于是 ψ 诱导了 H_1 到 $\widetilde{H}_1$ 的一个映射 ψ_1,即 $\psi_1(h_1)$ 等于上式中的 $\widetilde{h}_1$.由于 ψ 是单射,因此 ψ_1 也是单射.由于 $|H_1| = p_1^{l_1} = |\widetilde{H}_1|$,因此 ψ_1 也是满射.从而 ψ_1 是双射.由于 ψ 保持运算,因此 ψ_1 也保持运算.从而 ψ_1 是 H_1 到 $\widetilde{H}_1$ 的一个同构映射.于是 $H_1 \cong \widetilde{H}_1$.同理可证 $H_j \cong \widetilde{H}_j, j = 2, \cdots, s$.这就证明了：如果两个有限 Abel 群 G 和 $\widetilde{G}$ 同构,那么它们的 Sylow p_i-子群 H_i 与 $\widetilde{H}_i$ 同构,其中 p_i 是 $|G|$ 的任一素因子.

现在设 H 和 $\widetilde{H}$ 都是 Abel p-群,它们同构,则它们的阶相同.设它们的阶为 $p^l, l > 0$.根据定理 1 得

$$H \cong (\mathbb{Z}_{p^{k_1}}, +) \oplus (\mathbb{Z}_{p^{k_2}}, +) \oplus \cdots \oplus (\mathbb{Z}_{p^{k_r}}, +), \tag{17}$$

$$\widetilde{H} \cong (\mathbb{Z}_{p^{l_1}}, +) \oplus (\mathbb{Z}_{p^{l_2}}, +) \oplus \cdots \oplus (\mathbb{Z}_{p^{l_t}}, +), \tag{18}$$

其中 $k_1 \leqslant k_2 \leqslant \cdots \leqslant k_r, k_1 + k_2 + \cdots + k_r = l; l_1 \leqslant l_2 \leqslant \cdots \leqslant l_t, l_1 + l_2 + \cdots + l_t$

$=l$. 用 K, $\widetilde{K}$ 分别表示(17)式,(18)式右端的群. 由于 $H \cong \widetilde{H}$, 因此由同构关系的对称性和传递性得, $K \cong \widetilde{K}$. 容易看出

$$K = (\mathbb{Z}_{p^{k_1}} \oplus \mathbb{Z}_{p^{k_2}} \oplus \cdots \oplus \mathbb{Z}_{p^{k_r}}, +),$$
$$\widetilde{K} = (\mathbb{Z}_{p^{l_1}} \oplus \mathbb{Z}_{p^{l_2}} \oplus \cdots \oplus \mathbb{Z}_{p^{l_t}}, +). \tag{19}$$

首先探讨 r 是否等于 t? K 中所有 p 阶元和零元组成的集合记做 K_1. 容易验证, K_1 是 K 的一个子群. 我们想考虑域 $\mathbb{Z}_p$ 与 K_1 是否有纯量乘法? 对于 $\bar{i} \in \mathbb{Z}_p, \alpha \in K_1$, 令

$$\bar{i}\alpha := i\alpha. \tag{20}$$

若 $\bar{i} = \bar{j}$, 则 $p \mid (i-j)$. 从而 $(i-j)\alpha = 0$, 即 $i\alpha = j\alpha$. 因此(20)式的确定义了域 $\mathbb{Z}_p$ 与 K_1 的纯量乘法. 容易验证, K_1 对于加法和纯量乘法成为域 $\mathbb{Z}_p$ 上的一个线性空间. 令

$$\varepsilon_i = (\bar{0}, \cdots, \bar{0}, \underset{\text{第}i\text{位}}{\bar{1}}, \bar{0}, \cdots, \bar{0}), \quad i = 1, 2, \cdots, r,$$

其中第 j 位的元素是 $\mathbb{Z}_{p^{k_j}}$ 的元素, $j = 1, 2, \cdots, r$. 在 K_1 中任取一个元素 $\alpha = (\overline{a_1}, \overline{a_2}, \cdots, \overline{a_r})$, 则 $p\alpha = (\bar{0}, \bar{0}, \cdots, \bar{0})$. 从而

$$(\bar{0}, \bar{0}, \cdots, \bar{0}) = p\alpha = (p\overline{a_1}, p\overline{a_2}, \cdots, p\overline{a_r}) = (\overline{pa_1}, \overline{pa_2}, \cdots, \overline{pa_r}).$$

于是 $\overline{pa_j} = \bar{0}$. 由此得出, $pa_j \equiv 0 \pmod{p^{k_j}}$. 从而 $p^{k_j-1} \mid a_j$. 于是存在 $b_j \in \mathbb{Z}$, 使得 $a_j = p^{k_j-1} b_j$, $j = 1, 2, \cdots, r$. 因此

$$\alpha = (\overline{a_1}, \overline{a_2}, \cdots, \overline{a_r}) = a_1 \varepsilon_1 + a_2 \varepsilon_2 + \cdots + a_r \varepsilon_r$$
$$= p^{k_1-1} b_1 \varepsilon_1 + p^{k_2-1} b_2 \varepsilon_2 + \cdots + p^{k_r-1} b_r \varepsilon_r.$$

由于 $p(p^{k_j-1} \varepsilon_j) = p^{k_j} \varepsilon_j = (\bar{0}, \cdots, \bar{0}, \overline{p^{k_j}}, \bar{0}, \cdots, \bar{0}) = (\bar{0}, \cdots, \bar{0}, \bar{0}, \bar{0}, \cdots, \bar{0})$, 因此 $p^{k_j-1} \varepsilon_j$ 是 K 的一个 p 阶元, 从而它属于 K_1, $j = 1, 2, \cdots, r$. 于是利用(20)式可得出

$$\alpha = b_1 (p^{k_1-1} \varepsilon_1) + b_2 (p^{k_2-1} \varepsilon_2) + \cdots + b_r (p^{k_r-1} \varepsilon_r)$$
$$= \overline{b_1} (p^{k_1-1} \varepsilon_1) + \overline{b_2} (p^{k_2-1} \varepsilon_2) + \cdots + \overline{b_r} (p^{k_r-1} \varepsilon_r).$$

设

$$\overline{c_1}(p^{k_1-1} \varepsilon_1) + \overline{c_2}(p^{k_2-1} \varepsilon_2) + \cdots + \overline{c_r}(p^{k_r-1} \varepsilon_r) = (\bar{0}, \bar{0}, \cdots, \bar{0}),$$

则 $\overline{c_j p^{k_j-1}} = \bar{0}$. 从而 $p^{k_j} \mid c_j p^{k_j-1}$. 于是 $p \mid c_j$. 因此 $\overline{c_j} = \bar{0}$, $j = 1, 2, \cdots, r$. 这表明, $p^{k_1-1} \varepsilon_1, p^{k_2-1} \varepsilon_2, \cdots, p^{k_r-1} \varepsilon_r$ 线性无关. 综上所述, $p^{k_1-1} \varepsilon_1, p^{k_2-1} \varepsilon_2, \cdots, p^{k_r-1} \varepsilon_r$ 是域 $\mathbb{Z}_p$ 上线性空间 K_1 的一个基. 因此, $\dim K_1 = r$.

同理可证, $\widetilde{K}$ 的所有 p 阶元和零元组成的集合 $\widetilde{K}_1$ 是域 $\mathbb{Z}_p$ 上的线

§1.10 有限 Abel 群和有限生成的 Abel 群的结构   95

性空间,并且 $\dim \widetilde{K}_1 = t$.

    设 f 是群 K 到 $\widetilde{K}$ 的一个同构映射. 由于同构映射把 p 阶元映成 p 阶元, 因此 f 诱导了群 K_1 到 $\widetilde{K}_1$ 的同构映射 f_1. 任取 $\alpha \in K_1$, 则 $f_1(\alpha) \in \widetilde{K}_1$. 任取 $\bar{c} \in \mathbb{Z}_p$ (不妨设 $c > 0$), 有

$$f_1(\bar{c}\alpha) = f_1(c\alpha) = f_1(\underbrace{\alpha + \cdots + \alpha}_{c \uparrow})$$
$$= \underbrace{f_1(\alpha) + f_1(\alpha) + \cdots + f_1(\alpha)}_{c \uparrow} = c f_1(\alpha) = \bar{c} f_1(\alpha),$$

因此 f_1 是域 $\mathbb{Z}_p$ 上线性空间 K_1 到 $\widetilde{K}_1$ 的同构映射, 从而 $r = t$.

    其次想证 $k_i = l_i, i = 1, 2, \cdots, r$. 假如

$$k_1 = l_1, \quad \cdots, \quad k_{u-1} = l_{u-1}, \quad k_u \neq l_u,$$

其中 $1 \leqslant u \leqslant r$. 不妨设 $k_u < l_u$. 令

$$K_2 := \{p^{k_u} \beta \mid \beta \in K\}, \quad \widetilde{K}_2 := \{p^{k_u} \gamma \mid \gamma \in \widetilde{K}\},$$

容易验证 $K_2 < K, \widetilde{K}_2 < \widetilde{K}$. 任取 K_2 中的一个元素 $p^{k_u}\beta$. 设 $\beta = (\overline{d_1}, \overline{d_2}, \cdots, \overline{d_r})$, 其中 $\overline{d_j} \in \mathbb{Z}_{p^{k_j}}, j = 1, 2, \cdots, r$. 由于当 $j < u$ 时, $k_j \leqslant k_u$, 因此

$$p^{k_u} \overline{d_j} = p^{k_u - k_j}(p^{k_j} \overline{d_j}) = p^{k_u - k_j} \overline{p^{k_j} d_j} = \bar{0}, \quad j = 1, 2, \cdots, u.$$

从而 $p^{k_u} \beta = (\bar{0}, \cdots, \bar{0}, p^{k_u} \overline{d_{u+1}}, \cdots, p^{k_u} \overline{d_r})$. 令

$$p^{k_u} \mathbb{Z}_{p^i} := \{p^{k_u} \bar{\delta} \mid \bar{\delta} \in \mathbb{Z}_{p^i}\}, \tag{21}$$

任取 $p^{k_u} \overline{\delta_1}, p^{k_u} \overline{\delta_2} \in p^{k_u} \mathbb{Z}_{p^i}$, 则 $\overline{\delta_1}, \overline{\delta_2} \in \mathbb{Z}_{p^i}$. 由于

$$p^{k_u} \overline{\delta_1} - p^{k_u} \overline{\delta_2} = p^{k_u}(\overline{\delta_1} - \overline{\delta_2}) \in p^{k_u} \mathbb{Z}_{p^i},$$

因此 $p^{k_u} \mathbb{Z}_{p^i}$ 是 $(\mathbb{Z}_{p^i}, +)$ 的子群, 从而它同构于 $(\mathbb{Z}_{p^{v_i}}, +)$, 其中 $v_i \leqslant i$. 于是

$$K_2 = 0 \oplus \cdots \oplus 0 \oplus p^{k_u} \mathbb{Z}_{p^{k_{u+1}}} \oplus \cdots \oplus p^{k_u} \mathbb{Z}_{p^{k_r}}. \tag{22}$$

从而 K_2 是至多 $r - u$ 个 p 的方幂阶循环群的直和.

    由于 $l_1 \leqslant l_2 \leqslant \cdots \leqslant l_r$, 且 $l_1 = k_1, \cdots, l_{u-1} = k_{u-1} \leqslant k_u, l_u > k_u$, 因此同理可得

$$\widetilde{K}_2 = 0 \oplus \cdots \oplus 0 \oplus p^{k_u} \mathbb{Z}_{p^{l_u}} \oplus \cdots \oplus p^{k_u} \mathbb{Z}_{p^{l_r}}. \tag{23}$$

于是 $\widetilde{K}_2$ 是 $r - u + 1$ 个 p 的方幂阶循环群的直和.

    群 K 到 $\widetilde{K}$ 的同构映射 f 诱导了 K_2 到 $\widetilde{K}_2$ 的一个映射 f_2:

$$f_2(p^{k_u}\beta) := p^{k_u} f(\beta).$$

任给 $p^{k_u} \gamma \in \widetilde{K}_2$, 由于 f 是满射, 因此存在 $\eta \in K$ 使得 $\gamma = f(\eta)$. 于是

$$f_2(p^{k_u}\eta) = p^{k_u}f(\eta) = p^{k_u}\gamma.$$

因此 f_2 是满射. 下面来证 f_2 是单射. 设 $\beta=(\overline{d_1},\overline{d_2},\cdots,\overline{d_r})$, $f(\beta)=(\overline{\delta_1},\overline{\delta_2},\cdots,\overline{\delta_r})$. 记 $\overline{\delta_j}=f(\overline{d_j}), j=1,2,\cdots,r$, 则

$$f(\beta) = (f(\overline{d_1}), f(\overline{d_2}), \cdots, f(\overline{d_r})).$$

由于 $p^{k_u}\beta=(\overline{0},\cdots,\overline{0},p^{k_u}\overline{d_{u+1}},\cdots,p^{k_u}\overline{d_r})$, 因此

$$f_2(p^{k_u}\beta) = p^{k_u}f(\beta) = (p^{k_u}f(\overline{d_1}),\cdots,p^{k_u}f(\overline{d_u}),p^{k_u}f(\overline{d_{u+1}}),\cdots,p^{k_u}f(\overline{d_r}))$$
$$= (\overline{0},\cdots,\overline{0},p^{k_u}f(\overline{d_u}),\cdots,p^{k_u}f(\overline{d_r})).$$

设 $\eta=(\overline{c_1},\overline{c_2},\cdots,\overline{c_r})\in K$, 则同理得

$$f(\eta) = (f(\overline{c_1}), f(\overline{c_2}), \cdots, f(\overline{c_r})),$$

且

$$p^{k_u}\eta = (\overline{0},\cdots,\overline{0},p^{k_u}\overline{c_{u+1}},\cdots,p^{k_u}\overline{c_r}),$$
$$f_2(p^{k_u}\eta) = p^{k_u}f(\eta) = (\overline{0},\cdots,\overline{0},p^{k_u}f(\overline{c_u}),\cdots,p^{k_u}f(\overline{c_r})).$$

若 $f_2(p^{k_u}\beta)=f_2(p^{k_u}\eta)$, 则

$$p^{k_u}f(\overline{d_j}) = p^{k_u}f(\overline{c_j}), \quad j=u,\cdots,r.$$

从而 $p^{k_u}(f(\overline{d_j})-f(\overline{c_j}))=0$. 由于 $f(\overline{d_j})-f(\overline{c_j})\in\mathbb{Z}_{p^{l_j}}$, 且 $k_u<l_u\leqslant l_{u+1}\leqslant\cdots\leqslant l_r$, 因此 $f(\overline{d_j})-f(\overline{c_j})=0$. 从而 $f(\overline{d_j})=f(\overline{c_j}), j=u,\cdots,r$. 设

$$\beta_1 = (\overline{0},\cdots,\overline{0},\overline{d_u},\cdots,\overline{d_r}), \quad \eta_1 = (\overline{0},\cdots,\overline{0},\overline{c_u},\cdots,\overline{c_r}),$$

则

$$f(\beta_1) = (\overline{0},\cdots,\overline{0},f(\overline{d_u}),\cdots,f(\overline{d_r})),$$
$$f(\eta_1) = (\overline{0},\cdots,\overline{0},f(\overline{c_u}),\cdots,f(\overline{c_r})).$$

由于 $f(\overline{d_j})=f(\overline{c_j}), j=u,\cdots,r$. 因此 $f(\beta_1)=f(\eta_1)$. 由于 f 是 K 到 $\widetilde{K}$ 的单射, 因此 $\beta_1=\eta_1$. 从而 $\overline{d_j}=\overline{c_j}, j=u,\cdots,r$. 于是

$$p^{k_u}\beta=(\overline{0},\cdots,\overline{0},p^{k_u}\overline{d_{u+1}},\cdots,p^{k_u}\overline{d_r})=(\overline{0},\cdots,\overline{0},p^{k_u}\overline{c_{u+1}},\cdots,p^{k_u}\overline{c_r})=p^{k_u}\eta.$$

这证明了 f_2 是单射. 从而 f_2 是双射. 由于 f 保持加法运算, 因此 f_2 也保持加法运算. 从而 f_2 是群 K_2 到 $\widetilde{K}_2$ 的同构映射. 于是 $K_2\cong\widetilde{K}_2$. 运用上面对 $K,\widetilde{K}$ 证得的结果 (从 $K\cong\widetilde{K}$ 得出 $r=t$) 得, K_2 的直和表达式中循环群的个数 q 与 $\widetilde{K}_2$ 的直和表达式中循环群的个数 $r-u+1$ 相等. 但是

$$q\leqslant r-u<r-u+1,$$

矛盾. 因此 $k_i=l_i, i=1,2,\cdots,r$.

综上所述，若有限 Abel 群 G 与 $\tilde{G}$ 同构，则它们有相同的初等因子. 于是我们证明了下述定理：

定理 3 两个有限 Abel 群同构当且仅当它们的初等因子相同. □

定理 3 表明，初等因子是所有有限 Abel 群组成的集合在同构关系下的完全不变量.

定理 2 和定理 3 把有限 Abel 群的结构完全搞清楚了.

例 1 确定 200 阶 Abel 群的互不同构的类型.

解 $200 = 2^3 \times 5^2$. 由于 3 的分拆有
$$3 = 3, \quad 3 = 2+1, \quad 3 = 1+1+1;$$
2 的分拆有
$$2 = 2, \quad 2 = 1+1.$$
因此，200 阶 Abel 群的初等因子有下述六种情形：
$\{2^3, 5^2\}, \{2^3, 5, 5\}, \{2, 2^2, 5^2\}, \{2, 2^2, 5, 5\}, \{2, 2, 2, 5^2\}, \{2, 2, 2, 5, 5\}$.
从而 200 阶 Abel 群有六种互不同构的类型，它们的代表分别是
$$(\mathbb{Z}_{2^3}, +) \oplus (\mathbb{Z}_{5^2}, +) \cong (\mathbb{Z}_{200}, +),$$
$$(\mathbb{Z}_{2^3}, +) \oplus (\mathbb{Z}_5, +) \oplus (\mathbb{Z}_5, +),$$
$$(\mathbb{Z}_2, +) \oplus (\mathbb{Z}_{2^2}, +) \oplus (\mathbb{Z}_{5^2}, +),$$
$$(\mathbb{Z}_2, +) \oplus (\mathbb{Z}_{2^2}, +) \oplus (\mathbb{Z}_5, +) \oplus (\mathbb{Z}_5, +),$$
$$(\mathbb{Z}_2, +) \oplus (\mathbb{Z}_2, +) \oplus (\mathbb{Z}_2, +) \oplus (\mathbb{Z}_{5^2}, +),$$
$$(\mathbb{Z}_2, +) \oplus (\mathbb{Z}_2, +) \oplus (\mathbb{Z}_2, +) \oplus (\mathbb{Z}_5, +) \oplus (\mathbb{Z}_5, +).$$

例 2 设 $G \cong (\mathbb{Z}_5, +) \oplus (\mathbb{Z}_{15}, +) \oplus (\mathbb{Z}_{36}, +)$，求 G 的初等因子.

解 $G \cong (\mathbb{Z}_5, +) \oplus (\mathbb{Z}_{15}, +) \oplus (\mathbb{Z}_{36}, +)$
$\cong (\mathbb{Z}_5, +) \oplus [(\mathbb{Z}_3, +) \oplus (\mathbb{Z}_5, +)] \oplus [(\mathbb{Z}_4, +) \oplus (\mathbb{Z}_9, +)]$
$= (\mathbb{Z}_{2^2}, +) \oplus (\mathbb{Z}_3, +) \oplus (\mathbb{Z}_{3^2}, +) \oplus (\mathbb{Z}_5, +) \oplus (\mathbb{Z}_5, +)$,

因此 G 的初等因子是 $\{2^2, 3, 3^2, 5, 5\}$.

初等因子为 $\{p, p, \cdots, p\}$ 的 Abel p-群称为**初等 Abel 群**.

t 个 $(\mathbb{Z}, +)$ 的直和 $(\mathbb{Z}, +) \oplus (\mathbb{Z}, +) \oplus \cdots \oplus (\mathbb{Z}, +)$ 记做 $t(\mathbb{Z}, +)$.

对于有限生成的 Abel 群的结构有下述结果：

定理 4 设 G 是有限生成的 Abel 群，则
$$G \cong (\mathbb{Z}_{p_1^{k_{11}}}, +) \oplus \cdots \oplus (\mathbb{Z}_{p_1^{k_{1r_1}}}, +) \oplus \cdots \oplus (\mathbb{Z}_{p_s^{k_{s1}}}, +) \oplus \cdots \oplus (\mathbb{Z}_{p_s^{k_{sr_s}}}, +) \oplus t(\mathbb{Z}, +),$$

(24)

其中 $p_1, \cdots, p_s$ 是两两不同的素数,且 $p_1 < \cdots < p_s$, $k_{i1} \leqslant k_{i2} \leqslant \cdots \leqslant k_{ir_i}$, $i=1,2,\cdots,s$. 我们把(24)式中出现的有限循环群的阶组成的有重集合

$$\{p_1^{k_{11}}, \cdots, p_1^{k_{1r_1}}, \cdots, p_s^{k_{s1}}, \cdots, p_s^{k_{sr_s}}\}$$

称为 G 的**初等因子**;把(24)式中出现的 t 称为 G 的**秩**.

定理 5 两个有限生成的 Abel 群同构当且仅当它们有相同的初等因子和相同的秩.

定理 4 和定理 5 的证明可看参考文献[8]的第 198 页定理 15. 若群 G 同构于 $t(\mathbb{Z},+)$,则称 G 是秩 t 的**自由 Abel 群**.

例 3 证明:非零实数乘法群 $\mathbb{R}^*$ 的有限生成的非平凡子群或者同构于 $(\mathbb{Z}_2,+)$,或者同构于 $t(\mathbb{Z},+)$,或者同构于 $(\mathbb{Z}_2,+) \oplus t(\mathbb{Z},+)$,其中 t 是某个正整数.

证明 设 $a \in \mathbb{R}^*$ 是 m 阶元,则 $a^m = 1$. 当 m 为奇数时,$x^m = 1$ 在 $\mathbb{R}$ 中只有一个解:$x=1$;当 m 为偶数时,$x^m = 1$ 在 $\mathbb{R}$ 中恰有两个解:$x=1$ 或 -1. 因此 $\mathbb{R}^*$ 中有限阶元素只有 1 和 -1,其中 -1 是 2 阶元. 由定理 4 即得结论. □

习 题 1.10

1. 分别确定 12 阶,108 阶,360 阶,144 阶,216 阶 Abel 群的互不同构的类型.
2. 求下列 Abel 群的初等因子:
(1) $(\mathbb{Z}_{10},+) \oplus (\mathbb{Z}_{15},+) \oplus (\mathbb{Z}_{20},+)$;
(2) $(\mathbb{Z}_{28},+) \oplus (\mathbb{Z}_{42},+)$;
(3) $(\mathbb{Z}_9,+) \oplus (\mathbb{Z}_{14},+) \oplus (\mathbb{Z}_6,+) \oplus (\mathbb{Z}_{16},+)$.
3. 设 G 是 100 阶 Abel 群.
(1) 证明 G 必含有 10 阶元;
(2) G 的初等因子应当怎样才能使 G 不含阶大于 10 的元素?
4. 证明:如果有限 Abel 群的阶没有平方因子,那么它必为循环群.
5. 证明:如果一个 Abel p-群恰好含有 $p-1$ 个 p 阶元,那么它一定是循环群.
6. 设 p 是素数,V 是域 $\mathbb{Z}_p$ 上的 n 维线性空间,V 的加法群 $(V,+)$ 是不是初等 Abel p-群?

*§1.11 自由群

我们知道,由一个元素生成的群是循环群. 无限循环群都同构于整数加群$(\mathbb{Z},+)$. $(\mathbb{Z},+)$的一个生成元集是$\{1\}$,这个生成元 1 只适合平凡的关系:1 的 0 倍等于 0,而对于一切非零整数 m 都有 $m1\neq 0$. 由此受到启发,引出下述概念:

定义 1 设 X 是群 G 的一个生成元集,如果对于任意 $x_1,x_2,\cdots,x_t\in X$,且 $x_i\neq x_{i+1}(1\leqslant i<t)$,都有
$$x_1^{m_1}x_2^{m_2}\cdots x_t^{m_t}\neq e,$$
其中 $m_1,m_2,\cdots,m_t$ 是任意非零整数,那么称 X 是群 G 的一个**自由生成元集**. 如果群 G 有一个自由生成元集,那么称 G 是一个**自由群**.

整数加群$(\mathbb{Z},+)$有一个自由生成元集$\{1\}$,因此$(\mathbb{Z},+)$是由一个元素生成的自由群.

由一个元素生成的群除了无限循环群外,都是有限循环群. m 阶循环群都同构于$(\mathbb{Z}_m,+)$. 我们知道$(\mathbb{Z}_m,+)$是整数加群$(\mathbb{Z},+)$的一个同态像,且$(\mathbb{Z},+)/m\mathbb{Z}\cong(\mathbb{Z}_m,+)$. 因此,由一个元素生成的群都是自由群$(\mathbb{Z},+)$的同态像,从而它同构于自由群$(\mathbb{Z},+)$的一个商群.

现在我们来探索是否每一个群 G 都是某个自由群的同态像,从而 G 同构于这个自由群的商群呢? 首先我们来构造自由群.

设 X 是一个非空集合,任意一个有限长的序列
$$x_1x_2\cdots x_k,\quad \text{其中 } x_1,x_2,\cdots,x_k\in X,$$
称为一个**字**.

例如,若 b_1,b_2,b_3 是 X 中两两不同的元素,则 $b_1b_2b_1b_3$,$b_1b_1b_3b_1b_1$,$b_3b_1b_1b_2$ 等都是字.

在序列中我们允许长度为零的情形,称为**空字**,记做 $\wedge$. 两个字 $x_1x_2\cdots x_k$ 与 $y_1y_2\cdots y_l$ 如果长度相等(即 $k=l$),且 $x_i=y_i(1\leqslant i\leqslant k)$,那么称这两个字**相等**.

由集合 X 中的元素组成的字的全体记为 $\widetilde{X}$. 在 $\widetilde{X}$ 中规定乘法运算为把两个字串连,即
$$(x_1x_2\cdots x_k)(y_1y_2\cdots y_l)=x_1x_2\cdots x_ky_1y_2\cdots y_l.$$

由于
$$[(x_1\cdots x_k)(y_1\cdots y_l)](z_1\cdots z_m)=(x_1\cdots x_k y_1\cdots y_l)(z_1\cdots z_m)=x_1\cdots x_k y_1\cdots y_l z_1\cdots z_m,$$
$$(x_1\cdots x_k)[(y_1\cdots y_l)(z_1\cdots z_m)]=(x_1\cdots x_k)(y_1\cdots y_l z_1\cdots z_m)=x_1\cdots x_k y_1\cdots y_l z_1\cdots z_m,$$
因此
$$[(x_1\cdots x_k)(y_1\cdots y_l)](z_1\cdots z_m)=(x_1\cdots x_k)[(y_1\cdots y_l)(z_1\cdots z_m)].$$
从而 $\widetilde{X}$ 中的乘法满足结合律. 由于对任意 $x_1\cdots x_k\in\widetilde{X}$, 有
$$(x_1\cdots x_k)\wedge=x_1\cdots x_k,\quad \wedge(x_1\cdots x_k)=x_1\cdots x_k,$$
因此空字 $\wedge$ 是 $\widetilde{X}$ 的单位元.

如何使每个字有逆元呢? 从群 G 的元素 a 的逆元 a^{-1} 满足 $aa^{-1}=a^{-1}a=e$ 受到启发, 为了使每个字有逆元, 还需要取一个集合 X', 它与 X 有相同的基数, 且 $X\cap X'=\varnothing$. 令 $X^*=X\cup X'$, 由集合 X^* 中的元素组成的字的全体记为 $\widetilde{X^*}$. 同上面的论述, 在 $\widetilde{X^*}$ 中规定乘法运算为把两个字串连, 此乘法满足结合律, 空字 $\wedge$ 是 $\widetilde{X^*}$ 中的单位元. 由于 X' 与 X 有相同的基数, 因此 X 到 X' 有一个双射 σ, 我们把 $x\in X$ 在这个映射 σ 下的像记做 x'. 从群 G 中 $gaa^{-1}h=gh,ga^{-1}ah=gh$ 受到启发, 我们在 $\widetilde{X^*}$ 中引出下述概念:

$\widetilde{X^*}$ 中两个字 w_1,w_2, 如果存在 $u,v\in\widetilde{X^*},x\in X$ 使得 w_1,w_2 中有一个是 $uxx'v$, 另一个是 uv; 或者有一个是 $ux'xv$, 另一个是 uv, 那么称 w_1 与 w_2 **相邻**.

从相邻的定义看出, 若 w_1 与 w_2 相邻, 则 w_2 与 w_1 也相邻.

例如, 对于 $w\in\widetilde{X^*}$, $wxx'\wedge$ 与 $w\wedge$ 相邻, 从而 wxx' 与 w 相邻, w 与 wxx' 相邻.

从群 G 中, $gaa^{-1}hb^{-1}b=ghb^{-1}b=gh$ 受到启发, 我们想把 $\widetilde{X^*}$ 做一个划分, 使得形如 $uxx'vy'y,uvy'y,uv$ 这些字在同一类里. 为此, 我们在 $\widetilde{X^*}$ 上建立一个二元关系 $\sim$ 如下:

对于 $w_1,w_2\in\widetilde{X^*}$, 如果在 $\widetilde{X^*}$ 中有一串字 $v_1,v_2,\cdots,v_l$ 满足:

(1) v_j 与 v_{j+1} 相邻, $j=1,\cdots,l-1$;

(2) $v_1=w_1,v_l=w_2$,

那么称 w_1 与 w_2 **有关系** $\sim$, 记做 $w_1\sim w_2$.

对于 $\widetilde{X^*}$ 中任意一个字 w,取 $v_1=w,v_2=wxx',v_3=w$. 由于 w 与 wxx' 相邻,wxx' 与 w 相邻,因此 v_1 与 v_2 相邻,v_2 与 v_3 相邻. 从而 $w\sim w$. 这表明二元关系 $\sim$ 具有反身性.

若 $w_1\sim w_2$,则存在一串字 $v_1,v_2,\cdots,v_l$ 满足 v_j 与 v_{j+1} 相邻 ($j=1,\cdots,l-1$),且 $v_1=w_1,v_l=w_2$. 从而有一串字 $v_l,\cdots,v_2,v_1$ 满足 v_{j+1} 与 v_j 相邻 ($j=l-1,\cdots,1$),且 $v_l=w_2,v_1=w_1$,因此 $w_2\sim w_1$. 这表明二元关系 $\sim$ 具有对称性.

若 $w_1\sim w_2$ 且 $w_2\sim w_3$,则有两串字:$v_1,\cdots,v_l$ 和 $u_1,\cdots,u_t$ 分别满足:v_j 与 v_{j+1} 相邻 ($j=1,\cdots,l-1$),且 $v_1=w_1,v_l=w_2$;u_i 与 u_{i+1} 相邻 ($i=1,\cdots,t-1$),且 $u_1=w_2,u_t=w_3$. 由于 $v_l=w_2=u_1$,因此有一串字 $v_1,\cdots,v_l,u_2,\cdots,u_t$ 满足每一个字与后面一个字相邻,且 $v_1=w_1,u_t=w_3$. 于是 $w_1\sim w_3$. 这表明二元关系 $\sim$ 具有传递性.

综上所述,$\sim$ 是集合 $\widetilde{X^*}$ 上的一个等价关系. 若 $w_1\sim w_2$,则称 w_1 与 w_2 **等价**. 对于 $w\in\widetilde{X^*}$,w 的等价类记做 $\overline{w}$.

在集合 $\widetilde{X^*}$ 对于等价关系 $\sim$ 的商集 $\widetilde{X^*}/\sim$ 中规定:
$$\overline{w_1}\ \overline{w_2}:=\overline{w_1w_2}. \tag{25}$$

若 $\overline{w_1}=\overline{u_1},\overline{w_2}=\overline{u_2}$,则 $w_1\sim u_1,w_2\sim u_2$. 于是存在两串字:$v_1,\cdots,v_l$ 和 $t_1,\cdots,t_s$ 分别满足:v_j 与 v_{j+1} 相邻 ($j=1,\cdots,l-1$),且 $v_1=w_1,v_l=u_1$;t_i 与 t_{i+1} 相邻 ($i=1,\cdots,s-1$),且 $t_1=w_2,t_s=u_2$. 由于 v_j 与 v_{j+1} 相邻,因此它们中有一个是 $uxx'v$(或 $ux'xv$),另一个是 uv. 从而 v_jt_i 与 $v_{j+1}t_i$ 中有一个是 $uxx'vt_i$(或 $ux'xvt_i$),另一个是 uvt_i. 于是 v_jt_i 与 $v_{j+1}t_i$ 相邻,$j=1,\cdots,l-1,i=1,\cdots,s$. 同理 v_jt_i 与 v_jt_{i+1} 相邻,$j=1,\cdots,l,i=1,\cdots,s-1$. 因此下述一串字:
$$v_1t_1,\ v_2t_1,\ \cdots,\ v_lt_1,\ v_lt_2,\ \cdots,\ v_1t_2,\ v_1t_3,\ \cdots,\ v_lt_3,\ v_lt_4,\ \cdots,\ v_1t_4,\ \cdots,\ v_lt_s, \tag{26}$$

当 $s=2m$ 时,(26) 中最后 $l+1$ 个字为
$$v_1t_{2m-1},\ \cdots,\ v_lt_{2m-1},\ v_lt_{2m};$$

当 $s=2m+1$ 时,(26) 中最后 l 个字为
$$v_1t_{2m+1},\ v_2t_{2m+1},\ \cdots,\ v_lt_{2m+1}.$$

(26) 式的这一串字满足每一个字与后面一个字相邻,并且第一个字为

$v_1 t_1 = w_1 w_2$,最后一个字为 $v_l t_s = u_1 u_2$. 因此 $w_1 w_2 \sim u_1 u_2$. 从而 $\overline{w_1 w_2} = \overline{u_1 u_2}$. 这证明了(25)式的规定是合理的,它给出了商集 $\widetilde{X^*}/\sim$ 中的乘法运算.

由于 $\widetilde{X^*}$ 中的乘法满足结合律,因此容易验证 $\widetilde{X^*}/\sim$ 中的乘法满足结合律. 由于
$$\overline{w\wedge} = \overline{w}\,\overline{\wedge} = \overline{w}, \quad \overline{\wedge}\,\overline{w} = \overline{\wedge w} = \overline{w},$$
因此空字 $\wedge$ 的等价类 $\overline{\wedge}$ 是 $\widetilde{X^*}/\sim$ 中的单位元. $\wedge$ 中的元素形如:
$$xx', \; x'x, \; xx'yy', \; xx'y'y, \cdots,$$
其中 $x, y \in X$, x', y' 分别是 x, y 在 X 到 X' 的双射 σ 下的像.

今后我们规定:对于 $z \in \widetilde{X^*}$,若 $z \in X$,则 z' 表示 z 在 σ 下的像;若 $z \in X'$,则 z' 表示 z 在 σ^{-1} 下的像. 容易验证 $(z')' = z$.

任取 $\overline{w} \in \widetilde{X^*}/\sim$. 设 $z_1 z_2 \cdots z_r \in \overline{w}$,则 $\overline{z_1 z_2 \cdots z_r} = \overline{w}$. 我们有
$$\overline{z_1 z_2 \cdots z_r z'_r z'_{r-1} \cdots z'_1} = \overline{(z_1 z_2 \cdots z_r)(z'_r z'_{r-1} \cdots z'_1)} = \overline{z_1 z_2 \cdots z_r}\,\overline{z'_r z'_{r-1} \cdots z'_1}.$$
由于 $z_1 z_2 \cdots z_r z'_r z'_{r-1} \cdots z'_1 \sim \wedge$,因此 $\overline{z_1 z_2 \cdots z_r z'_r z'_{r-1} \cdots z'_1} = \overline{\wedge}$. 从而
$$\overline{w}\,\overline{z'_r z'_{r-1} \cdots z'_1} = \overline{z_1 z_2 \cdots z_r}\,\overline{z'_r z'_{r-1} \cdots z'_1} = \overline{\wedge}.$$
同理可证得,$\overline{z'_r z'_{r-1} \cdots z'_1}\,\overline{w} = \overline{\wedge}$. 因此 $\overline{w}$ 有逆元 $\overline{z'_r z'_{r-1} \cdots z'_1}$.

综上所述,$\widetilde{X^*}/\sim$ 成为一个群.

群 $\widetilde{X^*}/\sim$ 中每一个元素 $\overline{w}$ 形如 $\overline{z_1 z_2 \cdots z_l} = \overline{z_1}\,\overline{z_2} \cdots \overline{z_l}$,其中 $z_i \in X^*$,$i = 1, 2, \cdots, l$. 由于 $\overline{z'} = \overline{z}^{-1}$,因此 $\overline{w}$ 形如 $\overline{x_1}^{m_1} \overline{x_2}^{m_2} \cdots \overline{x_s}^{m_s}$,其中 $x_1, x_2, \cdots, x_s \in X$,$m_i \in \mathbb{Z}$,$i = 1, 2, \cdots, s$. 于是群 $\widetilde{X^*}/\sim$ 有一个生成元集为
$$\overline{X} := \{\overline{x} \mid x \in X\}.$$

任取 $\overline{x} \in \overline{X}$,假如有正整数 m 使得 $\overline{x}^m = \overline{\wedge}$,则 $\underbrace{xx\cdots x}_{m\text{个}} \sim \wedge$. 这是不可能的. 因此对一切正整数 m,有 $\overline{x}^m \neq \overline{\wedge}$. 从而 $\overline{x}^{-m} \neq \overline{\wedge}$(这是因为 $\overline{x}^{-m} = (\overline{x}^{-1})^m = \overline{x'}^m$,同理有 $\underbrace{x' x' \cdots x'}_{m\text{个}}$ 与 $\wedge$ 没有关系 $\sim$. 从而 $\overline{x'}^m \neq \overline{\wedge}$). 于是对一切非零整数 m 有 $\overline{x}^m \neq \overline{\wedge}$.

任取 $\overline{x_1}, \overline{x_2} \in \overline{X}$. 设 $\overline{x_1} \neq \overline{x_2}$,假如 $\overline{x_1}\,\overline{x_2} = \overline{\wedge}$,则 $x_1 x_2 \sim \wedge$. 由于 $x_1 x_2 \in \widetilde{X}$,因此 $x_1 x_2$ 与 $\wedge$ 不可能有关系 $\sim$. 从而 $\overline{x_1}\,\overline{x_2} \neq \overline{\wedge}$. 结合上一段的结论得,对一切非零整数 m_1, m_2,有 $\overline{x_1}^{m_1} \overline{x_2}^{m_2} \neq \overline{\wedge}$. 从而任取 $\overline{x_1}, \overline{x_2}, \cdots, \overline{x_t} \in \overline{X}$,

若 $\overline{x_i} \neq \overline{x_{i+1}}(1 \leqslant i < t)$，且 $m_1, m_2, \cdots, m_t$ 都是不为 0 的整数，则 $\overline{x_1}^{m_1} \overline{x_2}^{m_2} \cdots \overline{x_t}^{m_t} \neq \overline{\wedge}$，因此 $\overline{X}$ 是 $\widetilde{X^*}/\sim$ 的一个自由生成元集. 从而 $\widetilde{X^*}/\sim$ 是一个自由群. 我们把 $\widetilde{X^*}/\sim$ 称为**由 X 生成的自由群**，记做 $F(X)$.

任给 $\overline{v} \in \widetilde{X^*}/\sim$，能不能在 $\overline{v}$ 中找到一个代表具有最简单的形式? 即对于 $\widetilde{X^*}$ 中任意一个字 v，能不能在 $\widetilde{X^*}$ 中找到一个最简单的字，它与 v 等价? 为此引出下述概念：

$\widetilde{X^*}$ 中的字 w，如果具有形式：
$$w = w_1 x x' w_2 \text{ 或 } w = w_1 x' x w_2, \quad \text{其中 } w_1, w_2 \in \widetilde{X^*}, x \in X,$$
那么称 w 是**可约的**；否则称 w 是**不可约的**（或**既约的**）.

从上述定义得出，空字 $\wedge$ 是不可约字；并且 $\widetilde{X^*}$ 中的字 w 是不可约的当且仅当 w 是空字或者 $w = z_1 z_2 \cdots z_l$，其中 $z_j \in X^*, 1 \leqslant j \leqslant l$，且 $z_j' \neq z_{j+1}, j = 1, 2, \cdots, l-1$.

直观上容易猜测 $\widetilde{X^*}$ 中每一个字都等价于一个不可约字，并且这个不可约字是唯一的. 下面我们来证明这一猜测为真.

命题 1 $\widetilde{X^*}$ 中每一个字 v 都等价于唯一的一个不可约字.

证明 存在性 对于字的长度 n 做数学归纳法.

$n=0$ 时，空字 $\wedge$ 是不可约字，于是命题为真.

假设对于长度小于 n 的字命题为真，现在来看长度为 n 的字
$$v = y_1 y_2 \cdots y_n, \quad \text{其中 } y_i \in X^*, i = 1, 2, \cdots, n.$$
若 v 是可约的，则存在 $j \in \{1, 2, \cdots, n-1\}$，使得 $y_j \in X$ 且 $y_{j+1} = y_j'$，或者 $y_j \in X'$ 且 $y_{j+1} = y_j'$. 于是 $v = y_1 \cdots y_{j-1} y_j y_j' y_{j+2} \cdots y_n$. 从而 v 等价于 $y_1 \cdots y_{j-1} y_{j+2} \cdots y_n$. 由归纳假设，$y_1 \cdots y_{j-1} y_{j+2} \cdots y_n$ 等价于一个不可约字. 于是 v 等价于这个不可约字. 若 v 是不可约的，则 v 等价于自身.

根据数学归纳法原理，对一切正整数 n，存在性为真.

唯一性 把 $\widetilde{X^*}$ 中的所有不可约字组成的集合记做 Ω. 任意给定 $z \in X^*$，令 $\sigma_z(\wedge) = z$；对于 Ω 中的非空字的不可约字 $w = z_1 z_2 \cdots z_l$，其中 $z_j \in X^*(1 \leqslant j \leqslant l)$，且 $z_j' \neq z_{j+1}, j = 1, 2, \cdots, l-1$. 令
$$\sigma_z(w) := \begin{cases} z_2 z_3 \cdots z_l, & \text{当 } z = z_1', \\ z z_1 z_2 \cdots z_l, & \text{当 } z \neq z_1', \end{cases}$$

则 σ_z 是 Ω 到自身的一个映射. 对于空字 $\wedge$, 有 $\sigma_z(z') = \wedge$. 任取 Ω 中的非空字的不可约字 $y_1 y_2 \cdots y_t$, 其中 $y_i \in X^*$, $1 \leqslant i \leqslant t$, 且 $y_i' \neq y_{i+1}$, $i = 1, 2, \cdots, t-1$. 若 $z \neq y_1$, 则 $z' \neq y_1'$, 从而 $z' y_1 y_2 \cdots y_t$ 是不可约字, 且 $\sigma_z(z' y_1 y_2 \cdots y_t) = y_1 y_2 \cdots y_t$. 若 $z = y_1$, 由于 $y_2 \cdots y_t$ 也是不可约字, 且 $z = y_1 \neq y_2'$, 因此 $\sigma_z(y_2 \cdots y_t) = z y_2 \cdots y_t = y_1 y_2 \cdots y_t$. 这证明了 σ_z 是满射. 下面来证 σ_z 是单射. 设不可约字 $u = y_1 y_2 \cdots y_s$ 使得 $\sigma_z(w) = \sigma_z(u)$. 根据 σ_z 的定义,

$$\sigma_z(u) = \begin{cases} y_2 y_3 \cdots y_s, & \text{当 } z = y_1', \\ z y_1 y_2 \cdots y_s, & \text{当 } z \neq y_1'. \end{cases}$$

情形 1　$z = z_1'$ 且 $z = y_1'$. 则 $z_1 = y_1$. 此时从 $\sigma_z(w) = \sigma_z(u)$ 得

$$z_2 z_3 \cdots z_l = y_2 y_3 \cdots y_s.$$

于是 $z_1 z_2 z_3 \cdots z_l = y_1 y_2 y_3 \cdots y_s$, 即 $w = u$.

情形 2　$z = z_1'$ 且 $z \neq y_1'$. 此时从 $\sigma_z(w) = \sigma_z(u)$ 得

$$z_2 z_3 \cdots z_l = z y_1 y_2 \cdots y_s.$$

于是 $z' z_2 z_3 \cdots z_l = z' z y_1 y_2 \cdots y_s$, 即 $z_1 z_2 z_3 \cdots z_l = z' z y_1 y_2 \cdots y_s$. 此式左边是不可约字 w, 而右边是可约字. 矛盾. 因此情形 2 是不可能出现的.

情形 3　$z \neq z_1'$ 且 $z = y_1'$. 此时从 $\sigma_z(w) = \sigma_z(u)$ 得

$$z z_1 z_2 \cdots z_l = y_2 y_3 \cdots y_s.$$

于是 $z' z z_1 z_2 \cdots z_l = z' y_2 y_3 \cdots y_s = y_1 y_2 y_3 \cdots y_s$. 此式左边是可约字, 右边是不可约字, 矛盾. 因此情形 3 是不可能出现的.

情形 4　$z \neq z_1'$ 且 $z \neq y_1'$. 此时从 $\sigma_z(w) = \sigma_z(u)$ 得

$$z z_1 z_2 \cdots z_l = z y_1 y_2 \cdots y_s.$$

从而 $z_1 z_2 \cdots z_l = y_1 y_2 \cdots y_s$, 即 $w = u$.

综上所述, σ_z 是单射. 从而 σ_z 是双射, 即 σ_z 是 Ω 上的一个置换. 从 σ_z 是满射的证明中看出, $\sigma_z^{-1} = \sigma_{z'}$.

对于 $\widetilde{X^*}$ 中任意一个字 $v = v_1 v_2 \cdots v_t$, 其中 $v_i \in X^*$, $i = 1, 2, \cdots, t$. 令

$$\sigma_v := \sigma_{v_1} \sigma_{v_2} \cdots \sigma_{v_t},$$

则 σ_v 也是 Ω 上的一个置换. 令 $H = \{\sigma_w | w \in \Omega\}$. 设 Ω 中两个不可约字

$$w = z_1 z_2 \cdots z_l, \quad u = y_1 y_2 \cdots y_s,$$

则 $\sigma_w = \sigma_{z_1} \sigma_{z_2} \cdots \sigma_{z_l}$, $\sigma_u = \sigma_{y_1} \sigma_{y_2} \cdots \sigma_{y_s}$. 从而 $\sigma_u^{-1} = \sigma_{y_s}^{-1} \cdots \sigma_{y_2}^{-1} \sigma_{y_1}^{-1} = \sigma_{y_s'} \cdots \sigma_{y_2'} \sigma_{y_1'}$. 于是

$$\sigma_w \sigma_u^{-1} = \sigma_{z_1}\sigma_{z_2}\cdots\sigma_{z_l}\sigma_{y_s'}\cdots\sigma_{y_2'}\sigma_{y_1'} = \sigma_{z_1 z_2 \cdots z_l y_s' \cdots y_2' y_1'}.$$

设 $z_1 z_2 \cdots z_l y_s' \cdots y_2' y_1'$ 等价于一个不可约字 $z_1 \cdots z_k y_t' \cdots y_1'$. 由于 $\sigma_z^{-1} = \sigma_{z'}$, 因此 $\sigma_z \sigma_{z'} = 1_\Omega$, 即 $\sigma_{zz'} = 1_\Omega$. 从而

$$\sigma_{z_1 z_2 \cdots z_l y_s' \cdots y_2' y_1'} = \sigma_{z_1 \cdots z_k y_t' \cdots y_1'}.$$

于是 $\sigma_w \sigma_u^{-1} \in H$. 这证明了 H 是 S_Ω 的一个子群,且若 $\widetilde{X^*}$ 中的字 v 等价于一个不可约字 w,则 $\sigma_v = \sigma_w$.

设 $\widetilde{X^*}$ 中一个字 v 既等价于一个不可约字 w,又等价于一个不可约字 u,则 $\sigma_w = \sigma_v = \sigma_u$. 设 $w = z_1 z_2 \cdots z_l, u = y_1 y_2 \cdots y_s$,则

$$\sigma_w(\wedge) = \sigma_{z_1}\sigma_{z_2}\cdots\sigma_{z_l}(\wedge) = \sigma_{z_1}\sigma_{z_2}\cdots\sigma_{z_{l-1}}(z_l)$$
$$= \sigma_{z_1}\sigma_{z_2}\cdots\sigma_{z_{l-2}}(z_{l-1}z_l) = \cdots = z_1 z_2 \cdots z_{l-1}z_l = w.$$

同理 $\sigma_u(\wedge) = u$. 于是从 $\sigma_w = \sigma_u$ 得,$w = u$. 这证明了唯一性. □

命题 1 表明,对于自由群 $F(X)$ 中任一元素 $\bar{v}$,一定能找到唯一的一个不可约字 w,使得 $\bar{v} = \bar{w}$. 从而 $F(X)$ 中每一个元素都能用唯一的不可约字作为代表,即 $F(X)$ 中每一个元素形如 $\bar{w}$,其中 w 是 $\widetilde{X^*}$ 中的不可约字;并且若 $\bar{w} = \bar{u}$,其中 w,u 都是不可约字,则 $w = u$.

我们已经知道,由一个元素生成的自由群是无限循环群.

由两个或两个以上元素生成的自由群 $F(X)$ 一定是非 Abel 群. 理由如下:假如 $F(X)$ 是 Abel 群,则对于生成元 $\overline{x_1}, \overline{x_2}$,有 $\overline{x_1}\,\overline{x_2}\,\overline{x_1}^{-1}\,\overline{x_2}^{-1} = \overline{\wedge}$, 这与 $F(X)$ 是自由群矛盾. 因此 $F(X)$ 是非 Abel 群.

自由群 $F(X)$ 中的每个非单位元都是无限阶元素. 理由如下:假如 $F(X)$ 中的一个非单位元 $\bar{w}$ 是 n 阶元,则 $\bar{w}^n = \overline{\wedge}$. 从而 $\underbrace{ww\cdots w}_{n\text{个}} \sim \wedge$.

今后把 $ww\cdots w$ 简记为 w^n. 设不可约字 $w = z_1 z_2 \cdots z_l$. 若 $l = 1$,则 $w^n = z_1^n$;若 $l > 1$,则 $w^n = z_1 z_2 \cdots z_l z_1 z_l \cdots z_1 \cdots z_l$. 因此 w^n 与 $\wedge$ 不等价. 这与 $w^n \sim \wedge$ 矛盾. 所以 $F(X)$ 中的每个非单位元都是无限阶元素.

自由群 $F(X)$ 有下述重要性质:

定理 1 设 X 是一个非空集合,G 是一个群,则对于 X 到 G 的任意一个映射 f,都存在自由群 $F(X)$ 到群 G 的唯一的同态 ψ,使得

$$\psi(\bar{x}) = f(x), \quad \forall x \in X.$$

证明 对于集合 X 中的任一元素 x,我们定义

$$f(x') := f(x)^{-1}.$$

于是我们把 f 扩充成了 X^* 到 G 的一个映射.

对于 $F(X)$ 中的任一元素 $\overline{w}$,其中 w 是不可约字,且 $w=z_1 z_2 \cdots z_l$,建立 $F(X)$ 到 G 的一个对应法则 ψ 如下:
$$\psi(\overline{w}) := f(z_1) f(z_2) \cdots f(z_l).$$
由于 $F(X)$ 中的每一个元素都可以唯一地表示成 $\overline{w}$,其中 w 是不可约字,因此 ψ 是 $F(X)$ 到 G 的一个映射.

设 $u \in F(X)$,其中 u 是不可约字,且 $u=y_1 y_2 \cdots y_s$. 于是
$$\overline{w}\overline{u} = \overline{wu} = \overline{z_1 z_2 \cdots z_l y_1 y_2 \cdots y_s}.$$
设 $z_1 z_2 \cdots z_l y_1 y_2 \cdots y_s$ 等价于不可约字 $z_1 \cdots z_k y_t \cdots y_s$,其中 $t = l-k+1$,则 $\overline{wu} = \overline{z_1 \cdots z_k y_t \cdots y_s}$. 从而
$$\psi(\overline{wu}) = \psi(\overline{z_1 \cdots z_k y_t \cdots y_s}) = f(z_1) \cdots f(z_k) f(y_t) \cdots f(y_s).$$
由于对于 $x \in X$ 有 $f(x') = f(x)^{-1}$,因此对于 $z \in X^*$ 有 $f(z') = f(z)^{-1}$. 从而 $\forall z \in X^*$ 有 $f(z) f(z') = f(z') f(z) = e$,其中 e 是 G 的单位元. 由于 $z_1 z_2 \cdots z_l y_1 y_2 \cdots y_s$ 等价于不可约字 $z_1 \cdots z_k y_t \cdots y_s$,因此 $z_l' = y_1, z_{l-1}' = y_2, \cdots, z_{k+1}' = y_{l-k}$. 从而
$$f(z_l) f(y_1) = e, \quad f(z_{l-1}) f(y_2) = e, \quad \cdots, \quad f(z_{k+1}) f(y_{l-k}) = e.$$
于是
$$\begin{aligned}\psi(\overline{w})\psi(\overline{u}) &= f(z_1) f(z_2) \cdots f(z_l) f(y_1) f(y_2) \cdots f(y_s) \\ &= f(z_1) \cdots f(z_k) f(y_{l-k+1}) \cdots f(y_s) \\ &= \psi(\overline{wu}).\end{aligned}$$
因此 ψ 是自由群 $F(X)$ 到群 G 的一个同态.

任取 $x \in X$,由于 x 是不可约字,因此 $\psi(\overline{x}) = f(x)$.

唯一性 假如还有 $F(X)$ 到 G 的一个群同态 φ,使得
$$\varphi(\overline{x}) = f(x), \quad \forall x \in X.$$
由于 $\overline{x'} = \overline{x}^{-1}$,因此 $\varphi(\overline{x'}) = \varphi(\overline{x}^{-1}) = \varphi(\overline{x})^{-1} = f(x)^{-1} = f(x')$. 从而 $\forall z \in X^*$,有 $\varphi(\overline{z}) = f(z)$. 任取 $F(X)$ 中的一个元素 $\overline{w}$,其中 w 是不可约字,且 $w = z_1 z_2 \cdots z_l$,则
$$\begin{aligned}\varphi(\overline{w}) &= \varphi(\overline{z_1 z_2 \cdots z_l}) = \varphi(\overline{z_1}\,\overline{z_2} \cdots \overline{z_l}) = \varphi(\overline{z_1})\varphi(\overline{z_2}) \cdots \varphi(\overline{z_l}) \\ &= f(z_1) f(z_2) \cdots f(z_l) = \psi(\overline{w}).\end{aligned}$$
因此 $\varphi = \psi$. 唯一性得证. $\square$

由定理 1 我们可以得到下述重要结论:

定理 2 任何一个群是一个自由群的同态像,从而任何一个群都同构于一个自由群的商群.

证明 设群 G 的一个生成元集为 Y. 不妨设 Y 中任意两个元素 y_1, y_2, 都有 $y_1^{-1} \neq y_2$ (否则 y_2 可以从 Y 中去掉). 取一个与 Y 有相同基数的集合 X, 则 X 到 Y 有一个双射 τ. 于是有 X 到 G 的一个映射 f:
$$f(x) := \tau(x), \quad \forall x \in X.$$
令 $f(x') := f(x)^{-1}, \forall x \in X$, 则 f 扩充成了 X^* 到 G 的一个映射. 于是 $\forall z \in X^*$ 有 $f(z') = f(z)^{-1}$. 令 $\tau(x') := \tau(x)^{-1}, \forall x \in X$, 则 τ 扩充成了 X^* 到 G 的一个映射. 于是 $\forall z \in X^*$, 有 $\tau(z') = \tau(z)^{-1}$, 从而
$$f(z) = \tau(z).$$
根据定理 1, 存在自由群 $F(X)$ 到 G 的一个同态 ψ, 使得
$$\psi(\bar{x}) = f(x), \quad \forall x \in X.$$
现在来证 ψ 是 $F(X)$ 到 G 的满射. 由于 $G = \langle Y \rangle, \tau(x') = \tau(x)^{-1}$, $\forall x \in X$, 因此 G 中的每一个元素 g 可以表示成
$$g = \tau(z_1)\tau(z_2)\cdots\tau(z_l),$$
其中 $z_i \in X^*, 1 \leqslant i \leqslant l$, 且 $\tau(z_j)^{-1} \neq \tau(z_{j+1}), j = 1, \cdots, l-1$. 于是 $\tau(z_j') \neq \tau(z_{j+1})$, 从而 $z_j' \neq z_{j+1}, j = 1, \cdots, l-1$. 因此 $z_1 z_2 \cdots z_l$ 是一个不可约字. 于是
$$\psi(\overline{z_1 z_2 \cdots z_l}) = f(z_1)f(z_2)\cdots f(z_l) = \tau(z_1)\tau(z_2)\cdots\tau(z_l) = g.$$
因此 ψ 是 $F(X)$ 到 G 的一个满射. 从而 G 是 $F(X)$ 的一个同态像. 根据群同态基本定理得
$$F(X)/\mathrm{Ker}\psi \cong G. \qquad \square$$

定理 2 指出, 设群 G 的一个生成元集为 Y, 其中对于 Y 的任意两个元素 y_1, y_2, 都有 $y_1^{-1} \neq y_2$. 取一个与 Y 有相同基数的集合 X, X 到 Y 有一个双射 τ, 则 G 是自由群 $F(X)$ 的一个同态像. 用 N 表示这个同态 ψ 的核, $F(X)$ 的这个正规子群 N 对于群 G 起什么作用呢?

任取 $\bar{w} \in F(X)$, 其中 w 是 $\widetilde{X^*}$ 中的不可约字, 且 $w = z_1 z_2 \cdots z_l$. 则 $\bar{w} \in N \Leftrightarrow \psi(\bar{w}) = e \Leftrightarrow f(z_1)f(z_2)\cdots f(z_l) = e \Leftrightarrow \tau(z_1)\tau(z_2)\cdots\tau(z_l) = e$. 由于当 $z \in X$ 时, $\tau(z) \in Y$; 当 $z \in X'$ 时, $\tau(z) = \tau((z')') = \tau(z')^{-1}$, 且 $\tau(z') \in Y$, 因此 N 中的每个元素刻画了群 G 的生成元之间的一个关系. 于是正规子群 N 给出了 G 的生成元之间的一切关系. 能不能在 G

的生成元之间的一切关系中找出一些基本关系呢？为此需要下述概念．

在任意一个群 G 中，取一个子集 S. G 的所有包含 S 的正规子群的交 N（易证它仍是 G 的正规子群）称为**由 S 生成的正规子群**．若 $S=\{a_1,a_2,\cdots,a_n\}$，则称 N 是**有限生成的正规子群**，把 $a_1,a_2,\cdots,a_n$ 称为 N **的一组生成元**．

设 G 是一个有限生成的群，它的一个生成元集 Y 为
$$Y=\{g_1,g_2,\cdots,g_n\},$$
其中 $g_i^{-1}\neq g_j$，当 $i\neq j$. 取一个与 Y 有相同基数的集合 X：
$$X=\{x_1,x_2,\cdots,x_n\}.$$
X 到 Y 有一个双射 τ 为
$$\tau(x_i)=g_i,\quad i=1,2,\cdots,n.$$
令 $\tau(x_i')=\tau(x_i)^{-1}=g_i^{-1}$, $i=1,2,\cdots,n$，则 τ 扩充成 X^* 到 G 的一个映射．根据定理 2，G 同构于自由群 $F(X)$ 的一个商群 $F(X)/N$. 如果 N 是 $F(X)$ 的有限生成的正规子群，则 N 的一组生成元为 $\overline{w_1},\overline{w_2},\cdots,\overline{w_t}$，其中 $w_1,w_2,\cdots,w_t$ 都是 $\widetilde{X^*}$ 中的不可约字，且
$$w_i=z_{i1}z_{i2}\cdots z_{ir_i},\quad i=1,\cdots,t.$$
于是有 $\tau(z_{i1})\tau(z_{i2})\cdots\tau(z_{ir_i})=e$, $i=1,\cdots,t$. 由于 N 可以由 $\overline{w_1},\overline{w_2},\cdots,\overline{w_t}$ 生成，因此下述一组关系：
$$\tau(z_{i1})\tau(z_{i2})\cdots\tau(z_{ir_i})=e,\quad i=1,\cdots,t$$
就是 G 的生成元之间的一组基本关系，称它们为 G 的生成元 $g_1,g_2,\cdots,g_n$ 的一组**生成关系**．于是可以把 G 写成
$$G=\langle g_1,g_2,\cdots,g_n\,|\,\tau(z_{i1})\tau(z_{i2})\cdots\tau(z_{ir_i})=e,i=1,\cdots,t\rangle.$$
如果 G 有一组有限多个生成元，且这些生成元有一组有限多个生成关系，那么我们称 G 是**可以有限表现的**．

例如，二面体群 D_n 的一组生成元为 σ,τ，它们有 3 个生成关系：
$$\sigma^n=I,\quad \tau^2=I,\quad \tau\sigma\tau^{-1}=\sigma^{-1}(即\ \tau\sigma\tau^{-1}\sigma=I).$$
于是 D_n 是可以有限表现的：
$$D_n=\langle \sigma,\tau\,|\,\sigma^n=\tau^2=I,\tau\sigma\tau^{-1}=\sigma^{-1}\rangle.$$

用生成元和生成关系表现群的理论称为**组合群论**．组合群论有许多应用，近十几年，组合群论被用来构造公钥密码．

第二章 环的理想,域的构造

§2.1 环同态,理想,商环

我们已经知道,环 R 有加法和乘法两种运算,且加法满足交换律、结合律,有零元,每个元素有负元;乘法满足结合律和对于加法的左、右分配律.由此看出,环 R 对于加法成为一个 Abel 群,记做 $(R,+)$.

环 R 的一个非空子集 R_1 如果对于 R 的加法和乘法也成为一个环,那么称 R_1 是 R 的一个**子环**.

设 R_1 是环 R 的一个非空子集,如果 R_1 是 R 的子环,那么 $(R_1,+)$ 是 $(R,+)$ 的子群,从而 R_1 对 R 的减法封闭.由于 R_1 是 R 的子环,因此 R_1 对 R 的乘法封闭.这表明环 R 的非空子集 R_1 是 R 的子环的必要条件是,R_1 对 R 的减法和乘法封闭,即从 $a,b\in R_1$ 可推出 $a-b\in R_1$ 且 $ab\in R_1$.这个条件也是充分条件.理由如下:由于 R_1 对 R 的减法封闭,因此 $(R_1,+)$ 是 $(R,+)$ 的子群;由于 R_1 对 R 的乘法封闭,因此 R 的乘法限制到 R_1 上就是 R_1 的乘法,且满足结合律和对于加法的左、右分配律.于是 R_1 是 R 的子环.这样我们证明了下述命题:

命题 1 环 R 的一个非空子集 R_1 是子环当且仅当 R_1 对于 R 的减法和乘法封闭,即
$$a,b\in R_1 \Rightarrow a-b\in R_1,\text{且 } ab\in R_1. \qquad \square$$

环 R 既有加法,又有乘法,在环的定义中,反映加法与乘法相容的是左、右分配律.由此可进一步推导出反映环的加法与乘法相容的性质有:

(1) $0a=a0=0,\forall a\in R$(这里的 0 是 R 的零元);

(2) $a(-b)=-ab,(-a)b=-ab,(-a)(-b)=ab,\forall a,b\in R$;

(3) $(na)b=a(nb)=n(ab),\forall a,b\in R,n\in\mathbb{Z}$;

(4) $\left(\sum_{i=1}^{n}a_i\right)\left(\sum_{j=1}^{m}b_j\right)=\sum_{i=1}^{n}\sum_{j=1}^{m}a_ib_j,\forall a_i,b_j\in R,i=1,\cdots,n,j=1,\cdots,m.$

证明 (1) 在 §0.3.2 中已证.

(2) 由于 $ab+a(-b)=a[b+(-b)]=a0=0$,因此
$$a(-b)=-ab.$$
同理可证,$(-a)b=-ab$. 从而有
$$(-a)(-b)=-[a(-b)]=-(-ab)=ab.$$

(3) 分别对 n 为正整数、负整数、0 三种情形讨论,请读者自己完成.

(4) 由左、右分配律立即得到. □

我们已经知道,从 $(\mathbb{Z},+)$ 到 $(\mathbb{Z}_m,+)$ 的映射 $\sigma:k\mapsto\bar{k}$ 是一个群同态. 现在考虑环 $\mathbb{Z}$ 到 $\mathbb{Z}_m$ 的这个映射 $\sigma:k\mapsto\bar{k}$,σ 不仅保持加法运算,而且有
$$\sigma(kl)=\overline{kl}=\bar{k}\,\bar{l}=\sigma(k)\sigma(l),$$
$$\sigma(1)=\bar{1}.$$
由此受到启发,我们引出下述概念:

定义 1 如果环 R 到环 $\widetilde{R}$ 有一个映射 σ,满足:
$$\sigma(a+b)=\sigma(a)+\sigma(b),\quad \sigma(ab)=\sigma(a)\sigma(b),\quad \forall a,b\in R;$$
$$\sigma(1)=\tilde{1},$$
其中 1 和 $\tilde{1}$ 分别是环 R 和 $\widetilde{R}$ 的单位元,那么称 σ 是 R 到 $\widetilde{R}$ 的一个**环同态**.

注意 对于没有单位元的环 R,不要求满足上述的第三条要求.

如果环 R 到 $\widetilde{R}$ 的环同态 σ 是满射(或单射),那么称 σ 是**满同态**(或**单同态**).

例如,环 $\mathbb{Z}$ 到 $\mathbb{Z}_m$ 的映射 $\sigma:k\mapsto\bar{k}$ 是环同态,且为满同态.

设 σ 是环 R 到 $\widetilde{R}$ 的一个环同态,则 σ 保持加法运算,从而 σ 也是 $(R,+)$ 到 $(\widetilde{R},+)$ 的一个群同态,因此有
$$\sigma(0)=\tilde{0},\quad \sigma(-a)=-\sigma(a),\quad \forall a\in R.$$

σ 作为 $(R,+)$ 到 $(\widetilde{R},+)$ 的群同态的核 $\mathrm{Ker}\sigma$ 称为 R 到 $\widetilde{R}$ 的**环同态的核**,即
$$\mathrm{Ker}\sigma=\{a\in R\,|\,\sigma(a)=\tilde{0}\}.$$

环 $\mathbb{Z}$ 到 $\mathbb{Z}_m$ 的环同态 $\sigma:k\mapsto\bar{k}$ 的核 $\mathrm{Ker}\sigma=m\mathbb{Z}$. $(m\mathbb{Z},+)$ 是 $(\mathbb{Z},+)$ 的

一个子群. 任给 $mk \in m\mathbb{Z}$,对于任意 $l \in \mathbb{Z}$,有
$$l(mk) = (mk)l = m(kl) \in m\mathbb{Z}.$$
由此受到启发,我们引出下述概念:

定义 2 如果环 R 的一个非空子集 I 对 R 的减法封闭,并且具有"左、右吸收性",即
$$a \in I, r \in R \Rightarrow ra \in I \text{ 且 } ar \in I,$$
那么称 I 是 R 的一个**理想**或**双边理想**.

设 I 是环 R 的一个理想. 由于 I 具有"左、右吸收性",因此 I 对 R 的乘法封闭,又由于 I 对 R 的减法封闭,因此 I 是 R 的一个子环.

例如,环 $\mathbb{Z}$ 的子集 $m\mathbb{Z}$ 是 $\mathbb{Z}$ 的一个理想,从而 $m\mathbb{Z}$ 也是 $\mathbb{Z}$ 的一个子环.

对于任意一个环 R,$\{0\}$ 和 R 都是 R 的理想,称它们为**平凡的理想**. 如果环 R 只有平凡的理想,那么称 R 是**单环**.

定义 3 如果环 R 的一个非空子集 J 对减法封闭,并且具有"左吸收性",即
$$b \in J, r \in R \Rightarrow rb \in J,$$
那么称 J 是 R 的一个**左理想**.

类似地,可定义环 R 的**右理想**.

环 $\mathbb{Z}$ 到 $\mathbb{Z}_m$ 的环同态 $\sigma: k \mapsto \bar{k}$ 的核 $\mathrm{Ker}\sigma = m\mathbb{Z}$,$m\mathbb{Z}$ 是 $\mathbb{Z}$ 的一个理想. 从而 $(m\mathbb{Z}, +)$ 是 $(\mathbb{Z}, +)$ 的一个子群,于是有商群
$$(\mathbb{Z}, +)/(m\mathbb{Z}, +) = \{k + m\mathbb{Z} \mid k \in \mathbb{Z}\}. \tag{1}$$
我们对于(1)式右端的集合规定乘法运算如下:
$$(k + m\mathbb{Z})(l + m\mathbb{Z}) := kl + m\mathbb{Z}. \tag{2}$$
需要验证(2)式的合理性:设 $k + m\mathbb{Z} = s + m\mathbb{Z}$,$l + m\mathbb{Z} = t + m\mathbb{Z}$,则 $k - s \in m\mathbb{Z}$,且 $l - t \in m\mathbb{Z}$,于是 $k \equiv s \pmod{m}$,$l \equiv t \pmod{m}$,从而有 $kl \equiv st \pmod{m}$,因此 $kl - st \in m\mathbb{Z}$,从而 $kl + m\mathbb{Z} = st + m\mathbb{Z}$. 这表明(2)式的规定与陪集代表的选择无关,因此(2)式的规定是合理的. 于是(1)式右端的集合有了乘法运算. 容易验证,此乘法满足结合律和交换律以及左、右分配律,且 $1 + m\mathbb{Z}$ 是单位元,因此(1)式右端的集合成为一个有单位元的交换环,把它记做 $\mathbb{Z}/m\mathbb{Z}$,即
$$\mathbb{Z}/m\mathbb{Z} = \{k + m\mathbb{Z} \mid k \in \mathbb{Z}\}. \tag{3}$$

由上述受到启发,我们猜测有下述结论:

命题 2 设 I 是环 R 的一个理想,令
$$R/I := \{r+I \mid r \in R\}. \tag{4}$$
在 R/I 中规定
$$(r_1+I)(r_2+I) := r_1 r_2 + I, \tag{5}$$
则 R/I 成为一个环,称它为环 R 对于理想 I 的**商环**,它的元素 $r+I$ 称为**模 I 同余类**.

证明 由于 I 是环 R 的一个理想,因此 $(I,+)$ 是 $(R,+)$ 的子群,从而 (4) 式右端的集合是商群 $(R,+)/(I,+)$.

下面来验证 (5) 式的规定是合理的. 设 $r_1+I=s_1+I, r_2+I=s_2+I$,则 $r_1-s_1 \in I, r_2-s_2 \in I$. 从而
$$r_1 r_2 - s_1 s_2 = r_1 r_2 - s_1 r_2 + s_1 r_2 - s_1 s_2 = (r_1-s_1)r_2 + s_1(r_2-s_2) \in I.$$
因此 $r_1 r_2 + I = s_1 s_2 + I$. 这表明 (5) 式的规定是合理的.

容易验证,(5) 式定义的乘法满足结合律和左、右分配律,因此 R/I 成为一个环. □

容易验证,若环 R 有单位元 1,则 $1+I$ 是商环 R/I 的单位元. 若 R 是交换环,则商环 R/I 也是交换环.

命题 3 设 I 是环 R 的一个理想,令
$$\pi : R \to R/I$$
$$r \mapsto r+I,$$
则 π 是环 R 到 R/I 的一个环同态,且是满同态,$\mathrm{Ker}\,\pi = I$. 我们把 π 称为 R 到 R/I 的**自然环同态**.

证明 $\pi : r \mapsto r+I$ 是 $(R,+)$ 到 $(R/I,+)$ 的群同态,且 π 是满射,并且 $\mathrm{Ker}\,\pi = I$. 我们有
$$\pi(r_1 r_2) = r_1 r_2 + I = (r_1+I)(r_2+I) = \pi(r_1)\pi(r_2).$$

若 R 有单位元 1,则 $\pi(1)=1+I$ 是 R/I 的单位元. 因此 π 是 R 到 R/I 的环同态. □

从命题 3 看出,设 I 是环 R 的一个理想,则 R 到商环 R/I 的自然环同态 π 的核等于 I,π 的像等于商环 R/I.

下面的定理深刻揭示了环同态的性质:

定理 1(环同态基本定理) 设 σ 是环 R 到 $\widetilde{R}$ 的一个环同态,则

$\mathrm{Ker}\sigma$ 是 R 的一个理想,且 $\mathrm{Im}\sigma$ 同构于商环 $R/\mathrm{Ker}\sigma$,即 $R/\mathrm{Ker}\sigma\cong\mathrm{Im}\sigma$.

证明 由于 σ 是 $(R,+)$ 到 $(\widetilde{R},+)$ 的群同态,因此根据群同态基本定理得,$\mathrm{Ker}\sigma$ 是 $(R,+)$ 的子群,且 $(R,+)/\mathrm{Ker}\sigma\cong\mathrm{Im}\sigma$,它的一个同构映射为 $\psi:r+\mathrm{Ker}\sigma\mapsto\sigma(r)$.

任取 $a\in\mathrm{Ker}\sigma, r\in R$,有
$$\sigma(ra)=\sigma(r)\sigma(a)=\sigma(r)\widetilde{0}=\widetilde{0}, \quad \sigma(ar)=\sigma(a)\sigma(r)=\widetilde{0}\sigma(r)=\widetilde{0},$$
因此 $ra\in\mathrm{Ker}\sigma$,且 $ar\in\mathrm{Ker}\sigma$. 从而 $\mathrm{Ker}\sigma$ 是环 R 的一个理想.

$\psi:r+\mathrm{Ker}\sigma\mapsto\sigma(r)$ 是商环 $R/\mathrm{Ker}\sigma$ 到 $\mathrm{Im}\sigma$ 的双射,且 ψ 保持加法. 下面来证 ψ 保持乘法:
$$\psi[(r_1+\mathrm{Ker}\sigma)(r_2+\mathrm{Ker}\sigma)]=\psi(r_1r_2+\mathrm{Ker}\sigma)=\sigma(r_1r_2)=\sigma(r_1)\sigma(r_2)$$
$$=\psi(r_1+\mathrm{Ker}\sigma)\psi(r_2+\mathrm{Ker}\sigma).$$
这证明了 ψ 保持乘法. 从而 ψ 是 $R/\mathrm{Ker}\sigma$ 到 $\mathrm{Im}\sigma$ 的环同构. 因此
$$R/\mathrm{Ker}\sigma\cong\mathrm{Im}\sigma. \qquad \square$$

从定理 1 立即得到:由于 $\sigma:k\mapsto\bar{k}$ 是环 $\mathbb{Z}$ 到 $\mathbb{Z}_m$ 的环同态,且是满同态,并且 $\mathrm{Ker}\sigma=m\mathbb{Z}$,因此
$$\mathbb{Z}/m\mathbb{Z}\cong\mathbb{Z}_m, \tag{6}$$
其中同构映射为 $\psi:k+m\mathbb{Z}\mapsto\bar{k}$.

类比第一群同构定理和第二群同构定理,我们有第一环同构定理和第二环同构定理.

定理 2(第一环同构定理) 设 R 是一个环,I 是 R 的一个理想,H 是 R 的一个子环,则

(1) $H+I$ 是 R 的一个子环;

(2) $H\cap I$ 是 H 的一个理想,且 $H/H\cap I\cong H+I/I$. $\qquad$ (7)

证明 (1) 由第一群同构定理得,$(H+I,+)$ 是 $(R,+)$ 的子群. 任取 $h_1+a_1, h_2+a_2\in H+I$,有
$$(h_1+a_1)(h_2+a_2)=h_1h_2+(h_1a_2+a_1h_2+a_1a_2)\in H+I.$$
因此 $H+I$ 对乘法封闭. 从而 $H+I$ 是 R 的子环.

(2) 由第一群同构定理得,$(H\cap I,+)$ 是 $(H,+)$ 的子群,并且有群同构:
$$(H,+)/(H\cap I,+)\cong(H+I/I,+),$$
其中群同构映射为

$$\psi: h + H\cap I \mapsto h + I.$$

任取 $a \in H\cap I, h \in H$,有 $ah \in H\cap I, ha \in H\cap I$.因此 $H\cap I$ 是 H 的一个理想.于是有商环 $H/H\cap I$.

任取 $h_1 + H\cap I, h_2 + H\cap I \in H/H\cap I$,有
$$\psi[(h_1+H\cap I)(h_2+H\cap I)] = \psi(h_1h_2+H\cap I) = h_1h_2+I = (h_1+I)(h_2+I)$$
$$= \psi(h_1+H\cap I)\psi(h_2+H\cap I).$$

因此 ψ 保持乘法运算.又 ψ 是 $H/H\cap I$ 到 $H+I/I$ 的双射,且 ψ 保持加法运算,因此 ψ 是 $H/H\cap I$ 到 $H+I/I$ 的环同构.从而
$$H/H\cap I \cong H+I/I. \qquad \square$$

设 I 是环 R 的一个理想,商环 R/I 的理想是什么样子?设 S 是商环 R/I 的一个理想,则 S 是商群 $(R,+)/(I,+) = (R/I,+)$ 的子群.于是 $S = (H,+)/(I,+)$,其中 $(H,+)$ 是 $(R,+)$ 的包含 $(I,+)$ 的子群.现在来证 H 是环 R 的理想:任给 $h \in H, r \in R$,由于 S 是 R/I 的一个理想,因此对于 $h+I \in S, r+I \in R/I$,有 $(h+I)(r+I) \in S$,从而 $hr+I \in S = (H,+)/(I,+)$,于是 $hr \in H$;同理有 $rh \in H$,因此 H 是 R 的一个理想.这证明了商环 R/I 的理想形如 H/I,其中 H 是环 R 的包含 I 的理想.反之,若 K 是环 R 的包含 I 的理想,则有商环 K/I.任取 $k_1+I, k_2+I \in K/I, r+I \in R/I$,则
$$(k_1+I) - (k_2+I) = (k_1-k_2)+I \in K/I,$$
$$(r+I)(k_1+I) = rk_1+I \in K/I, \quad (k_1+I)(r+I) = k_1r+I \in K/I,$$
因此 K/I 是 R/I 的一个理想.综上所述,我们证明了:

命题 4 设 I 是环 R 的一个理想,则商环 R/I 的所有理想组成的集合为
$$\{K/I \mid K \text{ 是 } R \text{ 的包含 } I \text{ 的理想}\}. \qquad \square$$

定理 3(第二环同构定理) 设 I, J 是环 R 的理想,且 $J \supseteq I$,则 J/I 是 R/I 的一个理想,且有环同构:
$$(R/I)/(J/I) \cong R/J.$$

证明 由于 J 是 R 的包含 I 的理想,因此根据命题 4 得,J/I 是 R/I 的一个理想.

由第二群同构定理得,$(J/I,+)$ 是 $(R/I,+)$ 的子群,且有
$$(R/I,+)/(J/I,+) \cong (R/J,+),$$

其中同构映射为 $\psi:(r+I)+J/I \mapsto r+J$. 于是 ψ 是 $(R/I)/(J/I)$ 到 R/J 的双射,且 ψ 保持加法运算.

任取 $(r_1+I)+J/I, (r_2+I)+J/I \in (R/I)/(J/I)$,有
$$\psi[((r_1+I)+J/I)((r_2+I)+J/I)] = \psi[(r_1+I)(r_2+I)+J/I] = \psi[(r_1r_2+I)+J/I]$$
$$= r_1r_2+J = (r_1+J)(r_2+J)$$
$$= \psi[(r_1+I)+J/I]\psi[(r_2+I)+J/I],$$

因此 ψ 保持乘法运算. 从而 ψ 是 $(R/I)/(J/I)$ 到 R/J 的一个环同构映射. 于是 $(R/I)/(J/I) \cong R/J$. □

习 题 2.1

1. 设 F 是一个域,令
$$S = \{a\boldsymbol{E}_{11} \mid a \in F\}.$$
证明: S 是 $M_n(F)$ 的一个子环,并且求 S 的单位元.

2. 设 R 是有单位元的环,证明: R 的每一个非平凡的理想都不可能含有单位元.

3. 证明: 域 F 没有非平凡的理想.

4. 设 R 是一个有单位元 $1(\neq 0)$ 的交换环,证明: 如果 R 没有非平凡的理想,那么 R 是一个域.

5. 证明: 若 σ 是环 R 到 $\tilde{R}$ 的一个环同构,且 R 有单位元 1, 则 $\sigma(1)$ 是 $\tilde{R}$ 的单位元. 从而若 σ 是环 R 到 $\tilde{R}$ 的一个环同构,则 σ 是 R 到 $\tilde{R}$ 的一个双射,且 σ 是 R 到 $\tilde{R}$ 的一个环同态.

6. 若 R 是有单位元 $1(\neq 0)$ 的交换环,且 R 没有非零的零因子,则 R 称为**整环**. 证明: 有限整环一定是域.

7. 证明: 在有单位元的有限环 R 中,任一不是零因子的非零元一定是可逆元.

8. 若 R 是有单位元 $1(\neq 0)$ 的环,且 R 的每个非零元都可逆,则 R 称为一**个除环**或**体**. 令
$$\mathcal{H} = \left\{ \begin{pmatrix} \alpha & \beta \\ -\bar{\beta} & \bar{\alpha} \end{pmatrix} \bigg| \alpha, \beta \in \mathbb{C} \right\},$$
证明: $\mathcal{H}$ 是一个除环,且 $\mathcal{H}$ 与四元数体 $\mathbb{H}$ 环同构.

9. 设 D 是一个除环,证明: $M_n(D)$ 是单环.

10. 设 D 是一个除环,把 $M_n(D)$ 中除去第 j 列外其余元素全为 0 的矩阵组成的集合记做 $M_n^{(j)}(D)$. 证明: $M_n^{(j)}(D)$ 是环 $M_n(D)$ 的一个左理想,并且 $M_n^{(j)}(D) =$

$M_n(D)\boldsymbol{E}_{jj}, j=1,2,\cdots,n$,其中
$$M_n(D)\boldsymbol{E}_{jj} := \{\boldsymbol{AE}_{jj} \mid \boldsymbol{A} \in M_n(D)\}.$$

11. 设 σ 是环 R 到 $\tilde{R}$ 的一个环同态,且是满同态.证明:

(1) 若 I 是 R 的一个理想,则 $\sigma(I)$ 是 $\tilde{R}$ 的一个理想;

(2) 若 $\tilde{I}$ 是 $\tilde{R}$ 的一个理想,则 $\sigma^{-1}(\tilde{I})$ 是 R 的一个理想,并且 $\mathrm{Ker}\sigma \subseteq \sigma^{-1}(\tilde{I})$,其中 $\sigma^{-1}(\tilde{I})$ 表示在 σ 下 $\tilde{I}$ 的原像集.

§2.2 理想的运算,环的直和

在整数环 $\mathbb{Z}$ 中,$m\mathbb{Z}$ 是 $\mathbb{Z}$ 的一个理想.

一般地,设 R 是一个有单位元的交换环,任给 $a \in R$,令
$$Ra := \{ra \mid r \in R\}, \tag{1}$$
则 Ra 是 R 的一个理想,且 $a \in Ra$.理由如下:$a = 1a \in Ra$(这里的 1 是 R 的单位元).任给 $r_1 a, r_2 a \in Ra, r \in R$,有
$$r_1 a - r_2 a = (r_1 - r_2) a \in Ra,$$
$$r(r_1 a) = (rr_1) a \in Ra, \quad (r_1 a)r = r_1 ar = (r_1 r) a \in Ra.$$
因此 Ra 是 R 的一个理想,且 $a \in Ra$.

注意 若 R 是非交换环,则 Ra 只是 R 的左理想,不是理想.

直接验证得,若 $\{I_j \mid j \in J\}$ 是环 R 的一族理想,则 $\bigcap_{j \in J} I_j$ 也是 R 的一个理想.

设 S 是环 R 的一个非空子集,我们把 R 的包含 S 的所有理想的交集称为**由 S 生成的理想**,记做 (S).如果 S 是有限集,那么称 (S) 是**有限生成**的.若 $S = \{a_1, a_2, \cdots, a_n\}$,则把 (S) 记成 $(a_1, a_2, \cdots, a_n)$.

定义 1 环 R 中由一个元素 a 生成的理想称为**主理想**,记做 (a).

若 R 是有单位元的交换环,则 Ra 是由 a 生成的理想.理由如下:上面已证 Ra 是 R 的一个理想,且 $a \in Ra$,于是 $Ra \supseteq \{a\}$;任取 R 的包含 $\{a\}$ 的理想 I,则 $a \in I$,从而对任意 $r \in R$ 有 $ra \in I$,于是 $Ra \subseteq I$;因此 Ra 是 R 的包含 $\{a\}$ 的所有理想的交集,从而 Ra 是由 $\{a\}$ 生成的理想,于是 $Ra = (a)$.

整数环 $\mathbb{Z}$ 中,$m\mathbb{Z}$ 是由 m 生成的理想,因此 $m\mathbb{Z}$ 也可写成 (m).于是 $\mathbb{Z}/m\mathbb{Z}$ 可写成 $\mathbb{Z}/(m)$.从而 $\mathbb{Z}/(m) \cong \mathbb{Z}_m$.

域 F 上的一元多项式环 $F[x]$ 是有单位元的交换环，因此一个多项式 $f(x)$ 的所有倍式组成的集合是 $F[x]$ 的一个主理想，记做 $(f(x))$.

设 R 是一个环(R 不一定有单位元，也不一定是交换环)，则一个元素 a 生成的理想 (a) 为

$$(a) = \left\{ r_1 a + a r_2 + m a + \sum_{i=1}^{n} x_i a y_i \,\Big|\, r_1, r_2, x_i, y_i \in R, m \in \mathbb{Z}, n \in \mathbb{N}^* \right\}. \tag{2}$$

理由如下：容易直接验证(2)式右端的集合 J 对减法封闭，并且具有"左、右吸收性"，因此 J 是 R 的一个理想，且 $a = 1a \in J$ (这里的 1 是整数 1)，于是 $J \supseteq \{a\}$. 任取 R 的包含 $\{a\}$ 的理想 I，则 $a \in I$，从而 J 中任一元素属于 I，于是 $J \subseteq I$. 因此 J 是 R 的包含 $\{a\}$ 的所有理想的交集，从而 $(a) = J$，即(2)式成立.

若 R 是有单位元的交换环，$a_1, a_2, \cdots, a_n \in R$，则

$$(a_1, a_2, \cdots, a_n) = \{r_1 a_1 + r_2 a_2 + \cdots + r_n a_n \,|\, r_i \in R, i = 1, 2, \cdots, n\}. \tag{3}$$

理由如下：容易验证(3)式右端的集合 J 对减法封闭，并且具有"左、右吸收性"，因此 J 是 R 的一个理想. 由于 R 有单位元 1，因此 $a_i = 1 a_i \in J, i = 1, 2, \cdots, n$，从而 $J \supseteq \{a_1, a_2, \cdots, a_n\}$. 任取 R 的包含 $\{a_1, a_2, \cdots, a_n\}$ 的理想 I，则 $a_i \in I, i = 1, 2, \cdots, n$，从而 J 的每一个元素都属于 I，于是 $J \subseteq I$. 因此 J 是 R 的包含 $\{a_1, a_2, \cdots, a_n\}$ 的所有理想的交集. 从而 $J = (a_1, a_2, \cdots, a_n)$.

设 A, B 是环 R 的两个非空子集. A, B 作为群 $(\mathbb{R}, +)$ 的子集，我们已经规定过

$$A + B := \{a + b \,|\, a \in A, b \in B\}. \tag{4}$$

由于 R 还有乘法运算，因此我们规定：

$$AB := \{a_1 b_1 + a_2 b_2 + \cdots + a_n b_n \,|\, a_i \in A, b_i \in B, i = 1, \cdots, n, n \in \mathbb{N}^*\}. \tag{5}$$

命题 1 若 I, J 是环 R 的两个理想，则 $I + J, IJ$ 都是 R 的理想，分别称它们为理想 I 与 J 的**和**、**积**；并且有

$$IJ \subseteq I \cap J \subseteq I + J. \tag{6}$$

证明 $0 = 0 + 0 \in I + J$，任给 $a_1 + b_1, a_2 + b_2 \in I + J, r \in R$，有

$$(a_1 + b_1) - (a_2 + b_2) = (a_1 - a_2) + (b_1 - b_2) \in I + J,$$

$r(a_1+b_1)=ra_1+rb_1\in I+J$, $(a_1+b_1)r=a_1r+b_1r\in I+J$.
因此 $I+J$ 是 R 的一个理想.

$0=00\in IJ$, 任给 $\sum_{i=1}^{n}a_ib_i, \sum_{i=1}^{m}c_id_i\in IJ, r\in R$, 有
$$\sum_{i=1}^{n}a_ib_i - \sum_{i=1}^{m}c_id_i \in IJ,$$
$$r\Big(\sum_{i=1}^{n}a_ib_i\Big)=\sum_{i=1}^{n}(ra_i)b_i\in IJ, \quad \Big(\sum_{i=1}^{n}a_ib_i\Big)r=\sum_{i=1}^{n}a_i(b_ir)\in IJ,$$
因此 IJ 是 R 的一个理想.

由于 I,J 都是 R 的理想,因此 IJ 中任一元素 $\sum_{i=1}^{n}a_ib_i\in I\cap J$. 从而 $IJ\subseteq I\cap J$. 任取 $c\in I\cap J$, 则 $c=c+0\in I+J$. 从而 $I\cap J\subseteq I+J$. □

理想的和、积、交都是理想的运算. 容易证明它们满足以下法则: 设 I,J,K 都是环 R 的理想, 则
$$I+J = J+I,$$
$$(I+J)+K = I+(J+K),$$
$$(IJ)K = I(JK),$$
$$I(J+K) = IJ+IK,$$
$$(J+K)I = JI+KI.$$

在整数环 $\mathbb{Z}$ 中,
$$(n)(m)=\Big\{\sum_{i=1}^{t}(k_in)(l_im)\,\Big|\,k_i,l_i\in\mathbb{Z},1\leqslant i\leqslant t,t\in\mathbb{N}^*\Big\}=(nm), \quad (7)$$
$$(n)\cap(m)=([n,m]), \tag{8}$$
$$(n)+(m)=\{kn+lm\,|\,k,l\in\mathbb{Z}\}=((n,m)). \tag{9}$$

(9) 式的证明如下: 由于存在 $u,v\in\mathbb{Z}$, 使得 $un+vm=(n,m)$, 因此
$$(n,m)\in\{kn+lm\,|\,k,l\in\mathbb{Z}\}.$$
又由于
$$kn+lm=kn_1(n,m)+lm_1(n,m)=(kn_1+lm_1)(n,m)\in((n,m)),$$
因此 $\{kn+lm\,|\,k,l\in\mathbb{Z}\}=((n,m))$. 从而 $(n)+(m)=((n,m))$. □

从 (9) 式得
$$(n,m)=1 \Leftrightarrow (n)+(m)=(1)=\mathbb{Z}.$$

由此受到启发,我们引出下面的概念:

定义 2 设 R 是有单位元的环,I,J 是 R 的理想. 如果 $I+J=R$,那么称 I 与 J **互素**.

在整数环 $\mathbb{Z}$ 中,(n) 与 (m) 互素当且仅当 n 与 m 互素. 由于
$$(n_1,m)=1 \text{ 且 } (n_2,m)=1 \Rightarrow (n_1 n_2,m)=1.$$
因此 (n_1) 与 (m) 互素,且 (n_2) 与 (m) 互素 $\Rightarrow (n_1)(n_2)$ 与 (m) 互素.

由此受到启发,我们猜测且可以证明下述命题:

命题 2 设 R 是有单位元的环,I,J,K 都是 R 的理想. 如果 I 和 J 都与 K 互素,那么 IJ 也与 K 互素.

证明 由于 I 和 J 都与 K 互素,因此 $I+K=R$,且 $J+K=R$. 于是存在 $a \in I, b \in J, k_1, k_2 \in K$,使得
$$a+k_1 = 1, \quad b+k_2 = 1.$$
从而
$$ab+(ak_2+k_1 b+k_1 k_2)=1.$$

由于 K 是 R 的理想,因此 $ak_2+k_1 b+k_1 k_2 \in K$. 而 $ab \in IJ$,因此 $1 \in IJ+K$. 由于 $IJ+K$ 也是 R 的理想,因此对于任意 $r \in R$,有 $r=r1 \in IJ+K$. 于是 $R \in IJ+K$. 从而 $R=IJ+K$. 这证明了 IJ 也与 K 互素. □

整数环 $\mathbb{Z}$ 中,有 $(n,m)=1 \Rightarrow [n,m]=nm$. 从而有
(n) 与 (m) 互素 $\Rightarrow ([n,m])=(nm) \Rightarrow (n) \cap (m)=(n)(m)$.

由此受到启发,我们猜测且可以证明下述命题:

命题 3 设 R 是有单位元的交换环,I,J 都是 R 的理想,则
$$I \text{ 与 } J \text{ 互素} \Rightarrow IJ = I \cap J.$$

证明 已经知道 $IJ \subseteq I \cap J$,因此只要证 $I \cap J \subseteq IJ$. 任取 $x \in I \cap J$,由于 I 与 J 互素,因此存在 $a \in I, b \in J$ 使得 $a+b=1$. 从而 $xa+xb=x$. 由于 R 是交换环,因此 $xa=ax$. 于是 $x=ax+xb \in IJ$. 从而 $I \cap J \subseteq IJ$. 因此 $IJ = I \cap J$. □

我们已经知道了 $\mathbb{Z}_{m_1}$ 与 $\mathbb{Z}_{m_2}$ 的直和 $\mathbb{Z}_{m_1} \oplus \mathbb{Z}_{m_2}$. 一般地,有下述概念:

设 $R_1, R_2, \cdots, R_s$ 都是环,在笛卡儿积 $R_1 \times R_2 \times \cdots \times R_s$ 中规定:
$$(a_1, a_2, \cdots, a_s) + (b_1, b_2, \cdots, b_s) := (a_1+b_1, a_2+b_2, \cdots, a_s+b_s),$$

(10)

$$(a_1,a_2,\cdots,a_s)(b_1,b_2,\cdots,b_s):=(a_1b_1,a_2b_2,\cdots,a_sb_s). \tag{11}$$

容易验证，$R_1 \times R_2 \times \cdots \times R_s$ 对于上述的加法和乘法运算成为一个环，称它为**环 $R_1,R_2,\cdots,R_s$ 的直和**，记做 $R_1 \oplus R_2 \oplus \cdots \oplus R_s$，它的零元是 $(0_1,0_2,\cdots,0_s)$，其中 0_i 是 R_i 的零元，$1 \leq i \leq s$.

如果每个环 R_i 有单位元 1_i，$i=1,2,\cdots,s$，那么 $R_1 \oplus R_2 \oplus \cdots \oplus R_s$ 有单位元 $(1_1,1_2,\cdots,1_s)$.

如果每个环 R_i 是交换环，$i=1,2,\cdots,s$，那么 $R_1 \oplus R_2 \oplus \cdots \oplus R_s$ 也是交换环.

整数环 $\mathbb{Z}$ 中，a 与 b 模 m 同余当且仅当 $a-b \in (m)$. 由此受到启发，引出下述概念：

定义 3 设 I 是环 R 的一个理想，对于 $a,b \in R$，如果
$$a-b \in I,$$
那么称 a **与 b 模 I 同余**，记做 $a \equiv b \pmod{I}$.

容易验证，环 R 中，若 $a \equiv b \pmod{I}$，$c \equiv d \pmod{I}$，则
$$a+c \equiv b+d \pmod{I},$$
$$ac \equiv bd \pmod{I}, \quad ca \equiv db \pmod{I}.$$

容易验证，模 I 同余具有反身性、对称性和传递性，因此模 I 同余是 R 上的一个等价关系. 任给 $r \in R$，r 的等价类为
$$\bar{r} = \{x \in R \mid x \equiv r \pmod{I}\}$$
$$= \{x \in R \mid x-r \in I\} = \{x \in R \mid x-r=b, b \in I\}$$
$$= \{r+b \mid b \in I\} = r+I.$$

于是我们把 $r+I$ 称为**模 I 同余类**.

整数环 $\mathbb{Z}$ 中，设 $m=m_1m_2$，且 $(m_1,m_2)=1$，则有环同构：
$$\mathbb{Z}_m \cong \mathbb{Z}_{m_1} \oplus \mathbb{Z}_{m_2}.$$
由于 $\mathbb{Z}_m \cong \mathbb{Z}/(m)$，因此从上式得
$$\mathbb{Z}/(m) \cong \mathbb{Z}/(m_1) \oplus \mathbb{Z}/(m_2).$$
由于 $(m_1,m_2)=1$，因此 (m_1) 与 (m_2) 互素. 根据命题 3 得
$$(m)=(m_1m_2)=(m_1)(m_2)=(m_1) \cap (m_2).$$
于是有环同构：
$$\mathbb{Z}/(m_1) \cap (m_2) \cong \mathbb{Z}/(m_1) \oplus \mathbb{Z}/(m_2).$$
由此受到启发，我们猜测并且证明下述定理：

定理 1 设 R 是有单位元的环,若它的理想 $I_1, I_2, \cdots, I_s$ 两两互素,则有环同构:
$$R/I_1 \cap I_2 \cap \cdots \cap I_s \cong R/I_1 \oplus R/I_2 \oplus \cdots \oplus R/I_s. \qquad (12)$$

证明 令
$$\sigma: R \to R/I_1 \oplus R/I_2 \oplus \cdots \oplus R/I_s$$
$$x \mapsto (x+I_1, x+I_2, \cdots, x+I_s),$$

则 σ 是一个映射. 任给 $x, y \in R$, 有
$\sigma(x+y) = ((x+y)+I_1, \cdots, (x+y)+I_s)$
$\quad = ((x+I_1)+(y+I_1), \cdots, (x+I_s)+(y+I_s))$
$\quad = (x+I_1, \cdots, x+I_s) + (y+I_1, \cdots, y+I_s) = \sigma(x) + \sigma(y),$
$\sigma(xy) = (xy+I_1, \cdots, xy+I_s) = ((x+I_1)(y+I_1), \cdots, (x+I_s)(y+I_s))$
$\quad = (x+I_1, \cdots, x+I_s)(y+I_1, \cdots, y+I_s) = \sigma(x)\sigma(y),$
$\sigma(1) = (1+I_1, \cdots, 1+I_s).$

因此 σ 是 R 到 $R/I_1 \oplus R/I_2 \oplus \cdots \oplus R/I_s$ 的一个环同态. 由于
$a \in \mathrm{Ker}\sigma \Leftrightarrow \sigma(a) = (0+I_1, \cdots, 0+I_s)$
$\quad \Leftrightarrow (a+I_1, \cdots, a+I_s) = (0+I_1, \cdots, 0+I_s)$
$\quad \Leftrightarrow a+I_j = 0+I_j \,(j=1,2,\cdots,s)$
$\quad \Leftrightarrow a \in I_j \,(j=1,2,\cdots,s)$
$\quad \Leftrightarrow a \in I_1 \cap I_2 \cap \cdots \cap I_s,$

因此 $\mathrm{Ker}\sigma = I_1 \cap I_2 \cap \cdots \cap I_s$. 根据环同态基本定理,有环同构:
$$R/I_1 \cap I_2 \cap \cdots \cap I_s \cong \mathrm{Im}\sigma.$$

下面来证 σ 是满射. 任取 $(b_1+I_1, \cdots, b_s+I_s) \in R/I_1 \oplus \cdots \oplus R/I_s$, 要证存在 $a \in R$ 使得 $\sigma(a) = (b_1+I_1, \cdots, b_s+I_s)$, 即
$$a + I_j = b_j + I_j, \quad j = 1, 2, \cdots, s.$$
为此,只要证存在 $a \in R$ 使得 $a - b_j \in I_j$, 即
$$a \equiv b_j (\mathrm{mod}\, I_j), \quad j = 1, 2, \cdots, s.$$

由于 $I_1, I_2, \cdots, I_s$ 两两互素,因此根据命题 2 得 I_j 与 $I_1 \cdots I_{j-1} I_{j+1} \cdots I_s$ 互素. 从而
$$I_j + I_1 \cdots I_{j-1} I_{j+1} \cdots I_s = R.$$
于是存在 $d_j \in I_j, e_j \in I_1 \cdots I_{j-1} I_{j+1} \cdots I_s$, 使得
$$d_j + e_j = 1.$$

从而 $e_j - 1 = -d_j \in I_j$. 因此
$$e_j \equiv 1 (\bmod\ I_j), \quad j = 1, 2, \cdots, s.$$
对于 $l \neq j$, 由于
$$e_j - 0 = e_j \in I_1 \cdots I_{j-1} I_{j+1} \cdots I_s \subseteq I_1 \cap \cdots \cap I_{j-1} \cap I_{j+1} \cap \cdots \cap I_s \subseteq I_l.$$
因此
$$e_j \equiv 0 (\bmod\ I_l), \quad \text{当 } l \neq j.$$
令 $a = \sum_{l=1}^{s} b_l e_l$, 则
$$a \equiv b_j (\bmod\ I_j), \quad j = 1, 2, \cdots, s.$$
因此 σ 是满射, 从而
$$R/I_1 \cap I_2 \cap \cdots \cap I_s \cong R/I_1 \oplus \cdots \oplus R/I_s. \qquad \square$$

定理 1 在证明 σ 是满射时也就证明了下述定理:

定理 2（中国剩余定理） 设 $m_1, m_2, \cdots, m_s$ 是两两互素的大于 1 的整数, 任给整数 $b_1, b_2, \cdots, b_s$, 则一次同余方程组

$$\begin{cases} x \equiv b_1 (\bmod\ m_1), \\ x \equiv b_2 (\bmod\ m_2), \\ \cdots\cdots \\ x \equiv b_s (\bmod\ m_s) \end{cases} \tag{13}$$

在 $\mathbb{Z}$ 中有解, 它的一个解是

$$a = \sum_{j=1}^{s} b_j v_j \prod_{l \neq j} m_l, \tag{14}$$

其中 v_j 满足 $u_j m_j + v_j \prod_{l \neq j} m_l = 1, j = 1, 2, \cdots, s$. 它的全部解是
$$a + k m_1 m_2 \cdots m_s, \quad k \in \mathbb{Z}.$$

证明 $x \equiv b_j (\bmod\ m_j) \Leftrightarrow x - b_j \in (m_j) \Leftrightarrow x \equiv b_j (\bmod\ (m_j))$. 由于 $m_1, m_2, \cdots, m_s$ 两两互素, 因此 $(m_1), (m_2), \cdots, (m_s)$ 两两互素. 根据定理 1 的证明过程, 令
$$a = \sum_{l=1}^{s} b_l e_l,$$
其中 $e_j \equiv 1 (\bmod\ (m_j))$, 当 $j = 1, 2, \cdots, s; e_j \equiv 0 (\bmod\ (m_l))$, 当 $l \neq j$, 则 $a \equiv b_j (\bmod\ (m_j))$, 从而 $a \equiv b_j (\bmod\ m_j), j = 1, 2, \cdots, s$. 于是 a 是同余方程组 (13) 的一个解. 从定理 1 的证明过程知道, $d_j + e_j = 1$, 由于 $d_j \in$

(m_j),因此存在 $u_j \in \mathbb{Z}$ 使得 $d_j = u_j m_j$. 由于
$$e_j \in (m_1)\cdots(m_{j-1})(m_{j+1})\cdots(m_s) = (m_1\cdots m_{j-1}m_{j+1}\cdots m_s) = \left(\prod_{l\neq j} m_l\right),$$
因此存在 $v_j \in \mathbb{Z}$ 使得 $e_j = v_j \prod_{l\neq j} m_l$. 从而有
$$u_j m_j + v_j \prod_{l\neq j} m_l = 1, \quad j = 1,2,\cdots,s. \tag{15}$$
于是
$$a = \sum_{j=1}^{s} b_j v_j \prod_{l\neq j} m_l,$$
其中 $v_j, j=1,2,\cdots,s$,满足(15)式.

若 c 也是同余方程组(13)的一个解,则
$$c \equiv a (\bmod\ m_j), \quad j = 1,2,\cdots,s.$$
从而 $m_j | c-a, j=1,2,\cdots,s$. 由于 $m_1, m_2, \cdots, m_s$ 两两互素,因此 $m_1 m_2 \cdots m_s | c-a$. 从而 $c \equiv a(\bmod\ m_1 m_2 \cdots m_s)$. 于是同余方程组(13)的全部解是
$$a + k m_1 m_2 \cdots m_s, \quad k \in \mathbb{Z}. \qquad \square$$

习 题 2.2

1. 证明:在域 F 上的一元多项式环 $F[x]$ 中,
$$(f(x))(g(x)) = (f(x)g(x)),$$
$$(f(x)) \bigcap (g(x)) = ([f(x), g(x)]),$$
$$(f(x)) + (g(x)) = ((f(x), g(x))),$$
$(f(x))$ 与 $(g(x))$ 互素 $\Leftrightarrow f(x)$ 与 $g(x)$ 互素,
$f(x)$ 与 $g(x)$ 互素 $\Rightarrow (f(x))(g(x)) = (f(x)) \bigcap (g(x))$.

2. 设 I 是交换环 R 的一个理想. 令
$$\operatorname{rad} I := \{r \in R \mid r^n \in I, \text{对某一正整数 } n\},$$
称 $\operatorname{rad} I$ 是理想 I 的**根**. 证明:$\operatorname{rad} I$ 是 R 的一个理想.

3. 如果环 R 中的元素 a 有一个正整数 n,使得 $a^n = 0$,那么称 a 是**幂零元**. 证明:如果 a 是有单位元的环 R 中的一个幂零元,那么 $1-a$ 可逆.

4. 证明:在交换环 R 中,所有幂零元组成的集合是 R 的一个理想,它是零理想(0)的根,称为 R 的**诣零根**.

5. 设 $I_1, I_2, \cdots, I_s$ 都是环 R 的理想,并且
$$R = I_1 + I_2 + \cdots + I_s,$$
$$I_i \cap \Big(\sum_{j \neq i} I_j\Big) = (0), \quad i = 1, 2, \cdots, s.$$
证明:(1) 环 R 的每个元素 x 都可以唯一表示成
$$x = x_1 + x_2 + \cdots + x_s, \quad x_i \in I_i, i = 1, 2, \cdots, s;$$
(2) 有环同构
$$R \cong I_1 \oplus I_2 \oplus \cdots \oplus I_s,$$
此时称 R 是它的理想 $I_1, I_2, \cdots, I_s$ 的**内直和**.

6. 设 R 是一个有单位元的环,它的理想 $I_1, I_2, \cdots, I_s$ 两两互素,并且
$$I_1 \cap I_2 \cap \cdots \cap I_s = (0).$$
证明:有环同构
$$R \cong R/I_1 \oplus R/I_2 \oplus \cdots \oplus R/I_s.$$

7. 韩信点兵问题:"有一队士兵,三三数余二,五五数余一,七七数余四,问:这队士兵有多少人?"

8. 在 $\mathbb{Z}_{91}$ 中,求 $\bar{1}$ 的全部平方根.

9. 在 $\mathbb{Z}_{85}$ 中,求 $\bar{4}$ 的全部平方根.

10. 在 $\mathbb{Z}_{85}$ 中,$\bar{2}$ 的平方根存在吗?

§2.3 素理想和极大理想

若 R 是有单位元 $1(\neq 0)$ 的交换环,且 R 没有非零的零因子,则 R 称为**整环**.

在整数环 $\mathbb{Z}$ 中,设 p 是大于 1 的整数,则
$$p \text{ 是素数} \Leftrightarrow \text{从 } p|ab \text{ 可推出 } p|a \text{ 或 } p|b,$$
即
$$p \text{ 是素数} \Leftrightarrow \text{从 } ab \in (p) \text{ 可推出 } a \in (p) \text{ 或 } b \in (p).$$
由此受到启发,我们引出下述概念:

定义 1 设 R 是有单位元 $1(\neq 0)$ 的交换环,P 是 R 的一个理想,且 $P \neq R$. 如果从 $ab \in P$ 可以推出 $a \in P$ 或 $b \in P$,那么称 P 是 R 的一个**素理想**.

例如,在整数环 $\mathbb{Z}$ 中,设 p 是大于 1 的整数,则
$$p \text{ 是素数} \Leftrightarrow (p) \text{ 是 } \mathbb{Z} \text{ 的素理想}.$$

在域 F 上的一元多项式环 $F[x]$ 中,次数大于 0 的多项式 $p(x)$ 是不可约多项式当且仅当从 $p(x) \mid f(x)g(x)$ 可以推出 $p(x) \mid f(x)$ 或 $p(x) \mid g(x)$. 于是若 $p(x)$ 是次数大于 0 的多项式,则

$p(x)$ 是不可约多项式 $\Leftrightarrow$ $(p(x))$ 是 $F[x]$ 的素理想.

设 R 是有单位元 $1(\neq 0)$ 的交换环,则

(0) 是 R 的一个素理想 $\Leftrightarrow$ 从 $ab \in (0)$ 可以推出 $a \in (0)$ 或 $b \in (0)$

$\Leftrightarrow$ 从 $ab = 0$ 可以推出 $a = 0$ 或 $b = 0$

$\Leftrightarrow$ R 没有非零的零因子

$\Leftrightarrow$ R 是整环.

在整数环 $\mathbb{Z}$ 中,(0),(p),其中 p 是素数,都是 $\mathbb{Z}$ 的素理想. $\mathbb{Z}$ 还有没有其他素理想? 为此先证一个结论:

命题 1 整数环 $\mathbb{Z}$ 的每一个理想都是由一个非负整数生成的主理想.

证明 设 I 是 $\mathbb{Z}$ 的一个理想,若 $I = (0)$,则 I 是主理想. 下面设 $I \neq (0)$,于是存在 $a \in I$ 且 $a \neq 0$. 若 a 是负整数,则 $-a = (-1)a \in I$,因此 I 必含有正整数. 在 I 的所有正整数中取一个最小的数,设为 m,我们来证 $I = (m)$. 任取 $b \in I$,做带余除法:

$$b = qm + r, \quad 0 \leqslant r < m,$$

于是 $r = b - qm \in I$. 假如 $r \neq 0$,则与 m 的取法矛盾. 因此 $r = 0$,从而 $b = qm \in (m)$,于是 $I \subseteq (m)$. 因此 $I = (m)$. □

由命题 1 得,$\mathbb{Z}$ 的全部素理想为

$(0), (p)$, 其中 p 是素数.

在研究环的结构中,素理想起着什么作用呢? 下面的定理揭示了素理想的作用.

定理 1 设 R 是有单位元 $1(\neq 0)$ 的交换环,P 是 R 的一个理想,则

商环 R/P 是整环 $\Leftrightarrow$ P 是 R 的素理想.

证明 由于 R 是有单位元 $1(\neq 0)$ 的交换环,因此商环 R/P 是有单位元 $1 + P$ 的交换环. 从而

R/P 是整环

$\Leftrightarrow 1 + P \neq P$,且从 $(a+P)(b+P) = P$ 可推出 $a + P = P$ 或 $b + P = P$

$\Leftrightarrow 1 \notin P$,且从 $ab + P = P$ 可推出 $a + P = P$ 或 $b + P = P$

⇔ $P \neq R$，且从 $ab \in P$ 可推出 $a \in P$ 或 $b \in P$

⇔ P 是 R 的素理想. □

从定理 1 看到，设 R 是有单位元 $1(\neq 0)$ 的交换环，若 P 是 R 的素理想，则商环 R/P 是整环. 下面来探索，R 的什么样的理想 I 使得商环 R/I 为一个域?

从习题 2.1 的第 3 题、第 4 题得：设 F 是有单位元 $1(\neq 0)$ 的交换环，则 F 是域当且仅当 F 的理想只有 (0) 和 F.

从 §2.1 的命题 4 知道，设 I 是环 R 的一个理想，则商环 R/I 的所有理想组成的集合为

$$\{K/I \mid K \text{ 是 } R \text{ 的包含 } I \text{ 的理想}\}.$$

设 R 是有单位元 $1(\neq 0)$ 的交换环，I 是 R 的一个理想，则

R/I 是域 ⇔ R/I 的理想只有 (0)（即 I/I）和 R/I，且 $1 + I \neq I$

⇔ R 的包含 I 的理想只有 I 和 R，且 $I \neq R$.

由此引出下述概念：

定义 2 设 R 是一个环，M 是 R 的一个理想，且 $M \neq R$. 如果 R 中包含 M 的理想只有 M 和 R，那么称 M 是 R 的一个**极大理想**.

从上面的论述立即得到下述结论：

定理 2 设 R 是有单位元 $1(\neq 0)$ 的交换环，I 是 R 的一个理想，则

商环 R/I 是域 ⇔ I 是 R 的极大理想. □

定理 2 揭示了构造域的方向.

域 F 上的一元多项式环 $F[x]$ 的极大理想有哪些? 首先探索 $F[x]$ 的每个理想是什么样子.

命题 2 域 F 上一元多项式环 $F[x]$ 的每一个理想都是主理想，其中非 (0) 的主理想可以由首项系数为 1 的多项式生成.

证明 设 I 是 $F[x]$ 的一个理想，若 $I = (0)$，则 I 是主理想. 下面设 $I \neq (0)$. 于是存在 $f(x) \in I$ 且 $f(x) \neq 0$. 设 $f(x)$ 的首项系数为 a，则 $a^{-1} f(x) \in I$，且 $a^{-1} f(x)$ 的首项系数为 1. 因此 I 必含有首项系数为 1 的多项式. 在 I 里的首项系数为 1 的多项式中取一个次数最低的多项式，设为 $m(x)$. 我们来证 $I = (m(x))$. 任取 $g(x) \in I$，做带余除法：

$$g(x) = h(x)m(x) + r(x), \quad \deg r(x) < \deg m(x).$$

于是 $r(x) = g(x) - h(x)m(x) \in I$. 假如 $r(x) \neq 0$，则与 $m(x)$ 的取法矛

盾.因此 $r(x)=0$. 从而 $g(x)=h(x)m(x)$. 因此 $g(x)\in(m(x))$. 于是 $I\subseteq(m(x))$. 因此 $I=(m(x))$. □

命题 3 域 F 上的一元多项式环 $F[x]$ 中,设 $p(x)$ 是次数大于 0 的多项式,则

$p(x)$ 是不可约多项式 $\Leftrightarrow (p(x))$ 是 $F[x]$ 的极大理想.

证明 在域 F 上的一元多项式环 $F[x]$ 中,设 $F[x]$ 的一个理想 $J\supseteq(p(x))$. 由命题 2 得,$J=(f(x))$,其中 $f(x)$ 是首项系数为 1 的多项式. 于是 $(f(x))\supseteq(p(x))$. 从而 $p(x)\in(f(x))$. 因此 $f(x)|p(x)$. 由此推出

$p(x)$ 不可约 $\Leftrightarrow f(x)=1\in F^*$ 或 $f(x)\sim p(x)$

$\Leftrightarrow J=(f(x))=(1)=F[x]$ 或 $J=(f(x))=(p(x))$

$\Leftrightarrow (p(x))$ 是 $F[x]$ 的极大理想. □

由命题 2 和命题 3 得,$F[x]$ 的全部极大理想为

$(p(x))$, 其中 $p(x)$ 是不可约多项式.

结合定理 2 得下面的命题:

命题 4 域 F 上的一元多项式环 $F[x]$ 中,M 是 $F[x]$ 的一个理想,则

$F[x]/M$ 是域 $\Leftrightarrow M=(p(x))$, 其中 $p(x)$ 是不可约多项式. □

命题 4 给出了构造域的具体途径,即给了 $F[x]$ 的一个不可约多项式 $p(x)$,则 $F[x]/(p(x))$ 是一个域.

在有单位元 $1(\neq 0)$ 的交换环 R 中,是否存在极大理想? 探索这个问题需要用偏序集的概念和 Zorn 引理. 读者可看参考文献[6]的第 157 页.

定理 3 在有单位元 $1(\neq 0)$ 的环 R 中必存在极大理想.

*证明 令 $S=\{I|I$ 是 R 的理想,且 $1\notin I\}$. 显然 $(0)\in S$. S 按照集合的包含关系成为一个偏序集.

任取 S 的一条链 $T=\{I_a\in S|a\in J\}$,其中 J 是指标集. 令 $A=\bigcup_{a\in J}I_a$. 任给 $x,y\in A$,则 $x\in I_a,y\in I_b$,其中 $a,b\in J$. 不妨设 $I_a\subseteq I_b$,则 $x,y\in I_b$. 从而 $x-y\in I_b\subseteq A$. 任给 $r\in R$,有

$rx\in I_a\subseteq A$, $xr\in I_a\subseteq A$.

因此 A 是 R 的一个理想,且 $1\notin A$(否则 1 属于某个 I_a,矛盾). 于是 $A\in S$. 由于 $I_a\subseteq A$, $\forall a\in J$,因此 A 是 T 的一个上界. 根据 Zorn 引理,S 有一个极大元素 M. 于是 M 是 R 的一个理想,并且 $1\notin M$. 从而 $M\neq R$. 根据极大元素的定义,任取 $H\in S$,从 $M\subseteq H$ 可推出 $M=H$. 因此 M 是 R 的一个极大理想. □

习 题 2.3

1. 设 F 是一个代数封闭域(即 $F[x]$ 中每一个不可约多项式都是一次多项式),求 $F[x]$ 的全部素理想.

2. 设 R 是有单位元 $1(\neq 0)$ 的交换环,R_1 是 R 的一个子环,并且 R_1 与 R 有相同的单位元. 设 P 是 R 的一个素理想,证明:$P\cap R_1$ 是 R_1 的一个素理想.

3. 求 $\mathbb{Z}/(30)$ 的全部素理想.

4. 设 $m=p_1^{r_1}p_2^{r_2}\cdots p_s^{r_s}$,其中 $p_1,p_2,\cdots,p_s$ 是两两不等的素数,$r_i>0, i=1,2,\cdots,s$. 求 $\mathbb{Z}/(m)$ 的全部素理想.

*5. 设 R 是有单位元 $1(\neq 0)$ 的交换环,证明:R 的所有素理想的交等于 R 的诣零根 rad(0).

*6. 设 $m=p_1^{r_1}p_2^{r_2}\cdots p_s^{r_s}$,其中 $p_1,p_2,\cdots,p_s$ 是两两不等的素数,$r_i>0, i=1,2,\cdots,s$. 证明:$\mathbb{Z}/(m)$ 的诣零根等于 $(p_1 p_2\cdots p_s)/(m)$.

*7. 求 $\mathbb{Z}_{12}$ 的所有幂零元.

8. 设 R 是有单位元 $e(\neq 0)$ 的环,令 $\mathbb{Z}e:=\{ne\mid n\in\mathbb{Z}\}$.

(1) 证明:$\mathbb{Z}e$ 是 R 的一个子环,且有环同构 $\mathbb{Z}/(m)\cong\mathbb{Z}e$,其中 m 是某一个非负整数,我们把 m 叫做环 R 的**特征**.

(2) 证明:如果 R 是整环,那么 R 的特征为 0 或者为一个素数.

9. 设 R 是有单位元 $1(\neq 0)$ 的交换环,证明:(0) 是 R 的极大理想当且仅当 R 是一个域.

10. 设 R 是有单位元 $1(\neq 0)$ 的交换环,证明:R 的极大理想一定是素理想.

11. 设 R 是有单位元 $1(\neq 0)$ 的交换环,举例说明:R 的素理想不一定是极大理想.

12. 设 R 是偶数环 $2\mathbb{Z}$,证明:$4\mathbb{Z}$ 是 R 的一个极大理想,但是 $R/4\mathbb{Z}$ 不是域.

§2.4 有限域的构造,构造扩域的途径

根据 §2.3 的命题 4,若 $p(x)$ 是域 F 上一元多项式环 $F[x]$ 的一个

不可约多项式,则 $F[x]/(p(x))$ 是一个域. 这给出了构造域的具体途径.

例 1 构造含 4 个元素的域.

解 我们已经知道 $\mathbb{Z}_2$ 是含 2 个元素的域. 为了构造含 4 个元素的域,我们在 $\mathbb{Z}_2[x]$ 中取一个 2 次不可约多项式 $x^2+x+\bar{1}$(由于 $\bar{0},\bar{1}$ 都不是它的根,因此它没有一次因式,从而它在 $\mathbb{Z}_2$ 上不可约). 于是 $\mathbb{Z}_2[x]/(x^2+x+\bar{1})$ 是一个域,它的元素形如 $f(x)+(x^2+x+\bar{1})$, 其中 $f(x)\in\mathbb{Z}_2[x]$. 在 $\mathbb{Z}_2[x]$ 中做带余除法:
$$f(x)=h(x)(x^2+x+\bar{1})+r(x), \quad \deg r(x)<2.$$
于是可设 $r(x)=\bar{c}_0+\bar{c}_1 x$,其中 $\bar{c}_0,\bar{c}_1\in\mathbb{Z}_2$,从而
$$\begin{aligned}f(x)+(x^2+x+\bar{1})&=[h(x)(x^2+x+\bar{1})+r(x)]+(x^2+x+\bar{1})\\&=(\bar{c}_0+\bar{c}_1 x)+(x^2+x+\bar{1})\\&=[\bar{c}_0+(x^2+x+\bar{1})]+[\bar{c}_1 x+(x^2+x+\bar{1})]\\&=[\bar{c}_0+(x^2+x+\bar{1})]+[\bar{c}_1+(x^2+x+\bar{1})][x+(x^2+x+\bar{1})].\end{aligned}$$
因此 $\mathbb{Z}_2[x]/(x^2+x+\bar{1})$ 含有 4 个元素:
$$\bar{0}+(x^2+x+\bar{1}),\ \bar{1}+(x^2+x+\bar{1}),\ x+(x^2+x+\bar{1}),\ (\bar{1}+x)+(x^2+x+\bar{1}),$$
其中 $\bar{0}+(x^2+x+\bar{1})$ 是零元,记做 0;$\bar{1}+(x^2+x+\bar{1})$ 是单位元,记做 1;把 $x+(x^2+x+\bar{1})$ 记做 u,则
$$\mathbb{Z}_2[x]/(x^2+x+\bar{1})=\{0,1,u,1+u\}.$$
由于
$$2[\bar{1}+(x^2+x+\bar{1})]=(\bar{1}+\bar{1})+(x^2+x+\bar{1})=\bar{0}+(x^2+x+\bar{1}),$$
因此 $\mathbb{Z}_2[x]/(x^2+x+\bar{1})$ 的特征为 2. 我们有
$$\begin{aligned}u^2+u+1&=[x^2+(x^2+x+\bar{1})]+[x+(x^2+x+\bar{1})]+[\bar{1}+(x^2+x+\bar{1})]\\&=x^2+x+\bar{1}+(x^2+x+\bar{1})=(x^2+x+\bar{1})=0.\end{aligned}$$

例 2 在 4 元域 $\mathbb{Z}_2[x]/(x^2+x+\bar{1})$ 中,计算 $u+(1+u),u(1+u)$.

解 $u+(1+u)=1+2u=1+0=1;u(1+u)=u+u^2=-1=1.$

注意 在例 2 的计算过程中利用了域 $\mathbb{Z}_2[x]/(x^2+x+\bar{1})$ 的特征为 2,以及 u 满足 $u^2+u+1=0$.

我们知道,有限域 F 的元素个数一定是一个素数 p 的方幂,其中 p 是域 F 的特征. 此结论的证明可参看参考文献[4]的第五章§5.9 的定

理 3.

从例 1 受到启发,我们猜测并且证明下述定理:

定理 1 设 F_q 是含 q 个元素的有限域,其中 $q=p^r$,p 为素数,$r \geqslant 1$. 如果 $F_q[x]$ 的 n 次不可约多项式为 $m(x)=a_0+a_1 x+\cdots+a_n x^n$,那么 $F_q[x]/(m(x))$ 是含 q^n 个元素的域,并且它的每一个元素可以唯一地表示成
$$c_0+c_1 u+\cdots+c_{n-1} u^{n-1},$$
其中 $c_i \in F_q, i=0,1,\cdots,n-1; u=x+(m(x))$,$u$ 满足
$$a_0+a_1 u+\cdots+a_n u^n = 0.$$

证明 由于 $m(x)$ 是 $F_q[x]$ 的不可约多项式,因此 $F_q[x]/(m(x))$ 是一个域,它的元素形如 $f(x)+(m(x))$. 在 $F_q[x]$ 中做带余除法:
$$f(x) = h(x)m(x)+r(x), \quad \deg r(x) < \deg m(x).$$
于是可以设 $r(x)=c_0+c_1 x+\cdots+c_{n-1}x^{n-1}$,其中 $c_i \in F_q, i=0,1,\cdots,n-1$. 从而
$$\begin{aligned} f(x)+(m(x)) &= [h(x)m(x)+(m(x))]+[r(x)+(m(x))] \\ &= c_0+c_1 x+\cdots+c_{n-1}x^{n-1}+(m(x)) \\ &= [c_0+(m(x))]+[c_1+(m(x))][x+(m(x))]+\cdots \\ &\quad +[c_{n-1}+(m(x))][x+(m(x))]^{n-1}. \end{aligned}$$

考虑 F_q 到 $F_q[x]/(m(x))$ 的一个对应法则 $\sigma: b \mapsto b+(m(x))$,则 σ 是一个映射. 容易验证 σ 是单射,并且 σ 保持加法和乘法运算,$\sigma(1)=1+(m(x))$,因此 σ 是 F_q 到 $F_q[x]/(m(x))$ 的环同态,且是单同态. 于是可以把 b 与 $b+(m(x))$ 等同. 把 $x+(m(x))$ 记做 u,则 $F_q[x]/(m(x))$ 的元素可以表示成
$$c_0+c_1 u+\cdots+c_{n-1}u^{n-1}.$$
如果 $c_0+c_1 u+\cdots+c_{n-1}u^{n-1}=d_0+d_1 u+\cdots+d_{n-1}u^{n-1}$,那么
$$\begin{aligned} 0 &= (c_0-d_0)+(c_1-d_1)u+\cdots+(c_{n-1}-d_{n-1})u^{n-1} \\ &= [(c_0-d_0)+(m(x))]+[(c_1-d_1)+(m(x))][x+(m(x))]+\cdots+ \\ &\quad [(c_{n-1}-d_{n-1})+(m(x))][x^{n-1}+(m(x))] \\ &= [(c_0-d_0)+(c_1-d_1)x+\cdots+(c_{n-1}-d_{n-1})x^{n-1}]+(m(x)). \end{aligned}$$
从而,$(c_0-d_0)+(c_1-d_1)x+\cdots+(c_{n-1}-d_{n-1})x^{n-1} \in (m(x))$. 于是
$$c_0-d_0 = c_1-d_1 = \cdots = c_{n-1}-d_{n-1} = 0.$$

这证明了 $F_q[x]/(m(x))$ 的每一个元素表示成 $c_0+c_1u+\cdots+c_{n-1}u^{n-1}$ 的表示法唯一. 从而 $F_q[x]/(m(x))$ 的元素个数为 q^n.
$$a_0+a_1u+\cdots+a_nu^n = [a_0+(m(x))]+[a_1+(m(x))][x+(m(x))]+\cdots+$$
$$[a_n+(m(x))][x^n+(m(x))]$$
$$= a_0+a_1x+\cdots+a_nx^n+(m(x))=(m(x))=0.$$
因此 u 满足 $a_0+a_1u+\cdots+a_nu^n=0$. □

从定理 1 看到,当 $n>1$ 时,由于 $m(x)=a_0+a_1x+\cdots+a_nx^n$ 是域 F_q 上的 n 次不可约多项式,因此 $m(x)$ 在 F_q 中没有根.但是由于 $m(u)=a_0+a_1u+\cdots+a_nu^n=0$,因此 $m(x)$ 在域 $F_q[x]/(m(x))$ 中有一个根 u,其中 $u=x+(m(x))$.

从上面一段话受到启发,实数域 $\mathbb{R}$ 上的二次多项式 x^2+1 没有实根,但是我们可以构造一个较大的域,使得 x^2+1 在这个较大的域中有根.类比定理 1 中从域 F_q 出发构造出较大的域 $F_q[x]/(m(x))$ 的方法,由于 x^2+1 在 $\mathbb{R}[x]$ 中不可约,因此 $\mathbb{R}[x]/(x^2+1)$ 是一个域,它的元素形如 $f(x)+(x^2+1)$.在 $\mathbb{R}[x]$ 中做带余除法:
$$f(x) = h(x)(x^2+1)+r(x), \quad \deg r(x)<2.$$
于是可以设 $r(x)=c_0+c_1x$,其中 $c_0,c_1\in\mathbb{R}$.从而
$$f(x)+(x^2+1) = [h(x)(x^2+1)+r(x)]+(x^2+1)$$
$$= [c_0+(x^2+1)]+[c_1+(x^2+1)][x+(x^2+1)].$$
考虑 $\mathbb{R}$ 到 $\mathbb{R}[x]/(x^2+1)$ 的一个对应法则
$$\tau: a \mapsto a+(x^2+1),$$
则 τ 是一个映射,并且容易验证 τ 是单射,且保持加法和乘法运算,$\tau(1)\mapsto 1+(x^2+1)$,因此 τ 是 $\mathbb{R}$ 到 $\mathbb{R}[x]/(x^2+1)$ 的一个环同态,且 τ 是单同态.于是可以把 a 与 $a+(x^2+1)$ 等同.把 $x+(x^2+1)$ 记做 u,则 $\mathbb{R}[x]/(x^2+1)$ 中的元素可以表示成 c_0+c_1u.

如果 $c_0+c_1u=d_0+d_1u$,那么 $(c_0-d_0)+(c_1-d_1)u=0$.从而
$$0 = [(c_0-d_0)+(x^2+1)]+[(c_1-d_1)+(x^2+1)][x+(x^2+1)]$$
$$= [(c_0-d_0)+(c_1-d_1)x]+(x^2+1).$$
于是 $(c_0-d_0)+(c_1-d_1)x\in(x^2+1)$.由此推出,$c_0-d_0=0,c_1-d_1=0$,即 $c_0=d_0,c_1=d_1$.因此 $\mathbb{R}[x]/(x^2+1)$ 中的每一个元素表示成 c_0+c_1u 的表示法唯一.于是

$$\mathbb{R}[x]/(x^2+1) = \{c_0 + c_1 u \mid c_0, c_1 \in \mathbb{R}\},$$
$u^2+1 = [x+(x^2+1)]^2 + [1+(x^2+1)] = x^2+1+(x^2+1) = (x^2+1) = 0$,
因此 u 满足 $u^2+1=0$. 从而 u 是 x^2+1 在 $\mathbb{R}[x]/(x^2+1)$ 中的一个根.

令 $\sigma: \mathbb{R}[x]/(x^2+1) \to \mathbb{C}$
$$c_0 + c_1 u \mapsto c_0 + c_1 i,$$

由于 $\mathbb{R}[x]/(x^2+1)$ 中的每一个元素表示成 $c_0+c_1 u$ 的表示法唯一,因此 σ 是一个映射. 容易验证,σ 是单射、满射,并且 σ 保持加法和乘法运算,因此 σ 是 $\mathbb{R}[x]/(x^2+1)$ 到 $\mathbb{C}$ 的一个环同构. 从而
$$\mathbb{R}[x]/(x^2+1) \cong \mathbb{C},$$
并且同构映射 σ 把 u 对应到 i.

从定理 1 和 $\mathbb{R}[x]/(x^2+1)$ 的构造方法看到,类似于定理 1 的证明方法可以证明下述一般的结论:

定理 2 设 F 是一个域,如果 $p(x) = x^r + b_{r-1} x^{r-1} + \cdots + b_1 x + b_0$ 是域 F 上的一个不可约多项式,那么 $F[x]/(p(x))$ 是一个域,并且 $\sigma: a \mapsto a + (p(x))$ 是 F 到 $F[x]/(p(x))$ 的一个单的环同态,从而可以把 a 与 $a+(p(x))$ 等同. 把 $x+(p(x))$ 记做 u,则 $F[x]/(p(x))$ 的每一个元素可以唯一地表示成
$$c_0 + c_1 u + \cdots + c_{r-1} u^{r-1},$$
其中 $c_i \in F, i = 0, 1, \cdots, r-1$,并且 u 是 $p(x)$ 在 $F[x]/(p(x))$ 中的一个根. □

在定理 2 中,由于 $\sigma: a \mapsto a+(p(x))$ 是 F 到 $F[x]/(p(x))$ 的一个单的环同态,因此 F 与 $F[x]/(p(x))$ 的子环 $\{a+(p(x)) \mid a \in F\}$ 同构. 从而可以把 $F[x]/(p(x))$ 看成是 F 的一个扩域. 由此引出下述概念:

定义 1 设 R 和 $\widetilde{R}$ 都是有单位元的环,如果 $\widetilde{R}$ 有一个子环 $\widetilde{R}_1$,它与 $\widetilde{R}$ 有相同的单位元,并且 $\widetilde{R}_1$ 与 R 环同构,那么把 $\widetilde{R}$ 称为 R 的一个**扩环**,此时可以把 R 看成是 $\widetilde{R}$ 的一个子环.

定义 2 设 F 和 K 都是域,如果 F 与 K 的一个子环 K_1 环同构,那么称 K 是 F 的一个**扩域**,或者称 K 是 F 上的一个**域扩张**,记做 K/F,此时可以把 F 看成是 K 的一个**子域**.

定理 2 给出了构造域 F 的扩域的一条途径. 还有没有其他的途径

构造域 F 的扩域？先看一个例子：
$$\mathbb{Q}(\sqrt{2}) := \{a + b\sqrt{2} \mid a, b \in \mathbb{Q}\},$$
$\mathbb{Q}(\sqrt{2})$ 是一个域，它可以看成是 $\mathbb{Q}$ 添加 $\mathbb{R}$ 中的元素 $\sqrt{2}$ 得到的. 由此引出下述概念：

定义 3 设 R 是有单位元 $1 (\neq 0)$ 的交换环，$\widetilde{R}$ 是 R 的一个扩环，且 $\widetilde{R}$ 是交换环. 任意取定 $\tilde{\alpha} \in \widetilde{R}$，我们把 $\widetilde{R}$ 中包含 $R \cup \{\tilde{\alpha}\}$ 的所有子环的交称为 R **添加** $\tilde{\alpha}$ **得到的子环**，或者 $\tilde{\alpha}$ **在 R 上生成的子环**，记做 $R[\tilde{\alpha}]$.

$R[\tilde{\alpha}]$ 的元素是什么样子的？由于子环 $R[\tilde{\alpha}]$ 对 $\widetilde{R}$ 的加法和乘法封闭，因此对于任意 $a_0, a_1, \cdots, a_n \in R$，有
$$a_0 + a_1\tilde{\alpha} + \cdots + a_n\tilde{\alpha}^n \in R[\tilde{\alpha}].$$
于是集合 $S = \{a_0 + a_1\tilde{\alpha} + \cdots + a_n\tilde{\alpha}^n \mid a_0, a_1, \cdots, a_n \in R, n \in \mathbb{N}\} \subseteq R[\tilde{\alpha}]$. 容易验证 S 对 $\widetilde{R}$ 的减法和乘法封闭，因此 S 是 $\widetilde{R}$ 的一个子环，且 $S \supseteq R \cup \{\tilde{\alpha}\}$，从而 $S \supseteq R[\tilde{\alpha}]$. 于是 $S = R[\tilde{\alpha}]$，即
$$R[\tilde{\alpha}] = \{a_0 + a_1\tilde{\alpha} + \cdots + a_n\tilde{\alpha}^n \mid a_0, a_1, \cdots, a_n \in R, n \in \mathbb{N}\},$$
其中 $a_0 + a_1\tilde{\alpha} + \cdots + a_n\tilde{\alpha}^n$ 称为 $\tilde{\alpha}$ **在 R 上的一个多项式**.

在定义 3 中把 R 取成一个域 F，我们来探索在什么条件下 $F[\tilde{\alpha}]$ 是一个域. 由于域中非零元都不是零因子，因此要求 $\widetilde{R}$ 是整环. 如果有 $F[x]$ 中的一个不可约多项式 $m(x)$，使得 $F[x]/(m(x)) \cong F[\tilde{\alpha}]$，那么 $F[\tilde{\alpha}]$ 是一个域. 为此考虑下述对应法则：
$$\sigma_{\tilde{\alpha}}: F[x] \to \widetilde{R}$$
$$f(x) = \sum_{i=0}^{n} a_i x^i \mapsto \sum_{i=0}^{n} a_i \tilde{\alpha}^i =: f(\tilde{\alpha}). \tag{1}$$
根据域 F 上一元多项式环 $F[x]$ 的通用性质（参看参考文献[4]的第五章 §5.1 的定理 1），$\sigma_{\tilde{\alpha}}$ 是 $F[x]$ 到 $\widetilde{R}$ 的一个环同态，并且有 $\mathrm{Im}\sigma_{\tilde{\alpha}} = F[\tilde{\alpha}]$. 于是根据环同态基本定理得
$$F[x]/\mathrm{Ker}\sigma_{\tilde{\alpha}} \cong F[\tilde{\alpha}]. \tag{2}$$
由于
$$f(x) \in \mathrm{Ker}\sigma_{\tilde{\alpha}} \Leftrightarrow f(\tilde{\alpha}) = 0$$
$$\Leftrightarrow \tilde{\alpha} \text{ 是 } f(x) \text{ 在 } \widetilde{R} \text{ 中的一个根},$$
因此

$$\mathrm{Ker}\sigma_{\tilde\alpha}=\{f(x)\in F[x]\,|\,\tilde\alpha\text{ 是 }f(x)\text{ 的一个根}\}.$$

由于 $\mathrm{Ker}\sigma_{\tilde\alpha}$ 是 $F[x]$ 的一个理想,且 $F[x]$ 的理想都是主理想,因此 $\mathrm{Ker}\sigma_{\tilde\alpha}=(0)$,或者 $\mathrm{Ker}\sigma_{\tilde\alpha}=(m(x))$,其中 $m(x)$ 是首项系数为 1 的多项式.

情形 1 $\mathrm{Ker}\sigma_{\tilde\alpha}=(0)$,则 $\tilde\alpha$ 不是 $F[x]$ 中任何非零多项式的根,此时称 $\tilde\alpha$ **是 F 上的超越元**. 在这种情形有

$$F[\tilde\alpha]\cong F[x]/(0)\cong F[x], \tag{3}$$

即 $F[\tilde\alpha]$ 同构于 $F[x]$,从而 $F[\tilde\alpha]$ 不是域.

情形 2 $\mathrm{Ker}\sigma_{\tilde\alpha}=(m(x))$,则 $\tilde\alpha$ 是 $F[x]$ 中非零多项式 $m(x)$ 的一个根,此时称 $\tilde\alpha$ **是 F 上的代数元**,且 $F[x]$ 中以 $\tilde\alpha$ 为根的多项式都是 $m(x)$ 的倍式.因此 $m(x)$ 是 $F[x]$ 里以 $\tilde\alpha$ 为根的所有非零多项式中次数最低的首项系数为 1 的多项式,称它为 $\tilde\alpha$ **在 F 上的极小多项式**.我们断言:$\tilde\alpha$ 在 F 上的极小多项式 $m(x)$ 在 F 上是不可约的. 理由如下:由于 $\sigma_{\tilde\alpha}(x)=\tilde\alpha,\sigma_{\tilde\alpha}(1+x)=1+\tilde\alpha$,因此 $\mathrm{Ker}\sigma_{\tilde\alpha}\neq F[x]$.从而 $m(x)$ 的次数大于 0.假如 $m(x)$ 在 F 上可约,则

$$m(x)=m_1(x)m_2(x),\quad \deg m_i(x)<\deg m(x),\quad i=1,2.$$

在上式中,x 用 $\tilde\alpha$ 代入,可得,$0=m(\tilde\alpha)=m_1(\tilde\alpha)m_2(\tilde\alpha)$.由于 $\widetilde R$ 是整环,因此 $m_1(\tilde\alpha)=0$ 或 $m_2(\tilde\alpha)=0$,从而 $m_1(x)$ 或 $m_2(x)$ 以 $\tilde\alpha$ 为根.这与 $m(x)$ 是 $\tilde\alpha$ 的极小多项式矛盾.这证明了 $\tilde\alpha$ 在 F 上的极小多项式 $m(x)$ 在 F 上是不可约的.因此 $F[x]/(m(x))$ 是一个域.由于

$$F[x]/(m(x))\cong F[\tilde\alpha], \tag{4}$$

因此 $F[\tilde\alpha]$ 是一个域.设

$$m(x)=x^r+b_{r-1}x^{r-1}+\cdots+b_1 x+b_0, \tag{5}$$

则根据定理 2 得,$F[x]/(m(x))$ 的每一个元素可唯一地表示成

$$c_0+c_1 u+\cdots+c_{r-1}u^{r-1}, \tag{6}$$

其中 $c_i\in F, i=0,1,\cdots,r-1$,并且 u 是 $m(x)$ 在 $F[x]/(m(x))$ 中的一个根.根据环同态基本定理的证明过程和(1)式得,$F[x]/(m(x))$ 到 $F[\tilde\alpha]$ 的一个环同态映射 ψ 为

$$\psi(f(x)+m(x))=\sigma_{\tilde\alpha}(f(x))=f(\tilde\alpha). \tag{7}$$

从而

$$\psi(c_0+c_1 u+\cdots+c_{r-1}u^{r-1})=\psi(c_0+c_1 x+\cdots+c_{r-1}x^{r-1}+(m(x)))$$

$$= c_0 + c_1\tilde{\alpha} + \cdots + c_{r-1}\tilde{\alpha}^{r-1}, \tag{8}$$

特别地,有

$$\psi(u) = \tilde{\alpha}. \tag{9}$$

因此 $F[\tilde{\alpha}]$ 的每一个元素可以唯一地表示成

$$c_0 + c_1\tilde{\alpha} + \cdots + c_{r-1}\tilde{\alpha}^{r-1},$$

其中 $c_i \in F, i = 0, 1, \cdots, r-1$.

综上所述,我们证明了下述结论:

定理 3 设 F 是一个域,$\tilde{R}$ 是 F 的一个扩环,且 $\tilde{R}$ 是整环. 任取 $\tilde{\alpha} \in \tilde{R}$.

(1) 若 $\tilde{\alpha}$ 是 F 上的超越元,则 $F[\tilde{\alpha}]$ 同构于 $F[x]$,从而 $F[\tilde{\alpha}]$ 不是域;

(2) 若 $\tilde{\alpha}$ 是 F 上的代数元,且 $\tilde{\alpha}$ 在 F 上的极小多项式为

$$m(x) = x^r + b_{r-1}x^{r-1} + \cdots + b_1 x + b_0,$$

则 $m(x)$ 在 F 上不可约,且 $F[\tilde{\alpha}]$ 是与 $F[x]/(m(x))$ 同构的域,从 $F[x]/(m(x))$ 到 $F[\tilde{\alpha}]$ 的一个同构映射 ψ 为

$$\psi(c_0 + c_1 u + \cdots + c_{r-1}u^{r-1}) = c_0 + c_1\tilde{\alpha} + \cdots + c_{r-1}\tilde{\alpha}^{r-1},$$

于是 $F[\tilde{\alpha}]$ 的每一个元素可以唯一地表示成

$$c_0 + c_1\tilde{\alpha} + \cdots + c_{r-1}\tilde{\alpha}^{r-1},$$

其中 $c_i \in F, i = 0, 1, \cdots, r-1$. □

定理 3 给出了构造域 F 的扩域的第二条途径,并且指出了它与第一条途径的关系:在 F 的一个扩环 $\tilde{R}$($\tilde{R}$ 是整环)中取一个在 F 上的代数元 $\tilde{\alpha}$,则 F 添加 $\tilde{\alpha}$ 得到的子环 $F[\tilde{\alpha}]$ 是一个域;并且若 $\tilde{\alpha}$ 在 F 上的极小多项式为 $m(x) = x^r + b_{r-1}x^{r-1} + \cdots + b_1 x + b_0$,则

$$F[x]/(m(x)) \cong F[\tilde{\alpha}].$$

当 $F[\tilde{\alpha}]$ 是域时,我们把 $F[\tilde{\alpha}]$ 记成 $F(\tilde{\alpha})$.

作为定理 3 的一个应用,我们取 $F = \mathbb{Q}, \tilde{R} = \mathbb{C}$. 如果复数 t 是 $\mathbb{Q}$ 上的代数元,那么称 t 是一个**代数数**;如果复数 t 是 $\mathbb{Q}$ 上的超越元,那么称 t 是一个**超越数**.

如果 t 是 $\mathbb{Q}$ 上的一个代数数,那么 $\mathbb{Q}$ 添加 t 得到的子环 $\mathbb{Q}[t]$ 是一个域,设 t 在 $\mathbb{Q}$ 上的极小多项式为 $m(x)$,则 $\mathbb{Q}[t]$ 同构于 $\mathbb{Q}[x]/(m(x))$. 我们把 $\mathbb{Q}[t]$ 记成 $\mathbb{Q}(t)$.

例如，$m(x)=x^2+x+1$ 在 $\mathbb{C}$ 中的一个根为 $\omega=\dfrac{-1+\sqrt{3}\mathrm{i}}{2}$，因此 ω 是一个代数数. ω 在 $\mathbb{Q}$ 上的极小多项式为 $m(x)$，则 $\mathbb{Q}[\omega]\cong\mathbb{Q}[x]/(x^2+x+1)$，把 $\mathbb{Q}[\omega]$ 记成 $\mathbb{Q}(\omega)$.

复数域 $\mathbb{C}$ 中的一个本原 n 次单位根 $\xi_n=\mathrm{e}^{\mathrm{i}\frac{2\pi}{n}}$ 是一个代数数，于是 $\mathbb{Q}[\xi_n]$ 是一个域，称它为**第 n 个分圆域**，也记做 $\mathbb{Q}(\xi_n)$. ξ_n 在 $\mathbb{Q}$ 上的极小多项式记做 $m_{\xi_n}(x)$，可以证明 $m_{\xi_n}(x)$ 是整系数多项式（证明可看参考文献[6]的第七章§7.8 的例 7）. ξ_n 是 n 次单位根群 U_n 的一个生成元. 由于 U_n 是 n 阶循环群，因此它的生成元有 $\varphi(n)$ 个，从而本原 n 次单位根有 $\varphi(n)$ 个. ξ_n^k 是本原 n 次单位根当且仅当 $(k,n)=1$，其中 $1\leqslant k<n$. 把全部本原 n 次单位根分别记做 $\eta_1,\eta_2,\cdots,\eta_{\varphi(n)}$，其中 $\eta_1=\xi_n$. 令

$$f_n(x):=(x-\eta_1)(x-\eta_2)\cdots(x-\eta_{\varphi(n)}), \tag{10}$$

则称 $f_n(x)$ 是 **n 阶分圆多项式**. 可以证明 $f_n(x)=m_{\xi_n}(x)$（证明可看参考文献[6]的第七章§7.12 的例 13）. 于是 ξ_n 在 $\mathbb{Q}$ 上的极小多项式 $m_{\xi_n}(x)$ 等于 n 阶分圆多项式 $f_n(x)$，从而

$$\mathbb{Q}(\xi_n)\cong\mathbb{Q}[x]/(f_n(x)). \tag{11}$$

定义 4 如果一个复数 α 是一个首项系数为 1 的整系数多项式的根，那么称 α 是一个**代数整数**.

例如，每一个 n 次单位根都是代数整数（因为它们都是 x^n-1 的根）.

习 题 2.4

1. 构造含 9 个元素的有限域，写出它的全部元素.
2. 在第 1 题构造出的 9 元域中，计算：
$-u,\ 2u,\ u+(\bar{1}+u),\ (\bar{2}+u)+(\bar{1}+\bar{2}u),\ u(\bar{1}+u),\ (\bar{2}+u)(\bar{1}+\bar{2}u)$.
3. 构造含 8 个元素的有限域，写出它的全部元素，并且计算：
$-u,\ u^2+(\bar{1}+u^2),\ u^2(\bar{1}+u^2),\ (\bar{1}+u)(\bar{1}+u+u^2)$.
4. 设 $\widetilde{R}$ 是域 F 的一个扩环，且 $\widetilde{R}$ 是整环，$p(x)$ 是 $F[x]$ 中的首项系数为 1 的不可约多项式，$\tilde{\alpha}$ 是 $p(x)$ 在 $\widetilde{R}$ 中的一个根. 证明：$\tilde{\alpha}$ 在 F 上的极小多项式是 $p(x)$.
5. 证明 $t=\sqrt{2}+\sqrt{3}$ 是一个代数数，并且求 t 在 $\mathbb{Q}$ 上的极小多项式.

6. 设 t 为 $f(x)=x^3-x+1$ 的一个复根,在 $\mathbb{Q}(t)$ 中,计算 $(5t^2+3t-1)(2t^2-2t+6)$,并且求 $(3t^2-t+2)^{-1}$.

7. $\xi_3=e^{i\frac{2\pi}{3}}$,求 ξ_3 在 $\mathbb{Q}$ 上的极小多项式,并且写出第 3 个分圆域 $\mathbb{Q}(\xi_3)$ 的元素的形式.

8. $\xi_4=e^{i\frac{\pi}{2}}=i$,求 i 在 $\mathbb{Q}$ 上的极小多项式,并且写出第 4 个分圆域 $\mathbb{Q}(i)$ 的元素的形式.

9. $\xi_5=e^{i\frac{2\pi}{5}}$,求 ξ_5 在 $\mathbb{Q}$ 上的极小多项式,并且写出第 5 个分圆域 $\mathbb{Q}(\xi_5)$ 的元素的形式.

10. $\xi_6=e^{i\frac{\pi}{3}}=\dfrac{1+\sqrt{3}i}{2}$,求 ξ_6 在 $\mathbb{Q}$ 上的极小多项式,并且写出第 6 个分圆域 $\mathbb{Q}(\xi_6)$ 的元素的形式;计算 $(1+\xi_6)(2-3\xi_6)$;求 $(2+3\xi_6)^{-1}$.

11. 证明:对于任意整数 m,n,复数 $m+ni$ 是代数整数,称这种形式的代数整数为**高斯整数**.

§2.5 分 式 域

在上一节,我们利用构造扩域的第一条途径,从实数域 $\mathbb{R}$ 出发,通过做商环,构造了 $\mathbb{R}$ 的一个扩域 $\mathbb{R}[x]/(x^2+1)$,它与复数域 $\mathbb{C}$ 同构. 我们还利用构造扩域的第二条途径,从有理数域 $\mathbb{Q}$ 出发,通过添加代数数,构造了一批域.

有理数域 $\mathbb{Q}$ 本身是怎么构造出来的呢?它是从整数环 $\mathbb{Z}$ 出发构造出来的. 类比从 $\mathbb{Z}$ 出发构造 $\mathbb{Q}$ 的方法,我们可以从整环 R 出发构造出一个域. 具体过程如下:令

$$T:=R\times R^*=\{(a,b)\mid a\in R,b\in R^*\}, \qquad (1)$$

其中 $R^*=\{b\in R\mid b\neq 0\}$. 在集合 T 上规定一个二元关系 $\sim$ 如下:

$$(a,b)\sim(c,d):\Leftrightarrow ad=bc. \qquad (2)$$

由于 $ab=ba$,因此 $(a,b)\sim(a,b)$,$\forall (a,b)\in T$,从而 $\sim$ 具有反身性. 若 $(a,b)\sim(c,d)$,则 $ad=bc$,于是 $cb=da$,从而 $(c,d)\sim(a,b)$,因此 $\sim$ 具有对称性. 若 $(a,b)\sim(c,d)$,且 $(c,d)\sim(g,h)$,则 $ad=bc,ch=dg$,从而 $adh=bch=bdg$,于是 $(ah-bg)d=0$. 由于 $d\neq 0$ 且 R 是整环,因此 $ah-bg=0$,即 $ah=bg$. 于是 $(a,b)\sim(g,h)$,从而 $\sim$ 具有传递性.

综上所述，$\sim$ 是 T 上的一个等价关系. 把 (a,b) 的等价类记做 $\dfrac{a}{b}$. 于是

$$\frac{a}{b}=\frac{c}{d} \Leftrightarrow (a,b) \sim (c,d) \Leftrightarrow ad=bc. \tag{3}$$

把商集 $T/\sim$ 记做 F，在 F 中规定：

$$\frac{a}{b}+\frac{c}{d} := \frac{ad+bc}{bd}, \tag{4}$$

$$\frac{a}{b} \cdot \frac{c}{d} := \frac{ac}{bd}. \tag{5}$$

需要证明(4)式和(5)式的规定与等价类的代表的选取无关. 设

$$\frac{a}{b}=\frac{a'}{b'}, \quad \frac{c}{d}=\frac{c'}{d'}, \tag{6}$$

则

$$ab'=ba', \quad cd'=dc'. \tag{7}$$

由此得出

$$ab'dd'=ba'dd', \quad cd'bb'=dc'bb'. \tag{8}$$

把(8)式的两个式子相加得 $b'd'(ad+cb)=bd(a'd'+c'b')$. 因此

$$\frac{ad+cb}{bd}=\frac{a'd'+c'b'}{b'd'},$$

即

$$\frac{a}{b}+\frac{c}{d}=\frac{a'}{b'}+\frac{c'}{d'}. \tag{9}$$

把(7)式的两个式子相乘得

$$ab'cd'=ba'dc',$$

因此

$$\frac{ac}{bd}=\frac{a'c'}{b'd'},$$

即

$$\frac{a}{b} \cdot \frac{c}{d} = \frac{a'}{b'} \cdot \frac{c'}{d'}. \tag{10}$$

(9)式和(10)式表明，(4)式和(5)式的规定是合理的.

容易验证，F 中的加法、乘法都满足交换律、结合律，并且适合乘法

对于加法的分配律. 由于
$$\frac{0}{b}+\frac{c}{d}=\frac{0d+bc}{bd}=\frac{bc}{bd}=\frac{c}{d},$$
因此 $\frac{0}{b}$ 是 F 的零元, 记做 0.

容易验证, $\frac{a}{b}$ 的负元是 $\frac{-a}{b}$. 又由于
$$\frac{b}{b}\cdot\frac{c}{d}=\frac{bc}{bd}=\frac{c}{d},$$
因此 $\frac{b}{b}$ 是 F 的单位元, 记做 1.

设 $\frac{a}{b}\neq 0$, 即 $\frac{a}{b}\neq\frac{0}{b}$, 则 $a\neq 0$, 从而存在 $\frac{b}{a}$, 且
$$\frac{a}{b}\cdot\frac{b}{a}=\frac{ab}{ba}=1.$$
因此 $\frac{a}{b}$ 是可逆元, 且 $\left(\frac{a}{b}\right)^{-1}=\frac{b}{a}$.

综上所述, F 是一个域. 令
$$\sigma: R \to F$$
$$a \mapsto \frac{a}{1}, \tag{11}$$
则 σ 是 R 到 F 的一个映射, 且 σ 是单射. 由于
$$\sigma(a+b)=\frac{a+b}{1}=\frac{a}{1}+\frac{b}{1}=\sigma(a)+\sigma(b),$$
$$\sigma(ab)=\frac{ab}{1}=\frac{a}{1}\cdot\frac{b}{1}=\sigma(a)\sigma(b),$$
$$\sigma(1)=\frac{1}{1},$$
因此 σ 是 R 到 F 的一个环同态. 从而 R 与 F 的一个子环 $\mathrm{Im}\sigma$ 环同构, 其中 $\mathrm{Im}\sigma=\left\{\frac{a}{1}\,\middle|\,a\in R\right\}$. 于是可以把 a 与 $\frac{a}{1}$ 等同. 由此得出
$$\frac{a}{b}=\frac{a}{1}\cdot\frac{1}{b}=\frac{a}{1}\cdot\left(\frac{b}{1}\right)^{-1}=ab^{-1}. \tag{12}$$
由上述从整环 R 构造出域 F 的过程引出下述概念:

定义 1 设 R 是一个整环,如果有一个域 F 使得从 R 到 F 有一个单的环同态 σ,并且 F 中每个元素都可以表示成 $\sigma(a)\sigma(b)^{-1}$,即 ab^{-1} 的形式,其中 $a\in R, b\in R^*$,那么把 F 称为 R 的**分式域**. 我们常常把 ab^{-1} 写成 $\dfrac{a}{b}$.

上面的构造过程证明了整环 R 的分式域是存在的. 下面我们来证明整环 R 的分式域在环同构的意义下是唯一的.

设 F 和 $\widetilde{F}$ 都是整环 R 的分式域,其中 F 是上面构造的分式域. 则存在从 R 到 F 的一个单的环同态 σ,存在从 R 到 $\widetilde{F}$ 的一个单的环同态 $\tilde{\sigma}$. 令

$$\psi: F \to \widetilde{F}$$
$$\sigma(a)\sigma(b)^{-1} \mapsto \tilde{\sigma}(a)\tilde{\sigma}(b)^{-1}.$$

由于

$$\sigma(a)\sigma(b)^{-1}=\sigma(x)\sigma(y)^{-1} \Leftrightarrow \sigma(a)\sigma(y)=\sigma(x)\sigma(b)$$
$$\Leftrightarrow \sigma(ay)=\sigma(xb) \Leftrightarrow ay=xb$$
$$\Leftrightarrow \tilde{\sigma}(ay)=\tilde{\sigma}(xb) \Leftrightarrow \tilde{\sigma}(a)\tilde{\sigma}(b)^{-1}=\tilde{\sigma}(x)\tilde{\sigma}(y)^{-1},$$

因此 ψ 是 F 到 $\widetilde{F}$ 的一个映射,并且是单射.

任取 $\widetilde{F}$ 的一个元素 $\tilde{\sigma}(a)\tilde{\sigma}(b)^{-1}$,其中 $a\in R, b\in R^*$,则 $\sigma(a)\sigma(b)^{-1}\in F$,并且根据 ψ 的定义得,$\psi[\sigma(a)\sigma(b)^{-1}]=\tilde{\sigma}(a)\tilde{\sigma}(b)^{-1}$. 因此 ψ 是满射.

任取 $ab^{-1}, xy^{-1}\in F$,有

$$\psi(ab^{-1}+xy^{-1})=\psi\left(\dfrac{a}{b}+\dfrac{x}{y}\right)=\psi\left(\dfrac{ay+bx}{by}\right)=\psi((ay+bx)(by)^{-1})$$
$$=\tilde{\sigma}(ay+bx)\tilde{\sigma}(by)^{-1}$$
$$=[\tilde{\sigma}(a)\tilde{\sigma}(y)+\tilde{\sigma}(b)\tilde{\sigma}(x)][\tilde{\sigma}(b)\tilde{\sigma}(y)]^{-1}$$
$$=\tilde{\sigma}(a)\tilde{\sigma}(y)\tilde{\sigma}(b)^{-1}\tilde{\sigma}(y)^{-1}+\tilde{\sigma}(b)\tilde{\sigma}(x)\tilde{\sigma}(b)^{-1}\tilde{\sigma}(y)^{-1}$$
$$=\tilde{\sigma}(a)\tilde{\sigma}(b)^{-1}+\tilde{\sigma}(x)\tilde{\sigma}(y)^{-1}$$
$$=\psi(ab^{-1})+\psi(xy^{-1});$$
$$\psi((ab^{-1})\cdot(xy^{-1}))=\psi\left(\dfrac{a}{b}\cdot\dfrac{x}{y}\right)=\psi\left(\dfrac{ax}{by}\right)=\psi((ax)(by)^{-1})$$
$$=\tilde{\sigma}(ax)\tilde{\sigma}(by)^{-1}=\tilde{\sigma}(a)\tilde{\sigma}(x)[\tilde{\sigma}(b)\tilde{\sigma}(y)]^{-1}$$
$$=[\tilde{\sigma}(a)\tilde{\sigma}(b)^{-1}][\tilde{\sigma}(x)\tilde{\sigma}(y)^{-1}]=\psi(ab^{-1})\psi(xy^{-1}).$$

综上所述,ψ 是 F 到 $\widetilde{F}$ 的一个环同构. 从而 $F\cong\widetilde{F}$. 于是我们证明了

下述结论:

定理 1 设 R 是一个整环,则存在 R 的分式域,并且在环同构的意义下,R 的分式域是唯一的. □

由于整环 R 的分式域在环同构的意义下是唯一的,因此今后我们取上面构造的 F 作为整环 R 的分式域.

任一域 F 上的 n 元多项式环 $F[x_1,\cdots,x_n]$ 是一个整环,于是存在 $F[x_1,\cdots,x_n]$ 的分式域,记做 $F(x_1,\cdots,x_n)$,它的元素可以表示成

$$\frac{f(x_1,\cdots,x_n)}{g(x_1,\cdots,x_n)},$$

其中 $f(x_1,\cdots,x_n)$ 和 $g(x_1,\cdots,x_n)$ 都是域 F 上的 n 元多项式,且多项式 $g(x_1,\cdots,x_n) \neq 0$. $F(x_1,\cdots,x_n)$ 的元素 $\dfrac{f(x_1,\cdots,x_n)}{g(x_1,\cdots,x_n)}$ 称为 n **元分式**,其中 $f(x_1,\cdots,x_n)$ 称为**分子**,$g(x_1,\cdots,x_n)$ 称为**分母**. 根据(3)式有

$$\frac{f(x_1,\cdots,x_n)}{g(x_1,\cdots,x_n)} = \frac{h(x_1,\cdots,x_n)}{k(x_1,\cdots,x_n)}$$

$$\Leftrightarrow f(x_1,\cdots,x_n)k(x_1,\cdots,x_n) = g(x_1,\cdots,x_n)h(x_1,\cdots,x_n). \quad (13)$$

从而若 $l(x_1,\cdots,x_n) \neq 0$,则有

$$\frac{f(x_1,\cdots,x_n)l(x_1,\cdots,x_n)}{g(x_1,\cdots,x_n)l(x_1,\cdots,x_n)} = \frac{f(x_1,\cdots,x_n)}{g(x_1,\cdots,x_n)}. \quad (14)$$

(14)式称为 n **元分式的基本性质**,即分子与分母乘以同一个非零多项式,所得到的分式与原分式相等. 运用 n 元分式的基本性质,可以从分子与分母中消去同一个非零公因式,称为**约分**. 一个分式如果它的分子与分母是互素的多项式,那么称这个分式为**既约分式**.

根据(4)式和(5)式得

$$\frac{f(x_1,\cdots,x_n)}{g(x_1,\cdots,x_n)} + \frac{h(x_1,\cdots,x_n)}{k(x_1,\cdots,x_n)}$$

$$= \frac{f(x_1,\cdots,x_n)k(x_1,\cdots,x_n) + g(x_1,\cdots,x_n)h(x_1,\cdots,x_n)}{g(x_1,\cdots,x_n)k(x_1,\cdots,x_n)},$$

$$\frac{f(x_1,\cdots,x_n)}{g(x_1,\cdots,x_n)} \cdot \frac{h(x_1,\cdots,x_n)}{k(x_1,\cdots,x_n)} = \frac{f(x_1,\cdots,x_n)h(x_1,\cdots,x_n)}{g(x_1,\cdots,x_n)k(x_1,\cdots,x_n)}.$$

习 题 2.5

1. 设 R 是有单位元 $1(\neq 0)$ 的交换环,S 是 R 的一个非空子集,如果 S 对 R 的乘法封闭,且 $1 \in S$,那么称 S 是 R 的一个**乘性子集**. 令
$$I = \{a \in R \mid 存在 s \in S, 使得 as = 0\}.$$
证明:(1) I 是 R 的一个理想;

(2) 如果 $0 \in S$,那么 $I = R$;如果 $0 \notin S$,那么 $I \cap S = \varnothing$;如果 S 不含 R 的零因子,那么 $I = (0)$.

2. 设 R 是有单位元 $1(\neq 0)$ 的交换环,S 是 R 的一个乘性子集,I 是第 1 题所定义的 R 的一个理想. 如果有一个单位元 $\tilde{1}(\neq 0)$ 的交换环 $\tilde{R}$ 使得 R 到 $\tilde{R}$ 有一个环同态 σ 满足:对任意 $s \in S$ 都有 $\sigma(s)$ 是 $\tilde{R}$ 的可逆元;$\mathrm{Ker}\,\sigma = I$;并且 $\tilde{R}$ 的每个元素 $\tilde{x}$ 可以表示成 $\tilde{x} = \sigma(a)\sigma(s)^{-1}$,其中 $a \in R, s \in S$,那么把 $\tilde{R}$ 称为 R 关于乘性子集 S 的**分式环**. 证明:如果 $0 \notin S$,那么存在 R 关于乘性子集 S 的分式环,记做 $S^{-1}R$.

3. 设 p 是一个素数,令 $S = \mathbb{Z} \setminus (p)$. 证明:$S$ 是 $\mathbb{Z}$ 的一个乘性子集;$I = (0)$;整数 a 是 $S^{-1}\mathbb{Z}$ 的可逆元当且仅当 a 与 p 互素;$S^{-1}\mathbb{Z}$ 的元素 x 可写成
$$x = \frac{r}{s} \cdot p^t,$$
其中 $r, s \in \mathbb{Z}, (r, p) = 1, t \in \mathbb{N}$;$x$ 是 $S^{-1}R$ 的可逆元当且仅当 $t = 0$.

第三章 整环的整除性

§3.1 整除关系，不可约元，素元，最大公因子

整数环 $\mathbb{Z}$ 中，对于 a,b，若存在整数 c 使得 $a=bc$，则称 b 整除 a，记做 $b\mid a$；否则称 b 不能整除 a，记做 $b\nmid a$。当 $b\mid a$ 时，称 b 是 a 的一个因数，称 a 是 b 的一个倍数。

类似地，在整环 R 中引进下述概念：

定义 1 设 R 是整环，对于 $a,b\in R$，若存在 $c\in R$ 使得 $a=bc$，则称 b **整除** a，记做 $b\mid a$；否则称 b **不能整除** a，记做 $b\nmid a$。当 $b\mid a$ 时，称 b 是 a 的一个**因子**，称 a 是 b 的一个**倍元**。

整除是 R 上的一个二元关系，它具有反身性（因为对任意 $a\in R$ 有 $a=a1$，所以 $a\mid a$）；容易验证整除关系具有传递性，但是没有对称性。

由整除的定义立即得到：在整环 R 中，$b\mid a$ 当且仅当 $(b)\supseteq(a)$。

由于对于任意 $b\in R$ 有 $0=b0$，因此 $b\mid 0$，从而 b 是 0 的一个因子。特别地，0 是 0 的一个因子。

在整环 R 中，

u 是可逆元 $\Leftrightarrow$ 存在 $v\in R$，使得 $uv=1 \Leftrightarrow u\mid 1 \Leftrightarrow 1\in(u) \Leftrightarrow (u)=R$。

设 u 是整环 R 的一个可逆元，则 $\forall a\in R$ 有 $a=u(u^{-1}a)$，从而 $u\mid a$。因此可逆元 u 是 R 的任一元素 a 的一个因子。

由整除的定义容易得到：在整环 R 中，若 $b\mid a_1$ 且 $b\mid a_2$，则
$$b\mid (r_1a_1+r_2a_2), \quad \forall r_1,r_2\in R.$$

定义 2 在整环 R 中，若 $b\mid a$ 且 $a\mid b$，则称 a 与 b **相伴**，记做 $a\sim b$。

相伴是 R 上的一个二元关系。由相伴的定义和整除的性质容易验证相伴关系具有反身性、对称性和传递性，从而相伴关系是 R 上的一个等价关系。

由相伴的定义和整除的性质立即得到：

命题 1 在整环 R 中，$a\sim b$ 当且仅当存在 R 的可逆元 u 使得 $a=bu$。

证明 必要性 设 $a\sim b$,则存在 $u,v\in R$,使得
$$a=bu, \quad b=av.$$
若 $a=0$,则 $b=0$. 从而结论成立. 若 $a\neq 0$,则由上述式子得,$a=avu$,从而 $a(vu-1)=0$. 由于 R 是整环,因此 $vu-1=0$,即 $vu=1$. 从而 u 是 R 的可逆元.

充分性 设 $a=bu$,其中 u 是 R 的可逆元,则 $b\mid a$ 且 $b=au^{-1}$. 从而 $a\mid b$. 于是 $a\sim b$. □

推论 1 在整环 R 中,若 $a\sim b, c\sim d$,则 $ac\sim bd$.

证明 由已知条件和命题 1 得,存在 R 的可逆元 u 和 v,使得 $a=bu$, $c=dv$. 从而 $ac=(bu)(dv)=bd(uv)$. 由于 uv 仍是可逆元,因此由命题 1 得,$ac\sim bd$. □

定义 3 在整环 R 中,若 $b\mid a$ 但是 $a\nmid b$(即 b 是 a 的一个因子,但是 b 不是 a 的相伴元),则称 b 是 a 的一个**真因子**. □

设 u 是整环 R 的可逆元,由于可逆元 u 是 R 的任一元素的因子,因此若 $b\mid u$,则 b 是 u 的一个因子,由于 $u\mid b$,因此 b 不是 u 的真因子. 这表明,可逆元 u 没有真因子.

整环 R 中,a 的任一相伴元,以及任一可逆元都是 a 的因子,称它们为 a 的**平凡因子**. a 的其他因子(如果还有的话)称为 a 的**非平凡因子**.

定义 4 在整环 R 中,设 $a\neq 0$,且 a 不是可逆元. 如果 a 只有平凡因子,那么称 a 是**不可约的**;否则,称 a 是**可约的**.

设 a 是不可约元,若 $b\sim a$,则存在可逆元 u,使得 $b=au$. 任取 b 的一个因子 d,则存在 $c\in R$ 使得 $b=dc$. 从而 $au=dc$. 于是 $a=dcu^{-1}$. 因此 d 是 a 的一个因子. 由于 a 是不可约元,因此 d 是 a 的相伴元,或者 d 是可逆元. 由于相伴关系具有对称性和传递性,因此从 $b\sim a, d\sim a$ 可推出 $d\sim b$. 这证明了 b 是不可约元. 这表明不可约元的相伴元也是不可约元.

不可约元是它的因子最少的元素. 整环 R 中还有一类元素,从整除关系的角度看具有某种性质,即

定义 5 整环 R 中,设 $a\neq 0$ 且 a 不是可逆元. 如果从 $a\mid bc$ 可以推出 $a\mid b$ 或 $a\mid c$,那么称 a 是一个**素元**.

素元和不可约元有什么关系？

命题 2　在整环 R 中，素元一定是不可约元.

证明　设 a 是整环 R 的一个素元. 任取 a 的一个因子 b，则存在 $c\in R$，使得 $a=bc$. 由于 $a\mid a$，因此 $a\mid bc$. 由于 a 是素元，因此 $a\mid b$ 或 $a\mid c$. 下面分情况讨论：

情况 1　若 $a\mid b$，则 $a\sim b$；

情况 2　若 $a\mid c$，则存在 $d\in R$，使得 $c=ad$，从而 $a=bc=bad$，于是 $a(bd-1)=0$. 由于 $a\neq 0$ 且 R 是整环，因此 $bd-1=0$. 于是 $bd=1$，从而 b 是可逆元.

综上所述，a 的因子只有 a 的相伴元和 R 的可逆元. 因此 a 是不可约元. □

整环 R 中，不可约元不一定是素元. 本节习题的第 5 题将给出例子.

命题 3　在整环 R 中，a 为素元当且仅当 (a) 是非零素理想.

证明　a 为素元 $\Leftrightarrow a\neq 0, a$ 不是可逆元，且从 $a\mid bc$ 可推出 $a\mid b$ 或 $a\mid c$
$\Leftrightarrow (a)\neq (0), (a)\neq R$，且从 $bc\in (a)$ 可推出 $b\in (a)$ 或 $c\in (a)$
$\Leftrightarrow (a)$ 是非零素理想. □

从命题 3 可得出，在整环 R 中，如果 (a) 是非零极大理想，那么 a 为素元，结合命题 2 得，a 为不可约元. 这证明了在整环 R 中，若 (a) 是非零极大理想，则 a 是不可约元.

反之，在整环 R 中，若 a 是不可约元，则 (a) 不一定是极大理想. 这是因为，假如 (a) 是非零极大理想，则 (a) 是非零素理想，根据命题 3 得，a 是素元. 这与"不可约元不一定是素元"矛盾. 例如，$\mathbb{Z}[x]$ 中，容易看出 x 是不可约元，但是根据习题 2.3 的第 11 题的解答，(x) 不是极大理想.

类比 $\mathbb{Z}$ 中，a 与 b 的最大公因数的概念引出下述概念：

定义 6　在整环 R 中，对于 $a,b\in R$，如果有 $c\in R$ 使得 $c\mid a$ 且 $c\mid b$，那么称 c 是 a 与 b 的一个**公因子**. 如果 a 与 b 的一个公因子 d 满足：从 $c\mid a, c\mid b$ 可推出 $c\mid d$，那么称 d 是 a 与 b 的一个**最大公因子**.

如果 d_1, d_2 是 a 与 b 的最大公因子，那么从定义 6 得出，$d_1\sim d_2$. 反之，若 d_1 是 a 与 b 的最大公因子，且 $d_2\sim d_1$，则 d_2 也是 a 与 b 的一个最

大公因子. 我们用 (a,b) 表示 a 与 b 的任何一个确定的最大公因子.

在整环 R 中, 不一定每一对元素都有最大公因子. 本节习题的第 5 题将给出例子.

命题 4 在整环 R 中, 如果每一对元素都有最大公因子, 那么对任意 $a,b,c \in R$, 有 $(ca,cb) \sim c(a,b)$.

证明 若 $c=0$, 则 $(ca,cb)=0=0(a,b)$. 下面设 $c \neq 0$.

若 $(a,b)=0$, 则从 $0|a$ 且 $0|b$ 推出 $a=0$ 且 $b=0$. 从而
$$(ca,cb) = (c0,c0) = (0,0) = 0 = c(a,b).$$

下面设 $c \neq 0$ 且 $(a,b) \neq 0$, 记 $d=(a,b), h=(ca,cb)$. 由于 $d|a$ 且 $d|b$, 因此 $cd|ca$ 且 $cd|cb$. 从而 $cd|(ca,cb)$, 即 $cd|h$. 于是存在 $u \in R$, 使得 $h=cdu$. 我们来证明 u 是可逆元. 由于 $h|ca$, 因此存在 $v \in R$, 使得 $ca=hv$. 从而 $ca=cduv$. 由于 $c \neq 0$, 因此 $a=duv$. 同理 $b=duv'$. 因此 $du|d$. 从而存在 $u' \in R$, 使得 $d=duu'$. 由于 $d=(a,b) \neq 0$, 因此 $1=uu'$. 从而 u 是可逆元. 因此 $h \sim cd$, 即 $(ca,cb) \sim c(a,b)$. □

习 题 3.1

1. 证明: $\mathbb{Z}[x]$ 是一个整环, 并且 x^2+5 是 $\mathbb{Z}[x]$ 的一个素元.

2. 设 t 是一个复数, 我们把 $\mathbb{C}$ 中包含 $\mathbb{Z} \cup \{t\}$ 的所有子环的交称为 $\mathbb{Z}$ 添加 t 得到的子环, 或者 t 在 $\mathbb{Z}$ 上生成的子环, 记做 $\mathbb{Z}[t]$. 证明:
$$\mathbb{Z}[t] = \{a_0 + a_1 t + \cdots + a_n t^n \mid a_0, a_1, \cdots, a_n \in \mathbb{Z}, n \in \mathbb{N}\}.$$

3. 设 t 是一个复数, 如果对于 $\mathbb{Z}[x]$ 中每一个非零多项式 $f(x)$ 都有 $f(t) \neq 0$, 那么称 t 是 $\mathbb{Z}$ 上的超越元. 如果存在 $\mathbb{Z}[x]$ 中的非零多项式 $f(x)$ 使得 $f(t)=0$, 那么称 t 是 $\mathbb{Z}$ 上的代数元. 令

$$\sigma_t : \mathbb{Z}[x] \to \mathbb{C}$$
$$f(x) = \sum_{i=0}^{n} a_i x^i \mapsto \sum_{i=0}^{n} a_i t^i =: f(t).$$

证明: (1) σ_t 是 $\mathbb{Z}[x]$ 到 $\mathbb{C}$ 的一个环同态, 且
$$\mathrm{Im}\sigma_t = \mathbb{Z}[t], \quad \mathbb{Z}[x]/\mathrm{Ker}\sigma_t \cong \mathbb{Z}[t],$$
$$\mathrm{Ker}\sigma_t = \{f(x) \in \mathbb{Z}[x] \mid t \text{ 是 } f(x) \text{ 的一个复根}\};$$

(2) 若 t 是 $\mathbb{Z}$ 上的超越元, 则 $\mathbb{Z}[t] \cong \mathbb{Z}[x]$;

(3) 若 t 是 $\mathbb{Z}$ 上的代数元, 则

$\mathrm{Ker}\sigma_t \ne 0$, $\mathrm{Ker}\sigma_t \cap \mathbb{Z} = \{0\}$, $\mathbb{Z}[x]/\mathrm{Ker}\sigma_t \cong \mathbb{Z}[t]$.

4. 设 I 是 $\mathbb{Z}[x]$ 的一个理想,且 $I \cap \mathbb{Z} = \{0\}$.证明:$a \mapsto a+I$ 是 $\mathbb{Z}$ 到 $\mathbb{Z}[x]/I$ 的一个单的环同态,从而 $\mathbb{Z}[x]/I$ 可看成是 $\mathbb{Z}$ 的一个扩环,可以把 a 与 $a+I$ 等同;令 $u=x+I$,则 $\mathbb{Z}[x]/I=\mathbb{Z}[u]$.

5. (1) 证明:$\mathbb{Z}[\sqrt{5}\mathrm{i}]$ 是一个整环;

(2) 证明:$\mathbb{Z}[\sqrt{5}\mathrm{i}]$ 的每一个元素可以唯一地表示成 $a+b\sqrt{5}\mathrm{i}$,其中 $a,b \in \mathbb{Z}$;

(3) 求出 $\mathbb{Z}[\sqrt{5}\mathrm{i}]$ 的所有可逆元;

(4) 设 $\alpha \in \mathbb{Z}[\sqrt{5}\mathrm{i}]$,证明:如果 $|\alpha|^2=9$,那么 α 是不可约元;说明 3 和 $2\pm\sqrt{5}\mathrm{i}$ 都是不可约元;

(5) 证明:在 $\mathbb{Z}[\sqrt{5}\mathrm{i}]$ 中,3 和 $2\pm\sqrt{5}\mathrm{i}$ 都不是素元;

(6) 证明:在 $\mathbb{Z}[\sqrt{5}\mathrm{i}]$ 中,9 和 $6+3\sqrt{5}\mathrm{i}$ 没有最大公因子.

6. 设 $m(x)=x^r+a_{r-1}x^{r-1}+\cdots+a_1x+a_0 \in \mathbb{Z}[x]$,其中 $r \geq 1$.证明:任给 $f(x) \in \mathbb{Z}[x]$,存在唯一的一对 $h(x), r(x) \in \mathbb{Z}[x]$,使得
$$f(x)=h(x)m(x)+r(x), \quad \deg r(x) < \deg m(x).$$

7. 设 t 是一个代数整数,并且 $\mathbb{Z}[x]$ 中以 t 为根的所有非零多项式中次数最低的多项式有首项系数为 1 的多项式,记做 $m(x)$.令
$$J=\{f(x) \in \mathbb{Z}[x] \mid t \text{ 是 } f(x) \text{ 的一个复根}\}.$$
证明:(1) $J=(m(x))$;

(2) $\mathbb{Z}[x]/(m(x)) \cong \mathbb{Z}[t]$.

8. 证明:$\mathbb{Z}[x]/(x^2+5) \cong \mathbb{Z}[\sqrt{5}\mathrm{i}]$.

§3.2 欧几里得整环,主理想整环,唯一因子分解整环

在整数环 $\mathbb{Z}$ 中有带余除法:任给 $a,b \in \mathbb{Z}$ 且 $b \ne 0$,存在唯一的一对整数 q,r,使得
$$a=qb+r, \quad 0 \leq r < |b|.$$

在域 F 上的一元多项式环 $F[x]$ 中也有带余除法:任给 $f(x), g(x) \in F[x]$ 且 $g(x) \ne 0$,在 $F[x]$ 中存在唯一的一对多项式 $h(x), r(x)$,使得
$$f(x)=h(x)g(x)+r(x), \quad \deg r(x) < \deg g(x).$$

由上述受到启发,我们抽象出下述概念:

定义 1 设 R 为整环，如果存在 R^* ($R^* = R\setminus\{0\}$) 到 $\mathbb{N}$ 的一个映射 δ，使得对任意 $a, b \in R$ 且 $b \neq 0$，都有 $h, r \in R$ 满足
$$a = hb + r, \quad r = 0 \text{ 或 } r \neq 0 \text{ 且 } \delta(r) < \delta(b),$$
那么称 R 是一个**欧几里得整环**.

例如，对于整数环 $\mathbb{Z}$，$\mathbb{Z}^*$ 到 $\mathbb{Z}$ 的映射 δ 为 $\delta(c) = |c|$. $\mathbb{Z}$ 是一个欧几里得整环. 再如，对于域 F 上的一元多项式环 $F[x]$，$F[x]^*$ 到 $\mathbb{N}$ 的映射 δ 为
$$\delta(g(x)) = \deg g(x).$$
$F[x]$ 是一个欧几里得整环.

我们利用 $\mathbb{Z}$ 和 $F[x]$ 都有带余除法，证明了 $\mathbb{Z}$ 和 $F[x]$ 的每一个理想都是主理想. 由此猜测并且可以证明下述结论：

定理 1 欧几里得整环 R 的每一个理想都是主理想.

证明 任取 R 的一个理想 I 且设 $I \neq (0)$. 取 I 的一个非零元 b 使得
$$\delta(b) \leqslant \delta(u), \quad \forall u \in I \setminus \{0\}.$$
由于 $b \in I$，因此 $(b) \subseteq I$. 反之，任取 $a \in I$，由于 R 是欧几里得整环，因此存在 $h, r \in R$，使得
$$a = hb + r, \quad r = 0 \text{ 或 } r \neq 0 \text{ 且 } \delta(r) < \delta(b).$$
假如 $r \neq 0$，则 $r = a - hb \in I$，且 $\delta(r) < \delta(b)$，这与 b 的取法矛盾. 因此 $r = 0$. 从而 $a = hb \in (b)$. 于是 $I \subseteq (b)$. 因此 $I = (b)$. □

从定理 1 自然而然地引出下述概念：

定义 2 设 R 为整环，如果 R 的每一个理想都是主理想，那么称 R 是一个**主理想整环**.

从定理 1 得，欧几里得整环都是主理想整环.

我们已经知道，在整环 R 中，若 (a) 是非零极大理想，则 a 是不可约元. 反之，若 a 是不可约元，则 (a) 不一定是极大理想.

我们又知道，在域 F 上的一元多项式环 $F[x]$ 中，设 $p(x)$ 是次数大于 0 的多项式，则
$$p(x) \text{ 是不可约多项式} \Leftrightarrow (p(x)) \text{ 是 } F[x] \text{ 的极大理想}.$$
这个结论的证明用到了 $F[x]$ 的每一个理想都是主理想. 由此受到启发，我们猜测并且可以证明下述结论：

定理 2 设 R 是主理想整环,则

a 是不可约元 $\Leftrightarrow (a)$ 是非零极大理想.

证明 充分性已证.下面证必要性.设 a 是不可约元,则 $a \neq 0$ 且 a 不是可逆元.于是 $(a) \neq (0)$ 且 $(a) \neq R$.设 R 的理想 $I \supseteq (a)$.由于 R 是主理想整环,因此 $I = (b)$.从 $(b) \supseteq (a)$ 得出 $b \mid a$.由于 a 只有平凡的因子,因此 b 是可逆元或者 $b \sim a$.从而 $(b) = R$ 或者 $(b) = (a)$.于是 (a) 是 R 的极大理想. □

推论 1 设 R 是主理想整环,则 R 的不可约元 a 一定是素元.

证明 设 a 是 R 的不可约元,则根据定理 2 得,(a) 是非零极大理想.从而 (a) 是非零素理想.于是由 §3.1 的命题 3 得,a 为素元. □

整数环 $\mathbb{Z}$ 有算术基本定理:每一个大于 1 的整数 a 都可以唯一地分解成有限多个素数的乘积.

域 F 上的一元多项式环 $F[x]$ 有唯一因式分解定理:每一个次数大于 0 的多项式 $f(x)$ 都可以唯一地分解成有限多个不可约多项式的乘积.所谓唯一性是指,如果 $f(x)$ 有两个这样的分解式:

$$f(x) = p_1(x)p_2(x)\cdots p_s(x) = q_1(x)q_2(x)\cdots q_t(x),$$

那么 $s=t$,且适当排列因式的次序后有

$$p_i(x) \sim q_i(x), \quad i=1,2,\cdots,s.$$

由上述受到启发,我们抽象出下述概念:

定义 3 整环 R 如果满足下列两个条件:

(1) R 中每一个非零且非可逆元的元素 a 可以分解成有限多个不可约元的乘积

$$a = p_1 p_2 \cdots p_s;$$

(2) 上述分解在相伴的意义下是唯一的,即如果 a 有两个这样的分解式:

$$a = p_1 p_2 \cdots p_s, \quad a = q_1 q_2 \cdots q_t,$$

那么 $s=t$,并且将 q_i 的下标适当改写可使得

$$p_i \sim q_i, \quad i=1,2,\cdots,s,$$

那么称 R 是一个**唯一因子分解整环**或者**高斯整环**.

整环 R 满足什么条件才能成为唯一因子分解整环呢?我们来"解剖麻雀".在域 F 上的一元多项式环 $F[x]$ 中,唯一因式分解定理的可分

解性是由于若次数大于 0 的多项式 $f(x)$ 可约,则 $f(x)=f_1(x)f_2(x)$, $\deg f_i(x) < \deg f(x), i=1,2$. 若 $f_i(x)$ 可约,则 $f_i(x)=f_{i1}(x)f_{i2}(x)$, $\deg f_{ij}(x) < \deg f_i(x), j=1,2$. 依次下去,由于因式的次数不断降低,因此经过有限步后必终止,即 $f(x)$ 分解成了有限多个不可约多项式的乘积. 由此受到启发,为了有"可分解性",就需要有下述条件:

因子链条件 在整环 R 中,如果序列 $a_1,a_2,a_3,\cdots$ 中,每一个 a_i 是 a_{i-1} 的真因子,那么这个序列是有限序列.

$F[x]$ 中唯一因式分解定理的唯一性证明的关键是:

从 $p_1(x) | q_1(x)q_2(x)\cdots q_t(x)$ 可推出 $p_1(x) | q_j(x)$ 对某个 $j \in \{1,2,\cdots,t\}$. 这个条件就是:每个不可约元都是素元.

通过解剖 $F[x]$ 的唯一因式分解定理的可分解性和唯一性的证明,我们猜测并且可以证明下述结论:

定理 3 整环 R 如果满足下列两个条件:

(1) 因子链条件;

(2) 每一个不可约元都是素元,

那么 R 是唯一因子分解整环.

证明 **可分解性** 设 $a \in R, a \neq 0$,且 a 不是可逆元. 如果 a 是不可约元,那么 $a=a$. 下面设 a 是可约元,则 a 有一个因子 a_1,且 a_1 不是可逆元,也不是 a 的相伴元. 于是 a_1 是 a 的一个真因子. 若 a_1 可约,则同理 a_1 有一个真因子 a_2,如此下去,得到一个序列:

$$a, a_1, a_2, \cdots, \quad (1)$$

其中每一个元素是前面一个元素的真因子. 由于 R 满足因子链条件,因此这个序列是有限序列. 设它的最后一项为 a_n,则 a_n 是不可约元. 从序列(1)的构造和整除关系的传递性得,a_n 是 a 的一个真因子. 把 a_n 记做 p_1,于是 $a=p_1 c_1$. 从而 c_1 是 a 的一个真因子. 若 c_1 不可约,则 a 分解成了两个不可约元 p_1 和 c_1 的乘积. 若 c_1 可约,则同理 c_1 有一个真因子 p_2 是不可约元. 于是 $c_1=p_2 c_2$,从而 c_2 是 c_1 的一个真因子. 如此下去,得到序列:

$$a, c_1, c_2, \cdots, \quad (2)$$

其中每一个元素是前面一个元素的真因子. 由于 R 满足因子链条件,因此序列(2)是有限序列. 设序列(2)终止于 c_{s-1}. 于是 c_{s-1} 不可约,记 c_{s-1}

为 p_s,则
$$a = p_1 c_1 = p_1 p_2 c_2 = \cdots = p_1 p_2 \cdots p_{s-1} c_{s-1} = p_1 p_2 \cdots p_{s-1} p_s.$$
于是 a 分解成了有限多个不可约元的乘积.

唯一性 设 a 有两个这样的分解式:
$$a = p_1 p_2 \cdots p_s, \quad a = q_1 q_2 \cdots q_t. \tag{3}$$
对(3)式第一个分解式中不可约元的个数 s 做数学归纳法.

当 $s=1$ 时,$a=p_1=q_1 q_2 \cdots q_t$. 假如 $t>1$, 则 $p_1 = q_1(q_2 \cdots q_t)$. 由于 p_1 是不可约元,因此 q_1 是可逆元或 q_1 是 p_1 的相伴元. 由于 q_1 是不可约元,因此 q_1 不是可逆元. 从而 $q_1 \sim p_1$. 于是 $q_1 = p_1 u$, 其中 u 是可逆元. 因此
$$p_1 = p_1 u (q_2 \cdots q_t).$$
由于 R 是整环,因此从上式得,$1 = u(q_2 \cdots q_t)$. 从而 q_2 是可逆元,这与 q_2 是不可约元矛盾. 因此 $t=1$. 于是 $p_1 \sim q_1$.

假设(3)式第一个分解式中不可约元的个数为 $s-1$ 时唯一性成立. 现在来看不可约元的个数为 s 的情形. 从(3)式得
$$p_1 p_2 \cdots p_s = q_1 q_2 \cdots q_t. \tag{4}$$
由于 p_1 不可约,因此根据已知条件(2)得,p_1 是素元. 从(4)式得,$p_1 | q_1 q_2 \cdots q_t$. 于是 p_1 整除某个 q_j. 通过改写 $q_1, q_2, \cdots, q_t$ 的下标可设 $p_1 | q_1$. 由于 q_1 不可约,因此 $p_1 \sim q_1$. 于是 $q_1 = p_1 v$, 其中 v 是可逆元. 代入(4)式得
$$p_1 p_2 \cdots p_s = (p_1 v) q_2 \cdots q_t. \tag{5}$$
由于 R 是整环,因此从(5)式得
$$p_2 \cdots p_s = (v q_2) q_3 \cdots q_t. \tag{6}$$
根据归纳假设,从(6)式得,$s-1=t-1$, 并且适当改写 q_i 的下标可以使得
$$p_2 \sim v q_2, \quad p_3 \sim q_3, \quad \cdots, \quad p_s \sim q_s.$$
从而 $s=t$, 且 $p_i \sim q_i, i=1, 2, \cdots, s$.

根据数学归纳原理,唯一性得证.

综上所述,R 为唯一因子分解整环. □

在域 F 上的一元多项式环 $F[x]$ 中,利用辗转相除法证明了 $F[x]$ 中任意一对多项式 $f(x)$ 与 $g(x)$ 都有最大公因式. 再利用最大公因式

的存在性证明了不可约多项式 $p(x)$ 具有性质：从 $p(x)|f(x)g(x)$ 可推出 $p(x)|f(x)$ 或 $p(x)|g(x)$. 由此受到启发，我们猜测并且证明下述结论：

命题 1 设 R 是整环，如果 R 的每一对元素都有最大公因子，那么 R 的每一个不可约元都是素元.

证明 设整环 R 的每一对元素都有最大公因子. 任取 R 的一个不可约元 p，设 $p|bc$. 由于 p 的因子只有可逆元和 p 的相伴元，因此 (p,b) 或者是可逆元，或者 $(p,b)\sim p$.

情形 1 (p,b) 是可逆元，则根据 §3.1 的命题 4 得
$$(cp,cb)\sim c(p,b)\sim c.$$
由于 $p|bc$ 且 $p|cp$，因此 $p|(cp,cb)$. 又有 $(cp,cb)|c$，从而根据整除关系的传递性得 $p|c$.

情形 2 $(p,b)\sim p$，则 $p|(p,b)$. 又有 $(p,b)|b$，因此根据整除关系的传递性得 $p|b$.

综上所述，p 是素元. □

根据命题 1，定理 3 中的条件(2)可以换成"R 的每一对元素都有最大公因子". 反之，我们有下述结论：

定理 4 若 R 是唯一因子分解整环，则 R 的每一对元素都有最大公因子.

证明 设 R 是唯一因子分解整环. 任取 $a,b\in R$. 如果 $a=0$，那么由于 $b|0,b|b$，因此 $(0,b)=b$，于是 $(a,b)=b$. 如果 a 是可逆元，那么 $a|b$，又有 $a|a$，因此 $(a,b)=a$. 下面设 $a\neq 0, b\neq 0$，且 a,b 都不是可逆元. 由于 R 是唯一因子分解整环，因此有两两不相伴的不可约元 $p_1,p_2,\cdots,p_s$，以及可逆元 u,v，使得
$$a=up_1^{r_1}p_2^{r_2}\cdots p_s^{r_s}, \quad r_i\geqslant 0, 1\leqslant i\leqslant s,$$
$$b=vp_1^{m_1}p_2^{m_2}\cdots p_s^{m_s}, \quad m_i\geqslant 0, 1\leqslant i\leqslant s,$$
其中至少有一个 $r_j>0, m_l>0$，令
$$d=p_1^{\min\{r_1,m_1\}}p_2^{\min\{r_2,m_2\}}\cdots p_s^{\min\{r_s,m_s\}},$$
则 $d|a$，且 $d|b$.

如果 c 是 a 与 b 的一个公因子，那么
$$c=wp_1^{t_1}p_2^{t_2}\cdots p_s^{t_s}, \quad t_i\leqslant\min\{r_i,m_i\}, 1\leqslant i\leqslant s,$$

其中 w 是可逆元. 于是 $c|d$. 因此 d 是 a 与 b 的一个最大公因子. □

从定理 4 和命题 1 得, 唯一因子分解整环中每一个不可约元都是素元.

我们已经知道, 主理想整环的每一个不可约元都是素元, 进一步要问: 主理想整环是不是唯一因子分解整环? 回答是肯定的. 下面来证明这个结论.

定理 5　主理想整环都是唯一因子分解整环.

证明　设 R 为主理想整环. 根据推论 1, R 的不可约元都是素元. 下面来证 R 满足因子链条件. R 中任取一个序列:
$$a_1, a_2, a_3, \cdots, \tag{7}$$
其中每个 a_i 是 a_{i-1} 的真因子, 于是有
$$(a_1) \subsetneq (a_2) \subsetneq (a_3) \subsetneq \cdots. \tag{8}$$
令 $I = \bigcup_i (a_i)$. 容易验证 I 对减法封闭, 并且具有"吸收性", 因此 I 是 R 的一个理想. 由于 R 是主理想整环, 因此 $I = (d)$. 由于 $d \in \bigcup_i (a_i)$, 因此 d 属于某个 (a_j). 从而 $a_j | d$. 于是 $(a_j) \supseteq (d)$. 又有 $(d) \supseteq (a_j)$. 因此 $(a_j) = (d) = I$. 假如序列 (7) 有第 $j+1$ 项 a_{j+1}, 则 $(a_{j+1}) \supsetneq (a_j) = I$, 矛盾. 因此序列 (7) 终止于 a_j, 即它是有限序列. 从而 R 满足因子链条件.

综上所述, R 是唯一因子分解整环. □

$\mathbb{Z}[x]$ 不是主理想整环 (参看本节习题第 3 题), 试问: $\mathbb{Z}[x]$ 是不是唯一因子分解整环?

任取 $f(x) \in \mathbb{Z}[x]$, 设 $f(x) \neq 0$, 且 $f(x) \neq \pm 1$. 若 $f(x) = m$, 其中 m 是大于 1 的正整数, 则 $f(x) = m = p_1 p_2 \cdots p_s$, 其中 $p_1, p_2, \cdots, p_s$ 都是素数, 它们都是 $\mathbb{Z}[x]$ 中的不可约元. 若 $f(x) = -m$, 则
$$f(x) = -m = (-p_1) p_2 \cdots p_s,$$
$-p_1, p_2, \cdots, p_s$ 都是不可约元. 下面设 $f(x)$ 的次数大于 0. 把 $f(x)$ 的各项系数的最大公因数记做 d, 则 $f(x) = d f_1(x)$, 其中 $f_1(x)$ 是本原多项式. 根据参考文献 [6] 的第七章 §7.8 的性质 4, $f_1(x)$ 可以唯一地分解成 $\mathbb{Q}$ 上不可约的本原多项式的乘积. 根据参考文献 [6] 的第七章 §7.8 的例 23, 一个次数大于 0 的本原多项式 $p(x)$ 在 $\mathbb{Q}$ 上不可约当且仅当它在 $\mathbb{Z}$ 上不可约. 因此 $f_1(x)$ 可以唯一地分解成在 $\mathbb{Z}$ 上不可约的本原多项式的乘

积. 若 $d \neq \pm 1$, 则 d 可以唯一地分解成 $\mathbb{Z}$ 上不可约元的乘积. 从而 $f(x) = df_1(x)$ 可唯一地分解成 $\mathbb{Z}[x]$ 中有限多个不可约元的乘积. 因此 $\mathbb{Z}[x]$ 是唯一因子分解整环.

$\mathbb{Z}$ 是唯一因子分解整环, 上面证明了 $\mathbb{Z}$ 上的一元多项式环 $\mathbb{Z}[x]$ 也是唯一因子分解整环. 我们来探索: 若 R 是唯一因子分解整环, 是否有 R 上的一元多项式环 $R[x]$ 也是唯一因子分解整环?

整环 R 上一元多项式的定义与域 F 上一元多项式的定义一样, 整环 R 上一元多项式的次数的定义也一样. 整环 R 上所有一元多项式组成的集合记做 $R[x]$. 类似于 $F[x]$ 中的加法和乘法的定义, 在 $R[x]$ 中规定加法和乘法, 同样可验证 $R[x]$ 成为一个有单位元 $1 (\neq 0)$ 的交换环, 并且是整环.

设 R 是唯一因子分解整环, 任给 $f(x) = a_0 + a_1 x + \cdots + a_n x^n \in R[x]$. 用 $(a_0, a_1, \cdots, a_n)$ 表示 $a_0, a_1, \cdots, a_n$ 的一个最大公因子(注: $a_0, a_1, \cdots, a_n$ 的最大公因子的定义类似于 a 与 b 的最大公因子的定义). 如果 $(a_0, a_1, \cdots, a_n) \sim 1$, 那么称 $f(x)$ 是一个**本原多项式**.

若 $f(x)$ 是 $R[x]$ 中的可逆元, 则存在 $g(x) \in R[x]$, 使得 $f(x)g(x) = 1$, 从而 $\deg f(x) + \deg g(x) = 0$. 于是 $\deg f(x) = 0$. 因此 $f(x) = a$, 其中 $a \in R$ 且 $a \neq 0$. 同理 $g(x) = b$, 其中 $b \in R$ 且 $b \neq 0$. 于是 $ab = 1$. 因此 a 是 R 的可逆元. 反之, 若 a 是 R 的可逆元, 则存在 $b \in R$, 使得 $ab = 1$. 因此 a 是 $R[x]$ 的可逆元. 这证明了: $R[x]$ 的全部可逆元是 R 的可逆元. 由于 R 的可逆元 $a \sim 1$, 因此由本原多项式的定义得, $R[x]$ 的可逆元是零次本原多项式.

若 $p(x)$ 是 $R[x]$ 中的一个不可约元, 则 $p(x) \neq 0$, $p(x)$ 不是 R 的可逆元, 并且 $p(x)$ 的因式只有 R 的可逆元和 $p(x)$ 的相伴元. 从而 $p(x)$ 或者是 R 的一个不可约元, 或者是一个次数大于 0 的不可约的本原多项式.

反之, $R[x]$ 的一个不可约的本原多项式是 $R[x]$ 的一个不可约元.

引理 1 设 R 是唯一因子分解整环, 则 $R[x]$ 中任一非零多项式 $f(x)$ 可以写成

$$f(x) = df_1(x),$$

其中 $d \in R$ 且 $d \neq 0$, $f_1(x)$ 是一个本原多项式, 并且 d 和 $f_1(x)$ 在相伴

的意义下由 $f(x)$ 唯一决定.

证明 设 $R[x]$ 中的一个非零多项式 $f(x)=a_0+a_1x+\cdots+a_nx^n$. 用 $(a_0,a_1,\cdots,a_n)$ 表示 $a_0,a_1,\cdots,a_n$ 的一个最大公因子,并且记 $d=(a_0,a_1,\cdots,a_n)$,则 $a_i=da_i'$, $i=0,1,\cdots,n$,且 $(a_0',a_1',\cdots,a_n')\sim 1$. 于是
$$f(x)=d(a_0'+a_1'x+\cdots+a_n'x^n),$$
令 $f_1(x)=a_0'+a_1'x+\cdots+a_n'x^n$,则 $f_1(x)$ 是一个本原多项式. 由于 $f(x)\neq 0$,因此 $d\neq 0$.

若 $f(x)$ 还有一种分解式 $f(x)=ef_2(x)$,其中 $e\in R$ 且 $e\neq 0$, $f_2(x)$ 是本原多项式. 设 $f_2(x)=b_0+b_1x+\cdots+b_nx^n$,则
$$(b_0,b_1,\cdots,b_n)\sim 1,\quad \text{且}\ a_i=eb_i, i=0,1,\cdots,n.$$
于是
$$d=(a_0,a_1,\cdots,a_n)=(eb_0,eb_1,\cdots,eb_n)\sim e(b_0,b_1,\cdots,b_n)\sim e.$$
从而存在 R 的可逆元 u,使得 $d=eu$. 由此得出, $f(x)=df_1(x)=euf_1(x)$. 又有 $f(x)=ef_2(x)$,于是 $ef_2(x)=euf_1(x)$. 由于 $e\neq 0$,且 $R[x]$ 是整环,因此 $f_2(x)=uf_1(x)$. 从而在 $R[x]$ 中, $f_1(x)\sim f_2(x)$. □

引理 1 表明,把 $R[x]$ 中的非零多项式 $f(x)$ 分解成不可约元的乘积,可以分别把 d 在 R 中分解成不可约元的乘积,把本原多项式 $f_1(x)$ 在 $R[x]$ 中分解成不可约元的乘积. 由于 R 是唯一因子分解整环,因此只要 d 不是 R 的可逆元, d 就可以唯一地分解成 R 中有限多个不可约元的乘积. 剩下的关键问题是:次数大于 0 的本原多项式能不能在 $R[x]$ 中唯一地分解成有限多个不可约元的乘积? 如果这能办到的话,那么就应该有两个本原多项式的乘积还是本原多项式. 这是真的吗? 回答是肯定的. 我们有下述结论:

引理 2(高斯引理) 设 R 是唯一因子分解整环,则 $R[x]$ 中两个本原多项式的乘积还是本原多项式.

证明 设 $f(x)=\sum_{i=0}^{n}a_ix^i$, $g(x)=\sum_{j=0}^{m}b_jx^j$ 都是 $R[x]$ 中的本原多项式. 令
$$h(x)=f(x)g(x)=\sum_{s=0}^{n+m}\Big(\sum_{i+j=s}a_ib_j\Big)x^s=\sum_{s=0}^{n+m}c_sx^s.$$
假如 $h(x)$ 不是本原多项式,则存在 R 的一个不可约元 p,使得

$$p \mid c_s, \quad s = 0, 1, \cdots, n+m.$$

由于 $f(x)$ 是本原多项式，因此存在自然数 $k(0 \leqslant k \leqslant n)$，满足

$$p \mid a_0, \quad \cdots, \quad p \mid a_{k-1}, \quad p \nmid a_k.$$

由于 $g(x)$ 也是本原多项式，因此存在自然数 $l(0 \leqslant l \leqslant m)$，满足

$$p \mid b_0, \quad \cdots, \quad p \mid b_{l-1}, \quad p \nmid b_l.$$

由于

$$c_{k+l} = \sum_{i+j=k+l} a_i b_j = a_0 b_{k+l} + a_1 b_{k+l-1} + \cdots + a_{k-1} b_{l+1} + a_k b_l + a_{k+1} b_{l-1} + \cdots + a_{k+l} b_0,$$

因此 $p \mid a_k b_l$。由于 p 是 R 的不可约元，且 R 是唯一因子分解整环，因此根据定理 4 和命题 1 得，p 是素元。从而得出，$p \mid a_k$ 或 $p \mid b_l$。矛盾。因此，$h(x)$ 是本原多项式。 □

在 $\mathbb{Z}[x]$ 中，次数大于 0 的本原多项式可以唯一地分解成有限多个在 $\mathbb{Z}$ 上不可约的本原多项式的乘积，从它的证明过程受到启发，需要考虑 R 的分式域 F 上的一元多项式环 $F[x]$。根据第二章的 §2.5 的定义 1 和定理 1，R 到 F 有一个单的环同态 $\sigma: a \mapsto \dfrac{a}{1}$。从而 $R[x]$ 可以看成是 $F[x]$ 的一个子环。从参考文献 [6] 的第七章 §7.8 对于 $\mathbb{Z}[x]$ 的本原多项式的因式分解的讨论受到启发，我们来依次证明下列结论：

引理 3 设 R 是唯一因子分解整环，F 是 R 的分式域，则 $R[x]$ 中两个本原多项式 $g(x)$ 与 $h(x)$ 在 $F[x]$ 中相伴当且仅当 $g(x)$ 与 $h(x)$ 在 $R[x]$ 中相伴。

证明 充分性 若 $g(x)$ 与 $h(x)$ 在 $R[x]$ 中相伴，则存在 $R[x]$ 的可逆元 u（它是 R 的可逆元），使得 $g(x) = h(x)u$。由于可以把 u 与 $\dfrac{u}{1}$ 等同，因此 $g(x) = h(x)\dfrac{u}{1}$。又 $\dfrac{u}{1}$ 是 $F[x]$ 的可逆元，因此 $g(x)$ 与 $h(x)$ 在 $F[x]$ 中相伴。

必要性 设 $g(x)$ 与 $h(x)$ 在 $F[x]$ 中相伴，则存在 $F[x]$ 的可逆元 $\dfrac{a}{b}$，其中 $a, b \in R$ 且 $a \neq 0, b \neq 0$，使得 $g(x) = h(x)\dfrac{a}{b}$。于是 $bg(x) = ah(x)$。根据引理 1 得，在 $R[x]$ 中，$g(x) \sim h(x)$。 □

引理 4 设 R 是唯一因子分解整环，F 是 R 的分式域，则 $F[x]$ 中任

一非零多项式 $f(x)$ 可以表示成 $f(x) = \dfrac{c}{d} g(x)$，其中 $c, d \in R$ 且 $c \neq 0$，$d \neq 0$，$g(x)$ 为 $R[x]$ 中的本原多项式，并且在 $R[x]$ 中相伴的意义下，$g(x)$ 由 $f(x)$ 唯一决定.

证明 设 $F[x]$ 中的非零多项式 $f(x) = \dfrac{a_n}{b_n} x^n + \cdots + \dfrac{a_1}{b_1} x + \dfrac{a_0}{b_0}$，其中 $a_i, b_i \in R$ 且 $b_i \neq 0, i = 0, 1, \cdots, n$. 用 d 表示 $b_0, b_1, \cdots, b_n$ 的一个最小公倍元，则 $d \neq 0$，且 $f(x) = \dfrac{1}{d} f_1(x)$，其中 $f_1(x) \in R[x]$. 由于 $f(x) \neq 0$，因此 $f_1(x) \neq 0$. 根据引理 1，$f_1(x)$ 可以写成 $f_1(x) = c g(x)$，其中 $c \in R$ 且 $c \neq 0$，$g(x)$ 是 $R[x]$ 中的一个本原多项式. 于是 $f(x) = \dfrac{c}{d} g(x)$. 设 $f(x)$ 还可以写成 $f(x) = \dfrac{c_1}{d_1} g_1(x)$，$c_1, d_1 \in R$ 且 $c_1 \neq 0, d_1 \neq 0$，$g_1(x)$ 是 $R[x]$ 的一个本原多项式，则 $g(x) = \dfrac{d}{c} \dfrac{c_1}{d_1} g_1(x)$，从而 $g(x)$ 与 $g_1(x)$ 在 $F[x]$ 中相伴. 于是根据引理 3 得，$g(x)$ 与 $g_1(x)$ 在 $R[x]$ 中相伴. □

推论 2 设 R 是唯一因子分解整环，F 是 R 的分式域，则 $R[x]$ 中一个次数大于 0 的本原多项式 $g(x)$ 在 $F[x]$ 中可约当且仅当 $g(x)$ 能分解成两个次数较低的本原多项式的乘积.

证明 **充分性** 把 $g(x)$ 看成域 F 上的多项式，然后由域 F 上的一元多项式可约的充分条件立即得到.

必要性 设 $R[x]$ 中一个次数大于 0 的本原多项式 $g(x)$ 在 $F[x]$ 中可约，则存在 $g_i(x) \in F[x], i = 1, 2$，使得
$$g(x) = g_1(x) g_2(x), \quad \deg g_i(x) < \deg g(x), i = 1, 2.$$
从而 $\deg g_i(x) > 0, i = 1, 2$. 根据引理 4 得
$$g_i(x) = \alpha_i h_i(x), \quad i = 1, 2,$$
其中 $\alpha_i \in F^*$，$h_i(x)$ 是 $R[x]$ 中的本原多项式，$i = 1, 2$. 于是
$$g(x) = \alpha_1 \alpha_2 h_1(x) h_2(x).$$
根据引理 2，$h_1(x) h_2(x)$ 也是 $R[x]$ 中的本原多项式. 由于 $\alpha_1 \alpha_2 \neq 0$，因此 $g(x)$ 与 $h_1(x) h_2(x)$ 在 $F[x]$ 中相伴. 于是根据引理 3 得，$g(x)$ 与 $h_1(x) h_2(x)$ 在 $R[x]$ 中相伴. 从而存在 $R[x]$ 的可逆元 u（它是 R 的可

逆元),使得 $g(x)=uh_1(x)h_2(x)$. 由于 $h_1(x)$ 是 $R[x]$ 中的一个本原多项式,因此 $uh_1(x)$ 也是本原多项式. 于是 $g(x)$ 分解成了两个本原多项式 $uh_1(x)$ 与 $h_2(x)$ 的乘积,并且

$$\deg uh_1(x)=\deg h_1(x)=\deg g_1(x)<\deg g(x),$$
$$\deg h_2(x)=\deg g_2(x)<\deg g(x).$$

必要性得证. □

推论 3 设 R 是唯一因子分解整环,F 是 R 的分式域,则 $R[x]$ 中一个次数大于 0 的本原多项式 $g(x)$ 在 $F[x]$ 中不可约当且仅当 $g(x)$ 在 $R[x]$ 中不可约.

证明 设 $g(x)$ 是 $R[x]$ 中一个次数大于 0 的本原多项式.

充分性 设 $g(x)$ 在 $R[x]$ 中不可约. 假如 $g(x)$ 在 $F[x]$ 中可约,则根据推论 2 得,存在 $R[x]$ 中的两个本原多项式 $h_1(x),h_2(x)$,使得

$$g(x)=h_1(x)h_2(x), \quad \deg h_i(x)<\deg g(x), i=1,2.$$

从而 $\deg h_i(x)>0, i=1,2$. 于是 $h_i(x)$ 不是 $R[x]$ 中的可逆元,$i=1,2$. 因此 $h_1(x)$ 不是 $g(x)$ 的相伴元. 从而 $g(x)$ 有非平凡因子 $h_1(x)$. 于是 $g(x)$ 在 $R[x]$ 中可约. 这与已知条件矛盾,因此 $g(x)$ 在 $F[x]$ 中不可约.

必要性 设 $g(x)$ 在 $F[x]$ 中不可约. 假如 $g(x)$ 在 $R[x]$ 中可约,则 $g(x)$ 在 $R[x]$ 中有非平凡的因子 $h(x)$. 于是 $h(x)$ 不是 $R[x]$ 的可逆元(从而 $h(x)$ 不是 R 的可逆元),$h(x)$ 也不是 $g(x)$ 的相伴元. 设 $g(x)=h(x)p(x)$,其中 $p(x)\in R[x]$,则 $p(x)$ 不是 $g(x)$ 的相伴元,$p(x)$ 也不是 $R[x]$ 的可逆元(从而 $p(x)$ 不是 R 的可逆元). 由于 $g(x)$ 是本原多项式,因此 $\deg h(x)>0$,且 $\deg p(x)>0$. 从而 $\deg p(x)<\deg g(x)$,且 $\deg h(x)<\deg g(x)$. 把 $g(x),h(x),p(x)$ 看成 $F[x]$ 中的多项式,便得出,$g(x)$ 在 $F[x]$ 中可约,矛盾. 因此 $g(x)$ 在 $R[x]$ 中不可约. □

定理 6 唯一因子分解整环 R 上的一元多项式环 $R[x]$ 仍是唯一因子分解整环.

证明 设 $f(x)\in R[x],f(x)\neq 0$,且 $f(x)$ 不是 $R[x]$ 的可逆元. 根据引理 1,

$$f(x)=dg(x),$$

其中 $d \in R$ 且 $d \neq 0$, $g(x)$ 是 $R[x]$ 中的一个本原多项式.

情形 1　$\deg f(x) = 0$, 则 $f(x) = a$, 其中 $a \in R$, $a \neq 0$. 由于 $f(x)$ 不是 $R[x]$ 的可逆元, 因此 a 不是 R 的可逆元. 由于 R 是唯一因子分解整环, 因此 a 可以唯一地分解成 R 中有限多个不可约元的乘积.

情形 2　$\deg f(x) > 0$. 若 d 是 R 的可逆元, 则 $f(x) \sim g(x)$. 此时只要考虑次数大于 0 的本原多项式 $g(x)$ 在 $R[x]$ 中的因式分解. 下面设 d 不是 R 的可逆元, 则 d 可以唯一地分解成 R 中有限多个不可约元的乘积:
$$d = p_1 p_2 \cdots p_m.$$
设 F 是 R 的分式域. 由于 $g(x)$ 是 $R[x]$ 中次数大于 0 的本原多项式, 因此根据推论 2 得, $g(x)$ 可以分解成有限多个在 $F[x]$ 中不可约的本原多项式的乘积:
$$g(x) = q_1(x) q_2(x) \cdots q_s(x).$$
根据推论 3, $q_i(x)$ 在 $R[x]$ 中也不可约, $i = 1, 2, \cdots, s$. 于是
$$f(x) = p_1 p_2 \cdots p_m q_1(x) q_2(x) \cdots q_s(x).$$
这证明了 $f(x)$ 可以分解成 $R[x]$ 中有限多个不可约元的乘积. 下面来证明分解的唯一性. 设 $f(x)$ 还有一个这样的分解式:
$$f(x) = \tilde{p}_1 \tilde{p}_2 \cdots \tilde{p}_r \tilde{q}_1(x) \tilde{q}_2(x) \cdots \tilde{q}_t(x),$$
其中 $\tilde{p}_i$ 为 R 的不可约元, $i = 1, 2, \cdots, r$; $\tilde{q}_j(x)$ 是 $R[x]$ 中次数大于 0 的不可约本原多项式, $j = 1, 2, \cdots, t$. 根据引理 2, $q_1(x) \cdots q_s(x)$ 与 $\tilde{q}_1(x) \cdots \tilde{q}_t(x)$ 都是本原多项式. 根据引理 1, 得
$$p_1 \cdots p_m \sim \tilde{p}_1 \cdots \tilde{p}_r, \quad q_1(x) \cdots q_s(x) \sim \tilde{q}_1(x) \cdots \tilde{q}_t(x).$$
于是存在 R 的可逆元 u 和 $R[x]$ 的可逆元 v (它也是 R 的可逆元), 使得
$$\tilde{p}_1 \cdots \tilde{p}_r = u p_1 \cdots p_m, \quad \tilde{q}_1(x) \cdots \tilde{q}_t(x) = v q_1(x) \cdots q_s(x).$$
由于 R 是唯一因子分解整环, 因此 $m = r$, 且将 $\tilde{p}_i$ 的下标适当改写, 可使得 $\tilde{p}_i \sim p_i$, $i = 1, 2, \cdots, m$. 根据推论 3, $\tilde{q}_j(x)$ 在 $F[x]$ 中也不可约, $j = 1, 2, \cdots, t$. 根据 $F[x]$ 中唯一因子分解定理得, $s = t$, 且将 $\tilde{q}_j(x)$ 的下标适当改动, 可使得 $\tilde{q}_j(x)$ 与 $q_j(x)$ 在 $F[x]$ 中相伴. 再根据引理 3 得, $\tilde{q}_j(x)$ 与 $q_j(x)$ 在 $R[x]$ 中相伴. 这证明了分解的唯一性. 因此 $R[x]$ 是唯一因子分解整环. □

与域 F 上的 n 元多项式的定义类似, 可以定义环 R 上的 n 元多项

式,其中关键点是一个 n 元多项式的表示法是唯一的. 与域 F 上 n 元多项式的加法和乘法的定义一样,可以定义环 R 上 n 元多项式的加法和乘法. 从而环 R 上所有 n 元多项式组成的集合 $R[x_1,\cdots,x_n]$ 成为一个环.

推论 4 设 R 是唯一因子分解整环,则 R 上的 n 元多项式环 $R[x_1,x_2,\cdots,x_n]$ 也是唯一因子分解整环.

证明 根据定理 6,$R[x_1]$ 是唯一因子分解整环. 由于 $R[x_1,x_2]$ 可看成是 $R[x_1]$ 上的一元多项式环 $R[x_1][x_2]$,因此仍根据定理 6 得,$R[x_1,x_2]$ 也是唯一因子分解整环. 依次类推,$R[x_1,x_2,\cdots,x_n]$ 是唯一因子分解整环. □

高等代数课讲了判别次数大于 0 的整系数多项式 $f(x)$ 在 $\mathbb{Q}[x]$ 中不可约的一种方法:Eisenstein 判别法. 类似地,我们有下述结论:

定理 7(Eisenstein 判别法) 设 R 是唯一因子分解整环,F 是 R 的分式域. 设
$$f(x)=a_nx^n+a_{n-1}x^{n-1}+\cdots+a_1x+a_0\in R[x],\quad a_n\neq 0, n>1.$$
如果 R 有一个不可约元 p,满足:

(1) $p\mid a_i, i=0,1,\cdots,n-1$;

(2) $p\nmid a_n$,且 $p^2\nmid a_0$,

那么 $f(x)$ 在 $F[x]$ 中不可约.

证明 假如 $f(x)$ 在 $F[x]$ 中可约,则根据引理 1 和推论 2,可得
$$f(x)=(b_mx^m+\cdots+b_1x+b_0)(c_lx^l+\cdots+c_1x+c_0),$$
其中 $b_i(i=0,1,\cdots,m)$ 和 $c_j(j=0,1,\cdots,l)$ 都属于 R,且 $b_m\neq 0,c_l\neq 0,m<n,l<n,m+l=n$. 于是
$$a_n=b_mc_l,\quad a_0=b_0c_0.$$
由于 R 是唯一因子分解整环,因此根据定理 4 和命题 1 得,R 的每一个不可约元都是素元. 于是从 $p\mid a_0$ 得出 $p\mid b_0$ 或 $p\mid c_0$. 不妨设 $p\mid b_0$. 由于 $p\nmid a_n$,因此 $p\nmid b_m$,且 $p\nmid c_l$. 于是存在 $k(0<k\leqslant m)$,使得
$$p\mid b_0,\quad p\mid b_1,\quad \cdots,\quad p\mid b_{k-1},\quad p\nmid b_k.$$
由于 $a_k=b_0c_k+b_1c_{k-1}+\cdots+b_{k-1}c_1+b_kc_0$,且 $p\mid a_k$,因此 $p\mid b_kc_0$. 由于 $p\nmid b_k$,因此 $p\mid c_0$. 从而 $p^2\mid b_0c_0$,即 $p^2\mid a_0$. 矛盾. 因此 $f(x)$ 在 $F[x]$ 中不可约. □

习 题 3.2

1. 证明：$\mathbb{Z}[i]$ 是欧几里得整环.（注：$\mathbb{Z}[i]$ 称为高斯整数环.）

2.（1）求出 $\mathbb{Z}[i]$ 的所有可逆元；

（2）设 $\alpha \in \mathbb{Z}[i]$，证明：若 $|\alpha|^2 = 2$，则 α 是 $\mathbb{Z}[i]$ 的不可约元；并说明 $1-i$ 是 $\mathbb{Z}[i]$ 的不可约元；

（3）设 $f(x) = x^n + a_{n-1}x^{n-1} + \cdots + a_1 x + 1 - i$，其中 $a_j \in (1-i)$，$j = 1, \cdots, n-1$. 证明：$f(x)$ 是域 $\mathbb{Q}(i)$ 上的一个不可约多项式.

3. 证明：$\mathbb{Z}[x]$ 不是主理想整环.

4. 证明：$\mathbb{Z}[\sqrt{5}i]$ 不是唯一因子分解整环.

5. 证明：在 $\mathbb{Z}[\sqrt{5}i]$ 中，$6 = 2 \cdot 3$，$6 = (1+\sqrt{5}i)(1-\sqrt{5}i)$ 是 6 的两种不可约元的分解式.

6. 证明：在 $\mathbb{Z}[\sqrt{5}i]$ 中，6 和 $2(1+\sqrt{5}i)$ 没有最大公因子.

7. 设 m 是一个不含平方因子的整数，且 $m \neq 0, 1$. 证明：$\mathbb{Q}[\sqrt{m}]$ 是一个域，它的元素形如 $a + b\sqrt{m}$，$a, b \in \mathbb{Q}$. 把 $\mathbb{Q}[\sqrt{m}]$ 记做 $\mathbb{Q}(\sqrt{m})$，称它为 $\mathbb{Q}$ 上的一个**二次数域**.

8. 设 m 是一个不含平方因子的整数，且 $m \neq 0, 1$. 用 R_m 表示 $\mathbb{Q}(\sqrt{m})$ 中所有代数整数组成的集合（代数整数的定义见 §2.4 的定义 4）. 证明：

（1）当 $m \equiv 2$ 或 $3 \pmod{4}$ 时，
$$R_m = \{a + b\sqrt{m} \mid a, b \in \mathbb{Z}\};$$

（2）当 $m \equiv 1 \pmod{4}$ 时，
$$R_m = \left\{\frac{1}{2}(k + r\sqrt{m}) \,\middle|\, k, r \in \mathbb{Z} \text{ 且 } k, r \text{ 同奇或同偶}\right\}$$
$$= \left\{s + r \cdot \frac{1+\sqrt{m}}{2} \,\middle|\, s, r \in \mathbb{Z}\right\}.$$

9. 证明：第 8 题中的 R_m 是 $\mathbb{Q}(\sqrt{m})$ 的一个子环，称它为 $\mathbb{Q}(\sqrt{m})$ 的**代数整数环**；当 $m \equiv 2$ 或 $3 \pmod{4}$ 时，$R_m = \mathbb{Z}[\sqrt{m}]$；当 $m \equiv 1 \pmod{4}$ 时，$R_m = \mathbb{Z}\left[\frac{1+\sqrt{m}}{2}\right]$.

10. 设 m 是一个大于 1 的正整数，且 m 不含平方因子，则 $\mathbb{Q}(\sqrt{m})$ 称为**实二次数域**. 对于 $\alpha = r + s\sqrt{m} \in \mathbb{Q}(\sqrt{m})$，记 $\bar{\alpha} = r - s\sqrt{m}$. 令 $N(\alpha) := \alpha\bar{\alpha} = r^2 - s^2 m$. 证明：$N(\alpha\beta) = N(\alpha)N(\beta)$.

11. 证明：R_2 为欧几里得整环.（注：类似的方法可证 R_{-2} 为欧几里得整环.）

12. 证明：R_3 为欧几里得整环.

13. 证明：R_{-3} 为欧几里得整环.（注：类似的方法可证 R_{-7},R_{-11},R_5 都是欧几里得整环.）

14. 证明：R_{13} 为欧几里得整环.

§3.3 诺 特 环

在§3.2 的定理 5 的证明过程中我们看到，若 R 是一个主理想整环，则 R 的每一条理想升链

$$(a_1) \subsetneq (a_2) \subsetneq (a_3) \subsetneq \cdots$$

都有限. 由此受到启发，我们引出一个概念：

定义 1 设 R 是一个交换环，如果 R 的每一条理想升链

$$I_1 \subsetneq I_2 \subsetneq I_3 \subsetneq \cdots$$

都有限，那么称 R 满足**理想升链条件**，此时称 R 是一个**诺特环**（Noether ring）.

主理想整环都是诺特环.

从诺特环的定义我们猜测有下述结论：

定理 1 设 R 是一个交换环，则 R 是诺特环当且仅当 R 的每一个理想是有限生成的.

证明 必要性 设 R 是诺特环. 假如 R 有一个理想 I 是无限生成的，则在 I 中能找到元素的序列

$$a_1, a_2, a_3, \cdots,$$

使得

$$(a_1) \subsetneq (a_1, a_2) \subsetneq (a_1, a_2, a_3) \subsetneq \cdots$$

这条理想升链是无限的，矛盾. 因此 R 的每一个理想是有限生成的.

充分性 任取 R 的一条理想升链

$$I_1 \subsetneq I_2 \subsetneq I_3 \subsetneq \cdots. \tag{1}$$

令 $I = \bigcup_i I_i$，容易验证 I 是 R 的一个理想. 由已知条件，可设 I 是由 $\{a_1, a_2, \cdots, a_r\}$ 生成的，则 $a_k \in I_{j_k}$ 对某个 j_k，$k=1,2,\cdots,r$. 设 n 是 j_1,

$j_2, \cdots, j_r$ 的最大者. 于是 $a_k \in I_n, k=1,2,\cdots,r$. 从而 $I \subseteq I_n = \bigcup_{i=1}^{n} I_i$, 又有 $I \supseteq \bigcup_{i=1}^{n} I_i$, 因此 $I = \bigcup_{i=1}^{n} I_i$. 这表明序列(1)到 I_n 终止. 因此 R 是诺特环. □

类比唯一因子分解整环上的一元多项式环也是唯一因子分解整环, 我们来探索对于诺特环是否也有相应的结论.

定理 2（希尔伯特（Hilbert）基定理） 如果 R 是一个有单位元 $1(\neq 0)$ 的诺特环, 那么 R 上的一元多项式环 $R[x]$ 也是诺特环.

证明 设 $\mathcal{U}$ 是 $R[x]$ 的任一理想, 我们来证 $\mathcal{U}$ 是有限生成的.

设 I 是由 $\mathcal{U}$ 中所有非零多项式的首项系数连同 R 的零元 0 组成的集合, 我们来证明 I 是 R 的一个理想. 任给 $a, b \in I$, 则存在
$$f(x) = ax^n + \cdots + a_1 x + a_0, \quad g(x) = bx^m + \cdots + b_1 x + b_0$$
都属于 $\mathcal{U}$. 不妨设 $n \geq m$. 于是 $f(x) - x^{n-m} g(x) \in \mathcal{U}$. 若 $a \neq b$, 则 $a-b$ 是 $f(x) - x^{n-m} g(x)$ 的首项系数, 从而 $a-b \in I$; 若 $a=b$, 则 $a-b=0 \in I$. 这证明了 I 对于 R 的减法封闭. 任取 $r \in R$, 若 $ra \neq 0$, 则 $rf(x)$ 的首项系数为 ra, 从而 $ra \in I$; 若 $ra=0$, 则 $ra \in I$. 这证明了 I 具有"左吸收性". 由于 R 是交换环, 因此 I 也具有"右吸收性". 从而 I 是 R 的一个理想. 由于 R 是诺特环, 因此 I 是有限生成的. 设 $I = (a_1, a_2, \cdots, a_s)$, 其中 a_i 是 $\mathcal{U}$ 中多项式 $f_i(x)$ 的首项系数, $i=1,2,\cdots,s$. 设
$$m = \max\{\deg f_1(x), \cdots, \deg f_s(x)\}.$$

对于每一个 $k (0 \leq k < m)$, 令 I_k 是由 $\mathcal{U}$ 中次数小于或等于 k 的所有多项式的首项系数连同 R 中的 0 组成的集合. 类似于证明 I 为 R 的一个理想的方法, 可证明 I_k 是 R 的一个理想, $k=0,1,\cdots,m-1$. 由于 R 是诺特环, 因此可设
$$I_k = (a_{k1}, a_{k2}, \cdots, a_{kv_k}), \quad k=0,1,\cdots,m-1,$$
其中 a_{kj} 是 $\mathcal{U}$ 中多项式 g_{kj} 的首项系数.

我们来证明
$$\mathcal{U} = (f_1(x), \cdots, f_s(x), g_{11}(x), \cdots g_{1v_1}(x), \cdots, g_{m-1,1}(x), \cdots, g_{m-1,v_{m-1}}(x)).$$
上式右端的理想记做 $\mathcal{U}'$. 容易看出, $\mathcal{U}' \subseteq \mathcal{U}$. 假如 $\mathcal{U}' \subsetneqq \mathcal{U}$, 设 $h(x)$ 是属于 $\mathcal{U}$ 但不属于 $\mathcal{U}'$ 中的次数最低的一个多项式.

情形 1 $\deg h(x) = l \geq m$. 记 $\deg f_i(x) = l_i, i=1,\cdots,s$. 由于

$I=(a_1,a_2,\cdots,a_s)$ 且 R 是有单位元的交换环,因此从 $h(x)\in\mathcal{U}$ 可得出 $h(x)$ 的首项系数

$$a=\sum_{i=1}^{s}r_ia_i,\quad 其中\ r_i\in R, 1\leqslant i\leqslant s.$$

于是多项式 $\sum_{i=1}^{s}r_ix^{l-l_i}f_i(x)$ 的首项系数为 $\sum_{i=1}^{s}r_ia_i=a$,首项为 ax^l,从而

$$\deg\Big(\sum_{i=1}^{s}r_ix^{l-l_i}f_i(x)-h(x)\Big)<l.$$

由于 $\mathcal{U}'$ 是 $R[x]$ 的一个理想,因此

$$\sum_{i=1}^{s}r_ix^{l-l_i}f_i(x)-h(x)\in\mathcal{U}.$$

由于 $h(x)$ 是属于 $\mathcal{U}$ 但不属于 $\mathcal{U}'$ 中的次数最低的一个多项式,因此 $\sum_{i=1}^{s}r_ix^{l-l_i}f_i(x)-h(x)\in\mathcal{U}'$. 又由于 $f_i(x)\in\mathcal{U}', i=1,\cdots,s$,因此 $h(x)\in\mathcal{U}'$,矛盾.

情形 2 $\deg h(x)=l<m$. 记 $\deg g_{kj}=n_{kj}$. 从 I_l 的定义知道,从 $h(x)\in\mathcal{U}$ 可得出 $h(x)$ 的首项系数 $a=\sum_{j=1}^{v_l}r_{lj}a_{lj}$,于是多项式 $\sum_{j=1}^{v_l}r_{lj}x^{l-n_{lj}}g_{lj}(x)$ 的首项系数为 $\sum_{j=1}^{v_l}r_{lj}a_{lj}=a$,首项为 ax^l,从而

$$\deg\Big(\sum_{j=1}^{v_l}r_{lj}x^{l-n_{lj}}g_{lj}(x)-h(x)\Big)<l.$$

由 $h(x)$ 的选取得, $\sum_{j=1}^{v_l}r_{lj}x^{l-n_{lj}}g_{lj}(x)-h(x)\in\mathcal{U}'$. 从而 $h(x)\in\mathcal{U}'$,矛盾.

综上所述, $\mathcal{U}'=\mathcal{U}$,即 $\mathcal{U}$ 是有限生成的. 根据定理 1 得, $R[x]$ 是一个诺特环. □

推论 1 如果 R 是有单位元 $1(\neq 0)$ 的诺特环,那么 R 上的 n 元多项式环 $R[x_1,x_2,\cdots,x_n]$ 也是诺特环.

证明 由于 $R[x_1,x_2]$ 可以看成是 $R[x_1]$ 上的一元多项式环 $R[x_1][x_2]$,因此由定理 2 得, $R[x_1,x_2]$ 是一个诺特环. 依次下去可得, $R[x_1,x_2,\cdots,x_n]$ 也是一个诺特环. □

由于域 F 只有平凡的理想: (0) 和 $F=(1)$,因此 F 是诺特环. 从而

$F[x_1,x_2,\cdots,x_n]$ 是诺特环. 因此 $F[x_1,x_2,\cdots,x_n]$ 的每一个理想都是有限生成的. 这个结论在代数几何中起着重要作用.

由于 $\mathbb{Z}$ 的每个理想都是主理想,因此 $\mathbb{Z}$ 是诺特环. 从而 $\mathbb{Z}[x_1,x_2,\cdots,x_n]$ 也是诺特环.

习 题 3.3

1. 证明:诺特环的商环为诺特环.

2. 设 R 是有单位元 $1(\neq 0)$ 的交换环,$\tilde{R}$ 是 R 的一个扩环,且 $\tilde{R}$ 是交换环. 任意取定 $u_1,\cdots,u_n\in\tilde{R}$,我们把 $\tilde{R}$ 中包含 $R\cup\{u_1,\cdots,u_n\}$ 的所有子环的交称为**由 $u_1,\cdots,u_n$ 在 R 上生成的子环**,或称为 R **添加** $u_1,\cdots,u_n$ **得到的子环**,记做 $R[u_1,\cdots,u_n]$. 类似于 §2.4 的定义 3 下面的一段论证方法可证得,$R[u_1,\cdots,u_n]$ 的每一个元素形如:

$$\sum_{i_1,\cdots,i_n} a_{i_1\cdots i_n} u_1^{i_1}\cdots u_n^{i_n},$$

其中 $a_{i_1\cdots i_n}\in R, i_1,\cdots,i_n$ 是非负整数.

设 R 是有单位元 $1(\neq 0)$ 的诺特环. $\tilde{R}$ 是 R 的一个扩环,且 $\tilde{R}$ 是有单位元 $\tilde{1}$ 的交换环. 任意取定 $u_1,\cdots,u_n\in\tilde{R}$,证明:$R[u_1,\cdots,u_n]$ 也是诺特环.

(提示:域 F 上的 n 元多项式环 $F[x_1,\cdots,x_n]$ 有通用性质,其证明的关键是域 F 上一个 n 元多项式的表示法唯一(参看参考文献[4]中 §9.1 的定理 3). 类似地,$R[x_1,\cdots,x_n]$ 也有通用性质:设 R 是有单位元 $1(\neq 0)$ 的交换环,$\tilde{R}$ 是有单位元 $\tilde{1}$ 的交换环,R 到 $\tilde{R}$ 的一个子环 $\tilde{R}_1$(它含有 $\tilde{1}$)有一个环同构映射 τ,任取 $u_1,\cdots,u_n\in\tilde{R}$,令

$$\sigma_{u_1,\cdots,u_n}:R[x_1,\cdots,x_n]\to\tilde{R}$$

$$f(x_1,\cdots,x_n)=\sum_{i_1,\cdots,i_n} a_{i_1\cdots i_n} x_1^{i_1}\cdots x_n^{i_n}\mapsto\sum_{i_1,\cdots,i_n}\tau(a_{i_1\cdots i_n})u_1^{i_1}\cdots u_n^{i_n},$$

则 $\sigma_{u_1,\cdots,u_n}$ 是 $R[x_1,\cdots,x_n]$ 到 $\tilde{R}$ 的一个环同态,并且若把 R 中的元素 r 与 $\tilde{R}$ 中的元素 $\tau(r)$ 等同,则 $\mathrm{Im}\sigma_{u_1,\cdots,u_n}=R[u_1,\cdots,u_n]$.)

3. 证明:二次数域 $\mathbb{Q}(\sqrt{m})$ 的代数整数环 R_m 是诺特环.

第四章 域扩张,伽罗瓦理论

在第二章的 §2.4 我们讲了构造域 F 的扩域的两条途径. 第一条途径是找一个在域 F 上不可约的首一多项式 $p(x)$,则商环 $F[x]/(p(x))$ 是一个域,并且 $\sigma: a \mapsto a+(p(x))$ 是 F 到 $F[x]/(p(x))$ 的一个单的环同态,从而可以把 a 与 $a+(p(x))$ 等同. 把 $x+(p(x))$ 记做 u,则 $F[x]/(p(x))$ 的每一个元素可以唯一地表示成
$$c_0+c_1 u+\cdots+c_{r-1}u^{r-1},$$
其中 $r=\deg p(x), c_i \in F, i=0,1,\cdots,r-1$;并且 u 是 $p(x)$ 在 $F[x]/(p(x))$ 中的一个根.

第二条途径是设 $\widetilde{R}$ 是 F 的一个扩环,且 $\widetilde{R}$ 是整环,取 $\widetilde{R}$ 的一个元素 $\tilde{\alpha}$,$\tilde{\alpha}$ 是 F 上的代数元,设 $\tilde{\alpha}$ 在 F 上的极小多项式为
$$m(x)=x^r+b_{r-1}x^{r-1}+\cdots+b_1 x+b_0,$$
则 $F[\tilde{\alpha}]$ 是一个域,并且 $F[\tilde{\alpha}]$ 的每一个元素可以唯一地表示成
$$c_0+c_1\tilde{\alpha}+\cdots+c_{r-1}\tilde{\alpha}^{r-1},$$
其中 $c_i \in F, i=0,1,\cdots,r-1$.

构造域 F 的扩域的两条途径是相互关联的:$\widetilde{R}$ 的代数元 $\tilde{\alpha}$ 在 F 上的极小多项式 $m(x)$ 在 F 上一定不可约,且
$$F[\tilde{\alpha}] \cong F[x]/(m(x)),$$
从 $F[x]/(m(x))$ 到 $F[\tilde{\alpha}]$ 的一个同构映射 φ 为
$$\varphi(c_0+c_1 u+\cdots+c_{r-1}u^{r-1})=c_0+c_1\tilde{\alpha}+\cdots+c_{r-1}\tilde{\alpha}^{r-1}.$$
当 $F[\tilde{\alpha}]$ 是域时,我们把 $F[\tilde{\alpha}]$ 记做 $F(\tilde{\alpha})$.

从第二章的 §2.4 的定理 3 和 §2.5 我们还可以得到构造域 F 的扩域的第三条途径:设 $\widetilde{R}$ 是域 F 的一个扩环,并且 $\widetilde{R}$ 是整环,取 $\widetilde{R}$ 的一个元素 t,t 是 F 上的超越元,则 $F[t] \cong F[x]$. 于是 $F[t]$ 是整环. 我们把 $F[t]$ 的分式域记做 $F(t)$. 容易看出,$F(t)$ 同构于 $F[x]$ 的分式域 $F(x)$.

这一章我们来研究域扩张的性质,目标是讲述伽罗瓦理论.

§4.1 域扩张的性质

从上述构造域 F 的扩域的第二条和第三条途径受到启发,我们引出下述概念:

定义 1 如果域扩张 K/F 可以在 F 上添加一个元素 α 得到,即 $K=F(\alpha)$,那么称 K 是 F 上的一个**单扩张**.

如果域 F 的一个子环是域,那么称它为 F 的一个**子域**.

域 F 的一个非空子集 F_1 是 F 的子域当且仅当 F_1 对 F 的减法、乘法和求逆运算都封闭.

历史上研究域扩张的推动力来自数域 F 上一元高次方程 $f(x)=0$ 可用根式求解的条件.为此需要把多项式 $f(x)$ 的所有复根与 F 一起形成复数域 $\mathbb{C}$ 的一个子域,而且使这个子域是包含 F 和 $f(x)$ 的所有复根的域中最小的一个.从这个想法引出下述概念:

定义 2 设 K/F 是一个域扩张,S 是 K 的一个非空子集.我们把 K 中包含 $F\cup S$ 的一切子域的交称为 F **添加 S 得到的子域**,或 S **在 F 上生成的子域**,记做 $F(S)$.若 $S=\{a_1,a_2,\cdots,a_n\}$,则把 $F(S)$ 写成 $F(a_1,a_2,\cdots,a_n)$.

从定义 2 立即得出,$F(S)$ 是域 K 中包含 $F\cup S$ 的所有子域中最小的一个.

设 $\alpha\in K$,则 $F[\alpha]$ 表示 K 中包含 $F\cup\{\alpha\}$ 的所有子环的交,$F(\alpha)$ 表示 K 中包含 $F\cup\{\alpha\}$ 的所有子域的交.容易看出,当 $F[\alpha]$ 是子域时,必有 $F[\alpha]=F(\alpha)$.我们在前面说过,当 $F[\alpha]$ 是域时,把它记成 $F(\alpha)$,其道理就是这里所讲的.

类似于习题 3.3 的第 2 题所述,域 F 添加 $a_1,\cdots,a_n$ 得到的子域 $F(a_1,\cdots,a_n)$ 中的元素是 $a_1,\cdots,a_n$ 的多项式.

凭直觉猜测,可能有下述结论:

命题 1 设域扩张 $K/F, \alpha_1,\cdots,\alpha_n\in K$,则

$$F(\alpha_1,\cdots,\alpha_{n-1},\alpha_n)=F(\alpha_1)(\alpha_2)\cdots(\alpha_n), \tag{1}$$

从而若 $\beta_1,\cdots,\beta_m\in K$,则

$$F(\alpha_1,\cdots,\alpha_n,\beta_1,\cdots,\beta_m)=F(\alpha_1,\cdots,\alpha_n)(\beta_1,\cdots,\beta_m). \tag{2}$$

证明 对添加的元素个数 n 做数学归纳法.

当 $n=1$ 时,(1)式左右两端都是 $F(\alpha_1)$,从而(1)式成立.

假设当添加的元素个数为 $n-1$ 时,命题为真,现在来看添加的元素个数为 n 的情形.

由于 $F(\alpha_1,\cdots,\alpha_{n-1})(\alpha_n)$ 是 K 中包含 $F(\alpha_1,\cdots,\alpha_{n-1})\cup\{\alpha_n\}$ 的一切子域的交,因此 $F(\alpha_1,\cdots,\alpha_{n-1})(\alpha_n)\subseteq F(\alpha_1,\cdots,\alpha_{n-1},\alpha_n)$. 又由于 $F(\alpha_1,\cdots,\alpha_{n-1})(\alpha_n)$ 是 K 中包含 $F\cup\{\alpha_1,\cdots,\alpha_{n-1},\alpha_n\}$ 的一个子域,因此 $F(\alpha_1,\cdots,\alpha_{n-1})(\alpha_n)\supseteq F(\alpha_1,\cdots,\alpha_{n-1},\alpha_n)$. 综上所述,
$$F(\alpha_1,\cdots,\alpha_{n-1})(\alpha_n) = F(\alpha_1,\cdots,\alpha_{n-1},\alpha_n).$$
由归纳假设,$F(\alpha_1,\cdots,\alpha_{n-1}) = F(\alpha_1)(\alpha_2)\cdots(\alpha_{n-1})$,因此从上式得
$$F(\alpha_1,\cdots,\alpha_{n-1},\alpha_n) = F(\alpha_1)\cdots(\alpha_{n-1})(\alpha_n).$$
根据数学归纳法原理,对一切正整数 n,(1)式成立.

利用(1)式得
$$\begin{aligned} F(\alpha_1,\cdots,\alpha_n,\beta_1,\cdots,\beta_m) &= F(\alpha_1)(\alpha_2)\cdots(\alpha_n)(\beta_1)\cdots(\beta_m) \\ &= F(\alpha_1,\alpha_2,\cdots,\alpha_n)(\beta_1)\cdots(\beta_m) \\ &= F(\alpha_1,\alpha_2,\cdots,\alpha_n)(\beta_1,\cdots,\beta_m). \end{aligned}$$
□

现在我们从另一个角度研究域扩张,这可以帮助我们揭示域扩张的一些内在性质.

设 K/F 是一个域扩张,则 K 可以看成是域 F 上的一个线性空间,其维数称为 K **在 F 上的次数**,记做 $[K:F]$. 若 $[K:F]$ 是正整数,则称 K 是 F 上的**有限扩张**;否则,K/F 称为**无限扩张**. K 作为域 F 上线性空间的一个基也叫做**域扩张 K/F 的一个基**.

定理 1 若 K/F 是有限扩张,则 K 的每一个元素都是 F 上的代数元.

证明 设 $[K:F]=n$. 任取 $\beta\in K$,则 $1,\beta,\cdots,\beta^n$ 在 F 上线性相关. 从而有 F 中不全为 0 的元素 $a_0,a_1,\cdots,a_n$,使得
$$a_0+a_1\beta+\cdots+a_n\beta^n=0.$$
令 $f(x)=a_0+a_1x+\cdots+a_nx^n\in F[x]$,则 $f(\beta)=0$. 由于 $f(x)\neq 0$,因此 β 是 F 上的代数元. □

定义 3 对于域扩张 K/F,如果 K 的每一个元素都是 F 上的代数元,那么 K/F 称为**代数扩张**.

§4.1 域扩张的性质

从定理 1 立即得到,若 K/F 是有限扩张,则 K/F 是代数扩张.

定理 2 设 K/F 是域扩张,$\alpha \in K$ 且 α 是 F 上的代数元. 如果 α 在 F 上的极小多项式 $m(x)$ 的次数为 n,那么
$$[F(\alpha):F] = n,$$
并且 $1,\alpha,\cdots,\alpha^{n-1}$ 是 $F(\alpha)/F$ 的一个基.

证明 假如 $1,\alpha,\cdots,\alpha^{n-1}$ 在 F 上线性相关,则有 F 中不全为 0 的元素 $b_0,b_1,\cdots,b_{n-1}$,使得
$$b_0 + b_1\alpha + \cdots + b_{n-1}\alpha^{n-1} = 0.$$
令 $g(x) = b_0 + b_1 x + \cdots + b_{n-1} x^{n-1}$,则 $g(\alpha) = 0$,且 $g(x) \neq 0$. 这与 $m(x)$ 是 α 在 F 上的极小多项式矛盾. 因此 $1,\alpha,\cdots,\alpha^{n-1}$ 在 F 上线性无关.

又由于
$$F(\alpha) = F[\alpha] = \{c_0 + c_1\alpha + \cdots + c_{n-1}\alpha^{n-1} \mid c_i \in F, i = 0,1,\cdots,n-1\},$$
因此 $1,\alpha,\cdots,\alpha^{n-1}$ 是 $F(\alpha)$ 的一个基. 从而
$$[F(\alpha):F] = n. \qquad \square$$

定理 2 表明,域 F 添加 F 上的一个代数元 α 得到的单扩张 $F(\alpha)$ 一定是有限扩张,从而 $F(\alpha)/F$ 是代数扩张. 于是我们把 $F(\alpha)/F$ 称为**单代数扩张**.

域 F 添加 F 上的一个超越元 t 得到的单扩张 $F(t)$ 称为**单超越扩张**. 在本章的开头部分我们已指出,$F(t)$ 同构于 $F[x]$ 的分式域.

定理 3 设有三个域:$K \supseteq L \supseteq F$,则
$$K/F \text{ 是有限扩张} \Leftrightarrow K/L \text{ 和 } L/F \text{ 都是有限扩张},$$
此时有
$$[K:F] = [K:L][L:F]. \tag{3}$$

证明 必要性 设 K/F 是有限扩张,则 K 是域 F 上的有限维线性空间. 由于 L 是 K 的一个子空间,因此 L 是 F 上的有限维线性空间. 从而 L/F 是有限扩张. 设 $\alpha_1,\cdots,\alpha_n$ 是 K/F 的一个基,任取 $\beta \in K$,有
$$\beta = \sum_{i=1}^n b_i \alpha_i, \quad b_i \in F, i = 1,\cdots,n.$$
由于 $F \subseteq L$,因此 $b_i \in L, i = 1,\cdots,n$. 从而 $\alpha_1,\cdots,\alpha_n$ 是域 L 上线性空间 K 的一组生成元. 于是 K/L 是有限扩张.

充分性 设 $[K:L]=m$，$[L:F]=s$. 设 $\beta_1,\cdots,\beta_m$ 是域 L 上线性空间 K 的一个基，$\gamma_1,\cdots,\gamma_s$ 是域 F 上线性空间 L 的一个基. 任取 $\alpha\in K$，有

$$\alpha = \sum_{i=1}^{m} l_i\beta_i, \quad l_i\in L, i=1,\cdots,m.$$

$$l_i = \sum_{j=1}^{s} b_{ij}\gamma_j, \quad b_{ij}\in F, 1\leqslant j\leqslant s, i=1,\cdots,m.$$

因此

$$\alpha = \sum_{i=1}^{m}\Big(\sum_{j=1}^{s} b_{ij}\gamma_j\Big)\beta_i = \sum_{i=1}^{m}\sum_{j=1}^{s} b_{ij}(\gamma_j\beta_i).$$

容易验证，K 的子集

$$\{\gamma_j\beta_i \mid 1\leqslant i\leqslant m, 1\leqslant j\leqslant s\}$$

在 F 上线性无关，因此这个子集就是域 F 上线性空间 K 的一个基. 从而

$$[K:F] = ms = [K:L][L:F].$$

因此 K/F 是有限扩张，且(3)式成立. □

设 K/F 是域扩张，K 的包含 F 的任一子域叫做 K/F 的**中间域**.

习 题 4.1

1. 在定理 3 的充分性的证明过程中，写出 K 的子集 $\{\gamma_j\beta_i \mid 1\leqslant i\leqslant m, 1\leqslant j\leqslant s\}$ 在 F 上线性无关的理由.

2. 设 $\widetilde{R}$ 是域 F 的一个扩环，且 $\widetilde{R}$ 是整环，取 $\alpha\in\widetilde{R}$ 且 α 是 F 上的代数元. 设 α 在 F 上的极小多项式为 $m(x)$. 证明：若 α' 是 $m(x)$ 在 $\widetilde{R}$ 中的另一个根，则 α' 在 F 上的极小多项式也是 $m(x)$，有

$$F(\alpha)\cong F(\alpha');$$

并且有一个同构映射 η 满足：$\eta(\alpha)=\alpha', \eta(a)=a, \forall a\in F$.

3. 证明：若 K/F 是有限扩张，则 K/F 有一个中间域的有限升链：

$$F = F_0 \subsetneq F_1 \subsetneq \cdots \subsetneq F_s = K,$$

使得 F_{i+1}/F_i 为单代数扩张，$i=0,1,\cdots,s-1$. 上式称为**单代数扩张升链**. 反之，若域扩张 K/F 有一个单代数扩张有限升链，则 K/F 是有限扩张.

4. 设三个域 $K\supsetneq L\supsetneq F$，证明：若 K/L 和 L/F 都是代数扩张，则 K/F 也是代

数扩张.

5. 设 K/F 是一个域扩张，$\alpha,\beta\in K$. 证明：若 α,β 是域 F 上的代数元，则 $\alpha\pm\beta$, $\alpha\beta,\alpha\beta^{-1}(\beta\neq 0)$ 都是 F 上的代数元，从而 K 中 F 上所有代数元组成的集合是 K 的一个子域，称这个子域是 F 在 K 中的**代数闭包**，记做 $\bar{F}$.

（注：有理数域 $\mathbb{Q}$ 在复数域 $\mathbb{C}$ 中的代数闭包 $\bar{\mathbb{Q}}$ 称为**代数数域**. 通常，把 $\bar{\mathbb{Q}}$ 的任一子域也叫做代数数域.）

§4.2 分裂域，正规扩张，可分扩张

在上一节我们指出，为了研究数域 F 上一元高次方程 $f(x)=0$ 可用根式求解的条件，需要研究复数域 $\mathbb{C}$ 中包含 F 和多项式 $f(x)$ 的所有复根的最小子域. 为此我们引出下述概念：

定义 1 设 $f(x)$ 是域 F 上一个 $n(n>0)$ 次多项式，如果有一个域扩张 E/F 满足：

(1) $f(x)$ 在 $E[x]$ 中能分解成一次因式的乘积

$$f(x)=a(x-\alpha_1)(x-\alpha_2)\cdots(x-\alpha_n),\quad \alpha_i\in E, i=1,\cdots,n;$$

(2) $E=F(\alpha_1,\alpha_2,\cdots,\alpha_n)$，

那么称 E/F 为 $f(x)$ 在 F 上的一个**分裂域**.

如果 F 是一个数域，那么定义 1 中的条件(1)表明 E 包含了 $f(x)$ 的所有复根，而条件(2)表明 E 是复数域 $\mathbb{C}$ 中包含 F 和 $f(x)$ 的所有复根的最小子域.

任给一个域 F 上的任一次数大于 0 的多项式 $f(x)$，它在 F 上的分裂域是否存在？如果存在，是否唯一？首先回答存在性问题.

定理 1 任一域 F 上每一个 $n(n>0)$ 次多项式 $f(x)$ 在 F 上有一个分裂域 E，并且 $[E:F]\leqslant n!$.

证明 对于任意域上的多项式的次数 n 做数学归纳法.

当 $n=1$ 时，域 F 上的 1 次多项式 $f(x)=a(x-c)$. 由于 $f(x)$ 的唯一的一个根 $c\in F$，因此 F 本身就是 $f(x)$ 的一个分裂域，且

$$[F:F]=1\leqslant 1!.$$

假设任意域上次数 $r(r>0)$ 小于 n 的多项式有分裂域，而且域扩张的次数小于 $r!$，现在来看域 F 上 $n(n>0)$ 次多项式 $f(x)$. 任取 $f(x)$ 在

F 上的首项系数为 1 的不可约因式 $p(x)$,则 $F[x]/(p(x))$ 是 F 的一个扩域. 令 $\alpha_1 = x + (p(x))$,则
$$F[x]/(p(x)) = F[\alpha_1] = F(\alpha_1),$$
并且 $p(\alpha_1) = 0$. 从而 $f(\alpha_1) = 0$. 因此 α_1 是 $f(x)$ 在 $F(\alpha_1)$ 中的一个根,记 $E_1 = F(\alpha_1)$. 由于 α_1 在 F 上的极小多项式 $m_1(x) \mid p(x)$,且 $p(x)$ 不可约,因此 $m_1(x) = p(x)$,从而 $[E_1 : F] = [F(\alpha_1) : F] = \deg p(x)$. 设 $f(x)$ 在 $E_1[x]$ 中分解成
$$f(x) = (x - \alpha_1) \cdots (x - \alpha_l) f_1(x), \quad \alpha_i \in E_1, 1 \leqslant i \leqslant l,$$
其中 $f_1(x) \in E_1[x]$. 若 $\deg f_1(x) = 0$,则 E_1 就是 $f(x)$ 在 F 上的一个分裂域,且 $[E_1 : F] = \deg p(x) \leqslant n \leqslant n!$. 下面设 $\deg f_1(x) > 0$. 由于 $\deg f_1(x) = n - l < n$,因此根据归纳假设,$f_1(x)$ 在 E_1 上有一个分裂域 E,且 $[E : E_1] \leqslant (n - l)! \leqslant (n - 1)!$. 于是 $f_1(x)$ 在 $E[x]$ 中能分解成
$$f_1(x) = b(x - \beta_1) \cdots (x - \beta_{n-l}), \quad \beta_j \in E, 1 \leqslant j \leqslant n - l,$$
并且 $E = E_1(\beta_1, \cdots, \beta_{n-l})$. 由于 $\alpha_i \in E_1, 1 \leqslant i \leqslant l$,因此 $F(\alpha_1, \cdots, \alpha_l) \subseteq E_1 = F(\alpha_1)$. 又有 $F(\alpha_1, \cdots, \alpha_l) \supseteq F(\alpha_1)$,因此 $F(\alpha_1, \cdots, \alpha_l) = F(\alpha_1)$. 从而
$$\begin{aligned} E &= E_1(\beta_1, \cdots, \beta_{n-l}) = F(\alpha_1)(\beta_1, \cdots, \beta_{n-l}) \\ &= F(\alpha_1, \cdots, \alpha_l)(\beta_1, \cdots, \beta_{n-l}) \\ &= F(\alpha_1, \cdots, \alpha_l, \beta_1, \cdots, \beta_{n-l}). \end{aligned}$$
又由于 $f(x)$ 在 $E[x]$ 中能分解成
$$f(x) = b(x - \alpha_1) \cdots (x - \alpha_l)(x - \beta_1) \cdots (x - \beta_{n-l}),$$
因此 E 是 $f(x)$ 在 F 上的一个分裂域,并且
$[E : F] = [E : E_1][E_1 : F] \leqslant (n - 1)! \deg p(x) \leqslant (n - 1)! n = n!$.

根据数学归纳法原理,对一切正整数 n 命题为真. □

现在来研究域 F 上 $n(n > 0)$ 次多项式 $f(x)$ 在 F 上的分裂域有多少个?直觉猜测,$f(x)$ 在 F 上的任意两个分裂域 E 和 E' 是同构的. 为了证明这个猜测为真,我们把条件放宽一些:设域 F 到域 F' 有一个同构 σ,对于 F 上的多项式 $f(x) = \sum_{i=0}^{n} a_i x^i$,考虑 F' 上的一个多项式 $f^{\sigma}(x) := \sum_{i=0}^{n} \sigma(a_i) x^i$,设 $f(x)$ 在 F 上的一个分裂域为 E,$f^{\sigma}(x)$ 在 F' 上的一个分裂域为 E',我们来探索 σ 是否可以开拓成 E 到 E' 的一个同

构？解决这个问题的思路是我们来研究更为基础的一个问题：设域 F 到域 F' 有一个同构 σ，域 $E \supseteq F$，域 $E' \supseteq F'$，对于 $\alpha \in E$ 且 α 是 F 上的一个代数元，σ 开拓成 $F(\alpha)$ 到 E' 的一个单的环同态的条件是什么？通过先探索必要条件，我们猜测有下述结论：

引理 1 设域 F 到域 F' 有一个同构 σ，域 $E \supseteq F$，域 $E' \supseteq F'$，设 $\alpha \in E$ 是 F 上的一个代数元，α 在 F 上的极小多项式 $m(x) = x^r + b_{r-1} x^{r-1} + \cdots + b_1 x + b_0$. 令 $m^{\sigma}(x) = x^r + \sigma(b_{r-1}) x^{r-1} + \cdots + \sigma(b_0)$，则 σ 能开拓成 $F(\alpha)$ 到 E' 的一个单的环同态当且仅当 $m^{\sigma}(x)$ 在 E' 中有根，此时这样的开拓的数目等于 $m^{\sigma}(x)$ 在 E' 中不同的根的数目。

证明 必要性 设 σ 能开拓成 $F(\alpha)$ 到 E' 的一个单的环同态 ζ，则 ζ 在 F 上的限制 $\zeta | F = \sigma$. 由于 $m(\alpha) = 0$，因此

$$m^{\sigma}(\zeta(\alpha)) = \zeta(\alpha)^r + \sigma(b_{r-1}) \zeta(\alpha)^{r-1} + \cdots + \sigma(b_1) \zeta(\alpha) + \sigma(b_0)$$
$$= \zeta(\alpha^r + b_{r-1} \alpha^{r-1} + \cdots + b_1 \alpha + b_0) = \zeta(0) = 0'.$$

于是 $\zeta(\alpha)$ 是 $m^{\sigma}(x)$ 在 E' 中的一个根。

充分性 设 $m^{\sigma}(x)$ 在 E' 中有一个根 β. 要证 $F(\alpha)$ 到 E' 有一个单的环同态。注意到 $F(\alpha) \cong F[x]/(m(x))$，因此应当去证 $F[x]/(m(x))$ 到 E' 有一个单的环同态。联想到环同态基本定理，应当去证 $F[x]$ 到 E' 有一个环同态。这促使我们想到应当利用域 F 上一元多项式环 $F[x]$ 的通用性质(参看参考文献[4]的第五章 §5.1 的定理 1)。

由于域 F 到 E' 的一个子环 F' 有一个环同构映射 σ，因此根据域 F 上一元多项式环 $F[x]$ 的通用性质，对于 $\beta \in E'$，有一个 $F[x]$ 到 E' 的一个环同态

$$\eta_{\beta} : F[x] \to E'$$
$$h(x) = \sum_{i=0}^{s} a_i x^i \mapsto \sum_{i=0}^{s} \sigma(a_i) \beta^i =: h^{\sigma}(\beta),$$

并且 $\eta_{\beta}(x) = \beta$. 由此得出，$h(x) \in \mathrm{Ker}\eta_{\beta} \Leftrightarrow h^{\sigma}(\beta) = 0'$. 由于 $m^{\sigma}(\beta) = 0'$，因此 $m(x) \in \mathrm{Ker}\eta_{\beta}$. $\mathrm{Ker}\eta_{\beta}$ 是 $F[x]$ 的一个理想，由于 $F[x]$ 的每个理想都是主理想，因此 $\mathrm{Ker}\eta_{\beta} = (g(x))$，其中 $g(x)$ 的首项系数为 1. 由于 $m(x) \in (g(x))$，因此 $g(x) | m(x)$. 又由于 $m(x)$ 在 F 上不可约，因此 $g(x) = m(x)$. 从而 $\mathrm{Ker}\eta_{\beta} = (m(x))$. 于是根据环同态基本定理得

$$F[x]/(m(x)) \cong \mathrm{Im}\eta_{\beta}.$$

它的一个同构映射为 $\tilde{\eta}_\beta : h(x) + (m(x)) \mapsto \eta_\beta(h(x)) = h^\sigma(\beta)$. 根据本章开头部分所讲的内容，$F(\alpha)$ 到 $F[x]/(m(x))$ 的一个同构映射 φ 为

$$\varphi(c_0 + c_1\alpha + \cdots + c_{r-1}\alpha^{r-1}) = c_0 + c_1 u + \cdots + c_{r-1}u^{r-1},$$

其中 $u = x + (m(x))$. 由同构关系的传递性得，$F(\alpha) \cong \operatorname{Im}\eta_\beta$，它的一个同构映射 $\varphi_\beta = \tilde{\eta}_\beta \varphi$. 于是

$$\varphi_\beta(c_0 + c_1\alpha + \cdots + c_{r-1}\alpha^{r-1}) = \tilde{\eta}_\beta(c_0 + c_1 u + \cdots + c_{r-1}u^{r-1})$$

$$= \tilde{\eta}_\beta\Big(\sum_{i=0}^{r-1} c_i x^i + (m(x))\Big)$$

$$= \eta_\beta\Big(\sum_{i=0}^{r-1} c_i x^i\Big) = \sum_{i=0}^{r-1} \sigma(c_i)\beta^i.$$

记 $h(x) = \sum_{i=0}^{r-1} c_i x^i$，则 $h(\alpha) = \sum_{i=0}^{r-1} c_i \alpha^i$. 由于 $F(\alpha)$ 中每个元素表示成 $c_0 + c_1\alpha + \cdots + c_{r-1}\alpha^{r-1}$ 的表示法唯一，因此

$$\varphi_\beta(h(\alpha)) = \sum_{i=0}^{r-1} \sigma(c_i)\beta^i = h^\sigma(\beta).$$

特别地，$\forall a \in F$ 有 $\varphi_\beta(a) = \sigma(a)$，因此 $\varphi_\beta | F = \sigma$. 从而 σ 可开拓成 $F(\alpha)$ 到 E' 的一个单的环同态 φ_β，并且 $\varphi_\beta(\alpha) = \beta$.

假如从 σ 开拓成的 $F(\alpha)$ 到 E' 的单的环同态还有 ϕ，使得 $\phi(\alpha) = \beta$，则对于 $F(\alpha)$ 中任一元素 $h(\alpha) = \sum_{i=0}^{r-1} c_i \alpha^i$，有

$$\phi(h(\alpha)) = \phi\Big(\sum_{i=0}^{r-1} c_i \alpha^i\Big) = \sum_{i=0}^{r-1} \sigma(c_i)\beta^i = h^\sigma(\beta).$$

从而 $\phi(h(\alpha)) = \varphi_\beta(h(\alpha))$，$\forall h(\alpha) \in F(\alpha)$. 因此 $\phi = \varphi_\beta$. 这证明了：给了 $m^\sigma(x)$ 在 E' 中的一个根 β，则 σ 可唯一地开拓成 $F(\alpha)$ 到 E' 的一个单的环同态 φ_β. 从而这样的开拓的数目等于 $m^\sigma(x)$ 在 E' 中的不同的根的数目. □

下面我们来证明，域 F 上的 $n(n>0)$ 次多项式 $f(x)$ 在 F 上的分裂域在同构的意义下是唯一的. 先放宽一下条件，证明下面的结论：

定理2 设域 F 上的 $n(n>0)$ 次多项式 $f(x) = \sum_{i=0}^{n} a_i x^i$ 在 F 上的一个分裂域是 E，设域 F 到域 F' 有一个同构 σ，令

$$f^\sigma(x) = \sum_{i=0}^{n} \sigma(a_i) x^i \in F'[x],$$

并且设 $f^\sigma(x)$ 在 F' 上有一个分裂域 E'. 则 σ 可以开拓成域 E 到 E' 的一个同构;并且从 σ 开拓成的 E 到 E' 的同构的数目小于或等于 $[E:F]$, 当 $f^\sigma(x)$ 在 E' 中的根各不相同时,这个数目等于 $[E:F]$.

证明 对 E 在 F 上的次数 $[E:F]$ 做数学归纳法.

当 $[E:F]=1$ 时, $E=F$. 从而 $f(x)$ 在 $F[x]$ 中就能分解成一次因式的乘积:
$$f(x) = a(x-c_1)(x-c_2)\cdots(x-c_n).$$
于是
$$f^\sigma(x) = \sigma(a)(x-\sigma(c_1))(x-\sigma(c_2))\cdots(x-\sigma(c_n)),$$
其中 $\sigma(a), \sigma(c_1), \cdots, \sigma(c_n) \in F'$. 因此 F' 就是 $f^\sigma(x)$ 在 F' 上的一个分裂域,即 F' 不用扩张就是 $f^\sigma(x)$ 在 F' 上的分裂域. 因此 $E'=F'$. 从而 σ 已经是 E 到 E' 的一个同构. 于是从 σ 开拓成的 E 到 E' 的同构的数目等于 1, 它等于 $[E:F]$.

假设 $[E:F] < m$ 时命题成立, 其中 $m > 1$. 现在来看 $[E:F]=m$ 的情形. 由于 $m > 1$, 因此 $f(x)$ 在 $F[x]$ 中不能分解成一次因式的乘积. 从而 $f(x)$ 有一个次数为 $r > 1$ 的首一不可约因式 $p(x)$, 于是存在 $h(x) \in F[x]$, 使得 $f(x)=p(x)h(x)$. 由此可以推出,
$$f^\sigma(x) = p^\sigma(x) h^\sigma(x).$$
从而在 $F'[x]$ 中有 $p^\sigma(x) | f^\sigma(x)$, 且 $\deg p^\sigma(x) = \deg p(x) = r$. 由于 E 是 $f(x)$ 在 F 上的分裂域, 因此在 $E[x]$ 中有
$$p(x) = (x-\alpha_1)\cdots(x-\alpha_r),$$
$$f(x) = a(x-\alpha_1)\cdots(x-\alpha_r)(x-\alpha_{r+1})\cdots(x-\alpha_n).$$
由于 E' 是 $f^\sigma(x)$ 在 F' 上的分裂域,因此在 $E'[x]$ 中有
$$p^\sigma(x) = (x-\beta_1)\cdots(x-\beta_r),$$
$$f^\sigma(x) = \sigma(a)(x-\beta_1)\cdots(x-\beta_r)(x-\beta_{r+1})\cdots(x-\beta_n).$$
由于 $p(x)$ 在 F 上不可约,因此 $p(x)$ 是 α_1 在 F 上的极小多项式. 从而
$$[F(\alpha_1):F] = \deg p(x) = r.$$
根据引理 1, σ 能开拓成 $F(\alpha_1)$ 到 E' 的 k 个单的环同态: $\zeta_1, \cdots, \zeta_k$, 其中 k 等于 $p^\sigma(x)$ 在 E' 的不同的根的数目. 于是当 $\beta_1, \cdots, \beta_r$ 两两不相等时,

$k=r$. 由于 $f(x)$ 也可以看成是 $F(\alpha_1)$ 上的多项式, 并且
$$E = F(\alpha_1, \cdots, \alpha_r, \alpha_{r+1}, \cdots, \alpha_n) = F(\alpha_1)(\alpha_2, \cdots, \alpha_r, \alpha_{r+1}, \cdots, \alpha_n),$$
因此 E 是 $f(x)$ 在 $F(\alpha_1)$ 上的一个分裂域. 任给 $i \in \{1, \cdots, k\}$, 由于 ζ_i 是 $F(\alpha_1)$ 到 E' 的一个单的环同态, 因此 ζ_i 是 $F(\alpha_1)$ 到 $\zeta_i(F(\alpha_1))$ 的一个同构, 且 $\zeta_i|F=\sigma$. 从而 $f^\sigma(x)$ 可以看成是 $\zeta_i(F(\alpha_1))$ 上的多项式. 于是 $f^\sigma(x)$ 在 F' 上的分裂域 E' 也可以看成是 $f^\sigma(x)$ 在 $\zeta_i(F(\alpha_1))$ 上的一个分裂域. 由于
$$[E:F(\alpha_1)] = [E:F]/[F(\alpha_1):F] = [E:F]/r = m/r < m.$$
因此根据归纳假设得, $F(\alpha_1)$ 到 $\zeta_i(F(\alpha_1))$ 的同构 ζ_i 可以开拓成 E 到 E' 的同构, 并且这样的开拓的数目小于或等于 $[E:F(\alpha_1)]$; 当 $f^\sigma(x)$ 在 E' 中的根各不相同时, 这个数目等于 $[E:F(\alpha_1)]$. 每一个这样的同构是 σ 的一种开拓. 当 $i=1, \cdots, k$ 时, 不同的 ζ_i 开拓成的 E 到 E' 的同构, 把它们看成 σ 开拓成的 E 到 E' 的同构也是不同的. 因此用这种方式得到的从 σ 开拓成 E 到 E' 的同构的数目小于或等于
$$k[E:F(\alpha_1)] \leqslant r[E:F(\alpha_1)] = [F(\alpha_1):F][E:F(\alpha_1)]$$
$$= [E:F],$$
并且当 $f^\sigma(x)$ 在 E' 中的根各不相同时(此时 $p^\sigma(x)$ 在 E' 中的根也各不相同), 用这种方式得到的从 σ 开拓成 E 到 E' 的同构的数目等于
$$r[E:F(\alpha_1)] = [E:F].$$

如果我们还有其他方式把 σ 开拓成 E 到 E' 的同构 ψ, 那么 ψ 在 $F(\alpha_1)$ 上的限制 $\psi|F(\alpha_1)$ 是 $F(\alpha_1)$ 到 E' 的单的环同态. 而前面已指出, σ 开拓成的 $F(\alpha_1)$ 到 E' 的单的环同态有 k 个: $\zeta_1, \cdots, \zeta_k$. 因此 $\psi|F(\alpha_1) = \zeta_j$ 对某个 $j \in \{1, \cdots, k\}$. 这表明 ψ 就是用上面的方式从 σ 开拓出来的.

根据数学归纳法原理, 定理 2 得证. □

推论 1 设 $f(x)$ 是域 F 上的 $n(n>0)$ 次多项式, E 和 E' 都是 $f(x)$ 在 F 上的分裂域, 则 $E \cong E'$, 并且存在 E 到 E' 的一个同构 η, 使得 η 在 F 上的限制 $\eta|F$ 为 F 上的恒等变换.

证明 在定理 2 中, 取 $F'=F$, σ 为 F 上的恒等变换, 则 σ 可以开拓成 E 到 E' 的一个同构 η, 并且 $\eta|F=\sigma$, 即 $\eta|F$ 是 F 上的恒等变换. □

定义 2 设 E/F 和 E'/F 是两个域扩张, 如果存在域 E 到 E' 的一个同构(或同态) η, 使得 $\eta|F$ 为 F 上的恒等变换, 那么称 η 为一个 F-同

构(或 F-同态).

推论 2 若域 F 上的 $n(n>0)$ 次多项式 $f(x)$ 在 F 上的两个分裂域 E 和 E' 是同一个域 L 的两个子域,则 $E=E'$.

证明 由于 E 是 $f(x)$ 在 F 上的一个分裂域,因此在 $E[x]$ 中有
$$f(x) = a(x-\alpha_1)(x-\alpha_2)\cdots(x-\alpha_n). \tag{1}$$
又由于 E' 是 $f(x)$ 在 F 上的一个分裂域,因此在 $E'[x]$ 中有
$$f(x) = a(x-\beta_1)(x-\beta_2)\cdots(x-\beta_n). \tag{2}$$
由于 $E \subseteq L, E' \subseteq L$,因此(1)式和(2)式都是 $f(x)$ 在 $L[x]$ 中的因式分解.根据唯一因式分解定理得,$\beta_1,\cdots,\beta_n$ 是 $\alpha_1,\cdots,\alpha_n$ 的一个排列,从而
$$E = F(\alpha_1,\alpha_2,\cdots,\alpha_n) = F(\beta_1,\beta_2,\cdots,\beta_n) = E'. \quad \square$$

推论 3 若域扩张 L/F 的一个中间域 E 是域 F 上一个 $n(n>0)$ 次多项式 $f(x)$ 在 F 上的分裂域,则对于域 L 的任意一个 F-自同构 η,都有 $\eta(E) = E$.从而 $\eta|E$ 是 E 的一个 F-自同构.

证明 根据推论 2,只要证 $\eta(E)$ 也是 $f(x)$ 在 F 上的一个分裂域. 由于 E 是 $f(x)$ 在 F 上的一个分裂域,因此在 $E[x]$ 中有
$$\begin{aligned} f(x) &= a(x-\alpha_1)(x-\alpha_2)\cdots(x-\alpha_n) \\ &= a(x^n + b_{n-1}x^{n-1} + \cdots + b_1 x + b_0), \end{aligned}$$
其中 $b_i \in F, i = 0,1,\cdots,n-1$.根据一元多项式的根与系数的关系得
$$b_{n-1} = -(\alpha_1+\alpha_2+\cdots+\alpha_n),\cdots,b_{n-k} = (-1)^k \sum_{1\leq i_1<\cdots<i_k\leq n} \alpha_{i_1}\cdots\alpha_{i_k},\cdots,$$
$$b_0 = (-1)^n \alpha_1 \cdots \alpha_n.$$
由于 η 是 L 的 F-自同构,因此
$$b_{n-1} = \eta(b_{n-1}) = -(\eta(\alpha_1)+\cdots+\eta(\alpha_n)),\cdots,$$
$$b_{n-k} = \eta(b_{n-k}) = (-1)^k \sum_{1\leq i_1<\cdots<i_k\leq n} \eta(\alpha_{i_1})\cdots\eta(\alpha_{i_k}),\cdots,$$
$$b_0 = \eta(b_0) = (-1)^n \eta(\alpha_1)\cdots\eta(\alpha_n).$$
从而
$$a(x-\eta(\alpha_1))(x-\eta(\alpha_2))\cdots(x-\eta(\alpha_n)) = a(x^n+b_{n-1}x^{n-1}+\cdots+b_1 x + b_0) = f(x). \tag{3}$$
从(3)式看出,$f(x)$ 在 $\eta(E)[x]$ 中分解成了一次因式的乘积,又由于 $E = F(\alpha_1,\alpha_2,\cdots,\alpha_n)$,因此 $\eta(E) = F(\eta(\alpha_1),\eta(\alpha_2),\cdots,\eta(\alpha_n))$.从而

$\eta(E)$是$f(x)$在F上的一个分裂域. 由于E和$\eta(E)$都是L的子域,因此$\eta(E)=E$. □

设E是域F上的$n(n>0)$次多项式$f(x)$在F上的一个分裂域,则$f(x)$在$E[x]$中能分解成一次因式的乘积. 于是$f(x)$的每一个不可约因式在$E[x]$中能分解成一次因式的乘积. 大胆地设想一下:域F上任意一个不可约多项式$p(x)$如果在E中有根,那么$p(x)$是否也能在$E[x]$中分解成一次因式的乘积? 我们来探讨这个问题. 回答是肯定的,即我们有下述结论:

命题 1 设E是域F上的$n(n>0)$次多项式$f(x)$在F上的一个分裂域,则$F[x]$中任一在E中有根的不可约多项式都可以在$E[x]$中分解成一次因式的乘积.

证明 设$F[x]$中不可约多项式$p(x)$在E中有一个根α,不妨设$p(x)$的首项系数为1. 把$p(x)$看成$E[x]$中的多项式. 设L是$p(x)$在E上的一个分裂域,则在$L[x]$中有

$$p(x) = (x-\alpha)(x-\beta_1)\cdots(x-\beta_r), \quad (4)$$

其中$\beta_i\in L, i=1,\cdots,r$,并且$L=E(\alpha,\beta_1,\cdots,\beta_r)$. 若能证$\beta_i\in E, i=1,\cdots,r$,则(4)式是$p(x)$在$E[x]$中的分解式. 由于$E$是$f(x)$在$F$上的一个分裂域,因此对于$i\in\{1,\cdots,r\}$,若能找到$L$的一个$F$-自同构$\eta_i$,使得$\eta_i(\alpha)=\beta_i$,则根据推论3得,$\eta_i(E)=E$,从而$\eta_i(\alpha)$属于$E$,于是$\beta_i\in E$.

由于$p(x)$在F上不可约,因此$p(x)$是α在F上的极小多项式. 从而

$$F[x]/(p(x))\cong F(\alpha).$$

对于$i\in\{1,\cdots,r\}$,由于β_i是$p(x)$在L中的根,因此$p(x)$是β_i在F上的极小多项式. 从而$F[x]/(p(x))\cong F(\beta_i)$. 于是$F(\alpha)\cong F(\beta_i)$,它的一个同构映射$\zeta_i$为

$$\zeta_i(c_0+c_1\alpha+\cdots+c_r\alpha^r) = c_0+c_1\beta_i+\cdots+c_r\beta_i^r.$$

特别地,$\zeta_i(\alpha)=\beta_i$,$\zeta_i(c_0)=c_0$,$\forall c_0\in F$,从而$\zeta_i|F$是F上的恒等变换. 为了找到L的一个F-自同构η_i,根据定理2,需要找一个域$F(\alpha)$上的多项式$g(x)$,使得$g(x)$在$F(\alpha)$上的分裂域是L;并且$g^{\zeta_i}(x)$在$F(\beta_i)$上的分裂域也是L. 这时ζ_i可以开拓成L的一个自同构. 由于$\eta_i|F=\zeta_i|F$,因此$\eta_i|F$是F上的恒等变换,从而η_i是L的一个F-自同构.

由于 E 是 $f(x)$ 在 F 上的一个分裂域,因此在 $E[x]$ 中有
$$f(x)=a(x-\gamma_1)(x-\gamma_2)\cdots(x-\gamma_n), \quad (5)$$
并且 $E=F(\gamma_1,\gamma_2,\cdots,\gamma_n)$. 令 $g(x)=f(x)p(x)$,则从(4)式和(5)式得,在 $L[x]$ 中有
$$g(x)=a(x-\gamma_1)(x-\gamma_2)\cdots(x-\gamma_n)(x-\alpha)(x-\beta_1)\cdots(x-\beta_r), \quad (6)$$
且 $L=E(\alpha,\beta_1,\cdots,\beta_r)=F(\gamma_1,\cdots,\gamma_n)(\alpha,\beta_1,\cdots,\beta_r)=F(\gamma_1,\cdots,\gamma_n,\alpha,\beta_1,\cdots,\beta_r)$. 因此 L 是 $g(x)$ 在 F 上的一个分裂域. 由于 $g(x)$ 是 F 上的多项式,且 $F(\alpha)\supseteq F, F(\beta_i)\supseteq F$,因此 $g(x)$ 可看成是 $F(\alpha)$ 上的多项式, $g(x)$ 也可看成是 $F(\beta_i)$ 上的多项式. 从而 L 可看成是 $g(x)$ 在 $F(\alpha)$ 上的一个分裂域, L 也可看成是 $g(x)$ 在 $F(\beta_i)$ 上的一个分裂域. 由于 $\zeta_i|F$ 是 F 上的恒等变换,因此 $g^{\zeta_i}(x)=g(x)$. 从而 L 可看成是 $g^{\zeta_i}(x)$ 在 $F(\beta_i)$ 上的一个分裂域. 根据定理2得, ζ_i 可以开拓成 L 的一个自同构 η_i,并且 $\eta_i|F=\zeta_i|F$,从而 η_i 是 L 的一个 F-自同构. 根据推论3得, $\eta_i(E)=E$,由于 $\eta_i(\alpha)=\zeta_i(\alpha)=\beta_i$,因此 $\beta_i\in\eta_i(E)$. 从而 $\beta_i\in E$. 于是(4)式是 $p(x)$ 在 $E[x]$ 中的分解式,因此 $p(x)$ 在 $E[x]$ 中能分解成一次因式的乘积. □

从命题1受到启发,我们引出下述概念:

定义3 设 E/F 是一个代数扩张,如果 $F[x]$ 中任一在 E 中有根的不可约多项式都可以在 $E[x]$ 中能分解成一次因式的乘积,那么称 E/F 是一个**正规扩张**.

命题1给出了正规扩张的一个充分条件,可以证明这个条件也是有限正规扩张的必要条件. 我们有下述定理3:

定理3 有限扩张 E/F 为正规扩张当且仅当 E 是 $F[x]$ 中一个 $n(n>0)$ 次多项式 $f(x)$ 在 F 上的一个分裂域.

证明 **充分性** 由命题1立即得到.

必要性 设有限扩张 E/F 是一个正规扩张. 若 $[E:F]=1$,则 $E=F$. 从而 E 是 $F[x]$ 中一次多项式 $x-a$ 在 F 上的一个分裂域. 下面设 $[E:F]>1$,于是存在 $\alpha_1\in E$ 且 $\alpha_1\notin F$. 令 $F_1=F[\alpha_1]$,则 F_1/F 是单代数扩张,且 $[F_1:F]>1$,于是 $[E:F_1]<[E:F]$. 从而可以利用第二数学归纳法证明(也可以直接用习题4.1的第3题的结论), E/F 有一个中间域的有限升链:

$$F = F_0 \subsetneq F_1 \subsetneq F_2 \subsetneq \cdots \subsetneq F_{s-1} \subsetneq F_s = E,$$

使得 F_{i+1}/F_i 是单代数扩张，$i=0,1,\cdots,s-1$. 从而存在 $\alpha_i \in E$ 且 α_i 是 F 上的代数元，$i=1,\cdots,s$，使得

$$E = F(\alpha_1)(\alpha_2)\cdots(\alpha_{s-1})(\alpha_s) = F(\alpha_1,\alpha_2,\cdots,\alpha_{s-1},\alpha_s).$$

设 $p_i(x)$ 是 α_i 在 F 上的极小多项式，$i=1,\cdots,s$. 令

$$f(x) = p_1(x)p_2(x)\cdots p_s(x).$$

由于 E/F 是正规扩张，因此 $p_i(x)$ 在 $E[x]$ 中能分解成一次因式的乘积，$i=1,\cdots,s$. 从而 $f(x)$ 在 $E[x]$ 中能分解成一次因式的乘积：

$$f(x) = (x-\beta_1)(x-\beta_2)\cdots(x-\beta_n).$$

从而 $F(\beta_1,\beta_2,\cdots,\beta_n) \subseteq E$. 由于 α_i 是 $p_i(x)$ 在 E 中的根，因此 α_i 也是 $f(x)$ 在 E 中的根，$i=1,\cdots,s$. 从而 $\{\alpha_1,\cdots,\alpha_s\} \subseteq \{\beta_1,\cdots,\beta_n\}$. 于是 $E=F(\alpha_1,\cdots,\alpha_s) \subseteq F(\beta_1,\cdots,\beta_n)$. 因此 $E=F(\beta_1,\cdots,\beta_n)$. 从而 E 是 $f(x)$ 在 F 上的一个分裂域. □

设 $f(x)$ 是域 F 上的一个 $n(n>0)$ 次多项式，则在 $F[x]$ 中有

$$f(x) = a p_1^{l_1}(x) p_2^{l_2}(x) \cdots p_s^{l_s}(x),$$

其中 $p_1(x),p_2(x),\cdots,p_s(x)$ 是域 F 上两两不等的首一不可约多项式. 令

$$f_0(x) = a p_1(x) p_2(x) \cdots p_s(x),$$

根据分裂域的定义得，E 是 $f(x)$ 在 F 上的分裂域当且仅当 E 是 $f_0(x)$ 在 F 上的分裂域. 在涉及 $f(x)$ 在 F 上的分裂域的问题时，可以用 $f_0(x)$ 代替 $f(x)$，其好处是 $f_0(x)$ 的每一个不可约因式 $p_i(x)(i=1,2,\cdots,s)$ 都是单因式.

定义 4 如果 $F[x]$ 中的一个不可约多项式 $p(x)$ 在 F 上的分裂域中没有重根，那么称 $p(x)$ 是**可分的**；如果 $F[x]$ 中的一个次数大于 0 的多项式 $f(x)$ 在 $F[x]$ 中每一个不可约因式都是可分的，那么称 $f(x)$ 是**可分的**.

定义 5 设 E/F 是一个代数扩张，如果 E 的每一个元素在 F 上的极小多项式都是可分的，那么称 E/F 是**可分扩张**.

推论 4 如果有限扩张 E/F 是可分正规扩张，那么 $F[x]$ 中的每一个在 E 中有根的不可约多项式 $p(x)$ 都可以在 $E[x]$ 中分解成不同的一次因式的乘积.

证明 由于 E/F 是正规扩张,因此在 E 中有根的不可约多项式 $p(x)$ 在 $E[x]$ 中能分解成一次因式的乘积.从而 E 包含 $p(x)$ 的分裂域.不妨设 $p(x)$ 的首项系数为 1,则 $p(x)$ 是它在 E 中的一个根 α 在 F 上的极小多项式.由于 E/F 是可分扩张,因此 $p(x)$ 是可分的,从而 $p(x)$ 在它的分裂域中没有重根,因此 $p(x)$ 在 $E[x]$ 中分解成了不同的一次因式的乘积. □

习 题 4.2

1. 求 $\mathbb{Q}[x]$ 中下列多项式在 $\mathbb{Q}$ 上的一个分裂域,并且求分裂域在 $\mathbb{Q}$ 上的次数.

(1) $f(x) = x^3 - 5$; (2) $g(x) = (x^2-2)(x^2-3)$; (3) $h(x) = x^4 - 2$.

2. 设 F 为一个域,$f(x) = x^2 + ax + b \in F[x]$. 求 $f(x)$ 在 F 上的一个分裂域,并且求分裂域在 F 上的次数.

3. 设 $f(x) = x^p - 1 \in \mathbb{Q}[x]$,其中 p 是素数.求 $f(x)$ 在 $\mathbb{Q}$ 上的一个分裂域 E,并且求 $[E:\mathbb{Q}]$.

4. 设 $f(x) = x^p - 2 \in \mathbb{Q}[x]$,其中 p 是素数.求 $f(x)$ 在 $\mathbb{Q}$ 上的一个分裂域 E,并且求 $[E:\mathbb{Q}]$.

5. 求 $\mathbb{Q}[x]$ 中多项式 $f(x) = x^3 - 2x - 2$ 在 $\mathbb{Q}$ 上的一个分裂域,并且求分裂域在 $\mathbb{Q}$ 上的次数.

6. 设 $q = p^n$,p 为素数,$n \in \mathbb{N}^*$. 证明:

(1) $\mathbb{Z}_p[x]$ 中的多项式 $x^q - x$ 在 $\mathbb{Z}_p$ 上的分裂域是一个 q 元有限域,从而 q 元有限域一定存在.

(2) 任意两个 q 元有限域都是同构的,从而可以用 $\mathbb{F}_q$ 表示 q 元有限域,或者记做 $\mathrm{GF}(q)$.

(注:有限域又叫做伽罗瓦域,因为有限域是由伽罗瓦首先提出的.)

7. 求 $f(x) = x^3 + \bar{2}x + \bar{2} \in \mathbb{Z}_3[x]$ 在 $\mathbb{Z}_3$ 上的一个分裂域 E,并且求 $[E:\mathbb{Z}_3]$.

8. 设 p 是素数,$r \in \mathbb{N}^*$. 求 $x^{p^r} - \bar{1} \in \mathbb{Z}_p[x]$ 在 $\mathbb{Z}_p$ 上的一个分裂域 E,并且求 $[E:\mathbb{Z}_p]$.

§4.3 域扩张的自同构群,伽罗瓦扩张

伽罗瓦是通过域扩张的自同构群来研究一元高次方程可用根式求解的问题,因此引出下述概念:

定义 1　设 E/F 为一个域扩张，域 E 的所有 F-自同构组成的集合对于映射的乘法成为一个群，称它为 E 在 F 上的**伽罗瓦群**，记做 $\mathrm{Gal}(E/F)$。

命题 1　若 E 是 $F[x]$ 中的一个可分多项式 $f(x)$ 在 F 上的分裂域，则
$$|\mathrm{Gal}(E/F)| = [E:F].$$

证明　设 $f(x)$ 在 $F[x]$ 中的标准分解式为
$$f(x) = a p_1^{l_1}(x) \cdots p_s^{l_s}(x),$$
其中 $p_1(x), \cdots, p_s(x)$ 是域 F 上两两不等的首一不可约多项式。令
$$f_0(x) = a p_1(x) \cdots p_s(x),$$
则 E 是 $f(x)$ 在 F 上的分裂域当且仅当 E 是 $f_0(x)$ 在 F 上的分裂域。由于 $f(x)$ 是 F 上的可分多项式，因此 $p_i(x)$ 是可分的，$i=1,\cdots,s$。从而 $p_i(x)$ 在 E 中的根各不相同，$i=1,\cdots,s$。于是 $f_0(x)$ 在 E 中的根各不相同。对 $f_0(x)$ 用 §4.2 的定理 2 得，从 F 到 F 的恒等映射 I 开拓成 E 到 E 的同构的数目等于 $[E:F]$。即这样开拓成的 E 的 F-自同构的数目等于 $[E:F]$。又由于 E 的每一个 F-自同构 φ 在 F 上的限制 $\varphi|F$ 是 F 上的恒等变换，因此 E 的每一个 F-自同构都是由 I 开拓成的。从而
$$|\mathrm{Gal}(E/F)| = [E:F]. \qquad \square$$

设 E 是一个域，G 是 E 的一个自同构群。令
$$\mathrm{Inv}(G) := \{\alpha \in E \mid \eta(\alpha) = \alpha, \forall\, \eta \in G\},$$
任取 $\alpha, \beta \in \mathrm{Inv}(G)$，$\forall\, \eta \in G$，有
$$\eta(\alpha - \beta) = \eta(\alpha) - \eta(\beta) = \alpha - \beta,$$
$$\eta(\alpha\beta) = \eta(\alpha)\eta(\beta) = \alpha\beta,$$
$$\eta(\beta^{-1}) = \eta(\beta)^{-1} = \beta^{-1}, \quad \beta \neq 0,$$
因此，$\alpha - \beta, \alpha\beta, \beta^{-1}(\beta \neq 0) \in \mathrm{Inv}(G)$。从而 $\mathrm{Inv}(G)$ 是 E 的一个子域。我们把 $\mathrm{Inv}(G)$ 称为 E 的 G-**不动域**，或者称 $\mathrm{Inv}(G)$ 是 G 的**不动域**。

设 G 是 E 的一个有限自同构群，$|G|$ 与 $[E:\mathrm{Inv}(G)]$ 有什么关系？

引理 1（Artin **引理**）　设 G 是域 E 的有限自同构群，$F = \mathrm{Inv}(G)$，则
$$[E:F] \leqslant |G|.$$

证明　设 $|G| = n$，$G = \{\eta_1, \eta_2, \cdots, \eta_n\}$，其中 η_1 是群 G 的单位元（即

E 上的恒等变换). 由于 $[E:F]$ 等于域 F 上线性空间 E 的维数, 因此为了证 $[E:F] \leqslant |G| = n$, 就只要证 E 中任意 $n+1$ 个元素在 F 上线性相关. 用反证法. 假如 E 中存在 $n+1$ 个元素 $\alpha_0, \alpha_1, \cdots, \alpha_n$ 在 F 上线性无关. G 中元素 $\eta_1, \eta_2, \cdots, \eta_n$ 依次作用在 $\alpha_0, \alpha_1, \cdots, \alpha_n$ 上可得到一个 $n \times (n+1)$ 矩阵 $\boldsymbol{A}$:

$$\boldsymbol{A} = \begin{pmatrix} \eta_1(\alpha_0) & \eta_1(\alpha_1) & \cdots & \eta_1(\alpha_n) \\ \eta_2(\alpha_0) & \eta_2(\alpha_1) & \cdots & \eta_2(\alpha_n) \\ \vdots & \vdots & & \vdots \\ \eta_n(\alpha_0) & \eta_n(\alpha_1) & \cdots & \eta_n(\alpha_n) \end{pmatrix}.$$

由于域 E 上 $n+1$ 元齐次线性方程组 $\boldsymbol{AX=0}$ 的方程个数 n 小于未知量个数 $n+1$, 因此 $\boldsymbol{AX=0}$ 必有非零解. 取它的一个非零解 $(c_0, c_1, \cdots, c_n)^T$, 且它具有最少的非零分量, 不妨设 $c_0 \neq 0$. 任给 $j \in \{1, 2, \cdots, n\}$, 由于

$$\eta_j(\alpha_0)c_0 + \eta_j(\alpha_1)c_1 + \cdots \eta_j(\alpha_n)c_n = 0, \tag{1}$$

因此

$$\eta_j(\alpha_0) = -\sum_{i=1}^{n} \eta_j(\alpha_i) c_i c_0^{-1} = \sum_{i=1}^{n} \eta_j(\alpha_i) b_i, \tag{2}$$

其中 $b_i = -c_i c_0^{-1}, i = 1, \cdots, n$. 当 $j = 1$ 时, 由(2)式得

$$\alpha_0 = \sum_{i=1}^{n} \alpha_i b_i. \tag{3}$$

由于 $\alpha_0, \alpha_1, \cdots, \alpha_n$ 在 F 上线性无关, 因此从(3)式得出, $b_1, b_2, \cdots, b_n$ 不能全属于 F, 不妨设 $b_1 \notin F$. 由于 $F = \text{Inv}(G)$, 因此存在 $\eta_l \in G$, 使得 $\eta_l(b_1) \neq b_1$. 由于 $\eta_l^{-1} \eta_j \in G$, 因此把(2)式中的 η_j 换成 $\eta_l^{-1} \eta_j$, 得

$$(\eta_l^{-1} \eta_j)(\alpha_0) = \sum_{i=1}^{n} (\eta_l^{-1} \eta_j)(\alpha_i) b_i. \tag{4}$$

(4)式两边用 η_l 作用, 得

$$\eta_j(\alpha_0) = \sum_{i=1}^{n} \eta_j(\alpha_i) \eta_l(b_i). \tag{5}$$

(2)式减去(5)式, 得

$$\sum_{i=1}^{n} \eta_j(\alpha_i)[b_i - \eta_l(b_i)] = 0. \tag{6}$$

于是 n 元齐次线性方程组

$$\sum_{i=1}^{n}\eta_j(\alpha_i)y_i=0,\quad j=1,2\cdots,n \tag{7}$$

有非零解$(b_1-\eta_l(b_1),b_2-\eta_l(b_2),\cdots,b_n-\eta_l(b_n))^{\mathrm{T}}$. 在这个非零解的最前面添上一个分量 0, 则得到 $n+1$ 元齐次线性方程组 $\boldsymbol{AX=0}$ 的一个非零解. 把$(c_0,c_1,\cdots,c_n)^{\mathrm{T}}$与$(0,b_1-\eta_l(b_1),\cdots,b_n-\eta_l(b_n))^{\mathrm{T}}$比较, 对于 $i\in\{1,2,\cdots,n\}$, 当 $c_i=0$ 时, 有 $b_i=-c_ic_0^{-1}=0$, 从而必有 $b_i-\eta_l(b_i)=0-\eta_l(0)=0$; 当 $c_i\neq 0$ 时, $b_i-\eta_l(b_i)=-c_ic_0^{-1}-\eta_l(-c_ic_0^{-1})$, 它可能为 0, 也可能不为 0. 又由于 $c_0\neq 0$, 因此非零解

$$(0,b_1-\eta_l(b_1),\cdots,b_n-\eta_l(b_n))^{\mathrm{T}}$$

的非零分量数目小于$(c_0,c_1,\cdots,c_n)^{\mathrm{T}}$的非零分量数目. 这与$(c_0,c_1,\cdots,c_n)^{\mathrm{T}}$的取法矛盾. 因此, E 中任意 $n+1$ 个元素都在 F 上线性相关. 从而 $\dim_F E \leqslant n$, 即 $[E:F]\leqslant |G|$. □

根据域扩张 E/F 的伽罗瓦群 $\mathrm{Gal}(E/F)$ 的定义, 一定有

$$F\subseteq\mathrm{Inv}(\mathrm{Gal}(E/F)). \tag{8}$$

(8)式中的临界点, 即等号成立时的域扩张是特别重要的域扩张. 于是我们引出下述概念:

定义 2 如果域扩张 E/F 的伽罗瓦群 $\mathrm{Gal}(E/F)$ 的不动域恰好等于 F, 那么称 E/F 是一个伽罗瓦扩张.

有限伽罗瓦扩张具有什么性质? 它与多项式的分裂域有什么联系? 下面的定理 1 回答了这个问题.

定理 1 设 E/F 是一个域扩张, 则下列命题等价:

(1) E/F 是有限可分正规扩张;

(2) E 是 $F[x]$ 中一个可分多项式 $f(x)$ 在 F 上的分裂域;

(3) E/F 是有限伽罗瓦扩张.

证明 (1)⇒(2) 由于 E/F 是有限正规扩张, 因此根据 §4.2 的定理 3 得, E 是 $F[x]$ 中一个 $n(n>0)$ 次多项式 $f(x)$ 在 F 上的一个分裂域. 设在 $F[x]$ 中 $f(x)$ 的标准分解式为

$$f(x)=ap_1^{l_1}(x)\cdots p_s^{l_s}(x).$$

设 $p_i(x)$ 在 E 中的一个根为 α_i, 则 $p_i(x)$ 是 α_i 在 F 上的极小多项式. 由于 E/F 是可分扩张, 因此 $p_i(x)$ 是可分的, $i=1,\cdots,s$. 从而 $f(x)$ 是可分的.

§4.3 域扩张的自同构群,伽罗瓦扩张

(2)⇒(3) 由于 E 是 $F[x]$ 中一个多项式 $f(x)$ 在 F 上的分裂域,因此 E/F 是有限扩张.又由于 $f(x)$ 是可分的,因此根据本节的命题 1 得
$$|\mathrm{Gal}(E/F)| = [E:F].$$
设 $\mathrm{Gal}(E/F)$ 的不动域为 F',则 $F \subseteq F'$.于是 $f(x)$ 可看成是 $F'[x]$ 中的多项式.设 L 是 $f(x)$ 在 F' 上的一个分裂域.设在 $E[x]$ 中,F 上的多项式
$$f(x) = a(x-\alpha_1)(x-\alpha_2)\cdots(x-\alpha_n),$$
则 $E = F(\alpha_1, \alpha_2, \cdots, \alpha_n)$.$f(x)$ 的这个分解式也是 F' 上的多项式 $f(x)$ 在 $E[x]$ 中的分解式.在一个包含 E 和 L 的域中,根据 $f(x)$ 的因式分解的唯一性得,F' 上的多项式 $f(x)$ 在 $L[x]$ 中的分解式也是上面的分解式.从而
$$L = F'(\alpha_1, \alpha_2, \cdots, \alpha_n) \supseteq F(\alpha_1, \alpha_2, \cdots, \alpha_n) = E.$$
又有 $F'(\alpha_1, \alpha_2, \cdots, \alpha_n) \subseteq E$,因此 $L = E$,即 E 是 $f(x)$ 在 F' 上的分裂域.由于 $f(x)$ 是 $F[x]$ 中的可分多项式,因此 $f(x)$ 在 $F[x]$ 中的每一个不可约因式在 E 中没有重根,即在 $E[x]$ 中分解成了不同的一次因式的乘积.从而 $f(x)$ 在 $F'[x]$ 中的每一个不可约因式在 $E[x]$ 中分解成了不同的一次因式的乘积,于是它在 E 中没有重根.因此,$f(x)$ 也是 $F'[x]$ 中的可分多项式.仍根据命题 1 得
$$|\mathrm{Gal}(E/F')| = [E:F'].$$
由于 $\mathrm{Gal}(E/F)$ 的不动域为 F',因此 $\mathrm{Gal}(E/F)$ 的每一个元素都是 E 的 F'-自同构.从而 $\mathrm{Gal}(E/F) \subseteq \mathrm{Gal}(E/F')$.于是 $|\mathrm{Gal}(E/F)| \leqslant |\mathrm{Gal}(E/F')|$.因此 $[E:F] \leqslant [E:F']$.又由于
$$[E:F] = [E:F'][F':F],$$
因此 $[F':F] = 1$.从而 $F' = F$.于是 E/F 是伽罗瓦扩张.

(3)⇒(1) 设 E/F 是有限伽罗瓦扩张.先证 E/F 是正规扩张.任取 $F(x)$ 中在 E 中有根 α_1 的首一不可约多项式 $p(x)$,要证 $p(x)$ 在 $E[x]$ 中能分解成一次因式的乘积.先求出 $p(x)$ 在 E 中还有哪些根.设 α_1 在 $\mathrm{Gal}(E/F)$ 的作用下得到的所有像组成的集合 Ω 为
$$\Omega = \{\alpha_1, \alpha_2, \cdots, \alpha_m\}.$$
作为集合的元素,$\alpha_1, \alpha_2, \cdots, \alpha_m$ 两两不等.于是对于任一 $\sigma \in \mathrm{Gal}(E/F)$,$\sigma(\alpha_1), \sigma(\alpha_2), \cdots, \sigma(\alpha_m)$ 两两不等.由于 $\alpha_i = \tau_i(\alpha_1)$ 对某个 $\tau_i \in \mathrm{Gal}(E/F)$,

因此 $\sigma(\alpha_i)=\sigma\tau_i(\alpha_1)\in\Omega, i=1,2,\cdots,m$. 从而
$$\{\sigma(\alpha_1),\sigma(\alpha_2),\cdots,\sigma(\alpha_m)\}=\Omega=\{\alpha_1,\alpha_2,\cdots,\alpha_m\}.$$
设 $p(x)=\sum_{i=0}^{n}b_ix^i$. 由于 $p(\alpha_1)=0$,因此 $\sum_{i=0}^{n}b_i\alpha_1^i=0$. 此式两边用 σ 作用得, $\sum_{i=0}^{n}b_i\sigma(\alpha_1)^i=0$. 于是 $\sigma(\alpha_1)$ 是 $p(x)$ 在 E 中的一个根. 由于 σ 是 $\mathrm{Gal}(E/F)$ 中任一元素, 且 $\alpha_j=\tau_j(\alpha_1)$ 对某个 $\tau_j\in\mathrm{Gal}(E/F)$,因此 α_j 是 $p(x)$ 在 E 中的一个根, $j=1,\cdots,m$. 于是在 $E[x]$ 中有
$$p(x)=(x-\alpha_1)(x-\alpha_2)\cdots(x-\alpha_m)h(x), \tag{9}$$
其中 $h(x)\in E[x]$. 下面想证 $h(x)=1$, 为此令
$$g(x)=(x-\alpha_1)(x-\alpha_2)\cdots(x-\alpha_m). \tag{10}$$
于是在 $E[x]$ 中, $g(x)\mid p(x)$. 设 $g(x)=x^m+c_{m-1}x^{m-1}+\cdots+c_1x+c_0$, 则
$$c_{m-k}=(-1)^k\sum_{1\leqslant i_1<\cdots<i_k\leqslant m}\alpha_{i_1}\cdots\alpha_{i_k},\quad k=1,\cdots,m. \tag{11}$$
于是
$$\sigma(c_{m-k})=(-1)^k\sum_{1\leqslant i_1<\cdots<i_k\leqslant m}\sigma(\alpha_{i_1})\cdots\sigma(\alpha_{i_k}),\quad k=1,\cdots,m. \tag{12}$$
由于 $\{\sigma(\alpha_1),\cdots,\sigma(\alpha_m)\}=\{\alpha_1,\alpha_2,\cdots,\alpha_m\}$, 因此从 (11), (12) 式得
$$\sigma(c_{m-k})=c_{m-k},\quad k=1,\cdots,m. \tag{13}$$
从而, c_{m-k} 属于 $\mathrm{Gal}(E/F)$ 的不动域. 由于 E/F 是伽罗瓦扩张, 因此 $\mathrm{Gal}(E/F)$ 的不动域恰好是 F. 于是 $c_{m-k}\in F, k=1,\cdots,m$. 从而 $g(x)\in F[x]$. 由于整除性不随域的扩大而改变, 因此从 $E[x]$ 中 $g(x)\mid p(x)$ 得, 在 $F[x]$ 中 $g(x)\mid p(x)$. 由于 $p(x)$ 在 F 上不可约, 因此 $g(x)$ 与 $p(x)$ 相伴. 又由于它们的首项系数都是 1, 因此 $g(x)=p(x)$. 从而 $p(x)$ 在 $E[x]$ 中分解成了一次因式的乘积. 所以 E/F 是正规扩张.

再证 E/F 是可分扩张. 任取 E 的一个元素 β_1, β_1 在 F 上的极小多项式 $m(x)$ 在 F 上不可约. 利用上面所证的结果得, $m(x)$ 在 $E[x]$ 中分解成了不同的一次因式的乘积:
$$m(x)=(x-\beta_1)(x-\beta_2)\cdots(x-\beta_r). \tag{14}$$
于是 $F(\beta_1,\beta_2,\cdots,\beta_r)$ 是 $m(x)$ 在 F 上的一个分裂域. (14) 式表明 $m(x)$ 在 $F(\beta_1,\beta_2,\cdots,\beta_r)$ 中没有重根. 因此 $m(x)$ 是可分的. 从而 E/F 是可分

扩张.

推论 1 如果 E/F 是有限伽罗瓦扩张,那么
$$|\mathrm{Gal}(E/F)| = [E:F].$$

证明 由于 E/F 是有限伽罗瓦扩张,因此根据定理 1 得,E 是 $F[x]$ 中一个可分多项式 $f(x)$ 在 F 上的分裂域. 再根据命题 1 得
$$|\mathrm{Gal}(E/F)| = [E:F]. \qquad \square$$

推论 2 设 E/F 是有限伽罗瓦扩张,则 E 的任一元素 α_1 在 F 上的极小多项式 $p(x)$ 是可分的,并且 $p(x)$ 在 E 中的全部根组成的集合 $\Omega = \{\alpha_1, \alpha_2, \cdots, \alpha_m\}$ 恰好是 α_1 在 $\mathrm{Gal}(E/F)$ 的作用下得到的所有像组成的集合. 令 $E_1 = F(\alpha_1, \alpha_2, \cdots, \alpha_m)$,则 E_1 是 $p(x)$ 在 F 上的分裂域. 于是 E_1/F 是有限伽罗瓦扩张,并且 $\mathrm{Gal}(E_1/F)$ 同构于 Ω 上的一个置换群(即 S_Ω 的一个子群).

证明 从定理 1 的 (3)$\Rightarrow$(1) 的证明过程立即得到推论 2 的前半部分. 任给 $\sigma \in \mathrm{Gal}(E_1/F)$,对 E_1/F 用推论 2 的前半部分的结论得,$\{\sigma(\alpha_1), \cdots, \sigma(\alpha_m)\} = \Omega$,因此 σ 诱导了 Ω 上的一个置换 $\pi_\sigma : \pi_\sigma(\alpha_i) = \sigma(\alpha_i)$, $i = 1, \cdots, m$. 令 $\psi: \sigma \mapsto \pi_\sigma$,则 ψ 是 $\mathrm{Gal}(E_1/F)$ 到 S_Ω 的一个映射.

对于 $\sigma, \tau \in \mathrm{Gal}(E_1/F)$,
$$\pi_{\sigma\tau}(\alpha_i) = \sigma\tau(\alpha_i) = \sigma(\tau(\alpha_i)) = \sigma(\pi_\tau(\alpha_i))$$
$$= \pi_\sigma(\pi_\tau(\alpha_i)) = \pi_\sigma \pi_\tau(\alpha_i), \quad i = 1, \cdots, m.$$
因此 $\pi_{\sigma\tau} = \pi_\sigma \pi_\tau$. 容易看出,当 $\sigma \neq \tau$ 时,$\pi_\sigma \neq \pi_\tau$. 于是 ψ 是 $\mathrm{Gal}(E_1/F)$ 到 S_Ω 的一个单同态,从而 $\mathrm{Gal}(E_1/F) \cong \mathrm{Im}\psi$. $\qquad \square$

我们来探讨哪些域扩张是有限伽罗瓦扩张.

命题 2 设域 E 有一个有限自同构群 H,则 $E/\mathrm{Inv}(H)$ 是有限伽罗瓦扩张,且
$$\mathrm{Gal}(E/\mathrm{Inv}(H)) = H.$$

证明 根据 Artin 引理,$[E : \mathrm{Inv}(H)] \leq |H|$. 因此 $E/\mathrm{Inv}(H)$ 是有限扩张.

下面来证 $\mathrm{Gal}(E/\mathrm{Inv}(H))$ 的不动域恰好是 $\mathrm{Inv}(H)$. 由于 H 的不动域是 $\mathrm{Inv}(H)$,因此 $H \subseteq \mathrm{Gal}(E/\mathrm{Inv}(H))$. 从而
$$\mathrm{Inv}(H) \supseteq \mathrm{Inv}(\mathrm{Gal}(E/\mathrm{Inv}(H))) \supseteq \mathrm{Inv}(H).$$
因此 $\mathrm{Inv}(\mathrm{Gal}(E/\mathrm{Inv}(H))) = \mathrm{Inv}(H)$. 从而 $E/\mathrm{Inv}(H)$ 是伽罗瓦扩张.

再根据推论 1 得

$$|\mathrm{Gal}(E/\mathrm{Inv}(H))| = [E : \mathrm{Inv}(H)] \leqslant |H| \leqslant |\mathrm{Gal}(E/\mathrm{Inv}(H))|.$$

因此 $|\mathrm{Gal}(E/\mathrm{Inv}(H))| = |H|$. 从而 $\mathrm{Gal}(E/\mathrm{Inv}(H)) = H$. □

命题 3 设 E/F 是有限伽罗瓦扩张,K 为 E/F 的任一中间域,则 E/K 也是有限伽罗瓦扩张,并且 $\mathrm{Gal}(E/K)$ 是 $\mathrm{Gal}(E/F)$ 的一个子群,从而 $\mathrm{Inv}(\mathrm{Gal}(E/K)) = K$.

证明 由于 $E \supseteq K \supseteq F$,因此 $\mathrm{Gal}(E/K) \subseteq \mathrm{Gal}(E/F)$. 由于 E/F 是有限伽罗瓦扩张,因此根据定理 1 得,E 是 $F[x]$ 中一个可分多项式 $f(x)$ 在 F 上的分裂域. $f(x)$ 可以看成是 $K[x]$ 中的多项式,根据定理 1 中 (2)⇒(3) 的证明,E 是 $K[x]$ 中多项式 $f(x)$ 在 K 上的分裂域,且 $f(x)$ 也是 $K[x]$ 中的可分多项式. 于是根据定理 1 得,E/K 是有限伽罗瓦扩张. 从而

$$\mathrm{Inv}(\mathrm{Gal}(E/K)) = K. \qquad \square$$

根据习题 4.2 的第 6 题,设 $q = p^n$,p 为素数,$n \in \mathbb{N}^*$,则 q 元有限域 $\mathbb{F}_q$ 是 $\mathbb{Z}_p[x]$ 中的多项式 $x^q - x$ 在 $\mathbb{Z}_p$ 上的分裂域. 从第 6 题的证明过程看到,$x^q - x$ 在 $\mathbb{F}_q[x]$ 中分解成了不同的一次因式的乘积. 从而 $x^q - x$ 在 $\mathbb{F}_q$ 中没有重根. 因此 $x^q - x$ 是可分多项式. 于是根据定理 1 得,$\mathbb{F}_q/\mathbb{Z}_p$ 是有限伽罗瓦扩张. 再根据推论 1 得,$|\mathrm{Gal}(\mathbb{F}_q/\mathbb{Z}_p)| = [\mathbb{F}_q : \mathbb{Z}_p]$. 由于 $q = p^n$,因此 $\mathbb{F}_q$ 是域 $\mathbb{Z}_p$ 上的 n 维线性空间. 从而 $[\mathbb{F}_q : \mathbb{Z}_p] = n$. 于是

$$|\mathrm{Gal}(\mathbb{F}_q/\mathbb{Z}_p)| = n.$$

令

$$\sigma_p : \mathbb{F}_q \to \mathbb{F}_q$$
$$\alpha \mapsto \alpha^p,$$

则 σ_p 是 $\mathbb{F}_q$ 到自身的一个映射. 由于 $\mathbb{F}_q$ 的特征为 p,因此根据习题 0.3 的第 23 题得,对于任意 $\alpha, \beta \in \mathbb{F}_q$,有

$$\sigma_p(\alpha + \beta) = (\alpha + \beta)^p = \alpha^p + \beta^p = \sigma_p(\alpha) + \sigma_p(\beta),$$
$$\sigma_p(\alpha\beta) = (\alpha\beta)^p = \alpha^p \beta^p = \sigma_p(\alpha)\sigma_p(\beta).$$

从而 σ_p 是 $\mathbb{F}_q$ 到自身的一个环同态. 任取 $\gamma \in \mathrm{Ker}\sigma_p$,则 $\sigma_p(\gamma) = 0$. 于是 $\gamma^p = 0$. 由此推出 $\gamma = 0$. 因此 $\mathrm{Ker}\sigma_p = \{0\}$. 从而 σ_p 是单射. 由于 $\mathbb{F}_q$ 是有限集,因此 σ_p 也是满射. 从而 σ_p 是双射. 于是 σ_p 是域 $\mathbb{F}_q$ 的一个自同构. 对于任意 $\bar{a} \in \mathbb{Z}_p$,有 $\sigma_p(\bar{a}) = \bar{a}^p = \bar{a}$(根据第一章 §1.4 的费马小定理). 因此 σ_p

是 $\mathbb{F}_q$ 的一个 $\mathbb{Z}_p$-自同构. 从而 $\sigma_p \in \mathrm{Gal}(\mathbb{F}_q/\mathbb{Z}_p)$. 对于任意 $\alpha \in \mathbb{F}_q$,有
$$\sigma_p^n(\alpha) = \alpha^{p^n} = \alpha^q.$$
从习题 4.2 的第 6 题的证明过程看到,$\mathbb{F}_q$ 恰好由 $x^q - x$ 在 $\mathbb{F}_q$ 中的 q 个根组成. 因此 $\alpha^q = \alpha$. 从而 $\sigma_p^n(\alpha) = \alpha, \forall \alpha \in \mathbb{F}_q$. 于是 σ_p^n 是 $\mathbb{F}_q$ 上的恒等变换. $\mathbb{F}_q^*$ 是 $q-1$ 阶循环群,设 ξ 是 $\mathbb{F}_q^*$ 的一个生成元,则当 $1 < l < n$ 时,有
$$\sigma_p^l(\xi) = \xi^{p^l} \neq \xi.$$
从而 σ_p^l 不是 $\mathbb{F}_q$ 上的恒等变换. 因此 σ_p 的阶为 n. 又由于 $\langle \sigma_p \rangle \subseteq \mathrm{Gal}(\mathbb{F}_q/\mathbb{Z}_p)$,且 $|\mathrm{Gal}(\mathbb{F}_q/\mathbb{Z}_p)| = n$,因此
$$\mathrm{Gal}(\mathbb{F}_q/\mathbb{Z}_p) = \langle \sigma_p \rangle.$$
σ_p 称为有限域 $\mathbb{F}_q$ 的 Frobenius **自同构**,其中 $q = p^n$. 于是我们证明了下述结论:

定理 2 设 $q = p^n$, p 为素数, $n \in \mathbb{N}^*$,则 q 元有限域 $\mathbb{F}_q$ 在 $\mathbb{Z}_p$ 上的伽罗瓦群 $\mathrm{Gal}(\mathbb{F}_q/\mathbb{Z}_p)$ 是由 Frobenius 自同构 σ_p 生成的 n 阶循环群,其中
$$\sigma_p : \alpha \mapsto \alpha^p, \quad \forall \alpha \in \mathbb{F}_q. \qquad \square$$

习 题 4.3

1. 证明:$\mathbb{Q}[x]$ 中下列多项式在 $\mathbb{Q}$ 上的分裂域 E 在 $\mathbb{Q}$ 上的扩张 $E/\mathbb{Q}$ 是有限伽罗瓦扩张,并且求 $\mathrm{Gal}(E/\mathbb{Q})$:

(1) $f(x) = x^3 - 5$; (2) $g(x) = (x^2 - 2)(x^2 - 3)$;

(3) $h(x) = x^4 - 2$; (4) $k(x) = x^3 - 2x - 2$.

2. 求 S_4 的所有 8 阶子群.

3. 设 $K = \mathbb{Q}(\sqrt[3]{5})$,求 $\mathrm{Gal}(K/\mathbb{Q})$,以及 $\mathrm{Inv}(\mathrm{Gal}(K/\mathbb{Q}))$.

4. 设 p 是素数,在 $\mathbb{Z}_p[x]$ 中取一个元素 t,且 t 是 $\mathbb{Z}_p$ 上的一个超越元,$\mathbb{Z}_p[t]$ 的分式域记做 $\mathbb{Z}_p(t)$,令 $F = \mathbb{Z}_p(t)$. 设 $g(x) = x^2 + tx + t \in F[x]$,令
$$f(x) = g(x^p) = x^{2p} + tx^p + t \in F[x].$$
设 E 是 $f(x)$ 在 F 上的分裂域,求 $\mathrm{Gal}(E/F)$;并且证明:$\mathrm{Inv}(\mathrm{Gal}(E/F)) \supsetneq F$.

5. 设 $q = p^n$, p 为素数, $n \in \mathbb{N}^*$. 对于 $m \in \mathbb{N}^*$,令
$$\sigma_q : \mathbb{F}_{q^m} \to \mathbb{F}_{q^m}$$
$$\alpha \mapsto \alpha^q.$$
证明:$\mathrm{Gal}(\mathbb{F}_{q^m}/\mathbb{F}_q) = \langle \sigma_q \rangle$,它是 m 阶循环群.

§4.4 伽罗瓦理论

伽罗瓦(Galois)在 1829—1831 年间完成的几篇论文中彻底解决了一元 n 次方程是否可用根式求解的问题,他给出了方程可用根式求解的充分必要条件. 为了弄清楚伽罗瓦的思想,我们考虑四次一般方程:
$$x^4 + px^2 + q = 0, \tag{1}$$
其中 p,q 是无关不定元. (1)式是 x^2 的二次一般方程,解得
$$x^2 = \frac{-p \pm \sqrt{p^2-4q}}{2}.$$
从而方程(1)的四个根为
$$x_1 = \sqrt{\frac{-p+\sqrt{p^2-4q}}{2}}, \quad x_2 = -\sqrt{\frac{-p+\sqrt{p^2-4q}}{2}}, \tag{2}$$
$$x_3 = \sqrt{\frac{-p-\sqrt{p^2-4q}}{2}}, \quad x_4 = -\sqrt{\frac{-p-\sqrt{p^2-4q}}{2}}. \tag{3}$$
考虑有理数域上二元多项式环 $\mathbb{Q}[p,q]$ 的分式域 $\mathbb{Q}(p,q)$,记做 K,则上述四次方程(1)的系数属于 K,称 K 是方程(1)的**系数域**.

从(2),(3)式看出,方程(1)的四个根 x_1,x_2,x_3,x_4 之间有如下关系,其系数属于 K:
$$x_1 + x_2 = 0, \quad x_3 + x_4 = 0. \tag{4}$$
把 x_1,x_2,x_3,x_4 组成的集合简记做 $\Omega = \{1,2,3,4\}$. 在 S_4 中,下述 8 个置换使得方程(1)的四个根在 K 中的上述关系式(4)保持成立:
(1), (12), (34), (12)(34), (13)(24), (14)(23), (1423), (1324).
容易验证,S_4 中的其余 16 个置换都不能保持上述关系式(4)成立. 上述 8 个置换组成的集合记做 G. 根据习题 4.3 的第 2 题,G 是 S_4 的一个 8 阶子群 $\langle (1324),(34) \rangle$,称它是方程(1)关于域 K 的群. 由此伽罗瓦提出了下述概念.

定义 1 设 $f(x)=0$ 是域 K 上的 n 次方程,域 $F \supseteq K$,设 $f(x)$ 在它的分裂域中没有重根,它的 n 个根 $x_1,x_2,\cdots,x_n$ 组成的集合简记做 $\Omega = \{1,2,\cdots,n\}$. S_n 中使得方程 $f(x)=0$ 的根之间其系数属于 F 的全

部代数关系不变的置换组成的集合是 S_n 的一个子群,称这个子群为方程 $f(x)=0$ **关于域 F 的群**.

记 $d=\sqrt{p^2-4q}$,则 $d^2\in K$. 令 $K_1=K(d)$. 方程(1)的根之间其系数属于 K_1 的全部代数关系除了(4)式外还有

$$x_1^2-x_3^2=d, \quad x_1^2-x_4^2=d, \quad x_2^2-x_4^2=d, \quad x_2^2-x_3^2=d. \quad (5)$$

G 中保持(5)式成立的置换组成的集合 H_1 为

$$H_1=\{(1),(12),(34),(12)(34)\}.$$

H_1 是 G 的一个子群,H_1 是方程(1)关于域 K_1 的群.

记 $d_1=\sqrt{\dfrac{-p+d}{2}}$,则 $d_1^2\in K_1$. 令 $K_2=K_1(d_1)$,方程(1)的根之间其系数属于 K_2 的全部代数关系除了(4),(5)式外还有

$$x_1-x_2=2d_1. \quad (6)$$

H_1 中保持(6)式成立的置换组成的集合 H_2 为

$$H_2=\{(1),(34)\}.$$

H_2 是 H_1 的一个子群,H_2 是方程(1)关于域 K_2 的群.

记 $d_2=\sqrt{\dfrac{-p-d}{2}}$,则 $d_2^2\in K_2$. 令 $K_3=K_2(d_2)$. 方程(1)的根之间其系数属于 K_3 的全部代数关系除了(4),(5),(6)式外还有

$$x_3-x_4=2d_2. \quad (7)$$

H_2 中保持(7)式成立的置换组成的集合 H_3 为

$$H_3=\{(1)\}.$$

H_3 是方程(1)关于域 K_3 的群.

由于 $x_1=d_1, x_2=-d_1, x_3=d_2, x_4=-d_2$,因此方程(1)的四个根都属于 K_3. 在 $K_3[x]$ 中,

$$x^4+px^2+q=(x-x_1)(x-x_2)(x-x_3)(x-x_4);$$

并且 $K_3=K_2(d_2)=K_1(d_1)(d_2)=K(d)(d_1)(d_2)=K(d,d_1,d_2)$. 由于 $2x_1^2+p=d$,因此

$$K_3=K(d,d_1,d_2)=K(x_1,x_3)=K(x_1,x_2,x_3,x_4).$$

从而 K_3 是 x^4+px^2+q 在 K 上的分裂域.

方程(1)是根式可解的. 方程(1)左端的多项式 x^4+px^2+q 在 K 上的分裂域为 K_3,并且有

$$K \subseteq K_1 \subseteq K_2 \subseteq K_3,$$
其中 $K_1 = K(d), d^2 \in K; K_2 = K_1(d_1), d_1^2 \in K_1; K_3 = K_2(d_2), d_2^2 \in K_2$. 由此受到启发,引出下述概念:

定义 2 设 $f(x)$ 是域 F 上次数大于 0 的首一多项式,且 $f(x)$ 在 F 上的分裂域为 E. 如果存在 F 的一个扩域 L 包含 E,并且域扩张 L/F 有子域的升链:
$$F = F_1 \subseteq F_2 \subseteq \cdots \subseteq F_{r+1} = L, \tag{8}$$
其中 $F_{i+1} = F_i(d_i)$,且 $d_i^{n_i} \in F_i, i = 1, \cdots, r$,那么方程 $f(x) = 0$ 称为是**在域 F 上根式可解的**,(8)式称为域 F 对于域 L 的一个**根式升链**.

若方程 $f(x) = 0$ 按照定义 2 是根式可解的,则容易说明 L 的任一元素(从而 $f(x)$ 的任一根)可以从 F 的元素出发,经过有限次的加、减、乘、除和开方(开 n_i 次方, $i = 1, \cdots, r$)运算得到,即 $f(x) = 0$ 可用根式求解. 反之,若 $f(x) = 0$ 可用根式求解,则域 F 对于 $f(x)$ 的分裂域 E 有一个根式升链(像上述四次方程(1)的例子那样),从而 $f(x) = 0$ 按照定义 2 是根式可解的. 于是通常所说的,域 F 上的方程 $f(x) = 0$ 可用根式求解与定义 2 中所说的方程 $f(x) = 0$ 在域 F 上根式可解是一致的. 采用定义 2 便于我们探讨方程根式可解的判定准则.

我们来进一步解剖上面的例子. 方程(1)分别关于域 K, K_1, K_2, K_3 的群 G, H_1, H_2, H_3 有如下关系:
$$G \supseteq H_1 \supseteq H_2 \supseteq H_3.$$
任取 $\sigma \in G$,由于 G 中每个置换保持方程(1)的根之间其系数属于 K 的全部代数关系不变,因此 σ 保持域 K 的任一元素不变,即 $\sigma|K$ 是 K 上的恒等变换. 由于 K_3 是多项式 $x^4 + px^2 + q$ 在 K 上的分裂域,即 K_3 是包含方程(1)的全部根 x_1, x_2, x_3, x_4 的最小的域,因此 σ 引起了 K_3 到自身的一个双射,并且 σ 保持域 K_3 的加法和乘法运算. 于是 σ 是 K_3 的一个自同构. 综上所述, σ 是 K_3 的一个 K-自同构. 从而 $\sigma \in \mathrm{Gal}(K_3/K)$. 反之,任给 $\tau \in \mathrm{Gal}(K_3/K)$,由于 x_1, x_2, x_3, x_4 两两不等,因此 τ 是 $\Omega = \{1, 2, 3, 4\}$ 上的一个置换,并且 τ 保持 x_1, x_2, x_3, x_4 之间其系数属于 K 的全部代数关系不变. 从而 $\tau \in G$. 因此 $G = \mathrm{Gal}(K_3/K)$.

同理, $H_1 = \mathrm{Gal}(K_3/K_1), H_2 = \mathrm{Gal}(K_3/K_2), H_3 = \mathrm{Gal}(K_3/K_3)$.

由于 $x^4 + px^2 + q$ 在 K_3 中没有重根,因此它是可分的. 根据 §4.3

的定理 1 得，K_3/K 是有限伽罗瓦扩张．从而 $\mathrm{Gal}(K_3/K)$ 的不动域是 K，即 $\mathrm{Inv}(G)=K$．又由于 K_1,K_2,K_3 都是 K_3/K 的中间域，因此根据 §4.3 的命题 3 得，$K_3/K_1,K_3/K_2,K_3/K_3$ 都是有限伽罗瓦扩张，从而
$$\mathrm{Inv}(\mathrm{Gal}(K_3/K_i))=K_i,\quad \mathrm{Inv}(H_i)=K_i,\quad i=1,2,3.$$

由于指数为 2 的子群必为正规子群，因此
$$G \triangleright H_1 \triangleright H_2 \triangleright H_3 = \{(1)\},$$
并且 $G/H_1,H_1/H_2,H_2/H_3$ 都是 Abel 群．从而根据第一章 §1.7 的定理 1 得，G 是可解群．于是从上述四次方程(1)的例子猜测有下述结论：

方程根式可解的判别准则　在特征为 0 的域 F 上的方程 $f(x)=0$ 根式可解的充分必要条件是多项式 $f(x)$ 的分裂域 E/F 的伽罗瓦群是可解群．

伽罗瓦发现并且证明了这个判别准则．伽罗瓦证明这个判别准则的关键是他发现了域 F 对于域 E 的根式升链与 $\mathrm{Gal}(E/F)$ 的递降子群列之间的密切联系．从上述四次方程(1)的例子的分析，发现这两者有下述联系：K_3/K 的中间域 K_i 对应于 $\mathrm{Gal}(K_3/K)$ 的子群 $H_i=\mathrm{Gal}(K_3/K_i)$；$\mathrm{Gal}(K_3/K)=G$ 的子群 H_i 对应于 $K_i=\mathrm{Inv}(H_i),i=1,2,3$．于是伽罗瓦提出并且证明了下述重要定理：

伽罗瓦基本定理　设 E/F 为一个有限伽罗瓦扩张，记 $G=\mathrm{Gal}(E/F)$，则

(1) 在 E/F 的所有中间域组成的集合 Ω_1 与 G 的所有子群组成的集合 Ω_2 之间存在一个一一对应(称为**伽罗瓦对应**)：
$$\sigma: \Omega_1 \rightarrow \Omega_2 \qquad \sigma^{-1}: \Omega_2 \rightarrow \Omega_1$$
$$K \mapsto \mathrm{Gal}(E/K),\qquad H \mapsto \mathrm{Inv}(H),$$
并且 $\mathrm{Inv}(\mathrm{Gal}(E/K))=K, \mathrm{Gal}(E/\mathrm{Inv}(H))=H$；

(2) 上述一一对应是反包含的，即
$$K_1 \subseteq K_2 \Leftrightarrow \mathrm{Gal}(E/K_1) \supseteq \mathrm{Gal}(E/K_2);$$

(3) 有数量关系：
$$|\mathrm{Gal}(E/\mathrm{Inv}(H))|=[E:\mathrm{Inv}(H)],$$
$$[G:H]=[\mathrm{Inv}(H):F];$$

(4) 若 G 的子群 H 对应于 E/F 的中间域 K，则 H 的共轭子群 $\sigma H \sigma^{-1}$ 对应于 $\sigma(K)$，其中 $\sigma \in G$．

(5) H 是 G 的正规子群当且仅当 $\mathrm{Inv}(H)$ 在 F 上是正规扩张,此时
$$\mathrm{Gal}(\mathrm{Inv}(H)/F) \cong G/H.$$

证明 (1) 任取 E/F 的一个中间域 K,根据 §4.3 的命题 3 得,$\mathrm{Gal}(E/K)$ 是 $\mathrm{Gal}(E/F)$ 的一个子群,因此 σ 是 Ω_1 到 Ω_2 的一个映射.

任取 $G = \mathrm{Gal}(E/F)$ 的一个子群 H,则 $\mathrm{Inv}(H) \supseteq F$. 从而 $\mathrm{Inv}(H)$ 是 E/F 的一个中间域. 又根据 §4.3 的命题 2 得,$\mathrm{Gal}(E/\mathrm{Inv}(H)) = H$. 于是 $\sigma(\mathrm{Inv}(H)) = H$. 从而 σ 是满射.

任取 $K_1, K_2 \in \Omega_1$,设 $\sigma(K_1) = \sigma(K_2)$,即 $\mathrm{Gal}(E/K_1) = \mathrm{Gal}(E/K_2)$. 根据 §4.3 的命题 3 得
$$K_1 = \mathrm{Inv}(\mathrm{Gal}(E/K_1)) = \mathrm{Inv}(\mathrm{Gal}(E/K_2)) = K_2.$$
因此 σ 是单射,从而 σ 是双射.

从证明 σ 是满射的过程看到,$\sigma^{-1}(H) = \mathrm{Inv}(H)$.

(2) 从伽罗瓦群的定义立即得到.

(3) 由于 E/F 是有限伽罗瓦扩张,且 $\mathrm{Inv}(H)$ 是 E/F 的一个中间域,因此根据 §4.3 的命题 3 得,$E/\mathrm{Inv}(H)$ 也是有限伽罗瓦扩张. 再根据 §4.3 的推论 1 得
$$|\mathrm{Gal}(E/\mathrm{Inv}(H))| = [E : \mathrm{Inv}(H)].$$

根据 §4.3 的命题 2 得,$\mathrm{Gal}(E/\mathrm{Inv}(H)) = H$. 由于 E/F 是有限伽罗瓦扩张,因此 $|\mathrm{Gal}(E/F)| = [E : F]$. 从而
$$\begin{aligned}|G| &= [E : F] = [E : \mathrm{Inv}(H)][\mathrm{Inv}(H) : F] \\ &= |\mathrm{Gal}(E/\mathrm{Inv}(H))| [\mathrm{Inv}(H) : F] \\ &= |H| [\mathrm{Inv}(H) : F].\end{aligned}$$
因此 $[G : H] = |G|/|H| = [\mathrm{Inv}(H) : F]$.

(4) 设 H 是 G 的一个子群,且 $\mathrm{Inv}(H) = K$,则根据 (1) 得,$\mathrm{Gal}(E/K) = H$. 要证:对于任给 $\sigma \in G$,有 $\sigma H \sigma^{-1}$ 的不动域是 $\sigma(K)$.

设 $\sigma(K)$ 对应于 G 的子群 $\widetilde{H}$,则根据 (1) 得,$\widetilde{H} = \mathrm{Gal}(E/\sigma(K))$,且 $\widetilde{H}$ 的不动域是 $\sigma(K)$. 下面来证 $\widetilde{H} = \sigma H \sigma^{-1}$.

任取 $\tau \in H$,想证 $\sigma\tau\sigma^{-1} \in \widetilde{H}$,从而 $\sigma H \sigma^{-1} \subseteq \widetilde{H}$. 任取 $b' \in \sigma(K)$,则有 $b \in K$,使得 $b' = \sigma(b)$. 于是
$$(\sigma\tau\sigma^{-1})(b') = (\sigma\tau\sigma^{-1})(\sigma(b)) = \sigma\tau(b) = \sigma(b) = b'.$$

从而 $\sigma\tau\sigma^{-1} \in \text{Gal}(E/\sigma(K)) = \widetilde{H}$.

反之,把 $\sigma(K)$ 记成 L,则 $K = \sigma^{-1}(L)$. 对 $\sigma^{-1}(L)$ 用刚才证得的结论,任取 $\tilde{\tau} \in \widetilde{H}$,有
$$\sigma^{-1}\tilde{\tau}(\sigma^{-1})^{-1} \in \text{Gal}(E/\sigma^{-1}(L)) = \text{Gal}(E/K) = H.$$
从而 $\sigma^{-1}\widetilde{H}(\sigma^{-1})^{-1} \subseteq H$. 于是 $\widetilde{H} \subseteq \sigma H \sigma^{-1}$. 因此 $\widetilde{H} = \sigma H \sigma^{-1}$. 这证明了 $\sigma H \sigma^{-1}$ 的不动域是 $\sigma(K)$.

(5) **必要性** 设 $H \triangleleft G$,则 $\forall \sigma \in G$,有 $\sigma H \sigma^{-1} = H$. 设 $K = \text{Inv}(H)$,则根据(4)得,$\sigma H \sigma^{-1}$ 的不动域是 $\sigma(K)$,从而 $\sigma(K) = K$. 因此对于每一个 $\sigma \in G$,有 $\sigma|K$ 是域 K 的一个 F-自同构. 于是 $\sigma|K \in \text{Gal}(K/F)$. 任给 $\sigma, \tau \in G$,有 $(\sigma|K)(\tau|K) = (\sigma\tau)|K$.

令
$$\psi: G \to \text{Gal}(K/F)$$
$$\sigma \mapsto \sigma|K,$$
则 ψ 是 G 到 $\text{Gal}(K/F)$ 的一个群同态.
$$\sigma \in \text{Ker}\psi \Leftrightarrow \sigma|K \text{ 是 } K \text{ 上的恒等变换}$$
$$\Leftrightarrow \sigma \text{ 是域 } E \text{ 的 } K\text{-自同构}$$
$$\Leftrightarrow \sigma \in \text{Gal}(E/K).$$
根据(1),$\text{Gal}(E/K) = \text{Gal}(E/\text{Inv}(H)) = H$. 因此 $\text{Ker}\psi = H$. 根据群同态基本定理得
$$G/H \cong \text{Im}\psi.$$

由于 $\text{Im}\psi < \text{Gal}(K/F)$,因此 $\text{Im}\psi$ 的不动域 $F' \supseteq F$. 根据 §4.3 的命题 2 得,K/F' 是有限伽罗瓦扩张,且 $\text{Gal}(K/F') = \text{Im}\psi$. 于是
$$|\text{Im}\psi| = |\text{Gal}(K/F')| = [K:F'].$$
又根据(3)得,$[G:H] = [K:F]$,因此
$$|\text{Im}\psi| = |G/H| = [G:H] = [K:F].$$
从而 $[K:F'] = [K:F]$. 于是 $F' = F$. 从而 $\text{Im}\psi = \text{Gal}(K/F)$. 因此
$$G/H \cong \text{Gal}(K/F).$$
再根据 §4.3 的定理 1 得,K/F 是正规扩张.

充分性 设 H 是 G 的一个子群,记 $\text{Inv}(H) = K$,且 K/F 是正规扩张. 要证 $H \triangleleft G$,只要证:任给 $\sigma \in G$,有 $\sigma H \sigma^{-1} \supseteq H$. 根据(2),只要证:

$\text{Inv}(\sigma H \sigma^{-1}) \subseteq \text{Inv}(H)$. 再根据(4),只要证: $\sigma(K) \subseteq K$.

任取 $\alpha_1 \in K$,设 $p(x)$ 是 α_1 在 F 上的极小多项式,则 $p(x)$ 在 F 上不可约. 由于 K/F 是正规扩张,因此在 $K[x]$ 中,
$$p(x) = (x - \alpha_1)(x - \alpha_2) \cdots (x - \alpha_m).$$
设 $p(x) = \sum\limits_{i=0}^{m} b_i x^i$,则
$$p(\sigma(\alpha_1)) = \sum_{i=0}^{m} b_i (\sigma(\alpha_1))^i = \sigma\left(\sum_{i=0}^{m} b_i \alpha_1^i\right) = \sigma(0) = 0.$$
于是 $\sigma(\alpha_1) = \alpha_j$,对某个 $j \in \{1, 2, \cdots, m\}$. 从而 $\sigma(\alpha_1) \in K$. 因此 $\sigma(K) \subseteq K$. 这证明了 $H \triangleleft G$. □

伽罗瓦基本定理对于有限伽罗瓦扩张 E/F,在它的中间域集与它的伽罗瓦群 $G = \text{Gal}(E/F)$ 的子群集之间建立了一一对应,并且这个一一对应具有上述性质(2)—(5). 这是数学发展史上的一个创新.

伽罗瓦利用他的基本定理证明了方程根式可解的判别准则. 证明可以看参考文献[2]的第 154 页至第 159 页的引理 1,引理 2,引理 3,引理 4,定理 2,命题 1,引理 5,定理 3.

伽罗瓦利用方程根式可解的判别准则证明了下述定理:

阿贝尔-鲁菲尼定理 特征为 0 的域 F 上的 n 次一般方程
$$f(x) = x^n - t_1 x^{n-1} + t_2 x^{n-2} - \cdots + (-1)^n t_n = 0, \tag{9}$$
其中 $t_1, t_2, \cdots, t_n$ 是 n 个无关不定元,当 $n > 4$ 时方程(9)不是根式可解的.

为了证明阿贝尔-鲁菲尼定理,首先要讨论域 F 上 n 次一般方程 (9)的左端的多项式 $f(x)$,它的系数域是域 F 上 n 元多项式环 $F[t_1, t_2, \cdots, t_n]$ 的分式域 $F(t_1, t_2, \cdots, t_n)$. $f(x)$ 的分裂域 E 在 $F(t_1, t_2, \cdots, t_n)$ 上的伽罗瓦群 $\text{Gal}(E/F(t_1, t_2, \cdots, t_n))$ 是什么样子?

定理 1 设 $f(x) = 0$ 是域 F 上的 n 次一般方程,其中
$$f(x) = x^n - t_1 x^{n-1} + t_2 x^{n-2} - \cdots + (-1)^n t_n \in F(t_1, \cdots, t_n)[x].$$
设 $f(x)$ 在 $F(t_1, t_2, \cdots, t_n)$ 上的分裂域为 E,则 $f(x)$ 在 E 中的 n 个根两两不等,并且
$$\text{Gal}(E/F(t_1, t_2, \cdots, t_n)) \cong S_n.$$

证明 请看参考文献[2]的第 160—162 页的定理 4 的证明.

阿贝尔-鲁菲尼定理的证明 设 $f(x)=0$ 是特征为 0 的域 F 上的 n 次一般方程. 根据定理 1 得, $f(x)$ 的分裂域 E 在 $F(t_1, t_2, \cdots, t_n)$ 上的伽罗瓦群

$$\mathrm{Gal}(E/F(t_1, t_2, \cdots, t_n)) \cong S_n.$$

当 $n \geqslant 3$ 时, $S_n' = A_n$;当 $n \geqslant 5$ 时, $A_n' = A_n$. 因此当 $n \geqslant 5$ 时, S_n 是不可解群. 从而 $\mathrm{Gal}(E/F(t_1, t_2, \cdots, t_n))$ 是不可解群. 于是 $f(x)=0$ 不是根式可解的. □

至此, 彻底解决了方程根式可解的问题. 这归功于伽罗瓦提出并且证明了方程根式可解的判别准则, 在证明方程根式可解的判别准则时, 伽罗瓦基本定理发挥了关键作用.

习 题 4.4

1. 设 $f(x)=x^5+20x+16\in\mathbb{Q}[x]$,试问: $f(x)=0$ 是否根式可解?
2. 设 $g(x)=x^5+x^4-x^3-4x^2-4x-2\in\mathbb{Q}[x]$,试问 $g(x)=0$ 是否根式可解?

§4.5 本原元素,迹与范数

我们来探索一个有限扩张在什么条件下是单扩张.

定义 1 设 K/F 是一个有限扩张,如果 $K=F(\alpha)$,那么称 α 是 K/F 的一个**本原元素**.

我们首先来看有限域上的有限扩张. 设 $q=p^n$, p 为素数, $n\in\mathbb{N}^*$. 我们来看 $\mathbb{F}_q$ 上的 m 次扩张 $K/\mathbb{F}_q$. 取 $K/\mathbb{F}_q$ 的一个基 $\alpha_1, \alpha_2, \cdots, \alpha_m$,则 K 的每个元素 α 可以唯一地表示成 $\alpha = a_1\alpha_1 + a_2\alpha_2 + \cdots + a_m\alpha_m, a_i \in \mathbb{F}_q, i=1,2,\cdots,m$. 由此可知, K 含有 q^m 个元素. 因此 K 是 q^m 元有限域. 从而 $K=\mathbb{F}_{q^m}$. 根据第一章 §1.1 的定理 2,有限域 $\mathbb{F}_{q^m}$ 的所有非零元组成的集合 $\mathbb{F}_{q^m}^*$ 对于乘法运算是一个循环群. 设 α 是循环群 $\mathbb{F}_{q^m}^*$ 的一个生成元,则 $\mathbb{F}_{q^m} = \mathbb{F}_q(\alpha)$. 理由如下:设 α 在 $\mathbb{F}_q$ 上的极小多项式是 $p(x)$,且 $\deg p(x)=r$,则根据 §4.1 的定理 2 得, $1, \alpha, \cdots, \alpha^{r-1}$ 是 $\mathbb{F}_q(\alpha)/\mathbb{F}_q$ 的一个基,从而 $\mathbb{F}_q(\alpha)$ 的每个元素可以唯一地表示成

$c_0 + c_1\alpha + \cdots + c_{r-1}\alpha^{r-1}$，其中 $c_i \in \mathbb{F}_q, i=0,1,\cdots,r-1$，因此 $\mathbb{F}_q(\alpha) \subseteq \mathbb{F}_{q^m}$. 由于 $\mathbb{F}_{q^m}$ 的每一个非零元可以表示成 $\alpha^l \in \mathbb{F}_q(\alpha)$，且 $\mathbb{F}_{q^m}$ 的零元属于 $\mathbb{F}_q(\alpha)$，因此 $\mathbb{F}_{q^m} \subseteq \mathbb{F}_q(\alpha)$. 从而 $\mathbb{F}_{q^m} = \mathbb{F}_q(\alpha)$. 这证明了下述结论：

定理 1 有限域 $\mathbb{F}_q$ 上的有限扩张都是单扩张，并且对于 $\mathbb{F}_q$ 的 m 次扩张 $\mathbb{F}_{q^m}/\mathbb{F}_q$，循环群 $\mathbb{F}_{q^m}^*$ 的一个生成元 α 是 $\mathbb{F}_{q^m}/\mathbb{F}_q$ 的一个本原元素. □

注意 $\mathbb{F}_{q^m}/\mathbb{F}_q$ 的一个本原元素不一定是循环群 $\mathbb{F}_{q^m}^*$ 的生成元. 例如，$\mathbb{F}_{25} = \mathbb{F}_5[x]/(x^2+x+1) = \mathbb{F}_5(u)$，其中 $u = x + (x^2+x+1)$，因此 u 是 $\mathbb{F}_{25}/\mathbb{F}_5$ 的一个本原元素. 但是由于 $u^2 + u + 1 = 0$，且域 $\mathbb{F}_{25}$ 的特征为 5，因此
$$u^3 = uu^2 = u(-u-1) = u(4u+4) = 4u^2 + 4u = 4(4u+4) + 4u = 1.$$
从而 u 是 $\mathbb{F}_{25}^*$ 中的一个 3 阶元. 于是 u 不是循环群 $\mathbb{F}_{25}^*$ 的生成元.

现在来进一步探索什么样的有限扩张是单扩张.

定理 2 设 K/F 为一个有限扩张，$K = F(\alpha_1, \alpha_2, \cdots, \alpha_r)$. 如果 α_i 在 F 上的极小多项式 $p_i(x)$ 是可分的，$i = 2, \cdots, r$，那么 K/F 是单扩张.

证明 根据定理 1，有限域上的有限扩张都是单扩张，因此不妨设 F 是无限域. 对 r 做数学归纳法.

当 $r=2$ 时，$K = F(\alpha_1, \alpha_2)$，其中 α_2 在 F 上的极小多项式 $p_2(x)$ 是可分的. 我们想找出 K 中的一个元素 θ 使得 $K = F(\theta)$. 设 α_1 在 F 上的极小多项式为 $p_1(x)$，令 $f(x) = p_1(x)p_2(x)$，并且设 E 是 $f(x)$ 在 F 上的分裂域. 则在 $E[x]$ 中，
$$f(x) = p_1(x)p_2(x) = (x-\alpha_1)(x-\gamma_2)\cdots(x-\gamma_m)(x-\alpha_2)(x-\beta_2)\cdots(x-\beta_s),$$
其中 $\alpha_1, \gamma_2, \cdots, \gamma_m$ 是 $p_1(x)$ 在 E 中的全部根；$\alpha_2, \beta_2, \cdots, \beta_s$ 是 $p_2(x)$ 在 E 中的全部根. 由于 $p_2(x)$ 是可分的，因此 $\alpha_2, \beta_2, \cdots, \beta_s$ 两两不等. 为书写简便，把 α_1 记成 γ_1，考虑下列方程：
$$\gamma_i + y\beta_j = \gamma_k + y\alpha_2, \quad i,k = 1,2,\cdots,m; j = 2,\cdots,s.$$
移项得
$$(\beta_j - \alpha_2)y = \gamma_k - \gamma_i.$$
由于 $\beta_j \neq \alpha_2$. 因此上述每一个方程在 F 中至多有一个解. 由于 F 是无限域，而上述方程的个数有限，因此存在 $c \in F$，使得
$$\gamma_i + c\beta_j \neq \gamma_k + c\alpha_2, \quad i,k = 1,2,\cdots,m; j = 2,\cdots,s.$$

令 $\theta=\alpha_1+c\alpha_2$，记 $g(x)=p_1(\theta-cx)$，则 $g(\alpha_2)=p_1(\theta-c\alpha_2)=p_1(\alpha_1)=0$. 从而 α_2 是 $g(x)$ 与 $p_2(x)$ 在 E 中的公共根. 假如 β_j 是 $g(x)$ 与 $p_2(x)$ 的另一个公共根，则 $0=g(\beta_j)=p_1(\theta-c\beta_j)$. 于是 $\theta-c\beta_j=\gamma_i$，对某个 $i\in\{1,2,\cdots,m\}$. 从而 $\theta=\gamma_i+c\beta_j$，即 $\gamma_1+\alpha_2=\gamma_i+c\beta_j$，矛盾. 因此 $g(x)$ 与 $p_2(x)$ 在 E 中的公共根有且只有一个：α_2. 从而 $g(x)$ 与 $p_2(x)$ 在 $E[x]$ 中的公共的一次因式只有 $(x-\alpha_2)$. 由于 $p_2(x)$ 是可分的，因此 $x-\alpha_2$ 是 $p_2(x)$ 的单因式. 从而 $g(x)$ 与 $p_2(x)$ 在 $E[x]$ 中的首一最大公因式为 $x-\alpha_2$. 则
$$g(x)=p_1(\theta-cx)\in F(\theta)[x],\quad p_2(x)\in F(\theta)[x], F(\theta)\subseteq E.$$
由于 $g(x)$ 与 $p_2(x)$ 的首一最大公因式不随域的扩大而改变，因此在 $F(\theta)[x]$ 中，$g(x)$ 与 $p_2(x)$ 的首一最大公因式也是 $x-\alpha_2$. 从而 $\alpha_2\in F(\theta)$. 进而 $\alpha_1=\theta-c\alpha_2\in F(\theta)$. 因此 $F(\alpha_1,\alpha_2)\subseteq F(\theta)$. 又由于 $\theta=\alpha_1+c\alpha_2$，因此 $F(\theta)\subseteq F(\alpha_1,\alpha_2)$. 从而 $F(\alpha_1,\alpha_2)=F(\theta)$.

假设对 $r-1$（其中 $r\geq3$）时命题成立，现在来看 r 的情形，即 $K=F(\alpha_1,\alpha_2,\cdots,\alpha_r)$，且 α_i 在 F 上的极小多项式 $p_i(x)$ 是可分的，$i=2,\cdots,r$.

根据归纳法假设，$F(\alpha_1,\alpha_2,\cdots,\alpha_{r-1})/F$ 是单扩张，从而存在 $\delta\in F(\alpha_1,\alpha_2,\cdots,\alpha_{r-1})$，使得 $F(\alpha_1,\alpha_2,\cdots,\alpha_{r-1})=F(\delta)$. 于是
$$K=F(\alpha_1,\alpha_2,\cdots,\alpha_r)=F(\alpha_1,\alpha_2,\cdots,\alpha_{r-1})(\alpha_r)=F(\delta)(\alpha_r)=F(\delta,\alpha_r).$$
再根据 $r=2$ 时已证的结论得，存在 $\theta\in F(\delta,\alpha_r)$，使得 $F(\delta,\alpha_r)=F(\theta)$. 因此 $K=F(\theta)$. 从而 K/F 是单扩张.

根据数学归纳法原理，对一切 $r\geq2$ 时命题成立. □

推论 1 有限可分扩张都是单扩张.

证明 设 K/F 是一个有限可分扩张，则 K 中每一个元素在 F 上的极小多项式都是可分的. 于是根据定理 2 得，K/F 是单扩张. □

推论 2 有限伽罗瓦扩张都是单扩张.

证明 设 E/F 是一个有限伽罗瓦扩张，则根据 §4.3 的定理 1 得，K/F 是有限可分正规扩张. 再根据推论 1 得，E/F 是单扩张. □

设 E/F 为一个有限伽罗瓦扩张，根据推论 2 得，E/F 是单扩张. 从而 E 中有一个本原元素 θ，$E=F(\theta)$. 设 θ 在 F 上的极小多项式
$$p(x)=\sum_{i=0}^{n}b_ix^i,$$
其中 $b_n=1$，则 $[E:F]=n$. 从而 $|\mathrm{Gal}(E/F)|=[E:F]=n$. 记 $G=\mathrm{Gal}(E/F)$，设

$$G = \{\sigma_1, \sigma_2, \cdots, \sigma_n\}.$$
根据 §4.3 的推论 2 得，$p(x)$ 在 E 中的全部根组成的集合 Ω 为
$$\Omega = \{\sigma_1(\theta), \sigma_2(\theta), \cdots, \sigma_n(\theta)\}.$$
于是根据韦达公式得
$$\sigma_1(\theta) + \sigma_2(\theta) + \cdots + \sigma_n(\theta) = -b_{n-1} \in F,$$
$$\sigma_1(\theta)\sigma_2(\theta)\cdots\sigma_n(\theta) = (-1)^n b_0 \in F.$$
由此受到启发，我们引出下述概念：

定义 2 设 E/F 为一个有限伽罗瓦扩张，$G = \mathrm{Gal}(E/F)$. 对于任一 $\alpha \in E$，令
$$\mathrm{Tr}_{E/F}(\alpha) := \sum_{\sigma \in G} \sigma(\alpha),$$
$$\mathrm{N}_{E/F}(\alpha) := \prod_{\sigma \in G} \sigma(\alpha),$$
则称 $\mathrm{Tr}_{E/F}(\alpha)$ 是 α 的**迹**，称 $\mathrm{N}_{E/F}(\alpha)$ 是 α 的**范数**. 在不至于引起含混的情况下，α 的迹和范数可分别记做 $\mathrm{Tr}(\alpha)$ 和 $\mathrm{N}(\alpha)$.

迹和范数有很好的性质：

命题 1 设 E/F 为一个有限伽罗瓦扩张，$[E:F] = n$，$G = \mathrm{Gal}(E/F)$，则对于任意 $\alpha, \beta \in E, a \in F$，有

(1) $\mathrm{Tr}(\alpha + \beta) = \mathrm{Tr}(\alpha) + \mathrm{Tr}(\beta)$；

(2) $\mathrm{Tr}(a\alpha) = a\mathrm{Tr}(\alpha)$；

(3) $\mathrm{Tr}(a) = na$；

(4) $\mathrm{N}(\alpha\beta) = \mathrm{N}(\alpha)\mathrm{N}(\beta)$；

(5) $\mathrm{N}(a\alpha) = a^n \mathrm{N}(\alpha)$；

(6) $\mathrm{N}(a) = a^n$.

证明 (1) $\mathrm{Tr}(\alpha + \beta) = \sum_{\sigma \in G} \sigma(\alpha + \beta) = \sum_{\sigma \in G} (\sigma(\alpha) + \sigma(\beta))$
$$= \sum_{\sigma \in G} \sigma(\alpha) + \sum_{\sigma \in G} \sigma(\beta) = \mathrm{Tr}(\alpha) + \mathrm{Tr}(\beta).$$

(2) $\mathrm{Tr}(a\alpha) = \sum_{\sigma \in G} \sigma(a\alpha) = \sum_{\sigma \in G} \sigma(a)\sigma(\alpha) = \sum_{\sigma \in G} a\sigma(\alpha) = a\mathrm{Tr}(\alpha).$

(3) $\mathrm{Tr}(a) = \sum_{\sigma \in G} \sigma(a) = \sum_{\sigma \in G} a = na.$

(4) $\mathrm{N}(\alpha\beta) = \prod_{\sigma \in G} \sigma(\alpha)\sigma(\beta) = \left(\prod_{\sigma \in G} \sigma(\alpha)\right)\left(\prod_{\sigma \in G} \sigma(\beta)\right) = \mathrm{N}(\alpha)\mathrm{N}(\beta).$

(5) $N(a\alpha) = \prod_{\sigma \in G} \sigma(a\alpha) = \prod_{\sigma \in G} \sigma(a)\sigma(\alpha) = \prod_{\sigma \in G} a\sigma(\alpha) = a^n N(\alpha).$

(6) $N(a) = \prod_{\sigma \in G} \sigma(a) = \prod_{\sigma \in G} a = a^n.$ □

设 E/F 为一个有限伽罗瓦扩张,在推论 2 下面的一段论述中看到,若 θ 是 E 的本原元素,则 $\mathrm{Tr}_{E/F}(\theta) \in F$, $N_{E/F}(\theta) \in F$. 试问:对于 E 中的每一个元素 α,是否也有:

$$\mathrm{Tr}_{E/F}(\alpha) \in F, \quad N_{E/F}(\alpha) \in F?$$

回答是肯定的,即我们有下述命题:

命题 2 设 E/F 为一个有限伽罗瓦扩张,则对于 E 中任一元素 α,都有

$$\mathrm{Tr}_{E/F}(\alpha) \in F, \quad N_{E/F}(\alpha) \in F.$$

证明 任取 $\alpha \in E$. 设 α 在 F 上的极小多项式 $q(x) = x^r + c_{r-1}x^{r-1} + \cdots + c_1 x + c_0$. 根据 §4.3 的推论 2 得,$q(x)$ 是可分的,并且 $q(x)$ 在 E 中的全部根组成的集合 $\Omega = \{\alpha_1, \alpha_2, \cdots, \alpha_r\}$ 是 α 在 $G = \mathrm{Gal}(E/F)$ 的作用下得到的所有像组成的集合. 记 $\alpha_1 = \alpha$. 设 $[E:F] = n$,则 $|G| = |\mathrm{Gal}(E/F)| = [E:F] = n$. 设 $G = \{\sigma_1, \sigma_2, \cdots, \sigma_n\}$. G 在集合 Ω 上的一个作用为 $\sigma_i \circ \alpha_j = \sigma_i(\alpha_j)$, $i = 1, \cdots, n; j = 1, \cdots, r$. 根据第一章 §1.8 的推论 2 得

$$|G(\alpha_j)| = \frac{|G|}{|G_{\alpha_j}|}, \quad j = 1, \cdots, r.$$

由上述知,$G(\alpha) = \Omega$. 由于 α_j 也是 $q(x)$ 在 E 中的根,且 $q(x)$ 是 α_j 在 F 上的极小多项式,因此 $G(\alpha_j) = \Omega$, $j = 2, \cdots, r$. 由此推出,$|G_{\alpha_j}| = \frac{|G|}{|G(\alpha_j)|} = \frac{n}{r}$, $j = 1, 2, \cdots, r$. 记 $s = \frac{n}{r}$. 因此 α 在 G 的作用下得到的所有像组成的有重集合 $\Omega_1 = \{\sigma_1(\alpha), \sigma_2(\alpha), \cdots, \sigma_n(\alpha)\}$ 为

$$\Omega_1 = \{\underbrace{\alpha, \cdots, \alpha}_{s \text{个}}, \underbrace{\alpha_2, \cdots, \alpha_2}_{s \text{个}}, \cdots, \underbrace{\alpha_r, \cdots, \alpha_r}_{s \text{个}}\}.$$

设 $G_{\alpha_j} = \{\sigma_{j1}, \sigma_{j2}, \cdots, \sigma_{js}\}$,则有重集合 Ω_1 为

$$\Omega_1 = \{\sigma_{11}(\alpha), \cdots, \sigma_{1s}(\alpha), \sigma_{21}(\alpha), \cdots, \sigma_{2s}(\alpha), \cdots, \sigma_{r1}(\alpha), \cdots, \sigma_{rs}(\alpha)\},$$

其中 $\sigma_{jk}(\alpha) = \alpha_j$, $j = 1, \cdots, r$. $\{\sigma_{11}, \cdots, \sigma_{1s}, \sigma_{21}, \cdots, \sigma_{2s}, \cdots, \sigma_{r1}, \cdots, \sigma_{rs}\} = G.$

由于 $q(x)$ 在 E 中有根 α,因此根据 §4.2 的引理 1 得,域 F 到自身

的恒等映射 I 能开拓成 $F(\alpha)$ 到 E 的单的环同态,且这样的开拓的数目等于 $q(x)$ 在 E 中的不同的根的数目 r. 从 §4.2 的引理 1 的证明中看到, 对于 $q(x)$ 在 E 中的根 α_j, 从 I 开拓成的 $F(\alpha)$ 到 E 的单的环同态 ψ_{α_j} (简记做 ψ_j) 使得, $\psi_j|F$ 是 F 上的恒等变换, 且 $\psi_j(\alpha)=\alpha_j, j=1,\cdots,r$. 由于 $\sigma_{jk}|F(\alpha)$ 是 $F(\alpha)$ 到 E 的一个映射, 且是单射, 并且保持加法和乘法运算, 因此 $\sigma_{jk}|F(\alpha)$ 是 $F(\alpha)$ 到 E 的一个单的环同态. 由于 $\sigma_{jk}|F(\alpha)$ 在 F 上的限制是 F 上的恒等变换, 且 $(\sigma_{jk}|F(\alpha))(\alpha)=\sigma_{jk}(\alpha)=\alpha_j$, 因此 $\sigma_{jk}|F(\alpha)=\psi_j, j=1,\cdots,r; k=1,\cdots,s$. 从而

$$\begin{aligned}
\mathrm{Tr}_{E/F}(\alpha) &= \sigma_{11}(\alpha)+\cdots+\sigma_{1s}(\alpha)+\sigma_{21}(\alpha)+\cdots+\sigma_{2s}(\alpha)+\cdots+\\
&\quad \sigma_{r1}(\alpha)+\cdots+\sigma_{rs}(\alpha)\\
&= \psi_1(\alpha)+\cdots+\psi_1(\alpha)+\psi_2(\alpha)+\cdots+\psi_2(\alpha)+\cdots+\\
&\quad \psi_r(\alpha)+\cdots+\psi_r(\alpha)\\
&= s(\psi_1(\alpha)+\psi_2(\alpha)+\cdots+\psi_r(\alpha))=s(\alpha_1+\alpha_2+\cdots+\alpha_r)\\
&= s(-c_{r-1})\in F.\\
\mathrm{N}_{E/F}(\alpha) &= \sigma_{11}(\alpha)\cdots\sigma_{1s}(\alpha)\sigma_{21}(\alpha)\cdots\sigma_{2s}(\alpha)\cdots\sigma_{r1}(\alpha)\cdots\sigma_{rs}(\alpha)\\
&= [\psi_1(\alpha)]^s[\psi_2(\alpha)]^s\cdots[\psi_r(\alpha)]^s\\
&= (\alpha_1\alpha_2\cdots\alpha_r)^s=[(-1)^r c_0]^s\in F. \qquad \square
\end{aligned}$$

推论 3 设 E/F 为一个有限伽罗瓦扩张, 则 $\mathrm{Tr}_{E/F}$ 是域 F 上线性空间 E 上的一个线性函数.

证明 根据命题 2 得, $\mathrm{Tr}_{E/F}$ 是 E 到 F 的一个映射. 再根据命题 1 得, $\mathrm{Tr}_{E/F}$ 是 E 上的一个线性函数. $\qquad \square$

推论 4 设 E/F 为一个有限伽罗瓦扩张, 则 $\mathrm{N}_{E/F}$ 是乘法群 E^* 到乘法群 F^* 的一个群同态.

证明 根据命题 2 得, $\mathrm{N}_{E/F}$ 是 E 到 F 的一个映射. 再根据命题 1 得, $\mathrm{N}_{E/F}$ 是乘法群 E^* 到乘法群 F^* 的一个群同态. $\qquad \square$

推论 5 设 E/F 为一个有限伽罗瓦扩张, 则 $\mathrm{Tr}_{E/F}$ 是 E 到 F 的一个满射.

证明 设 $[E:F]=n$. 由于 E/F 是有限伽罗瓦扩张, 因此 E/F 是单扩张. 从而 E 有一个本原元素 $\theta, E=F(\theta)$. 设 θ 在 F 上的极小多项式为 $p(x)=x^n+b_{n-1}x^{n-1}+\cdots+b_1x+b_0$. 由于 E/F 是有限伽罗瓦扩张, 因此根据 §4.3 的定理 1 得, E/F 是有限可分正规扩张. 从而根据 §4.2

的推论 4 得,在 $E[x]$ 中,
$$p(x) = (x-\theta)(x-\theta_2)\cdots(x-\theta_n),$$
其中 $\theta,\theta_2,\cdots,\theta_n$ 两两不等,记 $\theta_1=\theta$. 令
$$G = \mathrm{Gal}(E/F) = \{\sigma_1,\sigma_2,\cdots,\sigma_n\}.$$

根据 §4.3 的推论 2 得,$\Omega=\{\theta_1,\theta_2,\cdots,\theta_n\}$ 是 θ_1 在 G 的作用下得到的所有像组成的集合. 于是 $\Omega=\{\sigma_1(\theta_1),\sigma_2(\theta_1),\cdots,\sigma_n(\theta_1)\}$. 不妨设 $\sigma_1(\theta_1)=\theta_1,\sigma_2(\theta_1)=\theta_2,\sigma_n(\theta_1)=\theta_n$. 于是对于 $i=1,2,\cdots$,
$$\begin{aligned}\mathrm{Tr}_{E/F}(\theta_1^i) &= \sigma_1(\theta_1^i) + \sigma_2(\theta_1^i) + \cdots + \sigma_n(\theta_1^i) \\ &= \sigma_1(\theta_1)^i + \sigma_2(\theta_1)^i + \cdots + \sigma_n(\theta_1)^i \\ &= \theta_1^i + \theta_2^i + \cdots + \theta_n^i.\end{aligned}$$
假如 $\mathrm{Tr}_{E/F}$ 是 E 上的零函数,则从上式得
$$\theta_1^i + \theta_2^i + \cdots + \theta_n^i = 0, \quad i=1,2,\cdots,n.$$
于是 E 上的 n 元齐次线性方程组
$$\begin{cases} x_1 + x_2 + \cdots + x_n = 0, \\ \theta_1 x_1 + \theta_2 x_2 + \cdots + \theta_n x_n = 0, \\ \quad\cdots\cdots\cdots\cdots \\ \theta_1^{n-1} x_1 + \theta_2^{n-1} x_2 + \cdots + \theta_n^{n-1} x_n = 0 \end{cases}$$
有非零解 $(\theta_1,\theta_2,\cdots,\theta_n)^\mathrm{T}$. 于是它的系数矩阵的行列式:
$$\begin{vmatrix} 1 & 1 & \cdots & 1 \\ \theta_1 & \theta_2 & \cdots & \theta_n \\ \vdots & \vdots & & \vdots \\ \theta_1^{n-1} & \theta_2^{n-1} & \cdots & \theta_n^{n-1} \end{vmatrix} = 0.$$
这与 $\theta_1,\theta_2,\cdots,\theta_n$ 两两不等矛盾. 因此 $\mathrm{Tr}_{E/F}$ 不是 E 上的零函数.

由于 $\mathrm{Tr}_{E/F}$ 是域 F 上线性空间 E 上的线性函数,因此 $\mathrm{Im}\mathrm{Tr}_{E/F}$ 是域 F 上线性空间 F 上的一个子空间. 又由于 $\dim_F F=1$,且 $\dim_F(\mathrm{Im}\mathrm{Tr}_{E/F})\neq 0$. 因此 $\dim_F(\mathrm{Im}\mathrm{Tr}_{E/F})=1$. 这推出 $\mathrm{Im}\mathrm{Tr}_{E/F}=F$. 因此 $\mathrm{Tr}_{E/F}$ 是 E 到 F 的满射. □

定理 3(传递公式) 设 E/F 为一个有限伽罗瓦扩张,K 是 E/F 的一个中间域,且 K/F 是正规扩张. 则对于任一 $\alpha\in E$,有
$$\mathrm{Tr}_{E/F}(\alpha) = \mathrm{Tr}_{K/F}(\mathrm{Tr}_{E/K}(\alpha)),$$

$$N_{E/F}(\alpha) = N_{K/F}(N_{E/K}(\alpha)).$$

证明 由于 E/F 是有限伽罗瓦扩张,且 K 是 E/F 的一个中间域,因此根据 §4.3 的命题 3 得,E/K 也是有限伽罗瓦扩张,且 $\mathrm{Gal}(E/K)$ 是 $\mathrm{Gal}(E/F)$ 的一个子群,从而

$$\mathrm{Inv}(\mathrm{Gal}(E/K)) = K.$$

记 $G = \mathrm{Gal}(E/F), H = \mathrm{Gal}(E/K)$. 设 $|G| = n, |H| = r, H = \{\sigma_{11}, \sigma_{12}, \cdots, \sigma_{1r}\}$,设 $[G:H] = s$,则

$$G = H \cup \tau_2 H \cup \cdots \cup \tau_s H, \quad \tau_j \in G, j = 2, \cdots, s.$$

于是 $G = \{\sigma_{11}, \cdots, \sigma_{1r}, \tau_2\sigma_{11}, \cdots, \tau_2\sigma_{1r}, \cdots, \tau_s\sigma_{11}, \cdots, \tau_s\sigma_{1r}\}$. 从而

$$\begin{aligned}\mathrm{Tr}_{E/F}(\alpha) &= \sigma_{11}(\alpha) + \cdots + \sigma_{1r}(\alpha) + \tau_2\sigma_{11}(\alpha) + \cdots + \tau_2\sigma_{1r}(\alpha) + \cdots + \\ &\quad \tau_s\sigma_{11}(\alpha) + \cdots + \tau_s\sigma_{1r}(\alpha) \\ &= (\sigma_{11}(\alpha) + \cdots + \sigma_{1r}(\alpha)) + \tau_2(\sigma_{11}(\alpha) + \cdots + \sigma_{1r}(\alpha)) + \cdots + \\ &\quad \tau_s(\sigma_{11}(\alpha) + \cdots + \sigma_{1r}(\alpha)).\end{aligned}$$

由于 $\mathrm{Inv}(H) = \mathrm{Inv}(\mathrm{Gal}(E/K)) = K$,且 K/F 是正规扩张,因此根据伽罗瓦基本定理得,$H \triangleleft G$,且 $\mathrm{Gal}(K/F) \cong G/H$. 从伽罗瓦基本定理的 (5) 的证明过程看到,$\forall \sigma \in G$,有 $\sigma|K \in \mathrm{Gal}(K/F)$,且 $\psi: \sigma \mapsto \sigma|K$ 是 G 到 $\mathrm{Gal}(K/F)$ 的一个群同态,$\mathrm{Ker}\psi = H$. 于是 G 的单位元在 K 上的限制是 $\mathrm{Gal}(K/F)$ 的单位元 I_K,H 的每一个元素 $\sigma_{1l}|K = I_K, l = 1, \cdots, r$;$(\tau_j\sigma_{1l})|K = \tau_j|K, j = 2, \cdots, s$. 因此

$$\mathrm{Gal}(K/F) = \{I_K, \tau_2|K, \cdots, \tau_s|K\}.$$

由于 $\sigma_{11}(\alpha) + \cdots + \sigma_{1r}(\alpha) = \mathrm{Tr}_{E/K}(\alpha), \sigma_{11}(\alpha) \cdots \sigma_{1r}(\alpha) = N_{E/K}(\alpha)$,且 E/K 是有限伽罗瓦扩张,因此根据命题 2 得,$\mathrm{Tr}_{E/K}(\alpha) \in K, N_{E/K}(\alpha) \in K$,从而

$$\begin{aligned}\mathrm{Tr}_{E/F}(\alpha) &= [\sigma_{11}(\alpha) + \cdots + \sigma_{1r}(\alpha)] + (\tau_2|K)(\sigma_{11}(\alpha) + \cdots + \sigma_{1r}(\alpha)) + \cdots + \\ &\quad (\tau_s|K)(\sigma_{11}(\alpha) + \cdots + \sigma_{1r}(\alpha)) \\ &= \mathrm{Tr}_{K/F}(\mathrm{Tr}_{E/K}(\alpha)),\end{aligned}$$

$$\begin{aligned}N_{E/F}(\alpha) &= \sigma_{11}(\alpha) \cdots \sigma_{1r}(\alpha)\tau_2\sigma_{11}(\alpha) \cdots \tau_2\sigma_{1r}(\alpha) \cdots \tau_s\sigma_{11}(\alpha) \cdots \tau_s\sigma_{1r}(\alpha) \\ &= (\sigma_{11}(\alpha) \cdots \sigma_{1r}(\alpha))(\tau_2|K)(\sigma_{11}(\alpha) \cdots \sigma_{1r}(\alpha)) \cdots \\ &\quad (\tau_s|K)(\sigma_{11}(\alpha) \cdots \sigma_{1r}(\alpha)) \\ &= N_{K/F}(N_{E/K}(\alpha)).\end{aligned}$$ □

根据习题 4.3 的第 5 题及其证明过程,设 $q = p^n, p$ 为素数,$n \in \mathbb{N}^*$,对于 $m \in \mathbb{N}^*$,有 $\mathbb{F}_{q^m}/\mathbb{F}_q$ 是有限伽罗瓦扩张,并且 $\mathrm{Gal}(\mathbb{F}_{q^m}/\mathbb{F}_q) = \langle \sigma_q \rangle$,

它是 m 阶循环群，其中 $\sigma_q(\alpha) = \alpha^q, \alpha \in \mathbb{F}_{q^m}$. 于是

$$\mathrm{Tr}_{\mathbb{F}_{q^m}/\mathbb{F}_q}(\alpha) = \alpha + \alpha^q + \alpha^{q^2} + \cdots + \alpha^{q^{m-1}},$$

$$\mathrm{N}_{\mathbb{F}_{q^m}/\mathbb{F}_q}(\alpha) = \alpha \alpha^q \alpha^{q^2} \cdots \alpha^{q^{m-1}} = \alpha^{q^m-1/q-1}.$$

根据习题 4.2 的第 6 题及其证明过程，$\mathbb{F}_q$ 是 $\mathbb{F}_p$ 上的多项式 $x^q - x$ 在 $\mathbb{F}_p$ 上的分裂域，且 $x^q - x$ 在 $\mathbb{F}_q$ 中没有重根，因此 $\mathbb{F}_q/\mathbb{F}_p$ 是 $\mathbb{F}_p$ 上的一个可分多项式 $x^q - x$ 的分裂域，从而 $\mathbb{F}_q/\mathbb{F}_p$ 是有限伽罗瓦扩张. 根据 §4.3 的定理 2，$\mathrm{Gal}(\mathbb{F}_q/\mathbb{F}_p) = \langle \sigma_p \rangle$，它是 n 阶循环群，其中 $\sigma_p(\alpha) = \alpha^p, \forall \alpha \in \mathbb{F}_q$. 于是

$$\mathrm{Tr}_{\mathbb{F}_q/\mathbb{F}_p}(\alpha) = \alpha + \alpha^p + \alpha^{p^2} + \cdots + \alpha^{p^{n-1}}.$$

今后我们把 $\mathrm{Tr}_{\mathbb{F}_q/\mathbb{F}_p}$ 称为有限域的**绝对迹函数**，把 $\mathrm{Tr}_{\mathbb{F}_{q^m}/\mathbb{F}_q}$ 称为**相对迹函数**.

由于 $\mathbb{F}_{q^m}/\mathbb{F}_p$ 和 $\mathbb{F}_q/\mathbb{F}_p$ 都是有限伽罗瓦扩张，因此根据定理 3 得，对于任一 $\alpha \in \mathbb{F}_{q^m}$，有

$$\mathrm{Tr}_{\mathbb{F}_{q^m}/\mathbb{F}_p}(\alpha) = \mathrm{Tr}_{\mathbb{F}_q/\mathbb{F}_p}(\mathrm{Tr}_{\mathbb{F}_{q^m}/\mathbb{F}_q}(\alpha)).$$

上式也可以直接验证如下：由于 $q = p^n$，且 $\mathbb{F}_{q^m}$ 的特征为 p，则

$$\begin{aligned}
\mathrm{Tr}_{\mathbb{F}_{q^m}/\mathbb{F}_p}(\alpha) &= \alpha + \alpha^p + \alpha^{p^2} + \cdots + \alpha^{p^{n-1}} + \alpha^{p^n} + \alpha^{p^{n+1}} + \cdots + \alpha^{p^{2n-1}} + \alpha^{p^{2n}} + \cdots + \\
&\quad \alpha^{p^{(m-1)n}} + \alpha^{p^{(m-1)n+1}} + \cdots + \alpha^{p^{mn-1}} \\
&= (\alpha + \alpha^q + \alpha^{q^2} + \cdots + \alpha^{q^{m-1}}) + (\alpha + \alpha^q + \alpha^{q^2} + \cdots + \alpha^{q^{m-1}})^p + \cdots + \\
&\quad (\alpha + \alpha^q + \alpha^{q^2} + \cdots + \alpha^{q^{m-1}})^{p^{n-1}} \\
&= \mathrm{Tr}_{\mathbb{F}_{q^m}/\mathbb{F}_q}(\alpha) + (\mathrm{Tr}_{\mathbb{F}_{q^m}/\mathbb{F}_q}(\alpha))^p + \cdots + (\mathrm{Tr}_{\mathbb{F}_{q^m}/\mathbb{F}_q}(\alpha))^{p^{n-1}} \\
&= \mathrm{Tr}_{\mathbb{F}_q/\mathbb{F}_p}(\mathrm{Tr}_{\mathbb{F}_{q^m}/\mathbb{F}_q}(\alpha)).
\end{aligned}$$

习　题　4.5

1. 找出 $\mathbb{F}_{27}/\mathbb{F}_3$ 的一个本原元素.
2. 证明：对于 $\mathbb{F}_{2^m}$ 中任一元素 α，有 $\mathrm{Tr}_{\mathbb{F}_{2^m}/\mathbb{F}_2}(\alpha) = \mathrm{Tr}_{\mathbb{F}_{2^m}/\mathbb{F}_2}(\alpha^2)$.
3. 设 E/F 为一个有限伽罗瓦扩张，令

$$f(\alpha, \beta) := \mathrm{Tr}_{E/F}(\alpha\beta), \quad \forall \alpha, \beta \in E.$$

证明：f 是域 F 上线性空间 E 上的一个非退化的对称双线性函数.

4. 设 G 是有限域 $\mathbb{F}_q$ 的加法群，$q = p^n$，p 为素数. 设 ξ 是复数域 $\mathbb{C}$ 中的一个本原

p 次单位根. 任意取定 $a \in \mathbb{F}_q$,令
$$\chi_a : G \to \mathbb{C}^*$$
$$\alpha \mapsto \xi^{\operatorname{Tr}_{\mathbb{F}_q/\mathbb{F}_p}(a\alpha)},$$
其中对于 $\bar{i} \in \mathbb{F}_p = \mathbb{Z}_p$,定义 $\xi^{\bar{i}} := \xi^i$. 证明:

(1) χ_a 是加法群 G 到乘法群 $\mathbb{C}^*$ 的一个群同态;

(2) 若 $a, b \in \mathbb{F}_q$,且 $a \neq b$,则 $\chi_a \neq \chi_b$.

第五章 模

§5.1 环上的模,子模,商模,模同态

设 M 是 Abel 加法群,在第一章 §1.1 中,我们定义了 M 中元素 a 的 n 倍,其中 $n\in\mathbb{Z}$. 容易验证:$\forall a,b\in M, n,m\in\mathbb{Z}$,有
$$n(a+b)=na+nb, \quad (n+m)a=na+ma,$$
$$(nm)a=n(ma), \quad 1a=a.$$

设 V 是域 F 上的线性空间,则根据线性空间定义中加法满足的 4 条法则,$(V,+)$ 成为一个 Abel 群. 根据纯量乘法满足的 4 条运算法则,$\forall \alpha,\beta\in V, k,l\in F$,有
$$k(\alpha+\beta)=k\alpha+k\beta, \quad (k+l)\alpha=k\alpha+l\alpha,$$
$$(kl)\alpha=k(l\alpha), \quad 1\alpha=\alpha.$$

设 R 是有单位元 $1(\neq 0)$ 的环,则 $(R,+)$ 是一个 Abel 群,并且根据环 R 满足的左、右分配律,结合律和单位元的定义得,$\forall r,r_1,r_2,a,b\in R$,有
$$r(a+b)=ra+rb, \quad (r_1+r_2)a=r_1a+r_2a,$$
$$(r_1r_2)a=r_1(r_2a), \quad 1a=a.$$

上述三个例子的共同点是:有一个 Abel 加法群和一个环,这个环对于所给的 Abel 加法群有一个作用,且这个作用满足 4 条法则. 这 4 条法则既反映了群的运算,又反映了环的运算. 由此受到启发,抽象出下述概念:

定义 1 设 M 是一个 Abel 加法群,R 是一个有单位元 $1(\neq 0)$ 的环. 如果 $R\times M$ 到 M 有一个映射:$(r,a)\mapsto ra$,并且满足下列 4 条法则:$\forall a_1,a_2,a\in M, r,r_1,r_2\in R$,有

(1) $r(a_1+a_2)=ra_1+ra_2$;

(2) $(r_1+r_2)a=r_1a+r_2a$;

(3) $(r_1r_2)a=r_1(r_2a)$;

(4) $1a=a$,

那么称 M 是**环 R 上的一个左模或一个左 R-模**.

从上述三个例子看到,任一 Abel 加法群 M 是整数环 $\mathbb{Z}$ 上的一个左模;域 F 上的线性空间 V 的加法群 $(V,+)$ 是域 F 上的一个左模;有单位元 $1(\neq 0)$ 的环 R 的加法群 $(R,+)$ 是环 R 上的一个左模,称它为环 R 上的**左正则模或左正则 R-模**. 由此看到,Abel 加法群、域上的线性空间、环这些代数系统,虽然它们的结构有很大的不同,但是它们都可以统一在模这个概念下. 这样我们就可以利用环上的模的理论来研究群的表示(参看参考文献[7]的第二章)、有限生成的 Abel 群的结构、域 F 上线性空间 V 上的线性变换 $\mathscr{A}$ 的矩阵表示、环的结构等.

类似地,有下述概念:

定义 2 设 M 是一个 Abel 加法群, R 是一个有单位元 $1(\neq 0)$ 的环. 如果 $M \times R$ 到 M 有一个映射: $(a,r) \mapsto ar$,并且满足下列 4 条法则: $\forall a_1, a_2, a \in M, r_1, r_2 \in R$,有

(1) $(a_1+a_2)r = a_1 r + a_2 r$;

(2) $a(r_1+r_2) = ar_1 + ar_2$;

(3) $a(r_1 r_2) = (ar_1)r_2$;

(4) $a1 = a$,

那么称 M 是**环 R 上的一个右模或右 R-模**.

设 R 是一个有单位元 $1(\neq 0)$ 的交换环, M 是一个左 R-模,令

$$ar := ra, \quad \forall a \in M, r \in R.$$

容易验证 M 成为一个右 R-模,这时称 M 是一个 R-**模**.

我们在本章来介绍环 R 上左模的一些基础知识,关于右 R-模的结果和左 R-模的结果平行.

命题 1 设 M 是有单位元 $1(\neq 0)$ 的环 R 上的一个左模,则 $\forall r, r_1, \cdots, r_m \in R, a, a_1, a_2, \cdots, a_n \in M$,有

(1) $r0 = 0$;   (2) $r(-a) = -ra$;   (3) $0a = 0$;

(4) $(-r)a = -ra$;   (5) $r \sum_{i=1}^{n} a_i = \sum_{i=1}^{n} ra_i$;   (6) $\left(\sum_{i=1}^{m} r_i\right) a = \sum_{i=1}^{m} r_i a$.

证明 (1) $r0 = r(0+0) = r0 + r0$. 两边加上 $-r0$ 得, $0 = r0$.

(2) 由于 $ra + r(-a) = r[a+(-a)] = r0 = 0$,因此 $r(-a) = -ra$.

(3) $0a=(0+0)a=0a+0a$,两边加上 $-0a$ 得,$0=0a$.

(4) 由于 $ra+(-r)a=[r+(-r)]a=0a=0$,因此 $(-r)a=-ra$.

(5) 从定义 1 的法则(1)得到.

(6) 从定义 1 的法则(2)得到. □

类比域 F 上线性空间 V 的子空间的概念,我们引出下述概念:

定义 3 设 M 是环 R 上的一个左模,H 是 M 的一个非空子集. 如果 H 是 M 的子群,并且对任意 $r\in R,y\in H$,都有 $ry\in H$,那么称 H 是 M 的一个**子模**.

设 M 是一个 Abel 加法群,H 是 M 的一个子群. 由于对任意 $n\in\mathbb{Z}$,$y\in H$,都有 $ny\in H$. 因此 H 是左 $\mathbb{Z}$-模 M 的一个**子模**.

设 I 是有单位元 $1(\neq 0)$ 的环 R 的一个左理想,则 I 是 $(R,+)$ 的一个子群,并且对于任意 $r\in R,a\in I$ 都有 $ra\in I$,因此 I 是左正则 R-模的一个子模. 反之,从定义 3 得,左正则 R-模的每个子模是环 R 的一个左理想.

设 M 是一个左 R-模,从定义 3 得,$\{0\}$ 和 M 都是 M 的子模,称它们为 M 的**平凡子模**.

设 M 是一个左 R-模,$\{H_i\mid i\in I\}$ 是 M 的一族子模,其中 I 是指标集. 直接用定义 3 验证得,$\bigcap_{i\in I}H_i$ 仍是 M 的一个子模. 设 $H_1,H_2,\cdots,H_t$ 都是 M 的子模,规定:

$$H_1+H_2+\cdots+H_t:=\{y_1+y_2+\cdots+y_t\mid y_i\in H_i,i=1,\cdots,t\}.$$

由于 $H_1,H_2,\cdots,H_t$ 都是 Abel 加法群 M 的子群,因此根据习题 1.4 的第 2 题和第 3 题得,$H_1+H_2+\cdots+H_t$ 是 M 的一个子群. 又对于任意 $r\in R$,$y_1+y_2+\cdots+y_t\in H_1+H_2+\cdots+H_t$,由于 H_i 是 M 的子模,$i=1,\cdots,t$,因此有

$$r(y_1+y_2+\cdots+y_t)=ry_1+ry_2+\cdots+ry_t\in H_1+H_2+\cdots+H_t.$$

从而 $H_1+H_2+\cdots+H_t$ 是 M 的一个子模,称它为子模 $H_1,H_2,\cdots,H_t$ 的**和**. 如果 $H_1+H_2+\cdots+H_t$ 中的每个元素 y 表示成

$$y=y_1+y_2+\cdots+y_t,\qquad y_i\in H_i,i=1,2,\cdots,t$$

的方式唯一,那么称 $H_1+H_2+\cdots+H_t$ 是 M 的子模 $H_1,H_2,\cdots,H_t$ 的**内直和**.

在第一章§1.5 中,我们指出:设群 $G_1, G_2, \cdots, G_s$ 的运算都是加法,在 $G_1 \times G_2 \times \cdots \times G_s$ 上规定:
$$(x_1, x_2, \cdots, x_s) + (y_1, y_2, \cdots, y_s) := (x_1 + y_1, x_2 + y_2, \cdots, x_s + y_s).$$
容易验证 $G_1 \times G_2 \times \cdots \times G_s$ 成为一个群,称它为群 $G_1, G_2, \cdots, G_s$ 的直和,记做 $G_1 \oplus G_2 \oplus \cdots \oplus G_s$. 由此受到启发,我们引出下述概念:

设 $M_1, M_2, \cdots, M_s$ 都是有单位元 $1(\neq 0)$ 的环 R 上的左模,首先做加法群 $M_1, M_2, \cdots, M_s$ 的直和 $M_1 \oplus M_2 \oplus \cdots \oplus M_s$,然后规定环 R 对 $M_1 \oplus M_2 \oplus \cdots \oplus M_s$ 的作用如下:
$$r(x_1, x_2, \cdots, x_s) := (rx_1, rx_2, \cdots, rx_s).$$
由于 $M_1, M_2, \cdots, M_s$ 都是左 R-模,因此可以按照定义 1 直接验证 $M_1 \oplus M_2 \oplus \cdots \oplus M_s$ 成为一个左 R-模,称它为左 R-模 $M_1, M_2, \cdots, M_s$ 的**直和**,简记为 $\overset{s}{\underset{i=1}{\oplus}} M_i$.

定义 4 设 M 和 $\widetilde{M}$ 是两个左 R-模,如果存在 M 到 $\widetilde{M}$ 的一个群同态 η,并且 η 和环 R 的作用可交换,即
$$\eta(rx) = r[\eta(x)], \quad \forall r \in R, x \in M,$$
那么称 η 是 M 到 $\widetilde{M}$ 的一个**模同态**或 R-**同态**;如果 η 是 M 到 $\widetilde{M}$ 的一个双射,那么称 η 是一个**模同构**或 R-**同构**,此时称 M 与 $\widetilde{M}$ **模同构**,记做
$$M \cong \widetilde{M}.$$

设 $M_1, M_2, \cdots, M_s$ 都是左 R-模,对于 $i \in \{1, 2, \cdots, s\}$,令
$$\widetilde{M_i} := \{(0, \cdots, 0, x_i, 0, \cdots, 0) \mid x_i \in M_i\},$$
则容易验证 $\widetilde{M_i}$ 是左 R-模 $M_1 \oplus M_2 \oplus \cdots \oplus M_s$ 的一个子模. 令
$$\eta_i : M_i \to \widetilde{M_i}$$
$$x_i \mapsto (0, \cdots, 0, x_i, 0, \cdots, 0),$$
直接验证得,η_i 是 M_i 到 $\widetilde{M_i}$ 的一个模同构,从而 $M_i \cong \widetilde{M_i}$.

设 $H_1, H_2, \cdots, H_t$ 都是左 R-模 M 的子模,一方面有内直和 $H_1 \oplus H_2 \oplus \cdots \oplus H_t$,另一方面有直和 $H_1 \oplus H_2 \oplus \cdots \oplus H_t$. 我们暂时把后者记成 $H_1 \dotplus H_2 \dotplus \cdots \dotplus H_t$. 它们之间有什么关系呢?令
$$\sigma : H_1 \dotplus H_2 \dotplus \cdots \dotplus H_t \to H_1 \oplus H_2 \oplus \cdots \oplus H_t$$
$$(y_1, y_2, \cdots, y_t) \mapsto y_1 + y_2 + \cdots + y_t,$$

则 σ 是一个映射,且是满射.

σ 是单射 $\Leftrightarrow$ 从 $y_1+y_2+\cdots+y_t=x_1+x_2+\cdots+x_t$ 可推出 $y_i=x_i, i=1,\cdots,t$.

$\Leftrightarrow$ 从 $y_i - x_i = \sum_{j\neq i}(x_j - y_j)$ 可推出 $y_i = x_i, i = 1,\cdots,t$.

$\Leftrightarrow H_i \cap \sum_{j\neq i} H_j = \{0\}, i = 1,\cdots,t$.

由于 M 是 Abel 群,因此 σ 保持加法运算. 又有
$$\sigma[r(y_1, y_2, \cdots, y_t)] = \sigma(ry_1, ry_2, \cdots, ry_t) = ry_1 + ry_2 + \cdots + ry_t$$
$$= r(y_1 + y_2 + \cdots + y_t) = r[\sigma(y_1, y_2, \cdots, y_t)],$$
因此 σ 是模同态. 于是我们证明了下述结论:

定理 1 设 $H_1, H_2, \cdots, H_t$ 都是左 R-模 M 的子模,令
$$\sigma: H_1 \dot{+} H_2 \dot{+} \cdots \dot{+} H_t \to H_1 \oplus H_2 \oplus \cdots \oplus H_t$$
$$(y_1, y_2, \cdots, y_t) \mapsto y_1 + y_2 + \cdots + y_t,$$
则 σ 是模同构当且仅当 $H_i \cap \sum_{j\neq i} H_j = \{0\}, i = 1,\cdots,t$. □

设 H 是左 R-模 M 的一个子模,对于 Abel 商群 M/H 和环 R,令
$$r(x+H) := rx + H, \quad \forall r \in R, x+H \in M/H. \tag{1}$$
设 $x+H = y+H$,则 $x-y \in H$. 从而 $r(x-y) \in H$. 于是 $rx - ry \in H$,因此 $rx + H = ry + H$. 这证明了(1)式的规定与陪集代表的选择无关. 容易验证,M/H 成为一个左 R-模,称它为 M 对于子模 H 的**商模**.

设 M 和 $\widetilde{M}$ 是两个左 R-模,η 是 M 到 $\widetilde{M}$ 的一个模同态,我们把群同态 η 的核 Kerη 称为模同态 η 的**核**.

设 H 是左 R-模 M 的一个子模,π 是群 M 到商群 M/H 的一个自然群同态:$\pi(x) = x + H$,π 是满射,且 Ker$\pi = H$. 由于
$$\pi(rx) = rx + H = r(x+H) = r(\pi(x)), \quad \forall r \in R, x \in M,$$
因此 π 是 M 到 M/H 的一个模同态.

定理 2(模同态基本定理) 设 M 和 $\widetilde{M}$ 都是左 R-模,若 η 是 M 到 $\widetilde{M}$ 的一个模同态,则 Kerη 是 M 的一个子模,Imη 是 $\widetilde{M}$ 的一个子模,且
$$M/\text{Ker}\eta \cong \text{Im}\eta.$$

证明 Kerη 是群 M 的一个子群. 任给 $a \in \text{Ker}\eta$,则
$$\eta(ra) = r\eta(a) = r0 = 0, \quad \forall r \in R.$$
从而 $ra \in \text{Ker}\eta$,因此 Kerη 是模 M 的一个子模.

$\mathrm{Im}\eta$ 是群 $\widetilde{M}$ 的一个子群,任给 $\bar{a} \in \mathrm{Im}\eta$,则存在 $a \in M$ 使得 $\bar{a} = \eta(a)$. 于是对于 $r \in R$ 有 $r\bar{a} = r[\eta(a)] = \eta(ra) \in \mathrm{Im}\eta$. 因此 $\mathrm{Im}\eta$ 是模 $\widetilde{M}$ 的一个子模.

根据群同态基本定理,有群同构:
$$M/\mathrm{Ker}\eta \cong \mathrm{Im}\eta,$$
其中群同构映射 τ 为
$$\tau(x + \mathrm{Ker}\eta) = \eta(x), \quad \forall x \in M.$$
由于 η 是模同态,因此对任意 $r \in R$,有
$$\tau[r(x + \mathrm{Ker}\eta)] = \tau(rx + \mathrm{Ker}\eta) = \eta(rx) = r[\eta(x)] = r[\tau(x + \mathrm{Ker}\eta)].$$
从而 τ 是模同构. 所以 $M/\mathrm{Ker}\eta$ 与 $\mathrm{Im}\eta$ 同构. □

习 题 5.1

1. 设 V 是域 F 上的线性空间,$F[\lambda]$ 是域 F 上的一元多项式环. 任意给定 V 上的一个线性变换 $\mathscr{A}$,规定
$$f(\lambda)\alpha = f(\mathscr{A})(\alpha), \quad \forall f(\lambda) \in F[\lambda], \alpha \in V.$$
证明:$(V, +)$ 是一个左 $F[\lambda]$-模(今后写 V 是一个左 $F[\lambda]$-模).

2. 对于第 1 题的左 $F[\lambda]$-模 V,证明:V_1 是 V 的一个子模当且仅当 V_1 是 $\mathscr{A}$ 的一个不变子空间.

3. 设 M 是一个左 R-模,H, K 是 M 的两个子模. 证明:
$$H/H \cap K \cong H + K/K,$$
且映射 $\varphi: y + H \cap K \mapsto y + K$ 是一个模同构.

4. 设 H 是左 R-模 M 的一个子模,证明:商模 M/H 的所有子模组成的集合为
$$\{K/H \mid K \text{ 是 } M \text{ 的包含 } H \text{ 的子模}\}.$$

5. 设 H, K 都是左 R-模 M 的子模,且 $K \supseteq H$. 证明:
$$(M/H)/(K/H) \cong M/K.$$

6. 设 M 和 $\widetilde{M}$ 是两个左 R-模,且 M 是 s 个左 R-模 $M_1, M_2, \cdots, M_s$ 的直和. 证明:若存在 M 的子模 $\widetilde{M}_i$ 到 $\widetilde{M}$ 的模同态 $\psi_i, i = 1, 2, \cdots, s$,则 ψ_i 可以唯一地开拓成模同态 $\psi: M \to \widetilde{M}$,使得 $\psi(0, \cdots, 0, x_i, 0, \cdots, 0) = \psi_i(0, \cdots, 0, x_i, 0, \cdots, 0), i = 1, \cdots, s$.

§5.2 自 由 模

域 F 上的线性空间都有基. 现在我们来探索环 R 上的左模是否也

有基.

定义 1 设 R 为一个有单位元 $1(\neq 0)$ 的环,M 为一个左 R-模. 如果 M 有一个子集 S,使得

(1) M 中每个元素 x 能表示成 S 中有限多个元素的 R-**线性组合**:
$$x = r_1\alpha_{i_1} + r_2\alpha_{i_2} + \cdots + r_m\alpha_{i_m},$$
其中 $\{\alpha_{i_1},\alpha_{i_2},\cdots,\alpha_{i_m}\} \subseteq S, r_1,r_2,\cdots,r_m \in R, m \in \mathbb{N}^*$;

(2) S 的任一有限子集 $S_1 = \{\alpha_{j_1},\alpha_{j_2},\cdots,\alpha_{j_t}\}$ 是 R-**线性无关**的,即从 $r_1\alpha_{j_1} + r_2\alpha_{j_2} + \cdots + r_t\alpha_{j_t} = 0$ 可以推出
$$r_1 = r_2 = \cdots = r_t = 0,$$
那么称 S 是 M 的一个**基**.

定义 2 若左 R-模 M 有一个基,则称 M 是**自由左 R-模**.

容易证明:若 S 是左 R-模 M 的一个基,则 M 中的每个元素 x 表示成 S 中有限多个元素的 R-线性组合的表示法是唯一的.

有的左 R-模不是自由模. 例如,4 阶 Abel 群 $(\mathbb{Z}_2,+) \oplus (\mathbb{Z}_2,+)$ 作为左 $\mathbb{Z}$-模不是自由模. 理由如下:由定义 1,$(\mathbb{Z}_2,+) \oplus (\mathbb{Z}_2,+)$ 的一个基必为它的一组生成元,而它的任意一组生成元都含有两个 2 阶元,不妨取它的一组生成元为 $(\overline{0},\overline{1}),(\overline{1},\overline{0})$. 由于 $2(\overline{0},\overline{1}) + 2(\overline{1},\overline{0}) = (\overline{2},\overline{2}) = (\overline{0},\overline{0})$,因此 $\{(\overline{0},\overline{1}),(\overline{1},\overline{0})\}$ 不是 $\mathbb{Z}$-线性无关的,从而不是左 $\mathbb{Z}$-模 $(\mathbb{Z}_2,+) \oplus (\mathbb{Z}_2,+)$ 的一个基,因此左 $\mathbb{Z}$-模 $(\mathbb{Z}_2,+) \oplus (\mathbb{Z}_2,+)$ 不是自由模.

从域 F 上的 n 维向量空间 F^n 受到启发,我们来构造一个自由左 R-模.

设 R 是一个有单位元 $1(\neq 0)$ 的环,在 $\underbrace{R \times R \times \cdots \times R}_{n\text{个}}$ 中规定加法运算和 R 对它的作用如下:
$$(x_1,x_2,\cdots,x_n) + (y_1,y_2,\cdots,y_n) := (x_1+y_1, x_2+y_2, \cdots, x_n+y_n),$$
$$r(x_1,x_2,\cdots,x_n) := (rx_1, rx_2, \cdots, rx_n), \quad \forall r \in R.$$
容易验证,$\underbrace{R \times R \times \cdots \times R}_{n\text{个}}$ 成为一个左 R-模,记做 R^n. 令
$$\varepsilon_1 = (1,0,\cdots,0), \quad \varepsilon_2 = (0,1,0,\cdots,0), \quad \cdots, \quad \varepsilon_n = (0,\cdots,0,1).$$
容易验证,$\varepsilon_1,\varepsilon_2,\cdots,\varepsilon_n$ 是 R^n 的一个基. 从而 R^n 是一个自由左 R-模.

从构造域 F 上 n 维线性空间 V 到域 F 上线性空间 V' 的一个线性映射的方法(参看参考文献[4]的第六章§6.1的命题1)受到启发,我们猜测并且证明下述定理:

定理1 设 M 是一个自由左 R-模,$\alpha_1, \alpha_2, \cdots, \alpha_n$ 是 M 的一个基. 设 $\widetilde{M}$ 是任一左 R-模,任取 $\widetilde{M}$ 的 n 个元素 $\beta_1, \beta_2, \cdots, \beta_n$. 令

$$\sigma: M \to \widetilde{M}$$

$$x = \sum_{i=1}^{n} r_i \alpha_i \mapsto \sum_{i=1}^{n} r_i \beta_i,$$

则 σ 是 M 到 $\widetilde{M}$ 的一个模同态,且 $\sigma(\alpha_i) = \beta_i, i=1,2,\cdots,n$;并且 M 到 $\widetilde{M}$ 的满足把 α_i 映成 β_i 的模同态是唯一的.

证明 由于 $\alpha_1, \alpha_2, \cdots, \alpha_n$ 是 M 的一个基,因此 M 的每个元素 x 可以唯一地表示成 $x = \sum_{i=1}^{n} r_i \alpha_i$,从而 σ 是 M 到 $\widetilde{M}$ 的一个映射. 容易验证 σ 保持加法运算,从而 σ 是 M 到 $\widetilde{M}$ 的一个群同态. 对于任意 $r \in R$,有

$$\sigma\left[r\left(\sum_{i=1}^{n} r_i \alpha_i\right)\right] = \sigma\left[\sum_{i=1}^{n} r(r_i \alpha_i)\right] = \sigma\left[\sum_{i=1}^{n} (rr_i)\alpha_i\right] = \sum_{i=1}^{n} (rr_i)\beta_i$$

$$= \sum_{i=1}^{n} r(r_i \beta_i) = r\left(\sum_{i=1}^{n} r_i \beta_i\right) = r\left[\sigma\left(\sum_{i=1}^{n} r_i \alpha_i\right)\right].$$

因此 σ 是 M 到 $\widetilde{M}$ 的一个模同态. 由 σ 的定义得,$\sigma(\alpha_i) = \beta_i, i=1,2,\cdots,n$.

若 M 到 $\widetilde{M}$ 的一个模同态 η 也满足 $\eta(\alpha_i) = \beta_i, i=1,2,\cdots,n$,则对于 M 中任一元素 $x = \sum_{i=1}^{n} r_i \alpha_i$,有

$$\eta(x) = \eta\left(\sum_{i=1}^{n} r_i \alpha_i\right) = \sum_{i=1}^{n} \eta(r_i \alpha_i) = \sum_{i=1}^{n} r_i \eta(\alpha_i) = \sum_{i=1}^{n} r_i \beta_i = \sigma(x).$$

因此 $\eta = \sigma$. □

定理1刻画了自由模的特征. 当自由模 M 的基含有无穷多个元素时,按照基的定义,M 中每个元素可以唯一地表示成基中有限多个元素的 R-线性组合. 因此定理1仍然成立.

类比域 F 上任一 n 维线性空间都与 F^n 同构,我们猜测并且证明下述定理:

定理2 设 M 是一个以 $\alpha_1, \alpha_2, \cdots, \alpha_n$ 为基的自由左 R-模,则 $M \cong R^n$.

证明 根据定理1得,映射

$$\sigma: M \to R^n$$
$$\sum_{i=1}^n r_i\alpha_i \mapsto \sum_{i=1}^n r_i\varepsilon_i$$

是 M 到 R^n 的一个模同态. 由于 $\varepsilon_1, \varepsilon_2, \cdots, \varepsilon_n$ 是 R^n 的一个基,因此 σ 是满射,且 σ 是单射.从而 σ 是模同构.因此
$$M \cong R^n.\qquad\square$$

类比域 F 上有限维线性空间 V 的任意两个基含有的元素个数相等,自然要问:有有限基的自由左 R-模 M 的任意两个基含有的元素个数是否相等? 为了利用有限维线性空间的相应结论,首先需要从环 R 出发构造一个域. 根据第二章 §2.3 的定理 2,若 R 是有单位元 $1(\neq 0)$ 的交换环,M 是 R 的一个极大理想,则 R/M 是一个域,又根据 §2.3 的定理 3,在有单位元 $1(\neq 0)$ 的环 R 中必存在极大理想. 这样我们就可能对于有单位元 $1(\neq 0)$ 的交换环 R,证明有有限基的自由左 R-模 M 的任意两个基所含元素的个数相等. 为此先证下面的引理:

引理 1 设 R 是一个有单位元 $1(\neq 0)$ 的环,I 是 R 的一个理想,M 是一个自由左 R-模,$\alpha_1, \alpha_2, \cdots, \alpha_n$ 是 M 的一个基. 令
$$N = \{a_1\alpha_1 + a_2\alpha_2 + \cdots + a_n\alpha_n \mid a_i \in I, i=1, 2, \cdots, n\},$$
则 N 是 M 的一个子模. 令
$$(r+I)(x+N) := rx + N, \qquad (1)$$
则商模 M/N 成为一个左 R/I-模,且 M/N 是自由左 R/I-模,$\alpha_1+N, \alpha_2+N, \cdots, \alpha_n+N$ 是左 R/I-模 M/N 的一个基.

证明 N 对于减法封闭,因此 N 是 M 的一个子群. 任给 $r \in R$,由于 I 是 R 的理想,因此有
$$r(a_1\alpha_1 + a_2\alpha_2 + \cdots + a_n\alpha_n) = r(a_1\alpha_1) + r(a_2\alpha_2) + \cdots + r(a_n\alpha_n)$$
$$= (ra_1)\alpha_1 + (ra_2)\alpha_2 + \cdots + (ra_n)\alpha_n \in N.$$
从而 N 是 M 的一个子模.

设 $r+I = r_1+I, x+N = x_1+N$,则 $r-r_1 \in I, x-x_1 \in N$. 记 $a = r-r_1, y = x-x_1$. 设 $x_1 = b_1\alpha_1 + \cdots + b_n\alpha_n$,由于 I 是 R 的一个理想,因此 $ax_1 = (ab_1)\alpha_1 + \cdots + (ab_n)\alpha_n \in N$. 从而
$$rx - r_1x_1 = (r_1+a)(x_1+y) - r_1x_1 = r_1y + ax_1 + ay \in N.$$
于是 $rx+N = r_1x_1+N$. 因此(1)式的定义是合理的. 容易验证,M/N 成

为一个左 R/I-模. 任取 M/N 中的一个元素 $x+N$. 设 $x=\sum_{i=1}^{n}r_i\alpha_i$, 则

$$x+N = \Big(\sum_{i=1}^{n}r_i\alpha_i\Big)+N$$
$$=\sum_{i=1}^{n}(r_i\alpha_i+N) = \sum_{i=1}^{n}(r_i+I)(\alpha_i+N). \tag{2}$$

这表明 M/N 中任一元素 $x+N$ 可以由 $\alpha_1+N, \alpha_2+N, \cdots, \alpha_n+N$ 来 R/I-线性表出. 设

$$\sum_{i=1}^{n}(r_i+I)(\alpha_i+N) = N,$$

由(2)式得, $\Big(\sum_{i=1}^{n}r_i\alpha_i\Big)+N=N$, 从而 $\sum_{i=1}^{n}r_i\alpha_i\in N$. 根据 N 的定义, 存在 $a_1, a_2, \cdots, a_n \in I$, 使得

$$\sum_{i=1}^{n}r_i\alpha_i = \sum_{i=1}^{n}a_i\alpha_i.$$

由于 $\alpha_1, \alpha_2, \cdots, \alpha_n$ 是 M 的一个基, 因此 $r_i=a_i, i=1, \cdots, n$. 于是 $r_i+I=a_i+I=I, i=1, \cdots, n$. 从而 $\alpha_1+N, \alpha_2+N, \cdots, \alpha_n+N$ 是 R/I-线性无关的. 因此 $\alpha_1+N, \alpha_2+N, \cdots, \alpha_n+N$ 是左 R/I-模 M/N 的一个基. □

注 在引理 1 中, 设 $\beta_1, \beta_2, \cdots, \beta_m$ 是 M 的另一个基, 令
$$N' = \{b_1\beta_1+b_2\beta_2+\cdots+b_m\beta_m \mid b_i \in I, i=1,2,\cdots,m\},$$
则 N' 也是 M 的一个子模. 我们来证 $N'=N$. 设
$$\beta_j = c_{j1}\alpha_1+c_{j2}\alpha_2+\cdots+c_{jn}\alpha_n, \quad j=1,2,\cdots,m,$$
则 N' 中任一元素可以表示成
$$\sum_{j=1}^{m}b_j\beta_j = \sum_{j=1}^{m}b_j\Big(\sum_{i=1}^{n}c_{ji}\alpha_i\Big) = \sum_{i=1}^{n}\Big(\sum_{j=1}^{m}b_jc_{ji}\Big)\alpha_i \in N.$$
从而 $N'\subseteq N$. 同理, $N\subseteq N'$. 因此 $N'=N$.

利用引理 1 和上面的注, 可以证明下述定理:

定理 3 设 R 为一个有单位元 $1(\neq 0)$ 的交换环, M 是有有限基的自由 R-模, 则 M 的任意两个基所含元素的个数相等.

证明 取 R 的一个极大理想 I, 则 R/I 是一个域. 设 $\alpha_1, \alpha_2, \cdots, \alpha_n$ 是 M 的一个基, 令
$$N = \{a_1\alpha_1+a_2\alpha_2+\cdots+a_n\alpha_n \mid a_i \in I, i=1,2,\cdots,n\},$$

则根据引理 1 得,商模 M/N 成为一个自由 R/I-模,且 α_1+N,α_2+N, $\cdots,\alpha_n+N$ 是 R/I-模 M/N 的一个基,也就是域 R/I 上线性空间 M/N 的一个基.

设 $\beta_1,\beta_2,\cdots,\beta_m$ 是 M 的另一个基,令
$$N'=\{b_1\beta_1+b_2\beta_2+\cdots+b_m\beta_m\mid b_i\in I, i=1,2,\cdots,m\},$$
则 $N'=N$. 于是 $\beta_1+N,\beta_2+N,\cdots,\beta_m+N$ 是域 R/I 上线性空间 M/N 的一个基.因此 $m=n$. □

定义 3 设 R 为一个有单位元 $1(\neq 0)$ 的交换环,M 是一个有有限基的自由 R-模,则 M 的一个基所含元素的个数称为自由 R-模 M 的**秩**.

零模看做自由模,规定它的秩为 0.

类比域 F 上 n 维线性空间 V 的子空间的维数不超过 n,我们来证明下述定理:

定理 4 设 R 为一个主理想整环,M 是一个秩为 n 的自由 R-模,则 M 的任一子模 N 也是自由 R-模,且 N 的秩不超过 n.

证明 对自由左 R-模 M 的秩 n 做数学归纳法.

当 $n=0$ 时,M 是零模,命题为真.

假设对于秩小于 n 的自由 R-模命题为真.现在来看秩为 n 的自由 R-模 M.

任取 M 的一个子模 N,设 $\alpha_1,\alpha_2,\cdots,\alpha_n$ 是 M 的一个基.考虑 N 中一切元素
$$a_1\alpha_1+a_2\alpha_2+\cdots+a_n\alpha_n$$
的第一个系数 a_1 组成的集合 I_1. 由于 N 是 M 的子模,因此容易验证 I_1 对减法封闭,并且具有"左、右吸收性",从而 I_1 是 R 的一个理想. 由于 R 是主理想整环,因此 $I_1=(b)$,其中 $b\in R$. 若 $b=0$,则 $I_1=\{0\}$. 于是 $N\subseteq R\alpha_2+\cdots+R\alpha_n$. 令 $M_1=R\alpha_2+\cdots+R\alpha_n$,则 $\alpha_2,\cdots,\alpha_n$ 是 R-模 M_1 的一个基. 从而 M_1 是秩为 $n-1$ 的自由 R-模. 根据归纳假设,M_1 的子模 N 是自由 R-模,且 N 的秩不超过 $n-1$. 此时命题为真. 下面设 $b\neq 0$. 于是 N 中有一个元素为
$$y_1=b\alpha_1+b_2\alpha_2+\cdots+b_n\alpha_n,$$
从而 $Ry_1\subseteq N$. 由于 Ry_1 对减法封闭,且对于任意 $r\in R$ 和任意 $cy_1\in Ry_1$,有 $r(cy_1)=(rc)y_1\in Ry_1$. 因此 Ry_1 是 N 的一个子模. 令 $N_1=N\cap M_1$,

若 $y \in Ry_1 \cap N_1$，则
$$y = r(b\alpha_1 + b_2\alpha_2 + \cdots + b_n\alpha_n) = r_2\alpha_2 + \cdots + r_n\alpha_n.$$
由于 $\alpha_1, \alpha_2, \cdots, \alpha_n$ 是 M 的一个基，因此 $rb=0$. 由于 R 是整环，且 $b \neq 0$，因此 $r=0$. 从而 $y=0$. 于是 $Ry_1 \cap N_1 = \{0\}$. 任取 N 中的一个元素
$$x = a_1\alpha_1 + a_2\alpha_2 + \cdots + a_n\alpha_n.$$
由于 $I_1 = (b)$，因此存在 $r_1 \in R$，使得 $a_1 = r_1 b$. 从而
$$x - r_1 y_1 = (a_2 - r_1 b_2)\alpha_2 + \cdots + (a_n - r_1 b_n)\alpha_n \in N \cap M_1 = N_1.$$
于是 $x \in Ry_1 + N_1$. 因此 $N = Ry_1 + N_1$. 又由于 $Ry_1 \cap N_1 = \{0\}$，因此
$$N = Ry_1 \oplus N_1.$$
由于 N_1 是秩为 $n-1$ 的自由 R-模 M_1 的子模，因此根据归纳假设得，N_1 是秩不超过 $n-1$ 的自由 R-模. 取 N_1 的一个基 $y_2, \cdots, y_t$，其中 $t \leqslant n$，则 $N_1 = Ry_2 \oplus \cdots \oplus Ry_t$. 从而
$$N = Ry_1 \oplus Ry_2 \oplus \cdots \oplus Ry_t.$$
由此得出，$y_1, y_2, \cdots, y_t$ 是 N 的一个基. 因此 N 是自由 R-模，它的秩 t 不超过 n.

根据数学归纳法原理，对一切自然数 n，命题为真. □

如果 R 不是主理想整环，那么 R 上的自由模的子模不一定是自由模，例子可看本节习题的第 1 题.

习 题 5.2

1. 设 $R = \mathbb{Z}_6$，证明：
(1) R 是秩为 1 的自由 R-模；
(2) $2R = \{\overline{0}, \overline{2}, \overline{4}\}$ 是 R 的一个子模，它不是自由 R-模.
2. 证明：非零自由左 R-模 M 所含元素的个数不少于环 R 的元素个数.
3. 证明：主理想整环上有限生成模的子模也是有限生成的.

习 题 解 答

绪 论

习 题 0.3

1. 不是,因为不满足对称性.

2. 由于 $x_1-x_1=0\in\mathbb{Z}$,$y_1-y_1=0\in\mathbb{Z}$,因此 $P_1(x_1,y_1)\sim P_1(x_1,y_1)$,$\forall P_1\in S$,于是~具有反身性.类似的方法可验证~具有对称性和传递性.从而~是 S 上的一个等价关系.

3. 容易验证,模 2 同余关系具有反身性、对称性和传递性,因此它是一个等价关系.模 2 剩余类有两个:
$$\overline{0}=\{x\in\mathbb{Z}\mid x\equiv 0(\bmod\ 2)\}=\{2k\mid k\in\mathbb{Z}\},$$
$$\overline{1}=\{x\in\mathbb{Z}\mid x\equiv 1(\bmod\ 2)\}=\{2k+1\mid k\in\mathbb{Z}\}.$$

4. 模 4 剩余类有 4 个:
$$\overline{0}=\{x\in\mathbb{Z}\mid x\equiv 0(\bmod\ 4)\}=\{4k\mid k\in\mathbb{Z}\},$$
$$\overline{1}=\{x\in\mathbb{Z}\mid x\equiv 1(\bmod\ 4)\}=\{4k+1\mid k\in\mathbb{Z}\},$$
$$\overline{2}=\{x\in\mathbb{Z}\mid x\equiv 2(\bmod\ 4)\}=\{4k+2\mid k\in\mathbb{Z}\},$$
$$\overline{3}=\{x\in\mathbb{Z}\mid x\equiv 3(\bmod\ 4)\}=\{4k+3\mid k\in\mathbb{Z}\}.$$

5. $\mathbb{Z}_2=\{\overline{0},\overline{1}\}$,$\overline{0},\overline{1}$ 的含义见第 3 题. $\mathbb{Z}_4=\{\overline{0},\overline{1},\overline{2},\overline{3}\}$,$\overline{0},\overline{1},\overline{2},\overline{3}$ 的含义见第 4 题.

6. $\overline{5}+\overline{102}=\overline{5}+\overline{4}=\overline{2}$,星期二;$\overline{5}+\overline{365}=\overline{5}+\overline{1}=\overline{6}$,星期六.

7. $\overline{3}+\overline{368}=\overline{3}+\overline{4}=\overline{0}$,星期日.

8. 这 6 个差依次是:$\overline{6},\overline{1},\overline{4},\overline{3},\overline{5},\overline{2}$. 其规律是:$\mathbb{Z}_7$ 的每个非零元恰好出现 1 次.

9. 在 $\mathbb{Z}_7$ 中,$\overline{1}^2=\overline{1}$,$\overline{2}^2=\overline{4}$,$\overline{3}^2=\overline{2}$,$\overline{4}^2=\overline{2}$,$\overline{5}^2=\overline{4}$,$\overline{6}^2=\overline{1}$. 所得的元素 $\overline{1},\overline{2},\overline{4}$ 正好是第 8 题的题目中的元素.

10. 所得的 20 个差中,$\mathbb{Z}_{11}$ 的每个非零元恰好出现两次.

11. 在 $\mathbb{Z}_{11}$ 中,$\overline{1}^2=\overline{1}$,$\overline{2}^2=\overline{4}$,$\overline{3}^2=\overline{9}$,$\overline{4}^2=\overline{5}$,$\overline{5}^2=\overline{3}$,$\overline{6}^2=(-\overline{5})^2=\overline{3}$,$\overline{7}^2=(-\overline{4})^2=\overline{5}$,$\overline{8}^2=(-\overline{3})^2=\overline{9}$,$\overline{9}^2=(-\overline{2})^2=\overline{4}$,$\overline{10}^2=\overline{1}$. 所得的元素组成的集合正好是 D.

12. $\mathbb{Z}_8,\mathbb{Z}_9,\mathbb{Z}_{10},\mathbb{Z}_{12}$ 不是域;$\mathbb{Z}_{11},\mathbb{Z}_{13}$ 是域.

13. $\mathbb{Z}_{18}$ 的可逆元有 $\overline{1},\overline{5},\overline{7},\overline{11},\overline{13},\overline{17}$；零因子有 $\overline{0},\overline{2},\overline{3},\overline{4},\overline{6},\overline{8},\overline{9},\overline{10},\overline{12},\overline{14},\overline{15},\overline{16}$.

14. $\mathbb{Z}_4^* = \{\overline{1},\overline{3}\}$，$\mathbb{Z}_6^* = \{\overline{1},\overline{5}\}$，$\mathbb{Z}_8^* = \{\overline{1},\overline{3},\overline{5},\overline{7}\}$，$\mathbb{Z}_9^* = \{\overline{1},\overline{2},\overline{4},\overline{5},\overline{7},\overline{8}\}$，$\mathbb{Z}_{10}^* = \{\overline{1},\overline{3},\overline{7},\overline{9}\}$，$\mathbb{Z}_{15}^* = \{\overline{1},\overline{2},\overline{4},\overline{7},\overline{8},\overline{11},\overline{13},\overline{14}\}$.

15. 在 $\mathbb{Z}_9^*$ 中，$\overline{1}^{-1} = \overline{1}$，$\overline{2}^{-1} = \overline{5}$，$\overline{5}^{-1} = \overline{2}$，$\overline{4}^{-1} = \overline{7}$，$\overline{7}^{-1} = \overline{4}$，$\overline{8}^{-1} = \overline{8}$. 在 $\mathbb{Z}_{15}^*$ 中，$\overline{1}^{-1} = \overline{1}$，$\overline{2}^{-1} = \overline{8}$，$\overline{8}^{-1} = \overline{2}$，$\overline{4}^{-1} = \overline{4}$，$\overline{7}^{-1} = \overline{13}$，$\overline{13}^{-1} = \overline{7}$，$\overline{11}^{-1} = \overline{11}$，$\overline{14}^{-1} = \overline{14}$.

16. $\varphi(2^5) = 2^4 \times (2-1) = 16$，$\varphi(3^4) = 3^3 \times (3-1) = 54$，
$\varphi(5^3) = 5^2 \times (5-1) = 100$.

17. $(\widetilde{\overline{1},\overline{1}}),(\widetilde{\overline{1},\overline{2}}),(\widetilde{\overline{1},\overline{4}}),(\widetilde{\overline{1},\overline{5}}),(\widetilde{\overline{1},\overline{7}}),(\widetilde{\overline{1},\overline{8}}),(\widetilde{\overline{3},\overline{1}}),(\widetilde{\overline{3},\overline{2}}),(\widetilde{\overline{3},\overline{4}}),(\widetilde{\overline{3},\overline{5}}),(\widetilde{\overline{3},\overline{7}}),(\widetilde{\overline{3},\overline{8}})$.

18. $\varphi(27)\varphi(49) = 3^2 \times (3-1) \times 7 \times (7-1) = 756$.

19. $\varphi(100) = \varphi(4 \times 25) = \varphi(4)\varphi(25) = 2 \times 5 \times (5-1) = 40$,
$\varphi(225) = \varphi(3^2 \times 5^2) = \varphi(3^2)\varphi(5^2) = 6 \times 20 = 120$,
$\varphi(56) = \varphi(2^3 \times 7) = \varphi(2^3)\varphi(7) = 4 \times 6 = 24$.

20. $\varphi(60) = \varphi(2^2 \times 3 \times 5) = 2 \times 2 \times 4 = 16$,
$\varphi(1360) = \varphi(2^4 \times 5 \times 17) = 8 \times 4 \times 16 = 512$,
$\varphi(420) = \varphi(2^2 \times 3 \times 5 \times 7) = 2 \times 2 \times 4 \times 6 = 96$.

21. $\varphi(m) = \varphi(p_1^{r_1} p_2^{r_2} \cdots p_s^{r_s}) = p_1^{r_1-1}(p_1-1) p_2^{r_2-1}(p_2-1) \cdots p_s^{r_s-1}(p_s-1)$
$= p_1^{r_1}\left(1 - \frac{1}{p_1}\right) p_2^{r_2}\left(1 - \frac{1}{p_2}\right) \cdots p_s^{r_s}\left(1 - \frac{1}{p_s}\right)$
$= m\left(1 - \frac{1}{p_1}\right)\left(1 - \frac{1}{p_2}\right) \cdots \left(1 - \frac{1}{p_s}\right)$.

22. 设 F 是特征为 2 的域，则 $(a+b)^2 = a^2 + 2ab + b^2 = a^2 + b^2$,
$(a+b)^4 = ((a+b)^2)^2 = (a^2+b^2)^2 = (a^2)^2 + (b^2)^2 = a^4 + b^4$,
$(a+b)^8 = ((a+b)^4)^2 = (a^4+b^4)^2 = (a^4)^2 + (b^4)^2 = a^8 + b^8$.

猜测 $(a+b)^{2^r} = a^{2^r} + b^{2^r}$. 用数学归纳法证明：当 $r=1$ 时，$(a+b)^2 = a^2 + b^2$.
从而当 $r=1$ 时命题为真. 假设当 $r=k$ 时命题为真，现在来看 $r=k+1$ 的情形：
$(a+b)^{2^{k+1}} = ((a+b)^{2^k})^2 = (a^{2^k} + b^{2^k})^2 = (a^{2^k})^2 + (b^{2^k})^2 = a^{2^{k+1}} + b^{2^{k+1}}$.
根据数学归纳法原理，对一切正整数 r 命题为真.

23. 由于域 F 具有与实数域相同的运算法则，因此在域 F 中也有二项式定理：
$(a+b)^p = a^p + C_p^1 a^{p-1}b + \cdots + C_p^k a^{p-k}b^k + \cdots + C_p^{p-1} ab^{p-1} + b^p$.
组合数 C_p^k 的公式为
$$C_p^k = \frac{p(p-1)\cdots(p-k+1)}{k!}, \quad 1 \leqslant k < p.$$

当 $1\leqslant k<p$ 时，$p\nmid k$. 由于 p 是素数，因此 $(p,k)=1$. 从而有 $(p,k!)=1$. 由于 $k!\mid p(p-1)\cdots(p-k+1)$，因此
$$k!\mid (p-1)\cdots(p-k+1),\quad 1\leqslant k<p.$$
从而存在正整数 s_k，使得 $(p-1)\cdots(p-k+1)=s_k k!$. 由此得出，
$$C_p^k = ps_k,\quad 即\ p\mid C_p^k, 1\leqslant k<p.$$
由于域 F 的特征为 p，因此 $C_p^k a^{p-k}b^k = p(s_k a^{p-k}b^k)=0, 1\leqslant k<p$. 从而，
$$(a+b)^p = a^p + b^p.$$

第一章 群

习 题 1.1

1. $U_n = \{1, \xi_n, \xi_n^2, \cdots, \xi_n^{n-1}\}$,因此 U_n 是循环群,ξ_n 是它的一个生成元.

2. 用 σ_n 表示绕正 n 棱锥的顶点与底面中心连线转角为 $\dfrac{2\pi}{n}$ 的旋转,则这个正 n 棱锥的所有旋转对称(性)变换组成的集合 $G = \{\sigma_n, \sigma_n^2, \cdots, \sigma_n^{n-1}, \sigma_n^n\}$,其中 σ_n^n 等于空间中的恒等变换 I. 由于 $\sigma_n^n = I$,因此 G 中任意两个元素的乘积(按照映射的乘法)仍属于 G. 从而映射的乘法是 G 的运算. 映射的乘法满足结合律. 恒等变换 I 是 G 的单位元,σ_n^i 的逆元是 σ_n^{n-i},因此 G 成为一个群. 从 G 的元素看出,G 是循环群,σ_n 是它的一个生成元.

3. $\mathbb{Z}_7^*$ 中,$\bar{3}^2 = \bar{2}, \bar{3}^3 = \bar{6}, \bar{3}^4 = \bar{4}, \bar{3}^5 = \bar{5}, \bar{3}^6 = \bar{1}$,因此 $\bar{3}$ 是 $\mathbb{Z}_7^*$ 的一个生成元. $|\mathbb{Z}_7^*| = \varphi(7) = 6$. 对于 $1 \leqslant k \leqslant 6, \bar{3}^k$ 是 $\mathbb{Z}_7^*$ 的生成元当且仅当 $|\bar{3}^k| = |\mathbb{Z}_7^*| = 6$. 由于 $|\bar{3}^k| = \dfrac{6}{(6,k)}$,因此 $|\bar{3}^k| = 6 \Leftrightarrow \dfrac{6}{(6,k)} = 6 \Leftrightarrow (6,k) = 1 \Leftrightarrow k = 1, 5$. 从而 $\mathbb{Z}_7^*$ 恰有两个生成元:$\bar{3}, \bar{3}^5 = \bar{5}$.

$\mathbb{Z}_{11}^*$ 中,$\bar{2}^2 = \bar{4}, \bar{2}^3 = \bar{8}, \bar{2}^4 = \bar{5}, \bar{2}^5 = \overline{10}, \bar{2}^6 = \bar{9}, \bar{2}^7 = \bar{7}, \bar{2}^8 = \bar{3}, \bar{2}^9 = \bar{6}, \bar{2}^{10} = \bar{1}$,因此 $\bar{2}$ 是 $\mathbb{Z}_{11}^*$ 的一个生成元. 对于 $1 \leqslant k \leqslant 10, \bar{2}^k$ 是 $\mathbb{Z}_{11}^*$ 的生成元 $\Leftrightarrow (k, 10) = 1 \Leftrightarrow k = 1, 3, 7, 9$. 因此 $\mathbb{Z}_{11}^*$ 的生成元恰有四个:$\bar{2}, \bar{2}^3 = \bar{8}, \bar{2}^7 = \bar{7}, \bar{2}^9 = \bar{6}$.

4. $\mathbb{Z}_{14}^* = \{\bar{1}, \bar{3}, \bar{5}, \bar{9}, \overline{11}, \overline{13}\}$. $\bar{3}^2 = \bar{9}, \bar{3}^3 = \overline{13}, \bar{3}^4 = \overline{11}, \bar{3}^5 = \bar{5}, \bar{3}^6 = \bar{1}$,因此 $\mathbb{Z}_{14}^*$ 是循环群. 对于 $1 \leqslant k \leqslant 6, \bar{3}^k$ 是 $\mathbb{Z}_{14}^*$ 的生成元 $\Leftrightarrow (k,6) = 1 \Leftrightarrow k = 1, 5$. 于是 $\mathbb{Z}_{14}^*$ 恰有两个生成元:$\bar{3}, \bar{3}^5 = \bar{5}$.

5. 若 $\mathbb{Z}_m^*$ 是循环群,设 $\bar{a}$ 是它的一个生成元,则 $|\bar{a}| = |\mathbb{Z}_m^*| = \varphi(m)$. 对于 $1 \leqslant k \leqslant \varphi(m), \bar{a}^k$ 是 $\mathbb{Z}_m^*$ 的生成元 $\Leftrightarrow |\bar{a}^k| = |\mathbb{Z}_m^*| \Leftrightarrow \dfrac{\varphi(m)}{(\varphi(m), k)} = \varphi(m) \Leftrightarrow (\varphi(m), k) = 1$.

由于在集合 $\{1, 2, \cdots, \varphi(m)\}$ 中与 $\varphi(m)$ 互素的整数的个数等于 $\varphi(\varphi(m))$,因此 $\mathbb{Z}_m^*$ 的生成元的个数等于 $\varphi(\varphi(m))$.

6. 设 a 是 m 阶循环群 G 的一个生成元,则 $|a| = m$. 对于 $1 \leqslant k \leqslant m$,

$$a^k \text{ 是 } G \text{ 的生成元} \Leftrightarrow |a^k| = m \Leftrightarrow \frac{m}{(m,k)} = m \Leftrightarrow (m,k) = 1.$$

由于在集合 $\{1, 2, \cdots, m\}$ 中与 m 互素的整数的个数等于 $\varphi(m)$,因此 m 阶循环群 G 的生成元的个数等于 $\varphi(m)$.

7. $(\mathbb{Z}_8,+)$ 是 8 阶循环群,于是它的生成元的个数等于 $\varphi(8)=4$. $\overline{1}$ 是 $(\mathbb{Z}_8,+)$ 的一个生成元. 对于 $1\leqslant k\leqslant 8$,
$$k\overline{1}\ 是(\mathbb{Z}_8,+)的生成元 \Leftrightarrow (8,k)=1 \Leftrightarrow k=1,3,5,7.$$
因此 $(\mathbb{Z}_8,+)$ 的 4 个生成元为 $\overline{1},\overline{3},\overline{5},\overline{7}$.

8. U_n 是 n 阶循环群,它的生成元个数等于 $\varphi(n)$,因此有 $\varphi(n)$ 个本原 n 次单位根. 令 $\xi_n=\mathrm{e}^{\mathrm{i}\frac{2\pi}{n}}$,$\xi_n$ 是一个本原 n 次单位根. 对于 $1\leqslant k\leqslant n$,ξ_n^k 是本原 n 次单位根当且仅当 $(n,k)=1$.

9. $\mathbb{Z}_{19}^*,\mathbb{Z}_{22}^*,\mathbb{Z}_{25}^*,\mathbb{Z}_{50}^*,\mathbb{Z}_{81}^*,\mathbb{Z}_{98}^*$ 是循环群,$\mathbb{Z}_{20}^*,\mathbb{Z}_{21}^*,\mathbb{Z}_{24}^*,\mathbb{Z}_{100}^*$ 不是循环群.

10. 由于 $(2,3)=1$,因此 $(\mathbb{Z}_6,+)\cong (\mathbb{Z}_2\oplus \mathbb{Z}_3,+)$. 从而
$$(\mathbb{Z}_2\oplus \mathbb{Z}_6,+)\cong (\mathbb{Z}_2\oplus(\mathbb{Z}_2\oplus \mathbb{Z}_3),+).$$
令
$$\sigma:(\mathbb{Z}_3\oplus(\mathbb{Z}_2\oplus \mathbb{Z}_2),+) \to (\mathbb{Z}_2\oplus(\mathbb{Z}_2\oplus \mathbb{Z}_3),+)$$
$$(a,(b,c)) \mapsto (b,(c,a)),$$
则 σ 是一个映射,且 σ 是单射及满射. 于是 σ 是双射. 易证 σ 保持加法运算,因此 σ 是群同构映射. 从而,$(\mathbb{Z}_3\oplus(\mathbb{Z}_2\oplus \mathbb{Z}_2),+)\cong(\mathbb{Z}_2\oplus(\mathbb{Z}_2\oplus \mathbb{Z}_3),+)$. 由同构关系的对称性和传递性得,$(\mathbb{Z}_3\oplus(\mathbb{Z}_2\oplus \mathbb{Z}_2),+)\cong(\mathbb{Z}_2\oplus \mathbb{Z}_6,+)$.

11. $(\mathbb{Z}_{24},+)$ 是循环群. 利用第 10 题解题过程中阐述的结论可得
$$(\mathbb{Z}_6\oplus \mathbb{Z}_4,+)\cong((\mathbb{Z}_2\oplus \mathbb{Z}_3)\oplus \mathbb{Z}_4,+)\cong(\mathbb{Z}_2\oplus(\mathbb{Z}_3\oplus \mathbb{Z}_4),+)\cong(\mathbb{Z}_2\oplus \mathbb{Z}_{12},+)$$
$$\cong(\mathbb{Z}_{12}\oplus \mathbb{Z}_2,+)\cong((\mathbb{Z}_3\oplus \mathbb{Z}_4)\oplus \mathbb{Z}_2,+)\cong(\mathbb{Z}_3\oplus(\mathbb{Z}_4\oplus \mathbb{Z}_2),+).$$
由于 $(6,4)\neq 1$,因此 $(\mathbb{Z}_6\oplus \mathbb{Z}_4,+)$ 不是循环群. 从而 $(\mathbb{Z}_6\oplus \mathbb{Z}_4,+)$ 与 $(\mathbb{Z}_{24},+)$ 不同构.

12. 由于 $(4,25)=1$,因此 $(\mathbb{Z}_4\oplus \mathbb{Z}_{25},+)$ 是循环群. 由于
$$(\mathbb{Z}_4\oplus(\mathbb{Z}_5\oplus \mathbb{Z}_5),+)\cong((\mathbb{Z}_4\oplus \mathbb{Z}_5)\oplus \mathbb{Z}_5,+)\cong(\mathbb{Z}_{20}\oplus \mathbb{Z}_5,+),$$
且 $(20,5)\neq 1$,因此 $(\mathbb{Z}_{20}\oplus \mathbb{Z}_5,+)$ 不是循环群,从而 $(\mathbb{Z}_4\oplus(\mathbb{Z}_5\oplus \mathbb{Z}_5),+)$ 不是循环群. 由于 $(2,50)\neq 1$,因此 $(\mathbb{Z}_2\oplus \mathbb{Z}_{50},+)$ 不是循环群. 由于 $(10,10)\neq 1$,因此 $(\mathbb{Z}_{10}\oplus \mathbb{Z}_{10},+)$ 不是循环群.

13. 映射 $\sigma:x\mapsto x^{-1}$ 是群 G 到自身的一个映射. 如果 $x^{-1}=y^{-1}$,那么 $(x^{-1})^{-1}=(y^{-1})^{-1}$,于是 $x=y$. 因此 σ 是单射. 任给 $y\in G$,则 $\sigma(y^{-1})=(y^{-1})^{-1}=y$,因此 σ 是满射. 任给 $x,y\in G$,$\sigma(xy)=\sigma(x)\sigma(y)\Leftrightarrow (xy)^{-1}=x^{-1}y^{-1}\Leftrightarrow y^{-1}x^{-1}=x^{-1}y^{-1}$. 于是 σ 保持运算当且仅当 G 是 Abel 群. 从而 σ 是 G 到自身的同构映射当且仅当 G 是 Abel 群.

14. a 的阶为 $2\Leftrightarrow a^2=e$ 且 $a\neq e\Leftrightarrow a=a^{-1}$ 且 $a\neq e$. 于是如果群 G 的每一个非单位元的阶都为 2,那么 $\sigma:x\mapsto x^{-1}$ 成为 G 上的恒等变换,从而 $\sigma:x\mapsto x^{-1}$ 是 G 到自身的同构映射. 根据第 13 题得,G 是 Abel 群. 也可以直接去证 $ab=ba$.

15. 假如 G 中没有 2 阶元,则对于 G 中每一个非单位元 a 都有 $a\neq a^{-1}$. 从而 G 的所有非单位元可以两两配对,于是 $|G|=2m+1$. 这与 $|G|$ 为偶数矛盾. 因此 G 中有 2 阶元.

16. 群 G 中,若 $ab=ba$,$|a|=n$,$|b|=m$,则 ab 的阶不一定等于 $[n,m]$. 例如,$\mathbb{Z}_{15}^*$ 中,$|\overline{2}|=4$,而 $|\overline{2}\;\overline{2}|=|\overline{4}|=2$;$|\overline{7}|=4$,而 $|\overline{2}\;\overline{7}|=|\overline{14}|=2$.

习 题 1.2

1. $D_6=\{I,\sigma,\sigma^2,\sigma^3,\sigma^4,\sigma^5,\sigma\tau,\sigma^2\tau,\sigma^3\tau,\sigma^4\tau,\sigma^5\tau\}$,其中 σ 是绕正六边形的中心 O 转角为 $\dfrac{\pi}{3}$ 的旋转,τ 是关于正六边形的某条对称轴的反射. D_6 的生成元有两个:σ,τ. 生成元适合的关系为 $\sigma^6=\tau^2=I$,$\tau\sigma\tau=\sigma^{-1}$. D_6 的阶是 12.

2. 由于 $\tau\sigma\tau=\sigma^{-1}$,因此 $(\sigma\tau)(\sigma^2\tau)=\sigma(\tau\sigma\tau)^2=\sigma(\sigma^{-1})^2=\sigma\sigma^{-2}=\sigma^{-1}=\sigma^4$.

3. 正四面体的旋转对称(性)群 G 含有下列元素:

绕一个顶点与对面中心的连线转角为 $\dfrac{2\pi}{3}$ 的旋转 σ_i,$i=1,2,3,4$;

绕对棱中点的连线转角为 π 的旋转 γ_j,$j=1,2,3$.

于是 $G\supseteq\{I,\sigma_1,\sigma_2,\sigma_3,\sigma_4,\sigma_1^2,\sigma_2^2,\sigma_3^2,\sigma_4^2,\gamma_1,\gamma_2,\gamma_3\}$.

正四面体的旋转对称(性)变换把三对对棱中点连线的交点 O 保持不动,每个顶点与对面中心的连线也都经过点 O,因此正四面体的旋转对称(性)变换是绕过点 O 的直线的旋转. 用 A_1,A_2,A_3,A_4 表示正四面体的顶点,并且使 $A_1A_2A_3A_4$ 成右手螺旋方向. G 中任一元素 γ 使 $A_1A_2A_3A_4$ 或者仍成右手螺旋方向,或者成左手螺旋方向. 设 A_1 在 γ 下的像为 A_j,$j\in\{1,2,3,4\}$.

情形 1　γ 使 $A_1A_2A_3A_4$ 成右手螺旋方向. 若 $j=1$,则 $\gamma=\sigma_1$ 或 σ_1^2;若 $j=2$,则 $\gamma=\sigma_3$ 或 σ_4^2;若 $j=3$,则 $\gamma=\sigma_2^2$ 或 σ_4;若 $j=4$,则 $\gamma=\sigma_2$ 或 σ_3^2.

情形 2　γ 使 $A_1A_2A_3A_4$ 成左手螺旋方向. 若 $j=1$,则 γ 保持直线 OA_1 上每一点都不动,从而 γ 是绕直线 OA_1 的旋转,矛盾. 若 $j=2$,则 $\gamma=\gamma_1$;若 $j=3$,则 $\gamma=\gamma_2$;若 $j=4$,则 $\gamma=\gamma_3$.

综上所述,$G=\{I,\sigma_i,\sigma_i^2,\gamma_j\mid i=1,2,3,4;j=1,2,3\}$.

4. 正方体的旋转对称(性)群 G 含有下列元素:

绕正方体对面中心的连线转角为 $\dfrac{\pi}{2}$ 的旋转 γ_i,$i=1,2,3$;

绕正方体的主对角线转角为 $\dfrac{2\pi}{3}$ 的旋转 δ_j,$j=1,2,3,4$;

绕正方体的对棱中点的连线转角为 π 的旋转 η_k,$1\leqslant k\leqslant 6$.

于是 $G\supseteq\{I,\gamma_i,\gamma_i^2,\gamma_i^3,\delta_j,\delta_j^2,\eta_k\mid 1\leqslant i\leqslant 3,1\leqslant j\leqslant 4,1\leqslant k\leqslant 6\}$.

正方体的旋转对称(性)变换使 8 个顶点的有序组的像分成两种情形:每四个顶点的像在正方体的同一个面上,或者不在同一个面上. 类似于第 3 题的讨论可知,G 恰好由上述 24 个元素组成.

习 题 1.3

1. (1) $\sigma\tau = \begin{pmatrix} 1 & 2 & 3 & 4 & 5 \\ 2 & 4 & 3 & 5 & 1 \end{pmatrix}, \tau\sigma = \begin{pmatrix} 1 & 2 & 3 & 4 & 5 \\ 1 & 4 & 2 & 5 & 3 \end{pmatrix}$.

(2) $\sigma = (1\ 3\ 5\ 4\ 2), \tau = (1\ 4\ 3)(2\ 5)$.

(3) $\sigma^{-1} = (1\ 2\ 4\ 5\ 3)$,
$\sigma\tau\sigma^{-1} = [\sigma(143)\sigma^{-1}][\sigma(25)\sigma^{-1}] = [(1)(253)(4)][(14)(2)(3)(5)] = (253)(14)$.

(4) $\sigma = (12)(14)(15)(13), \tau = (13)(14)(25)$.

(5) σ 是偶置换,τ 是奇置换.

2. 任取 $k \in \{1,2,\cdots,r-1\}$,有 $\sigma(i_k) = i_{k+1}$. 从而 $(\tau\sigma\tau^{-1})(\tau(i_k)) = \tau\sigma(i_k) = \tau(i_{k+1})$. 由于 $\sigma(i_r) = i_1$,因此 $(\tau\sigma\tau^{-1})(\tau(i_r)) = \tau\sigma(i_r) = \tau(i_1)$.

任取 $a \in \{1,2,\cdots,n\} \setminus \{\tau(i_1),\tau(i_2),\cdots,\tau(i_r)\}$,则 $\tau^{-1}(a) \notin \{i_1,i_2,\cdots,i_r\}$. 于是 $\sigma(\tau^{-1}(a)) = \tau^{-1}(a)$. 从而 $(\tau\sigma\tau^{-1})(a) = \tau\sigma(\tau^{-1}(a)) = \tau(\tau^{-1}(a)) = a$.

综上所述,$\tau\sigma\tau^{-1} = (\tau(i_1)\quad \tau(i_2)\quad \cdots\quad \tau(i_r))$.

3. 由于 $(i_1 i_2 i_3 \cdots i_{r-1} i_r) = (i_1 i_r)(i_1 i_{r-1}) \cdots (i_1 i_3)(i_1 i_2)$,右边有 $r-1$ 个对换,因此当 r 为奇数时,r-轮换为偶置换;当 r 为偶数时,r-轮换为奇置换.

4. $A_3 = \{(1),(123),(132)\}$;
$A_4 = \{(1),(12)(34),(13)(24),(14)(23),(123),(132),(124),(142),(134),(143),(234),(243)\}$.

5. (1) 我们已证 $S_n = \langle (12),(13),\cdots,(1n)\rangle$,因此只要对于 $k \in \{3,4,\cdots,n\}$,去证 $(1k)$ 可以表示成 $(12),(23),\cdots,(n-1,n)$ 这些对换的乘积(它们可以重复出现). 利用第 2 题的结论得

$(13) = (23)(12)(23)$,

$(14) = (34)(13)(34) = (34)(23)(12)(23)(34)$,

$\cdots\cdots\cdots$

$(1k) = (k-1,k)(1,k-1)(k-1,k)$

$\qquad = (k-1,k)(k-2,k-1)\cdots(34)(23)(12)(23)(34)\cdots(k-2,k-1)(k-1,k)$.

因此 $S_n = \langle (12),(23),(34),\cdots,(n-1,n)\rangle$.

(2) 根据第(1)小题,只要证对于 $k \in \{2,3,\cdots,n-1\}$,有 $(k,k+1)$ 可以表示成 $(12),(123\cdots n)$ 的整数次幂的乘积.

$(23) = (123\cdots n)(12)(123\cdots n)^{-1}$,

$(34) = (123\cdots n)(23)(123\cdots n)^{-1} = (123\cdots n)^2(12)(123\cdots n)^{-2},$

$\cdots\cdots\cdots\cdots$

$(k, k+1) = (123\cdots n)(k-1, k)(123\cdots n)^{-1}$
$= (123\cdots n)^{k-1}(12)(123\cdots n)^{-(k-1)}.$

因此 $S_n = \langle (12), (123\cdots n) \rangle$.

6. 我们已证 A_n 可由 3-轮换生成，因此只要去证任一 3-轮换 $(ijk) \in \langle (123), (124), \cdots, (12n) \rangle$.

$(ijk) = [(1i)(2j)](12k)[(1i)(2j)]^{-1}$
$= [(1i)(12)(21)(2j)](12k)[(1i)(12)(21)(2j)]^{-1}$
$= [(12i)(12j)](12k)[(12i)(12j)]^{-1}.$

因此 $A_n = \langle (123), (124), \cdots, (12n) \rangle$.

习 题 1.4

1. (1) $0 \in k\mathbb{Z}$. 任给 $km, kn \in k\mathbb{Z}$, 有 $km - kn = k(m-n) \in k\mathbb{Z}$. 因此 $k\mathbb{Z}$ 是 $(\mathbb{Z}, +)$ 的一个子群.

(2) 由于 $k\mathbb{Z}$ 中每一个元素 km 都能表示成 k 的整数倍, 因此 $k\mathbb{Z}$ 是循环群, k 是它的一个生成元.

2. (1) 设群 G 的运算为乘法. 任取 $(AB)C$ 的一个元素 $(ab)c$. 由于 G 的乘法满足结合律, 因此 $(ab)c = a(bc) \in A(BC)$. 从而 $(AB)C \subseteq A(BC)$. 同理, $A(BC) \subseteq (AB)C$. 因此 $(AB)C = A(BC)$. 若群 G 的运算为加法, 类似可证明.

(2) 任取 $(A \cup B)C$ 的一个元素 xc, 其中 $x \in A$ 或 $x \in B$, $c \in C$. 若 $x \in A$, 则 $xc \in AC$; 若 $x \in B$, 则 $xc \in BC$. 因此 $xc \in (AC) \cup (BC)$. 于是 $(A \cup B)C \subseteq (AC) \cup (BC)$. $(AC) \cup (BC)$ 的任一元素为 ac 或 bc, 其中 $a \in A, b \in B, c \in C$. 由于 $a \in A \cup B$, 因此 $ac \in (A \cup B)C$. 同理 $bc \in (A \cup B)C$. 于是 $(AC) \cup (BC) \subseteq (A \cup B)C$. 综上所述, $(A \cup B)C = (AC) \cup (BC)$.

3. 必要性　设 HK 为 G 的子群. 任取 HK 的一个元素 hk, 其中 $h \in H, k \in K$. 由于 $(hk)^{-1} \in HK$, 因此可设 $(hk)^{-1} = h_1 k_1$, 其中 $h_1 \in H, k_1 \in K$. 于是 $hk = (h_1 k_1)^{-1} = k_1^{-1} h_1^{-1} \in KH$. 从而 $HK \subseteq KH$. 任取 $kh \in KH$, 由于 $(kh)^{-1} = h^{-1} k^{-1} \in HK$, 且 HK 是子群, 因此 $[(kh)^{-1}]^{-1} \in HK$, 即 $kh \in HK$. 于是 $KH \subseteq HK$. 因此 $HK = KH$.

充分性　设 $HK = KH$. 由于 $e = ee \in HK$, 因此 HK 非空集. 任取 $h_1 k_1, h_2 k_2 \in HK$, 我们有 $(h_1 k_1)(h_2 k_2)^{-1} = h_1 k_1 k_2^{-1} h_2^{-1}$. 由于 $k_1 k_2^{-1} \in K, h_2^{-1} \in H$, 且 $HK = KH$, 因此存在 $h_3 \in H, k_3 \in K$, 使得 $(k_1 k_2^{-1}) h_2^{-1} = h_3 k_3$. 从而 $(h_1 k_1)(h_2 k_2)^{-1} = (h_1 h_3) k_3 \in HK$. 因此 HK 是 G 的一个子群.

4. $S_3=\{(1),(12),(13),(23),(123),(132)\}$. 令 $H=\{(1),(12)\},K=\{(1),(13)\}$. 易验证 H,K 都是 S_3 的子群.

$$HK=\{(1)(1),(1)(13),(12)(1),(12)(13)\}=\{(1),(13),(12),(132)\}.$$

由于 $|S_3|=6$,因此 S_3 的任一子群的阶必为 6 的因数,而 HK 有 4 个元素,于是 HK 不是 S_3 的子群.

5. 由于 $e\in H_i, \forall i\in I$,因此 $e\in \bigcap_{i\in I} H_i$. 任取 $a,b\in \bigcap_{i\in I} H_i$,则 $a,b\in H_i, \forall i\in I$. 由于 H_i 是 G 的子群,因此 $ab^{-1}\in H_i, \forall i\in I$. 从而 $ab^{-1}\in \bigcap_{i\in I} H_i$. 因此 $\bigcap_{i\in I} H_i$ 是 G 的子群.

6. 记 $H\cap K=M$,则 M 是 G 的子群. 又由于 $M\subseteq H$,因此 M 也是 H 的子群. 设 M 在 H 中的左陪集分解式为 $H=\bigcup_{i=0}^{r-1} h_i M$,其中 $h_0=e$. 根据第 2 题的结论得

$$HK=\Big(\bigcup_{i=0}^{r-1} h_i M\Big)K=\bigcup_{i=0}^{r-1}(h_i M)K=\bigcup_{i=0}^{r-1} h_i(MK)=\bigcup_{i=0}^{r-1} h_i K,$$

其中最后一步是由于 $M\subseteq K$ 且 K 是子群,因此 $MK=K$.

对于 $i,j\in\{0,1,\cdots,r-1\}$,当 $i\neq j$ 时,有 $h_i M\cap h_j M=\varnothing$. 假如 $h_i K\cap h_j K\neq \varnothing$,则存在 $k_1,k_2\in K$,使得 $h_i k_1=h_j k_2$. 从而 $h_j^{-1}h_i=k_2 k_1^{-1}\in H\cap K=M$. 于是 $h_i M=h_j M$,矛盾. 因此 $h_i K\cap h_j K=\varnothing$. 从而

$$|HK|=\sum_{i=0}^{r-1}|h_i K|=\sum_{i=0}^{r-1}|K|=r|K|=[H:M]|K|$$

$$=\frac{|H|}{|M|}|K|=\frac{|H|\cdot|K|}{|H\cap K|}.$$

7. 令 $H=\{x_1^{m_1}x_2^{m_2}\cdots x_k^{m_k}\mid x_i\in S, m_i\in\mathbb{Z}, 1\leqslant i\leqslant k, k\in \mathbb{N}^*\}$. 由此式的定义得,$\forall x\in S$,有 $x\in H$,因此 $S\subseteq H$. 任取 H 中的两个元素: $h_1=x_1^{m_1}x_2^{m_2}\cdots x_k^{m_k}$, $h_2=y_1^{n_1}y_2^{n_2}\cdots y_t^{n_t}$,我们有

$$h_1 h_2^{-1}=x_1^{m_1}x_2^{m_2}\cdots x_k^{m_k}y_t^{-n_t}\cdots y_2^{-n_2}y_1^{-n_1}\in H.$$

因此 $H<G$. 又由于 $H\supseteq S$,因此 $H\supseteq \bigcap_{S\subseteq K<G} K=\langle S\rangle$. 由于 $\langle S\rangle$ 是包含 S 的子群,因此从 H 的定义式知,H 的任一元素属于 $\langle S\rangle$,从而 $H\subseteq \langle S\rangle$. 综上所述,$H=\langle S\rangle$.

8. 由于 $i^2=-1$,因此根据第 7 题(对运算为加法的群来用)得

$$\langle 1,i\rangle=\{m+ni\mid m,n\in \mathbb{Z}\}.$$

9. 正方形棋盘的对称(性)群 G 是正方形的对称(性)群 D_4 的一个子群. D_4 中的元素要保持正方形棋盘不变,只能是: $I,\sigma^2,\tau,\sigma^2\tau$,其中 σ 是绕正方形的中心转角为 $\frac{\pi}{2}$ 的旋转,τ 是关于正方形的一条对角线所在直线的反射. 因此 $G=\{I,\sigma^2,\tau,\sigma^2\tau\}$.

10. ($\mathbb{Z}_4$, +) 是 4 阶循环群, 它分别有唯一的 1 阶子群 $\{\overline{0}\}$, 2 阶子群 $\{\overline{0}, \overline{2}\} = \langle \overline{2} \rangle$, 4 阶子群 ($\mathbb{Z}_4$, +).

($\mathbb{Z}_6$, +) 是 6 阶循环群, 它分别有唯一的 1 阶子群 $\{\overline{0}\}$, 2 阶子群 $\{\overline{0}, \overline{3}\} = \langle \overline{3} \rangle$, 3 阶子群 $\langle \overline{2} \rangle$, 6 阶子群 ($\mathbb{Z}_6$, +).

11. S_3 的阶为 6, 因此 S_3 的子群的阶只可能是 1, 2, 3, 6. S_3 有 1 个 1 阶子群 $\{(1)\}$; 有 3 个 2 阶子群: $\{(1), (12)\}, \{(1), (13)\}, \{(1), (23)\}$; 有 1 个 3 阶子群 $\{(1), (123), (132)\}$; 有 1 个 6 阶子群 S_3.

12. A_4 的阶为 $\dfrac{4!}{2} = 12$, 因此 A_4 的子群的阶只可能是 1, 2, 3, 4, 6, 12. A_4 有 1 个 1 阶子群 $\{(1)\}$; 有 3 个 2 阶子群: $\{(1), (12)(34)\}, \{(1), (13)(24)\}, \{(1), (14)(23)\}$; 有 4 个 3 阶子群: $\{(1), (123), (132)\}, \{(1), (124), (142)\}, \{(1), (134), (143)\}, \{(1), (234), (243)\}$; 有 1 个 4 阶子群: $\{(1), (12)(34), (13)(24), (14)(23)\}$; 有 1 个 12 阶子群 A_4.

A_4 没有 6 阶子群. 假如 H 是 A_4 的 6 阶子群, 由于 A_4 中不是 3-轮换的元素只有 4 个, 因此 H 中必有 3-轮换. 如果 H 中有一个 3-轮换, 那么它的逆也属于 H. 又由于 3-轮换的逆不等于自身, 因此 H 中 3-轮换的数目 r 为偶数. 由于 H 中有单位元 (1), 因此 $r = 4$ 或 $r = 2$.

情形 1 $r = 4$. 设 $\sigma, \sigma^{-1}, \tau, \tau^{-1}$ 是 H 中的 3-轮换, 则 $(1), \sigma, \sigma^{-1}, \tau, \tau^{-1}, \sigma\tau, \sigma\tau^{-1}$ 是 H 中 7 个不同的元素, 这与 $|H| = 6$ 矛盾.

情形 2 $r = 2$. 由于 A_4 中含有 8 个 3-轮换, 3 个 2 阶元, 1 个单位元, 因此 6 阶子群 H 一定包含 A_4 的 4 阶子群: $\{(1), (12)(34), (13)(24), (14)(23)\}$. 从而 A_4 的这个 4 阶子群也是 H 的一个子群. 但是 4 不是 6 的因数, 这与 Lagrange 定理矛盾.

综上所述, A_4 没有 6 阶子群.

13. 设 H 是 F^* 的任意一个有限子群, 由于 F^* 是 Abel 群, 因此 H 是 Abel 群. 由于域 F 上 m 次多项式 $f(x)$ 在 F 中至多有 m 个根 (重根按重数计算), 因此对于任一正整数 m, 方程 $x^m = e$ 在 F^* 中解的个数不超过 m. 从而 $x^m = e$ 在 H 中解的个数不超过 m. 根据 §1.1 的定理 1 得, H 是循环群.

14. 对于任给的正整数 m, 令
$$H = \{x \in G \mid x^m = e\}.$$
由于 $e^m = e$, 因此 $e \in H$. 对于任意 $b, c \in H$, 有 $(bc^{-1})^m = b^m c^{-m} = e$, 因此 $bc^{-1} \in H$. 从而 H 是 G 的一个子群. 由于 G 为 n 阶循环群, 因此根据本节定理 2 得, $H = \langle a^d \rangle$, 其中 d 是 n 的一个正因数, 且 H 的阶 $s = \dfrac{n}{d}$. 根据 H 的定义得, $(a^d)^m = e$. 由于 a^d 的

阶为 s,因此 $s\mid m$. 从而 $s\leqslant m$, 即 $|H|\leqslant m$. 这证明了方程 $x^m=e$ 在 G 中的解的个数不超过 m.

15. 任给 $a\in G$, 由推论 1 得, a 的阶是 $|G|$ 的因数. 由于 $|G|$ 是奇数,因此 a 的阶为奇数 $2m+1$. 从而 $a=ae=aa^{2m+1}=(a^{m+1})^2$. 于是 a 为平方元. 若 b,c 都是 a 的平方根, 则 $b^2=a=c^2$. 由于 $|b^2|=\dfrac{|b|}{(|b|,2)}=|b|$, 因此 $\langle b^2\rangle=\langle b\rangle$. 同理 $\langle c^2\rangle=\langle c\rangle$. 于是 $b\in\langle b^2\rangle=\langle c^2\rangle=\langle c\rangle$. 从而 $(bc^{-1})^2=e$. 由于 bc^{-1} 的阶 s 是奇数, 且 $s\mid 2$, 因此 $s=1$. 从而 $bc^{-1}=e$. 于是 $b=c$.

习 题 1.5

1. 如果 $(\mathbb{Z}_6,+)=H\oplus K$, 那么 $|(\mathbb{Z}_6,+)|=|H||K|$. 由于 $(\mathbb{Z}_6,+)$ 是 6 阶循环群, 它有唯一的 1 阶、2 阶、3 阶、6 阶子群, 因此从 $6=|H||K|$ 得, $|H|=2$ 且 $|K|=3$, 或 $|H|=1$ 且 $|K|=6$. 由于要求把 $(\mathbb{Z}_6,+)$ 分解成它的两个非平凡子群的内直和, 因此 $|H|=2$, $|K|=3$. 由于 $\overline{3},\overline{2}$ 分别是 $(\mathbb{Z}_6,+)$ 的 2 阶元, 3 阶元, 因此 $H=\langle\overline{3}\rangle, K=\langle\overline{2}\rangle$. 由于 $(\mathbb{Z}_6,+)=\langle\overline{3}\rangle+\langle\overline{2}\rangle, \langle\overline{3}\rangle\cap\langle\overline{2}\rangle=\{\overline{0}\}$, 且 $(\mathbb{Z}_6,+)$ 是 Abel 群, 因此从定理 1 得, $(\mathbb{Z}_6,+)=\langle\overline{3}\rangle\oplus\langle\overline{2}\rangle$.

2. 同第 1 题的分析得, $G=\langle a^3\rangle\times\langle a^2\rangle$.

3. 假如 $(\mathbb{Z}_4,+)=H\oplus K$, 其中 H,K 是 $(\mathbb{Z}_4,+)$ 的两个非平凡子群, 则 $|(\mathbb{Z}_4,+)|=|H||K|$. 于是 $|H|=|K|=2$. 由于 $(\mathbb{Z}_4,+)$ 是 4 阶循环群, 它有唯一的 2 阶子群, 因此 $H=K=\langle\overline{2}\rangle$. 从而 $H\cap K=\langle\overline{2}\rangle$. 这与 $H\cap K=\{\overline{0}\}$ 矛盾. 因此 $(\mathbb{Z}_4,+)$ 不可能分解成它的两个非平凡子群的内直和.

4. 假如 $(\mathbb{Z}_8,+)=H\oplus K$, 其中 H,K 是两个非平凡的子群, 则从 $|(\mathbb{Z}_8,+)|=|H||K|$ 得, $|H|=2, |K|=4$. 由于 $(\mathbb{Z}_8,+)$ 是 8 阶循环群, 它有唯一的 2 阶子群 $\langle\overline{4}\rangle$, 唯一的 4 阶子群 $\langle\overline{2}\rangle$, 因此 $H=\langle\overline{4}\rangle, K=\langle\overline{2}\rangle$. 而 $\langle\overline{4}\rangle\cap\langle\overline{2}\rangle=\langle\overline{4}\rangle$, 这与 $H\cap K=\{\overline{0}\}$ 矛盾. 因此 $(\mathbb{Z}_8,+)$ 不能分解成它的两个非平凡子群的内直和.

假如 $(\mathbb{Z}_8,+)=H\oplus K\oplus L$, 其中 H,K,L 是它的非平凡子群, 则 $|H|=|K|=|L|=2$. 从而 $H=K=L=\langle\overline{4}\rangle$. 于是 $H\cap(K+L)=H\neq\{\overline{0}\}$, 矛盾. 因此 $(\mathbb{Z}_8,+)$ 不能分解成它的三个非平凡子群的内直和.

5. 假如 $G=H_1\oplus H_2\oplus\cdots\oplus H_s$, 其中 H_i 是 G 的非平凡子群, $i=1,2,\cdots,s$, 则 $p^m=|G|=|H_1||H_2|\cdots|H_s|$. 于是 $|H_i|=p^{r_i}$, 其中 $1\leqslant r_i<m, i=1,2,\cdots,s$, 且 $r_1+r_2+\cdots+r_s=m$. 由于 G 是 p^m 阶循环群, 因此对于 p^m 的每一个正因数 p^r, G 有唯一的 p^r 阶循环子群. 于是 $H_1\oplus H_2\oplus\cdots\oplus H_s\cong(\mathbb{Z}_{p^{r_1}},+)\oplus(\mathbb{Z}_{p^{r_2}},+)\oplus\cdots\oplus(\mathbb{Z}_{p^{r_s}},+)=(\mathbb{Z}_{p^{r_1}}\oplus\mathbb{Z}_{p^{r_2}}\oplus\cdots\oplus\mathbb{Z}_{p^{r_s}},+)$. 根据 §1.1 的定理 5,

$(\mathbb{Z}_{p^{r_1}} \oplus \mathbb{Z}_{p^{r_2}} \oplus \cdots \oplus \mathbb{Z}_{p^{r_s}}, +)$ 不是循环群. 因此 G 不能分解成它的一些非平凡子群的内直和.

6. 由于 $(V, +) = \langle \alpha_1 \rangle + \langle \alpha_2 \rangle + \cdots + \langle \alpha_n \rangle$, 且 $\langle \alpha_i \rangle \cap \left(\sum_{j \neq i} \langle \alpha_j \rangle \right) = \{0\}$, $i = 1, 2, \cdots, n$; 又 $(V, +)$ 是 Abel 群, 因此根据本节定理 2 得
$$(V, +) = \langle \alpha_1 \rangle \oplus \langle \alpha_2 \rangle \oplus \cdots \oplus \langle \alpha_n \rangle.$$

7. 任取 $T \in O_n$, 若 $|T| = 1$, 则 $T \in SO_n$. 从而 $T = TI \in (SO_n)\{I, -I\}$. 若 $|T| = -1$, 则由于 n 是奇数, 因此 $|T(-I)| = |T||-I| = (-1)(-1)^n|I| = 1$, 从而 $T(-I) \in SO_n$. 于是 $T = [T(-I)](-I) \in (SO_n)\{I, -I\}$. 因此, $O_n \subseteq (SO_n)\{I, -I\}$. 从而 $O_n = (SO_n)\{I, -I\}$.

由于 n 是奇数, 因此 $-I \notin SO_n$. 从而 $SO_n \cap \{I, -I\} = \{I\}$. $I, -I$ 与 SO_n 的每个元素都可交换.

综上所述, 根据本节定理 1 得, $O_n = (SO_n) \times \{I, -I\}$.

8. 任取 $A \in U_1$, 则 $A = (a)$ 且 $A^* A = I$. 于是 $\bar{a}a = 1$. 从而 $|a| = 1$. 因此 $a = e^{i\theta}$, 其中 $0 \leq \theta < 2\pi$. 由此得出, $U_1 = \{(e^{i\theta}) \mid 0 \leq \theta < 2\pi\}$. 根据参考文献[5] §4.6 的例 7 得
$$SO_2 = \left\{ \begin{pmatrix} \cos\theta & -\sin\theta \\ \sin\theta & \cos\theta \end{pmatrix} \,\middle|\, 0 \leq \theta < 2\pi \right\}.$$

令
$$\sigma: U_1 \to SO_2$$
$$(e^{i\theta}) \mapsto \begin{pmatrix} \cos\theta & -\sin\theta \\ \sin\theta & \cos\theta \end{pmatrix},$$

则 σ 是 U_1 到 SO_2 的一个映射, 且是满射. 若 $\sigma((e^{i\theta_1})) = \sigma((e^{i\theta_2}))$, $0 \leq \theta_1, \theta_2 < 2\pi$, 则 $\cos\theta_1 = \cos\theta_2$ 且 $\sin\theta_1 = \sin\theta_2$, $0 \leq \theta_1, \theta_2 < 2\pi$. 由此推出, $\theta_1 = \theta_2$. 因此 σ 是单射. 从而 σ 是双射. 由于
$$\sigma((e^{i\theta_1})(e^{i\theta_2})) = \sigma((e^{i(\theta_1+\theta_2)}))$$
$$= \begin{pmatrix} \cos(\theta_1+\theta_2) & -\sin(\theta_1+\theta_2) \\ \sin(\theta_1+\theta_2) & \cos(\theta_1+\theta_2) \end{pmatrix}$$
$$= \begin{pmatrix} \cos\theta_1 & -\sin\theta_1 \\ \sin\theta_1 & \cos\theta_1 \end{pmatrix} \begin{pmatrix} \cos\theta_2 & -\sin\theta_2 \\ \sin\theta_2 & \cos\theta_2 \end{pmatrix}$$
$$= \sigma((e^{i\theta_1}))\sigma((e^{i\theta_2})),$$

因此 $U_1 \cong SO_2$.

习 题 1.6

1. (1) 只要证 f 保持运算;

(2) $x \in \mathrm{Ker} f \Leftrightarrow \mathrm{e}^{2\pi \mathrm{i} x} = 1$
$\Leftrightarrow \cos 2\pi x + \mathrm{i} \sin 2\pi x = 1$
$\Leftrightarrow \cos 2\pi x = 1$ 且 $\sin 2\pi x = 0$
$\Leftrightarrow x = k, k \in \mathbb{Z},$

因此 $\mathrm{Ker} f = \mathbb{Z}$.

$\mathrm{Im} f$ 是模为 1 的所有复数组成的集合,即复平面上的单位圆,记做 C.

2. (1) 只要证 ψ 保持运算;

(2) $z \in \mathrm{Ker} \psi \Leftrightarrow \dfrac{z}{|z|} = 1 \Leftrightarrow z = |z| \Leftrightarrow z \in \mathbb{R}^+$,因此 $\mathrm{Ker} \psi = \mathbb{R}^+$,其中 $\mathbb{R}^+$ 表示正实数集. 由于 $\left|\dfrac{z}{|z|}\right| = 1$,因此 $\mathrm{Im} \psi$ 是复平面上的单位圆 C.

3. 利用第 1 题的结论和群同态基本定理.

4. 利用第 2 题的结论和群同态基本定理.

5. (1) $\sigma(\boldsymbol{AB}) = |\boldsymbol{AB}| = |\boldsymbol{A}| |\boldsymbol{B}| = \sigma(\boldsymbol{A}) \sigma(\boldsymbol{B})$. 因此 σ 是 $\mathrm{GL}_n(F)$ 到 F^* 的一个群同态.

(2) $\boldsymbol{A} \in \mathrm{Ker} \sigma \Leftrightarrow |\boldsymbol{A}| = 1 \Leftrightarrow \boldsymbol{A} \in \mathrm{SL}_n(F)$,因此 $\mathrm{Ker} \sigma = \mathrm{SL}_n(F)$.

由于对任意 $a \in F^*$,有 $|\mathrm{diag}\{a, 1, \cdots, 1\}| = a$,因此 σ 是满射. 从而 $\mathrm{Im} \sigma = F^*$.

(3) 由于 $\mathrm{SL}_n(F) = \mathrm{Ker} \sigma$,因此 $\mathrm{SL}_n(F) \triangleleft \mathrm{GL}_n(F)$.

(4) 由群同态基本定理得,$\mathrm{GL}_n(F)/\mathrm{SL}_n(F) \cong F^*$.

6. (1) 任取 $f_i(x) = k_i x + b_i$,其中 $k_i \neq 0, i = 1, 2$. 由于 $(f_1 \circ f_2)(x) = f_1(f_2(x)) = f_1(k_2 x + b_2) = k_1(k_2 x + b_2) + b_1 = k_1 k_2 x + (k_1 b_2 + b_1)$,因此 $f_1 \circ f_2 \in G$. 这说明映射的乘法是 G 的一个运算. 映射的乘法适合结合律. $\mathbb{R}$ 上的恒等映射 $1_{\mathbb{R}}(x) = x$ 是一次函数,它是 G 的单位元. 一次函数 $f(x) = kx + b$ 有反函数 $f^{-1}(x) = \dfrac{1}{k} x - \dfrac{b}{k}$,$f^{-1}(x)$ 仍是一次函数. 综上所述,G 对于映射的乘法成为一个群.

(2) 令
$$\sigma : G \to \mathbb{R}^*$$
$$f \mapsto k,$$

其中 $f(x) = kx + b$. 设 $f_i(x) = k_i x + b_i$,其中 $k_i \neq 0, i = 1, 2$. 从第(1)小题的证明中看到,$\sigma(f_1 \circ f_2) = k_1 k_2 = \sigma(f_1) \sigma(f_2)$. 因此 σ 是 G 到乘法群 $\mathbb{R}^*$ 的一个群同态. 任给 $k \in \mathbb{R}^*$,$g(x) = kx$ 在 σ 下的像是 k,因此 σ 是满射. 设 $f(x) = kx + b$,则
$$f \in \mathrm{Ker} \sigma \Leftrightarrow k = 1 \Leftrightarrow f \in H.$$

因此 $\mathrm{Ker} f = H$. 从而 $H \triangleleft G$,且 $G/H \cong \mathbb{R}^*$.

7. 令
$$\sigma : G \times \widetilde{G} \to \widetilde{G}$$

$$(g,\tilde{g}) \mapsto \tilde{g},$$

则 σ 是 $G \times \tilde{G}$ 到 $\tilde{G}$ 的一个映射,且 σ 是满射. 由于

$$\sigma[(g_1,\tilde{g}_1)(g_2,\tilde{g}_2)] = \sigma(g_1g_2,\tilde{g}_1\tilde{g}_2) = \tilde{g}_1\tilde{g}_2 = \sigma(g_1,\tilde{g}_1)\sigma(g_2,\tilde{g}_2).$$

因此 σ 是 $G \times \tilde{G}$ 到 $\tilde{G}$ 的一个同态. 由于

$$(g,\tilde{g}) \in \mathrm{Ker}\sigma \Leftrightarrow \tilde{g} = \tilde{e} \Leftrightarrow (g,\tilde{g}) \in G \times \{\tilde{e}\},$$

因此 $\mathrm{Ker}\sigma = G \times \{\tilde{e}\}$. 从而 $G \times \{\tilde{e}\} \triangleleft G \times \tilde{G}$,且 $G \times \tilde{G}/G \times \{\tilde{e}\} \cong \tilde{G}$.

同理可证,$\{e\} \times \tilde{G} \triangleleft G \times \tilde{G}$,且 $G \times \tilde{G}/\{e\} \times \tilde{G} \cong G$.

8. 由于 G 是它的子群 H 与 K 的内直积,因此 G 中每个元素 g 能唯一地表示成 $g = hk$,其中 $h \in H, k \in K$. 令

$$\sigma: G \to K$$
$$hk \mapsto k,$$

则 σ 是 G 到 K 的一个映射,且 σ 是满射. 由于 H 中的每个元素与 K 中的每个元素可交换,因此,

$$\sigma[(h_1k_1)(h_2k_2)] = \sigma[(h_1h_2)(k_1k_2)] = k_1k_2 = \sigma(h_1k_1)\sigma(h_2k_2).$$

从而 σ 是一个同态,由于

$$hk \in \mathrm{Ker}\sigma \Leftrightarrow k = e \Leftrightarrow hk = h \in H,$$

因此 $\mathrm{Ker}\sigma = H$. 从而 $H \triangleleft G$,且 $G/H \cong K$.

同理可证,$K \triangleleft G$,且 $G/K \cong H$.

9. 根据 §1.5 的定理 1,只要证 H 中的每个元素与 K 中的每个元素可交换,就有 $H \times K \cong G$,其同构映射为 $(h,k) \mapsto hk$. 从而 G 是 H 与 K 的内直积. 任取 $h \in H$,$k \in K$,由于 $H \triangleleft G, K \triangleleft G$,因此

$$hkh^{-1}k^{-1} = h(kh^{-1}k^{-1}) \in H, \quad hkh^{-1}k^{-1} = (hkh^{-1})k^{-1} \in K.$$

从而 $hkh^{-1}k^{-1} \in H \cap K$. 又已知 $H \cap K = \{e\}$,因此 $hkh^{-1}k^{-1} = e$. 于是 $hk = kh$,即 H 中每个元素与 K 中每个元素可交换.

10. 由第一群同构定理得,$G/N = HN/N \cong H/H \cap N = H/\{e\} \cong H$.

11. $A_n \triangleleft S_n, \langle(12)\rangle \cap A_n = \{(1)\}$,由于

$$|A_n\langle(12)\rangle| = \frac{|\langle(12)\rangle| |A_n|}{|\langle(12)\rangle \cap A_n|} = 2 \cdot \frac{n!}{2} = n! = |S_n|,$$

因此 $S_n = A_n\langle(12)\rangle$. 从而 $S_n = A_n \rtimes \langle(12)\rangle$.

12. 设 ψ 是 G 到 2 次单位根群 U_2 的一个映射,ψ 把偶置换对应到 1,把奇置换对应到 -1,则 ψ 是满射. 由于两个偶置换的乘积是偶置换,两个奇置换的乘积是偶置换,偶置换与奇置换的乘积是奇置换,奇置换与偶置换的乘积是奇置换,因此 ψ

保持运算. 从而 ψ 是 G 到 U_2 的一个满同态. 于是 $G/\mathrm{Ker}\psi \cong U_2$. 因此 G 有指数为 2 的子群 $\mathrm{Ker}\psi$. 从 ψ 的定义知道, $\mathrm{Ker}\psi$ 是 G 中所有偶置换组成的子集.

13. (1) 由于 $\sigma(e)=\tilde{e}\in \widetilde{H}$, 因此 $e\in \sigma^{-1}(\widetilde{H})$. 任取 $g_1, g_2 \in \sigma^{-1}(\widetilde{H})$, 则 $\sigma(g_1)$, $\sigma(g_2)\in \widetilde{H}$. 由于 $\widetilde{H} < \widetilde{G}$, 因此
$$\sigma(g_1 g_2^{-1}) = \sigma(g_1)\sigma(g_2)^{-1} \in \widetilde{H}.$$
从而 $g_1 g_2^{-1} \in \sigma^{-1}(\widetilde{H})$. 于是 $\sigma^{-1}(\widetilde{H}) < G$. 由于对任意 $a\in K=\mathrm{Ker}\sigma$, 有 $\sigma(a)=\tilde{e}\in \widetilde{H}$, 因此 $a\in \sigma^{-1}(\widetilde{H})$. 从而 $K\subseteq \sigma^{-1}(\widetilde{H})$.

(2) 由第(1)小题的结论知道, $\psi: \widetilde{H} \to \sigma^{-1}(\widetilde{H})$ 是 $\widetilde{\Omega}$ 到 Ω 的一个映射. 现在来证 ψ 是满射. 任取 $H < G$ 且 $K\subseteq H$, 则 $\sigma(H) < \widetilde{G}$. 记 $\widetilde{H} = \sigma(H)$, 要证 $\sigma^{-1}(\widetilde{H}) = H$. 任取 $g\in \sigma^{-1}(\widetilde{H})$, 则 $\sigma(g)\in \widetilde{H} = \sigma(H)$. 从而存在 $h\in H$, 使得 $\sigma(g) = \sigma(h)$. 于是
$$\sigma(gh^{-1}) = \sigma(g)\sigma(h)^{-1} = \tilde{e}.$$
从而 $gh^{-1} \in \mathrm{Ker}\sigma = K \subseteq H$. 由此得出 $g\in H$. 因此 $\sigma^{-1}(\widetilde{H}) \subseteq H$. 任取 $h\in H$, 有 $\sigma(h)\in \sigma(H)=\widetilde{H}$. 因此 $h\in \sigma^{-1}(\widetilde{H})$. 从而 $H\subseteq \sigma^{-1}(\widetilde{H})$. 综上所述, $\sigma^{-1}(\widetilde{H}) = H$. 从而 ψ 是 $\widetilde{\Omega}$ 到 Ω 的一个满射.

现在来证 ψ 是单射. 设 $\widetilde{H}_1, \widetilde{H}_2$ 都是 $\widetilde{G}$ 的子群, 如果 $\sigma^{-1}(\widetilde{H}_1) = \sigma^{-1}(\widetilde{H}_2)$, 要证 $\widetilde{H}_1 = \widetilde{H}_2$. 任取 $\tilde{h}_1 \in \widetilde{H}_1$, 因为 σ 是满射, 所以存在 $a\in G$, 使得 $\sigma(a) = \tilde{h}_1$. 从而 $a\in \sigma^{-1}(\widetilde{H}_1)$. 由已知条件得, $a\in \sigma^{-1}(\widetilde{H}_2)$. 从而 $\sigma(a)\in \widetilde{H}_2$, 即 $\tilde{h}_1 \in \widetilde{H}_2$. 这证明了 $\widetilde{H}_1 \subseteq \widetilde{H}_2$. 同理 $\widetilde{H}_2 \subseteq \widetilde{H}_1$. 因此 $\widetilde{H}_1 = \widetilde{H}_2$. 于是 ψ 是单射.

综上所述, ψ 是双射.

习 题 1.7

1. D_3 有一个 3 阶子群 $\langle \sigma \rangle$. 由于 $[D_3 : \langle \sigma \rangle] = 2$, 因此 $\langle \sigma \rangle \lhd D_3$. 由于 $|D_3/\langle \sigma \rangle| = 2$, 因此 $D_3/\langle \sigma \rangle$ 是 Abel 群. 从而 $D_3' \subseteq \langle \sigma \rangle$. 由于 D_3 是非 Abel 群, 因此 $D_3' \neq \{I\}$. 从而 $D_3' = \langle \sigma \rangle$.

在 D_4 中, 由于 $\sigma^i \sigma^2 (\sigma^i)^{-1} = \sigma^2 \in \langle \sigma^2 \rangle$, $\tau \sigma^2 \tau^{-1} = (\tau\sigma\tau^{-1})^2 = (\sigma^{-1})^2 = \sigma^2 \in \langle \sigma^2 \rangle$, 因此对任意 $g\in D_4$, 有 $g\sigma^2 g^{-1} \in \langle \sigma^2 \rangle$. 从而 $\langle \sigma^2 \rangle \lhd D_4$. 由于 $|D_4/\langle \sigma^2 \rangle| = \frac{8}{2} = 4$, 因此 $D_4/\langle \sigma^2 \rangle$ 是 Abel 群. 从而 $D_4' \subseteq \langle \sigma^2 \rangle$. 由于 D_4 是非 Abel 群, 因此 $D_4' \neq \{I\}$. 从而 $D_4' = \langle \sigma^2 \rangle$.

2. 由于 $\sigma^i \sigma^2 (\sigma^i)^{-1} = \sigma^2$, $\tau\sigma^2 \tau^{-1} = (\tau\sigma\tau^{-1})^2 = (\sigma^{-1})^2 \in \langle \sigma^2 \rangle$, 因此 $\langle \sigma^2 \rangle \lhd D_n$. $|\sigma^2| = \dfrac{|\sigma|}{(|\sigma|, 2)} = \dfrac{n}{(n,2)}$. 于是 $|D_n/\langle \sigma^2 \rangle| = \dfrac{2n(n,2)}{n} = 2(n,2)$. 从而 $D_n/\langle \sigma^2 \rangle$ 是 Abel 群. 因此 $D_n' \subseteq \langle \sigma^2 \rangle$. 由于 $\sigma^2 = \sigma\tau\sigma^{-1}\tau^{-1} \in D_n'$, 因此 $\langle \sigma^2 \rangle \subseteq D_n'$. 从而 $D_n' = \langle \sigma^2 \rangle$. (当 n 为奇数时, $|\sigma^2| = n = |\sigma|$, 于是 $D_n' = \langle \sigma^2 \rangle = \langle \sigma \rangle$.)

3. 由于 $[S_n : A_n] = 2$, 因此 $A_n \triangleleft S_n$, 且 S_n/A_n 是 Abel 群. 于是 $S_n' \subseteq A_n$. 由于 A_n 可以由 3-轮换生成, 且对于每一个 3-轮换 (ijk), 有
$$(ijk) = (ijk)^{-2} = (ikj)^2 = [(ij)(ik)]^2 = (ij)(ik)(ij)^{-1}(ik)^{-1} \in S_n',$$
因此 $A_n \subseteq S_n'$. 从而 $S_n' = A_n$.

4. 当 $n \geq 5$ 时, 对于 A_n 中任一 3-轮换 $(a_1 a_2 a_3)$, 取 $\sigma = (a_1 a_3 a_4 a_2 a_5) \in A_n$, $\tau = (a_1 a_5 a_2) \in A_n$, 则
$$\sigma \tau \sigma^{-1} \tau^{-1} = (a_3 a_1 a_5)(a_1 a_2 a_5) = (a_1 a_2 a_3).$$
于是 $(a_1 a_2 a_3) \in A_n'$. 又由于 A_n 可由 3-轮换生成, 因此 $A_n \subseteq A_n'$. 从而 $A_n' = A_n$.

5. 由于 $S_4' = A_4, A_4' = V, V' = \{(1)\}$, 因此 $S_4^{(3)} = \{(1)\}$. 从而 S_4 是可解群.

6. 由于当 $n \geq 5$ 时, $S_n' = A_n, A_n' = A_n$, 因此不存在正整数 k 使得 $S_n^{(k)} = \{(1)\}$. 从而当 $n \geq 5$ 时, S_n 是不可解群.

7. A_n 可由 3-轮换生成. 任意给定 $a, b \in \{1, 2, \cdots, n\}$ 且 $a \neq b$, 任取一个 3-轮换 (ijk). 设 $a, b \notin \{i, j, k\}$, 则
$(ijk) = [(ai)(bj)](abk)[(ai)(bj)]^{-1} = [(ai)(ab)(ab)(bj)](abk)[(ai)(ab)(ab)(bj)]^{-1}$
$= [(abi)(bja)](abk)[(abi)(bja)]^{-1} = [(abi)(abj)](abk)[(abi)(abj)]^{-1}$;
$(ajk) = (jka) = (ajb)(akb)(ajb)^{-1} = (abj)^{-1}(abk)^{-1}(abj)$;
$(bjk) = (abj)(abk)(abj)^{-1}$.

因此对于任意给定的 $a, b \in \{1, 2, \cdots, n\}$ 且 $a \neq b$, A_n 由集合
$$M = \{(abl) \mid 1 \leq l \leq n, l \neq a, l \neq b\}$$
生成, 即 $A_n = \langle M \rangle$.

任取 A_n 的一个正规子群 $N \neq \{(1)\}$, 要证 $N = A_n$.

情形 1 设 N 含有一个 3-轮换 (abc), 则对于任意 $k \in \{1, 2, \cdots, n\}$ 且 $k \neq a, b, c$, 有
$$(abk) = (cbk)(acb)(cbk)^{-1} \in N.$$
因此 $M \subseteq N$. 从而 $\langle M \rangle \subseteq N$, 即 $A_n \subseteq N$. 于是 $N = A_n$.

情形 2 设 N 中含有一个置换 σ, σ 的轮换分解式中至少有一个 r-轮换, 其中 $r \geq 4$, 即 $\sigma = (a_1 a_2 \cdots a_r) \sigma_1$. 取 $\tau = (a_1 a_2 a_3) \in A_n$, 则 $\tau \sigma \tau^{-1} \in N$. 从而 $\sigma^{-1}(\tau \sigma \tau^{-1}) \in N$. 而
$\sigma^{-1}(\tau \sigma \tau^{-1}) = \sigma_1^{-1}[(a_1 a_2 \cdots a_r)^{-1}(a_1 a_2 a_3)(a_1 a_2 \cdots a_r)]\sigma_1 (a_1 a_2 a_3)^{-1}$
$= \sigma_1^{-1}(a_r a_1 a_2)\sigma_1 (a_1 a_2 a_3)^{-1} = \sigma_1^{-1}\sigma_1 (a_r a_1 a_2)(a_1 a_3 a_2) = (a_1 a_3 a_r)$,
因此 $(a_1 a_3 a_r) \in N$. 由情形 1 得, $N = A_n$.

情形 3 设 N 中含有一个置换 σ, σ 的轮换分解式中至少有两个 3-轮换, 即 $\sigma = (a_1 a_2 a_3)(a_4 a_5 a_6)\sigma_1$. 取 $\tau = (a_1 a_2 a_4)$, 则 $\sigma^{-1}(\tau \sigma \tau^{-1}) \in N$. 而
$\sigma^{-1}(\tau \sigma \tau^{-1}) = \sigma_1^{-1}(a_4 a_5 a_6)^{-1}[(a_1 a_2 a_3)^{-1}(a_1 a_2 a_4)(a_1 a_2 a_3)](a_4 a_5 a_6)\sigma_1 (a_1 a_2 a_4)^{-1}$
$= \sigma_1^{-1}\sigma_1 [(a_4 a_5 a_6)^{-1}(a_3 a_1 a_4)(a_4 a_5 a_6)](a_1 a_2 a_4)^{-1}$

$$= (a_3 a_1 a_6)(a_1 a_4 a_2) = (a_1 a_4 a_2 a_6 a_3),$$

因此 $(a_1 a_4 a_2 a_6 a_3) \in N$. 由情形 2 得, $N = A_n$.

情形 4 设 N 中含有一个置换 σ, 其轮换分解式为 $\sigma = (a_1 a_2 a_3) \sigma_1$, 其中 σ_1 是一些不相交的对换的乘积, 则 $\sigma^2 = (a_1 a_3 a_2)$. 从而 $(a_1 a_3 a_2) \in N$. 由情形 1 得, $N = A_n$.

情形 5 设 N 中含有一个置换 σ, 它是偶数个不相交的对换的乘积, 即 $\sigma = (a_1 a_2)$ $(a_3 a_4) \sigma_1$, 其中 σ_1 是偶数个不相交的对换的乘积. 取 $\tau = (a_1 a_2 a_3) \in A_n$, 则 $\sigma^{-1}(\tau \sigma \tau^{-1}) \in N$. 而

$$\sigma^{-1}(\tau \sigma \tau^{-1}) = \sigma_1^{-1}(a_3 a_4)\left[(a_1 a_2)(a_1 a_2 a_3)(a_1 a_2)\right](a_3 a_4)\sigma_1(a_1 a_2 a_3)^{-1}$$
$$= \sigma_1^{-1}\sigma_1(a_3 a_4)(a_2 a_1 a_3)(a_3 a_4)(a_1 a_2 a_3)^{-1}$$
$$= (a_2 a_1 a_4)(a_1 a_3 a_2) = (a_1 a_3)(a_2 a_4),$$

因此 $\gamma = (a_1 a_3)(a_2 a_4) \in N$. 由于 $n \geqslant 5$, 因此存在 $b \in \{1, 2, \cdots, n\}$, 且 $b \neq a_1, a_2, a_3, a_4$, 取 $\delta = (a_1 a_3 b)$, 则 $\gamma^{-1}(\delta \gamma \delta^{-1}) \in N$. 而

$$\gamma^{-1}(\delta \gamma \delta^{-1}) = (\gamma^{-1}\delta \gamma)\delta^{-1} = (a_3 a_1 b)(a_1 b a_3) = (a_1 a_3 b),$$

因此 $(a_1 a_3 b) \in N$. 由情形 1 得, $N = A_n$.

综上所述, $N = A_n$. 因此 A_n 是单群.

8. 设 H 是 $(\mathbb{Z}, +)$ 的一个子群, 且 $H \neq \{0\}$. 于是存在 $a \in H$ 且 $a \neq 0$. 若 a 是负整数, 则 $-a$ 是正整数, 且 $-a \in H$. 因此 H 必含有正整数. 设 m 是 H 里的正整数中最小的一个, 则 $\langle m \rangle = \{km \mid k \in \mathbb{Z}\} \subseteq H$. 任取 $b \in H$, 做带余除法: $b = qm + r$, $0 \leqslant r < m$. 于是 $r = b - qm \in H$. 假如 $r \neq 0$, 则与 m 的取法矛盾. 因此 $r = 0$. 从而 $b = qm \in \langle m \rangle$. 于是 $H \subseteq \langle m \rangle$. 因此 $H = \langle m \rangle$. 又 $\{0\}$ 是 $(\mathbb{Z}, +)$ 的一个子群. 因此, $(\mathbb{Z}, +)$ 的每一个子群都是由一个非负整数生成的子群.

9. 根据第 8 题, $N = \langle m \rangle = m\mathbb{Z}$, 其中 m 是一个正整数. 根据 §1.6 开头的例子, 令

$$\sigma: (\mathbb{Z}, +) \to (\mathbb{Z}_m, +)$$
$$k \mapsto \bar{k},$$

则 σ 是 $(\mathbb{Z}, +)$ 到 $(\mathbb{Z}_m, +)$ 的一个满同态, 且 $\mathrm{Ker}\sigma = m\mathbb{Z}$. 根据群同态基本定理得, $(\mathbb{Z}, +)/m\mathbb{Z} \cong (\mathbb{Z}_m, +)$. 因此

$(\mathbb{Z}, +)/N$ 是素数阶循环群 $\Leftrightarrow N = p\mathbb{Z}$, 其中 p 是素数.

10. 由于 $H < p^r \mathbb{Z}$, 因此 $H < (\mathbb{Z}, +)$. 从而 $H = n\mathbb{Z}$. 由于 $n\mathbb{Z} \subseteq p^r \mathbb{Z}$, 因此 $n \in p^r \mathbb{Z}$. 从而 $n = p^r m$, 其中 $m \in \mathbb{N}^*$. 因此 $H = p^r m \mathbb{Z}$, 其中 $m \in \mathbb{N}^*$. 令

$$\sigma: p^r \mathbb{Z} \to (\mathbb{Z}_m, +)$$
$$p^r k \mapsto \bar{k},$$

则 σ 是 $p^r \mathbb{Z}$ 到 $(\mathbb{Z}_m, +)$ 的一个映射, 且 σ 是满射. 由于

$$\sigma(p^r k + p^r l) = \sigma(p^r(k+l)) = \overline{k+l} = \bar{k} + \bar{l} = \sigma(p^r k) + \sigma(p^r l),$$

因此 σ 是 $p^r\mathbb{Z}$ 到 $(\mathbb{Z}_m,+)$ 的一个同态. 由于
$$p^r k \in \mathrm{Ker}\sigma \Leftrightarrow \bar{k}=\bar{0} \Leftrightarrow k\in m\mathbb{Z} \Leftrightarrow p^r k \in p^r m\mathbb{Z},$$
因此 $\mathrm{Ker}\sigma = p^r m\mathbb{Z}$. 根据群同态基本定理得
$$p^r\mathbb{Z}/p^r m\mathbb{Z} \cong (\mathbb{Z}_m,+).$$
从而
$$p^r\mathbb{Z}/H \text{ 是素数阶循环群} \Leftrightarrow p^r\mathbb{Z}/p^r m\mathbb{Z} \text{ 是素数阶循环群}$$
$$\Leftrightarrow m \text{ 是素数 } q$$
$$\Leftrightarrow H = p^r q\mathbb{Z}, \text{ 其中 } q \text{ 是素数}.$$

11. 由于 $H < p_1^{r_1} p_2^{r_2}\mathbb{Z}$, 因此 $H < (\mathbb{Z},+)$. 从而 $H=n\mathbb{Z}$, 于是 $n\mathbb{Z}\subseteq p_1^{r_1} p_2^{r_2}\mathbb{Z}$. 从而 $n = p_1^{r_1} p_2^{r_2} m$, 其中 $m\in\mathbb{N}^*$. 因此 $H = p_1^{r_1} p_2^{r_2} m\mathbb{Z}$. 令
$$\sigma: p_1^{r_1} p_2^{r_2}\mathbb{Z} \to (\mathbb{Z}_m,+)$$
$$p_1^{r_1} p_2^{r_2} k \mapsto \bar{k},$$
则 σ 是 $p_1^{r_1} p_2^{r_2}\mathbb{Z}$ 到 $(\mathbb{Z}_m,+)$ 的一个映射, 且 σ 是满射. 易证 σ 保持运算, 因此 σ 是一个同态. 由于
$$p_1^{r_1} p_2^{r_2} k \in \mathrm{Ker}\sigma \Leftrightarrow \bar{k}=\bar{0} \Leftrightarrow k\in m\mathbb{Z} \Leftrightarrow p_1^{r_1} p_2^{r_2} k \in p_1^{r_1} p_2^{r_2} m\mathbb{Z},$$
因此 $\mathrm{Ker}\sigma = p_1^{r_1} p_2^{r_2} m\mathbb{Z}$. 从而 $p_1^{r_1} p_2^{r_2}\mathbb{Z}/p_1^{r_1} p_2^{r_2} m\mathbb{Z} \cong (\mathbb{Z}_m,+)$. 因此
$$p_1^{r_1} p_2^{r_2}\mathbb{Z}/H \text{ 是素数阶循环群} \Leftrightarrow H = p_1^{r_1} p_2^{r_2} q\mathbb{Z}, \quad \text{其中 } q \text{ 是素数}.$$

12. 假如 $(\mathbb{Z},+)$ 有一个合成群列:
$$(\mathbb{Z},+) = H_0 \triangleright H_1 \triangleright H_2 \triangleright \cdots \triangleright H_r = \{0\},$$
则 $(\mathbb{Z},+)/H_1$ 是单群, 从而 $(\mathbb{Z},+)/H_1$ 是素数阶循环群. 根据第 9 题得, $H_1 = p_1\mathbb{Z}$, 其中 p_1 是素数. 由于 $H_1/H_2 = p_1\mathbb{Z}/H_2$ 是单群, 因此 $p_1\mathbb{Z}/H_2$ 是素数阶循环群. 根据第 10 题得, $H_2 = p_1 p_2\mathbb{Z}$, 其中 p_2 是素数. 由于 H_2/H_3 是单群, 因此根据第 10 题和第 11 题得, $H_3 = p_1 p_2 p_3\mathbb{Z}$, 其中 p_3 是素数. 依次下去, $H_r = p_1 p_2 p_3\cdots p_r\mathbb{Z}$, 其中 $p_1, p_2, \cdots, p_r$ 都是素数(可能有相同的). H_r 有非平凡的子群 $p_1 p_2\cdots p_r l\mathbb{Z}$, 其中 $l\in\mathbb{N}^*$, 且 $l\neq 1$. 因此 $H_r/\{0\}\cong H_r$ 不是单群, 矛盾. 这证明了 $(\mathbb{Z},+)$ 没有合成群列.

习 题 1.8

1. $(n+m)\circ x = (n+m)+x = n+(m+x) = n\circ(m\circ x), 0\circ x = 0+x = x$, 因此映射 $(n,x)\mapsto n+x$ 给出了群 $(\mathbb{Z},+)$ 在集合 $\mathbb{R}$ 上的一个作用.

2. $(n+m)\circ x = (-1)^{n+m}x = (-1)^n(-1)^m x = n\circ(m\circ x), 0\circ x = (-1)^0 x = x$, 因此映射 $(n,x)\mapsto (-1)^n x$ 给出了群 $(\mathbb{Z},+)$ 在 $\mathbb{R}$ 上的一个作用.

3. 由于从 $x^{-1}=y^{-1}$ 可推出 $x=y$, 因此 σ 是单射. 由于对任意 $y\in G$, 有 $\sigma(y^{-1})=$

$(y^{-1})^{-1}=y$,因此 σ 是满射. 从而 σ 是双射. 由于 G 是 Abel 群,因此 $\sigma(xy) = (xy)^{-1} = y^{-1}x^{-1} = x^{-1}y^{-1} = \sigma(x)\sigma(y)$. 从而 σ 是 G 的一个自同构.

4. 根据参考文献[4]的习题4.6的第27题,域 F 上与所有 n 级可逆矩阵可交换的矩阵一定是数量矩阵,因此 $Z(\mathrm{GL}_n(F)) = \{kI \mid k \in F^*\}$.

5. 对于 $\mathrm{GL}_2(\mathbb{C})$ 中任一元素 $\boldsymbol{A} = (a_{ij})$,令
$$\mathrm{GL}_2(\mathbb{C}) \times (\mathbb{C} \cup \{\infty\}) \to \mathbb{C} \cup \{\infty\}$$
$$(\boldsymbol{A}, z) \mapsto \frac{a_{11}z + a_{12}}{a_{21}z + a_{22}}.$$

设 $\boldsymbol{B} = (b_{ij}) \in \mathrm{GL}_2(\mathbb{C})$,由于
$$(\boldsymbol{AB}) \circ z = \frac{(a_{11}b_{11} + a_{12}b_{21})z + (a_{11}b_{12} + a_{12}b_{22})}{(a_{21}b_{11} + a_{22}b_{21})z + (a_{21}b_{12} + a_{22}b_{22})} = \frac{a_{11}(b_{11}z + b_{12}) + a_{12}(b_{21}z + b_{22})}{a_{21}(b_{11}z + b_{12}) + a_{22}(b_{21}z + b_{22})},$$

$$\boldsymbol{A} \circ (\boldsymbol{B} \circ z) = \boldsymbol{A} \circ \frac{b_{11}z + b_{12}}{b_{21}z + b_{22}} = \frac{a_{11}\left(\frac{b_{11}z + b_{12}}{b_{21}z + b_{22}}\right) + a_{12}}{a_{21}\left(\frac{b_{11}z + b_{12}}{b_{21}z + b_{22}}\right) + a_{22}} = \frac{a_{11}(b_{11}z + b_{12}) + a_{12}(b_{21}z + b_{22})}{a_{21}(b_{11}z + b_{12}) + a_{22}(b_{21}z + b_{22})},$$

因此 $(\boldsymbol{AB}) \circ z = \boldsymbol{A} \circ (\boldsymbol{B} \circ z)$. 又有
$$\boldsymbol{I} \circ z = \frac{1 \cdot z + 0}{0 \cdot z + 1} = z,$$

因此上述给出了群 $\mathrm{GL}_2(\mathbb{C})$ 在集合 $\mathbb{C} \cup \{\infty\}$ 上的一个作用. 令 $\psi: \boldsymbol{A} \mapsto \psi(\boldsymbol{A})$,其中 $\psi(\boldsymbol{A})(z) = \boldsymbol{A} \circ z$,则根据命题1,$\psi$ 是群 $\mathrm{GL}_2(\mathbb{C})$ 到 $\mathbb{C} \cup \{\infty\}$ 上的全变换群的一个同态.

(1) 上述 $\psi(\boldsymbol{A})$ 就是一个 Möbius 变换. 于是 $G = \mathrm{Im}\psi$. 从而 G 是一个群.

(2) ψ 是群 $\mathrm{GL}_2(\mathbb{C})$ 到 G 的一个满同态.
$$\boldsymbol{A} \in \mathrm{Ker}\psi \Leftrightarrow \psi(\boldsymbol{A}) = 1_{\mathbb{C} \cup \{\infty\}} \Leftrightarrow \psi(\boldsymbol{A})(z) = z, \quad \forall z \in \mathbb{C} \cup \{\infty\}$$
$$\Leftrightarrow \frac{a_{11}z + a_{12}}{a_{21}z + a_{22}} = z, \quad \forall z \in \mathbb{C} \cup \{\infty\}.$$

当 z 取值为 0 时,由上式得 $a_{12} = 0$. 当 z 取值 1 时,由上式得 $a_{11} = a_{21} + a_{22}$. 当 z 取值 2 时,由上式得 $2a_{11} = 2(2a_{21} + a_{22})$. 联立解得,$a_{21} = 0, a_{22} = a_{11}$. 于是若 $\psi(\boldsymbol{A}) = 1_{\mathbb{C} \cup \{\infty\}}$,则 $\boldsymbol{A} = a_{11}\boldsymbol{I}$. 反之,若 $\boldsymbol{A} = k\boldsymbol{I} (k \neq 0)$,则直接计算得,$\psi(\boldsymbol{A}) = 1_{\mathbb{C} \cup \{\infty\}}$. 因此
$$\mathrm{Ker}\psi = \{k\boldsymbol{I} \mid k \in \mathbb{C}^*\} = Z(\mathrm{GL}_2(\mathbb{C})).$$

于是根据群同态基本定理得
$$\mathrm{GL}_2(\mathbb{C}) / Z(\mathrm{GL}_2(\mathbb{C})) \cong G.$$

6. 记 $N = Z(G)$. 由于 G/N 是循环群,因此 $G/N = \langle aN \rangle$. 任取 $x, y \in G$,设 $xN = (aN)^r, yN = (aN)^s$,则存在 $n_1, n_2 \in N$ 使得 $x = a^r n_1, y = a^s n_2$. 从而
$$xyx^{-1}y^{-1} = (a^r n_1)(a^s n_2)(a^r n_1)^{-1}(a^s n_2)^{-1} = a^r a^s a^{-r} a^{-s} n_1 n_1^{-1} n_2 n_2^{-1} = e.$$

因此 $xy=yx$. 从而 G 是 Abel 群.

7. $\sigma^i \in Z(D_n) \Leftrightarrow \tau\sigma^i = \sigma^i\tau \Leftrightarrow \tau\sigma^i\tau^{-1} = \sigma^i$
$\Leftrightarrow (\tau\sigma\tau^{-1})^i = \sigma^i \Leftrightarrow \sigma^{-i} = \sigma^i \Leftrightarrow \sigma^{2i} = I$
$\Leftrightarrow n \mid 2i$.

当 $n=2m-1$ 时,$\sigma^i \in Z(D_{2m-1}) \Leftrightarrow 2m-1 \mid i \Leftrightarrow i=0 \Leftrightarrow \sigma^i = I$. 又 $\tau \notin Z(D_{2m-1})$,因此 $Z(D_{2m-1}) = \{I\}$.

当 $n=2m$ 时,$\sigma^i \in Z(D_{2m}) \Leftrightarrow m \mid i \Leftrightarrow i=0$ 或 $m \Leftrightarrow \sigma^i = I$ 或 σ^m. 又 $\tau \notin Z(D_{2m})$,因此 $Z(D_{2m}) = \{I, \sigma^m\}$.

8. 由于 $S_n = \langle (12), (13), \cdots, (1n) \rangle$,因此
$\tau \in Z(S_n) \Leftrightarrow \tau(1i)\tau^{-1} = (1i), i=2,3,\cdots,n$
$\Leftrightarrow \tau(1)=1$ 且 $\tau(i)=i, i=2,3,\cdots,n$;或 $\tau(1)=i$ 且 $\tau(i)=1, i=2,3,\cdots,n$.
由于 τ 是映射,因此当 $n \geq 3$ 时,上述的第二种情形不可能出现. 从而 $\tau \in Z(S_n) \Leftrightarrow \tau = (1)$. 因此 $Z(S_n) = \{(1)\}$.

9. $U_6 = \langle \xi_6 \rangle$,其中 $\xi_6 = e^{i\frac{\pi}{3}}$. U_6 的生成元恰有两个:ξ_6, ξ_6^5. 设 τ 是 U_6 的一个自同构,则 $\tau(\xi_6) = \xi_6$,或 $\tau(\xi_6) = \xi_6^5$. 前一情形,τ 是恒等映射 I. 因此
$\mathrm{Aut}(U_6) = \{I, \tau\}$, 其中 $\tau(\xi_6^j) = \xi_6^{5j}, j=0,1,2,3,4,5$.

$U_9 = \langle \xi_9 \rangle$,其中 $\xi_9 = e^{i\frac{2\pi}{9}}$. U_9 的生成元恰有 $\varphi(9)=6$ 个:$\xi_9, \xi_9^2, \xi_9^4, \xi_9^5, \xi_9^7, \xi_9^8$. 设 τ 是 U_9 的一个自同构,则 $\tau(\xi_9) = \xi_9^r$,其中 $r=1,2,4,5,7,8$. 反之,给定 $r \in \{1,2,4,5,7,8\}$,令 $\tau_r(\xi_9^j) = \xi_9^{rj}, 0 \leq j < 9$,则容易验证 τ_r 是 U_9 的一个自同构. 因此
$\mathrm{Aut}(U_9) = \{\tau_1, \tau_2, \tau_4, \tau_5, \tau_7, \tau_8\}$.

由于
$\tau_2^2(\xi_9) = \xi_9^4 = \tau_4(\xi_9)$, $\tau_2^3(\xi_9) = \xi_9^8 = \tau_8(\xi_9)$, $\tau_2^4(\xi_9) = \xi_9^7 = \tau_7(\xi_9)$,
$\tau_2^5(\xi_9) = \xi_9^5 = \tau_5(\xi_9)$, $\tau_2^6(\xi_9) = \xi_9 = \tau_1(\xi_9)$,
因此 $\tau_2^2 = \tau_4, \tau_2^3 = \tau_8, \tau_2^4 = \tau_7, \tau_2^5 = \tau_5, \tau_2^6 = \tau_1$. 从而 $\mathrm{Aut}(U_9) = \langle \tau_2 \rangle$.

10. $(\mathbb{Z}_2 \oplus \mathbb{Z}_2, +)$ 有 3 个 2 阶元:$(\bar{0}, \bar{1}), (\bar{1}, \bar{0}), (\bar{1}, \bar{1})$,分别记成 a_1, a_2, a_3. 设 τ 是 $(\mathbb{Z}_2 \oplus \mathbb{Z}_2, +)$ 的一个自同构,则 τ 把 2 阶元映成 2 阶元,因此 τ 引起了集合 $\Omega = \{a_1, a_2, a_3\}$ 上的一个置换,从而 τ 有 6 种可能的选择:$\tau_1, \tau_2, \tau_3, \tau_4, \tau_5, \tau_6$. 它们分别对应于 S_3 的 6 个置换:$(1), (12), (13), (23), (123), (132)$. 这样我们建立了 $\mathrm{Aut}((\mathbb{Z}_2 \oplus \mathbb{Z}_2, +))$ 到 S_3 的一个映射 ψ,且 ψ 是单射. 任给 S_3 的一个元素,譬如 (123). 令 $\tau = \tau_5$. 由于
$\tau(a_1 + a_2) = \tau(a_3) = \tau_5(a_3) = a_1$, $\tau(a_1) + \tau(a_2) = \tau_5(a_1) + \tau_5(a_2) = a_2 + a_3 = a_1$,
因此 $\tau(a_1 + a_2) = \tau(a_1) + \tau(a_2)$. 由于 $(\mathbb{Z}_2 \oplus \mathbb{Z}_2, +) = \langle a_1, a_2 \rangle$,因此 τ 是 $(\mathbb{Z}_2 \oplus \mathbb{Z}_2, +)$ 的一个自同构. 从而 $\psi(\tau) = (123)$. 于是 ψ 是满射. 从而 ψ 是双射.

由于
$$(\tau_2\tau_3)(a_1)=\tau_2(a_3)=a_3, \quad (\tau_2\tau_3)(a_2)=\tau_2(a_2)=a_1, \quad (\tau_2\tau_3)(a_3)=\tau_2(a_1)=a_2,$$
因此 $\tau_2\tau_3=\tau_6$. 从而 $\psi(\tau_2\tau_3)=\psi(\tau_6)=(132)$. 又 $\psi(\tau_2)\psi(\tau_3)=(12)(13)=(132)$, 因此 $\psi(\tau_2\tau_3)=\psi(\tau_2)\psi(\tau_3)$. 同理可证, ψ 保持运算. 因此 ψ 是 $\mathrm{Aut}((\mathbb{Z}_2\oplus\mathbb{Z}_2,+))$ 到 S_3 的一个同构映射. 从而 $\mathrm{Aut}((\mathbb{Z}_2\oplus\mathbb{Z}_2,+))\cong S_3$.

11. S_3 有 3 个 2 阶元: $(12),(13),(23)$, 它们分别记做 $\sigma_1,\sigma_2,\sigma_3$; 有 2 个 3 阶元: $(123),(132)$, 它们分别等于 $\sigma_2\sigma_1,\sigma_1\sigma_2$. 设 $\tau\in\mathrm{Aut}(S_3)$, 则 τ 把 S_3 的 2 阶元映成 2 阶元. 从而 τ 引起了 $\Omega=\{\sigma_1,\sigma_2,\sigma_3\}$ 上的一个置换. 于是 τ 有 6 种可能的选择: $\tau_1,\tau_2,\tau_3,\tau_4,\tau_5,\tau_6$, 它们分别对应于 $(1),(12),(13),(23),(123),(132)$. 这样我们建立了 $\mathrm{Aut}(S_3)$ 到 S_3 的一个映射 ψ, 且 ψ 是单射. 任给 S_3 的一个元素, 譬如 (23). 由于
$$\tau_4(\sigma_1\sigma_2)=\tau_4((132))=(123), \quad \tau_4(\sigma_1)\tau_4(\sigma_2)=\sigma_1\sigma_3=(123),$$
因此 $\tau_4(\sigma_1\sigma_2)=\tau_4(\sigma_1)\tau_4(\sigma_2)$. 由于 $S_3=\langle(12),(13)\rangle=\langle\sigma_1,\sigma_2\rangle$, 因此 τ_4 是 S_3 的一个自同构, 且 $\psi(\tau_4)=(23)$. 因此 ψ 是满射. 从而 ψ 是双射. 由于
$$(\tau_2\tau_3)(\sigma_1)=\tau_2(\sigma_3)=\sigma_3, \quad (\tau_2\tau_3)(\sigma_2)=\tau_2(\sigma_2)=\sigma_1, \quad (\tau_2\tau_3)(\sigma_3)=\tau_2(\sigma_1)=\sigma_2,$$
因此 $\tau_2\tau_3=\tau_6$. 从而 $\psi(\tau_2\tau_3)=\psi(\tau_6)=(132)=(12)(13)=\psi(\tau_2)\psi(\tau_3)$. 同理可证 ψ 保持运算, 因此 ψ 是 $\mathrm{Aut}(S_3)$ 到 S_3 的一个同构映射. 从而 $\mathrm{Aut}(S_3)\cong S_3$.

12. 任取 $\sigma\in\mathrm{Aut}(G)$. 对于 $a\in Z(G)$, 任取 $x\in G$, 有 $y\in G$ 使得 $x=\sigma(y)$. 于是
$$\sigma(a)x\sigma(a)^{-1}x^{-1}=\sigma(a)\sigma(y)\sigma(a)^{-1}\sigma(y)^{-1}=\sigma(aya^{-1}y^{-1})=\sigma(e)=e,$$
因此 $\sigma(a)x=x\sigma(a)$. 从而 $\sigma(a)\in Z(G)$. 于是 $\sigma(Z(G))\subseteq Z(G)$. 因此也有 $\sigma^{-1}(Z(G))\subseteq Z(G)$. 由此推出 $\sigma(Z(G))=Z(G)$. 这表明 $Z(G)$ 是 G 的一个特征子群.

任取 $\sigma\in\mathrm{Aut}(G)$. 对于任意 $x,y\in G$, 有
$$\sigma(xyx^{-1}y^{-1})=\sigma(x)\sigma(y)\sigma(x)^{-1}\sigma(y)^{-1}\in G'.$$
由于 G' 由所有换位子生成, 且 σ 保持运算, 因此 $\sigma(G')\subseteq G'$. 从而也有 $\sigma^{-1}(G')\subseteq G'$. 由此推出 $\sigma(G')=G'$. 这表明 G' 是 G 的一个特征子群.

13. 根据第 7 题, $Z(D_5)=\{I\}$. 于是 $C_{D_5}(\sigma^i)=\langle\sigma\rangle, 1\leqslant i\leqslant 4$. 从而 σ^i 的共轭类里元素个数等于 $[D_5:C_{D_5}(\sigma^i)]=2$. 由于 $\tau\sigma^i\tau^{-1}=\sigma^{-i}=\sigma^{5-i}, 1\leqslant i\leqslant 4$, 因此 σ 的共轭类为 $\{\sigma,\sigma^4\}$, σ^2 的共轭类为 $\{\sigma^2,\sigma^3\}$. 由于 $C_{D_5}(\tau)=\{I,\tau\}$, 因此 τ 的共轭类里元素个数等于 $[D_5:C_{D_5}(\tau)]=5$. 从而 τ 的共轭类为 $\{\tau,\sigma\tau,\sigma^2\tau,\sigma^3\tau,\sigma^4\tau\}$. 又 I 的共轭类为 $\{I\}$. 综上所述, D_5 共有 4 个共轭类.

$Z(D_6)=\{I,\sigma^3\}$. 于是 $C_{D_6}(\sigma^i)=\langle\sigma\rangle, i=1,2,4,5$. 从而 σ^i 的共轭类里元素个数等于 $[D_6:C_{D_6}(\sigma^i)]=2, i=1,2,4,5$. 由于 $\tau\sigma^i\tau^{-1}=\sigma^{-i}=\sigma^{6-i}$, 因此 σ 的共轭类为 $\{\sigma,\sigma^5\}$, σ^2 的共轭类为 $\{\sigma^2,\sigma^4\}$. 由于 $C_{D_6}(\tau)=\{I,\tau,\sigma^3,\sigma^3\tau\}$, 因此 τ 的共轭类里元素个数等于 3. 由于

$\sigma\tau\sigma^{-1}=\sigma(\tau\sigma^{-1}\tau^{-1})\tau=\sigma(\sigma^{-1})^{-1}\tau=\sigma^2\tau$, $\sigma(\sigma^2\tau)\sigma^{-1}=\sigma^3(\tau\sigma^{-1}\tau^{-1})\tau=\sigma^4\tau$,
因此 τ 的共轭类为 $\{\tau,\sigma^2\tau,\sigma^4\tau\}$. 由于 $C_{D_6}(\sigma\tau)=\{I,\sigma\tau,\sigma^3,\sigma^4\tau\}$, 因此 σ 的共轭类为 $\{\sigma\tau,\sigma^3\tau,\sigma^5\tau\}$. 又 I 的共轭类为 $\{I\}$, σ^3 的共轭类为 $\{\sigma^3\}$.

综上所述, D_6 共有 6 个共轭类.

14. $Z(D_{2m-1})=\{I\}$. 类似于求 D_5 的共轭类的方法可求出 D_{2m-1} 共有 $m+1$ 个共轭类, 它们分别是
$$\{I\}; \quad \{\sigma^i,\sigma^{2m-1-i}\}, i=1,2,\cdots,m-1; \quad \{\sigma^j\tau \mid 0\leqslant j\leqslant 2m-2\}.$$

$Z(D_{2m})=\{I,\sigma^m\}$. 类似于求 D_6 的共轭类的方法可求出 D_{2m} 共有 $m+3$ 个共轭类, 它们分别是
$$\{I\}, \{\sigma^m\}; \quad \{\sigma^i,\sigma^{2m-i}\}, i=1,2,\cdots,m-1;$$
$$\{\tau,\sigma^2\tau,\sigma^4\tau,\sigma^6\tau,\cdots,\sigma^{2(m-1)}\tau\}, \{\sigma\tau,\sigma^3\tau,\sigma^5\tau,\cdots,\sigma^{2m-1}\tau\}.$$

15. (1) **必要性** 设 σ_1 与 σ_2 在 S_n 中共轭, 则存在 $\tau\in S_n$, 使得 $\sigma_2=\tau\sigma_1\tau^{-1}$. 设 $\sigma_1=(a_1a_2\cdots a_{l_1})\cdots(q_1q_2\cdots q_{l_t})$, 则
$$\sigma_2=\tau(a_1a_2\cdots a_{l_1})\tau^{-1}\cdots\tau(q_1q_2\cdots q_{l_t})\tau^{-1}$$
$$=(\tau(a_1)\tau(a_2)\cdots\tau(a_{l_1}))\cdots(\tau(q_1)\tau(q_2)\cdots\tau(q_{l_t})).$$
因此 σ_1 与 σ_2 同型.

充分性 设 σ_1 与 σ_2 同型, 其中 $\sigma_1=(a_1\cdots a_{l_1})\cdots(q_1\cdots q_{l_t})$, $\sigma_2=(c_1\cdots c_{l_1})\cdots(p_1\cdots p_{l_t})$. 令
$$\tau=\begin{pmatrix} a_1 & \cdots & a_{l_1} & \cdots & q_1 & \cdots & q_{l_t} \\ c_1 & \cdots & c_{l_1} & \cdots & p_1 & \cdots & p_{l_t} \end{pmatrix},$$
则 $\tau\in S_n$, 且有
$$\tau\sigma_1\tau^{-1}=\tau(a_1\cdots a_{l_1})\tau^{-1}\cdots\tau(q_1q_2\cdots q_{l_t})\tau^{-1}$$
$$=(\tau(a_1)\cdots\tau(a_{l_1}))\cdots(\tau(q_1)\cdots\tau(q_{l_t}))$$
$$=(c_1\cdots c_{l_1})\cdots(p_1\cdots p_{l_t})=\sigma_2.$$
因此 σ_1 与 σ_2 在 S_n 中共轭.

(2) 从第(1)小题知道, S_n 中同型的置换组成一个共轭类, 不同型的置换属于不同的共轭类. 因此, S_n 的共轭类的个数等于型的个数, 也就是等于 n 的分拆的个数.

16. $4=4, 4=3+1, 4=2+2, 4=2+1+1, 4=1+1+1+1$. 因此 4 的分拆有 5 个. 从而 S_4 的共轭类有 5 个, 它们的代表分别是: $(1234), (123), (12)(34), (12), (1)$; 相应的共轭类的元素数目分别为
$$\frac{1}{4}4!=6, \quad \frac{1}{3}(4\cdot3\cdot2)=8, \quad \frac{1}{2}\left[\frac{1}{2}(4\cdot3)\right]=3, \quad \frac{1}{2}(4\cdot3)=6, \quad 1.$$

17. A_4 中置换 σ_1 与 σ_2 共轭的必要条件是 σ_1 与 σ_2 同型, 但这不是充分条件.

例如,(123)与(132)虽然同型,但是它们在 A_4 中不共轭.这是因为,满足 $\tau(123)\tau^{-1}$ $=(132)$ 的 τ 只可能是(23),(13),(12),它们都是奇置换,不在 A_4 里.用共轭的必要条件并且经过检查得,A_4 的共轭类有 4 个,它们的代表分别是:(1),(12)(34),(123),(132);相应的共轭类的元素数目分别为:1,3,4,4.

18. 根据第 15 题的第(1)小题的结论,n-轮换 σ 的共轭类恰好由所有的 n-轮换组成.于是 σ 的共轭类里元素个数为 $\dfrac{1}{n}(n(n-1)\cdots 2\cdot 1)=(n-1)!$. 从而 $|C_{S_n}(\sigma)|=\dfrac{n!}{(n-1)!}=n$. 由于 $\sigma\in C_{S_n}(\sigma)$,且 σ 的阶为 n,因此 $C_{S_n}(\sigma)=\langle\sigma\rangle$.

19. O_2 由所有 2 级正交矩阵组成.根据参考文献[5]的第 222 页例 7,2 级正交矩阵有且只有下列两种类型:
$$A_\theta=\begin{pmatrix}\cos\theta & -\sin\theta\\ \sin\theta & \cos\theta\end{pmatrix},\quad B_\varphi=\begin{pmatrix}\cos\varphi & \sin\varphi\\ \sin\varphi & -\cos\varphi\end{pmatrix},$$
其中 $0\leqslant\theta<2\pi,0\leqslant\varphi<2\pi$. O_2 里的两个元素共轭就是这两个矩阵正交相似,因此求 O_2 的所有共轭类也就是求 O_2 的所有正交相似类.由于相似的矩阵有相同的行列式,而 $|A_\theta|=1,|B_\varphi|=-1$,因此对于任意 θ,任意 φ,A_θ 与 B_φ 不共轭.由于 B_φ 是实对称矩阵,因此 B_φ 一定正交相似于一个对角矩阵,其主对角元为 B_φ 的特征值.由于
$$|\lambda I-B_\varphi|=(\lambda-\cos\varphi)(\lambda+\cos\varphi)-\sin^2\varphi=\lambda^2-1,$$
因此,B_φ 的特征值为 $1,-1$. 从而 B_φ 与 $\mathrm{diag}\{1,-1\}$ 共轭,$0\leqslant\varphi<2\pi$. 于是 $\{B_\varphi\mid 0\leqslant\varphi<2\pi\}$ 是 O_2 的一个共轭类.

给定 $\theta(0\leqslant\theta<2\pi)$,由于对任意 $\psi(0\leqslant\psi<2\pi)$,任意 $\varphi(0\leqslant\varphi<2\pi)$,有
$$A_\psi A_\theta A_\psi^{-1}=A_\theta,$$
$$B_\varphi A_\theta B_\varphi^{-1}=\begin{pmatrix}\cos(\varphi-\theta) & \sin(\varphi-\theta)\\ \sin(\varphi-\theta) & -\cos(\varphi-\theta)\end{pmatrix}\begin{pmatrix}\cos\varphi & \sin\varphi\\ \sin\varphi & -\cos\varphi\end{pmatrix}=\begin{pmatrix}\cos(-\theta) & -\sin(-\theta)\\ \sin(-\theta) & \cos(-\theta)\end{pmatrix}$$
$$=A_{-\theta}=A_{2\pi-\theta},$$
因此当 $0<\theta<\pi$ 时,A_θ 的共轭类为 $\{A_\theta,A_{2\pi-\theta}\}$,$A_0=I$ 的共轭类为 $\{I\}$,$A_\pi=-I$ 的共轭类为 $\{-I\}$. 综上所述,O_2 的全部共轭类为
$$\{I\},\ \{-I\};\quad \{B_\varphi\mid 0\leqslant\varphi<2\pi\};\quad \{A_\theta,A_{2\pi-\theta}\},0<\theta<\pi.$$

20. 必要性 设 $H\triangleleft G$,则 $\forall g\in G$ 有 $gHg^{-1}=H$. 从而对于 $h\in H$ 有 $ghg^{-1}\in H$,$\forall g\in G$,即 H 包含 h 的共轭类.这表明 H 是 G 的一些共轭类的并集.

充分性 设子群 H 是 G 的一些共轭类的并集.任取 $h\in H$,$\forall g\in G$,有 $ghg^{-1}\in H$. 因此 $H\triangleleft G$.

21. (1) 5 的分拆有 7 个,因此 S_5 有 7 个共轭类,它们的代表分别是

(1)，(12)，(12)(34)，(123)，(123)(45)，(1234)，(12345).
相应的共轭类的元素数目为
$$1, 10, 15, 20, 20, 30, 24.$$

(2) S_5 的正规子群应当是一些共轭类的并集，又子群的阶是 $|S_5|=120$ 的因子，且子群应当含有单位元，因此 S_5 的非平凡的正规子群不可能是两个共轭类的并集. 3 个共轭类的并集只有 $1+15+24=40$ 是 120 的因子，但是 $(12)(34)(12345)=(1)(245)(3)$ 不属于这个并集. 4 个共轭类的并集只有 $1+15+20+24=60$ 是 120 的因子，其中一个并集正好是 A_5，另一个并集对运算不封闭. 5 个或 6 个共轭类的并集，其元素个数不是 120 的因子. 因此 S_5 的正规子群只有三个：$\{(1)\}, A_5, S_5$.

22. 由于 $N \triangleleft G$，因此 $\forall g \in G, n \in N$，有 $gng^{-1} \in N$. 从而有群 G 在集合 N 上的共轭作用：$g \circ n := gng^{-1}$，其中 $g \in G, n \in N$.

用 Ω_0 表示群 G 在 N 上共轭作用的不动点集. 由于群 G 在 G 上共轭作用的不动点集为 $Z(G)$，因此 $\Omega_0 = Z(G) \cap N$. 由于 G 是 p-群，因此根据本节命题 4 得，$|Z(G) \cap N| \equiv |N| \pmod{p}$. 由于 $|N|=p$，且 $Z(G) \cap N \triangleleft N$，因此 $|Z(G) \cap N|=p$. 从而 $Z(G) \cap N = N$. 于是 $N \subseteq Z(G)$.

23. 由轨道-稳定子定理立即得到.

24. 由于 H 的共轭子群的个数等于 $[G:N_G(H)]$，且 $|gHg^{-1}|=|H|$，又 H 非平凡，G 的单位元 e 属于每个子群，因此 $\left|\bigcup_{g \in G} gHg^{-1}\right| < [G:N_G(H)]|H|$. 假如 $G = \bigcup_{g \in G} gHg^{-1}$，则

$$|G| = \left|\bigcup_{g \in G} gHg^{-1}\right| < [G:N_G(H)]|H| = \frac{|G|}{|N_G(H)|}|H|.$$

由此推出，$|N_G(H)| < |H|$. 这与 $H \subseteq N_G(H)$ 矛盾. 因此 $G \neq \bigcup_{g \in G} gHg^{-1}$.

25. 考虑群 G 在集合 G 上的左平移，由于 $|G|=2k$，因此 G 到 S_{2k} 有一个同态 ψ. 由于左平移是忠实的，因此 $\mathrm{Ker}\psi=\{e\}$. 从而 $G \cong \mathrm{Im}\psi$. 由于 $|\mathrm{Im}\psi|=|G|=2k$，因此 $\mathrm{Im}\psi$ 有 2 阶元，设为 $\psi(a)$. 假如 $\psi(a)$ 有不动点 x，则 $ax=x$. 从而 $a=e$. 于是 $\psi(a)=\psi(e)=(1)$，矛盾. 因此 $\psi(a)$ 的轮换分解式为

$$\psi(a) = (i_1 i_2)(i_3 i_4) \cdots (i_{2k-1} i_{2k}),$$

其中有 k 个对换. 由于 k 为奇数，因此 $\psi(a)$ 是奇置换. 根据习题 1.6 的第 12 题，置换群 $\mathrm{Im}\psi$ 必有指数为 2 的子群 $\widetilde{H}$. 从而 G 有指数为 2 的子群 $\psi^{-1}(\widetilde{H})$.

26. a 属于群 G 在左商集 $(G/H)_l$ 上的左平移的核
$\Leftrightarrow a \circ xH = xH, \forall xH \in (G/H)_l \Leftrightarrow axH = xH, \forall xH \in (G/H)_l$
$\Leftrightarrow x^{-1}ax \in H, \forall x \in G \Leftrightarrow a \in xHx^{-1}, \forall x \in G.$

因此群 G 在左商集 $(G/H)_l$ 上的左平移的核等于 $\bigcap_{x \in G} xHx^{-1}$.

27. 考虑群 G 在左商集 $(G/H)_l$ 上的左平移,由于 $[G:H]=n>1$,因此 G 到 S_n 有一个同态 ψ.

情形 1 $\mathrm{Ker}\psi=\{e\}$. 则 $G \cong \mathrm{Im}\psi$. 于是 G 同构于 S_n 的一个子群.

情形 2 $\mathrm{Ker}\psi \ne \{e\}$. 则 $G/\mathrm{Ker}\psi \cong \mathrm{Im}\psi$. 于是 $[G:\mathrm{Ker}\psi]=|\mathrm{Im}\psi|$,而 $\mathrm{Im}\psi <S_n$,因此 $|\mathrm{Im}\psi|$ 是 $n!$ 的因子. 从而 G 的正规子群 $\mathrm{Ker}\psi$ 在 G 中的指数整除 $n!$. 根据第 26 题,$\mathrm{Ker}\psi=\bigcap_{x \in G} xHx^{-1}$. 从而 $\mathrm{Ker}\psi \subseteq H$. 由于 $H \ne G$,因此 $\mathrm{Ker}\psi \ne G$. 从而 $\mathrm{Ker}\psi$ 是 G 的非平凡正规子群.

28. 设 G 有一个指数为 p 的子群 H. 考虑群 G 在左商集 $(G/H)_l$ 上的左平移. 由于 $|(G/H)_l|=p$,因此 G 到 S_p 有一个同态 ψ. 我们来证 $\mathrm{Ker}\psi=H$. 由于 $\mathrm{Ker}\psi=\bigcap_{x \in G} xHx^{-1}$,因此 $\mathrm{Ker}\psi \subseteq H$. 从而 $[G:\mathrm{Ker}\psi] \geqslant [G:H]=p$. 于是 $[G:\mathrm{Ker}\psi]$ 有素因子. 由于 $[G:\mathrm{Ker}\psi] \mid |G|$,而 p 是 $|G|$ 的最小素因子,因此 $[G:\mathrm{Ker}\psi]$ 的素因子都大于或等于 p. 由于 $G/\mathrm{Ker}\psi \cong \mathrm{Im}\psi$,且 $\mathrm{Im}\psi$ 是 S_p 的一个子群,因此 $[G:\mathrm{Ker}\psi] \mid p!$. 由于 $p!$ 的素因子都小于或等于 p,因此 $[G:\mathrm{Ker}\psi]=p$. 从而 $\mathrm{Ker}\psi=H$. 于是 H 是 G 的正规子群.

29. 在轨道-稳定子定理中已证明:

$$\sigma: G(x) \to (G/G_x)_l$$
$$a \circ x \mapsto aG_x$$

是 $G(x)$ 到 $(G/G_x)_l$ 的一个双射. 由于 G 在 Ω 上的作用是传递的,因此 $G(x)=\Omega$. 从而 σ 是 Ω 到 $(G/G_x)_l$ 的一个双射. 对于任意 $y \in \Omega$,存在 $g \in G$,使得 $y=g \circ x$. 于是对于任意 $a \in G$,有

$$\sigma(a \circ y)=\sigma(a \circ (g \circ x))=\sigma((ag) \circ x)=(ag)G_x=a \cdot (gG_x)$$
$$=a \cdot [\sigma(g \circ x)]=a \cdot [\sigma(y)].$$

因此,群 G 在 Ω 上的传递作用与 G 在 $(G/G_x)_l$ 上的左平移等价.

30. $[(n_1,h_1)(n_2,h_2)](n_3,h_3)=(n_1\psi(h_1)n_2,h_1h_2)(n_3,h_3)$
$$=(n_1\psi(h_1)n_2\psi(h_1h_2)n_3,h_1h_2h_3),$$

$(n_1,h_1)[(n_2,h_2)(n_3,h_3)]=(n_1,h_1)(n_2\psi(h_2)n_3,h_2h_3)$
$$=(n_1\psi(h_1)(n_2\psi(h_2)n_3),h_1h_2h_3)$$
$$=(n_1\psi(h_1)n_2\psi(h_1)(\psi(h_2)n_3),h_1h_2h_3)$$
$$=(n_1\psi(h_1)n_2\psi(h_1h_2)n_3,h_1h_2h_3).$$

因此,$[(n_1,h_1)(n_2,h_2)](n_3,h_3)=(n_1,h_1)[(n_2,h_2)(n_3,h_3)]$,即结合律成立.

$(n,h)(e_N,e_H)=(n\psi(h)e_N,he_H)=(ne_N,he_H)=(n,h),$

$(e_N,e_H)(n,h)=(e_N\psi(e_H)n,e_Hh)=(e_Nn,e_Hh)=(n,h),$

因此,(e_N,e_H)是$N\times H$的单位元.
$$(n,h)(\psi(h)^{-1}n^{-1},h^{-1})=(n\psi(h)(\psi(h)^{-1}n^{-1}),hh^{-1})=(nn^{-1},e_H)=(e_N,e_H),$$
$$(\psi(h)^{-1}n^{-1},h^{-1})(n,h)=(\psi(h)^{-1}n^{-1}\psi(h^{-1})n,h^{-1}h)$$
$$=((\psi(h^{-1})n)^{-1}\psi(h^{-1})n,e_H)=(e_N,e_H),$$

因此,$(n,h)^{-1}=(\psi(h)^{-1}n^{-1},h^{-1})$.

综上所述,$N\times H$是一个群,记做$N\rtimes H$.

任取$(n_1,e),(n_2,e)\in\widetilde{N}$,由于
$$(n_1,e)(n_2,e)^{-1}=(n_1,e)(\psi(e)^{-1}n_2^{-1},e^{-1})=(n_1\psi(e)(\psi(e)^{-1}n_2^{-1}),ee^{-1})$$
$$=(n_1n_2^{-1},e)\in\widetilde{N},$$

因此,$\widetilde{N}<N\rtimes H$.任取$(n,h)\in N\rtimes H$,对于任意$(n_1,e)\in\widetilde{N}$,有
$$(n,h)(n_1,e)(n,h)^{-1}=(n\psi(h)n_1,he)(\psi(h)^{-1}n^{-1},h^{-1})$$
$$=(n\psi(h)n_1\psi(h)(\psi(h)^{-1}n^{-1}),hh^{-1})=(n\psi(h)n_1n^{-1},e)\in\widetilde{N},$$

因此,$\widetilde{N}\triangleleft N\rtimes H$.

令$\sigma:n\mapsto(n,e)$,则σ是N到$\widetilde{N}$的一个映射,且σ是单射和满射.从而σ是双射.由于
$$\sigma(n_1n_2)=(n_1n_2,e),\quad \sigma(n_1)\sigma(n_2)=(n_1,e)(n_2,e)=(n_1\psi(e)n_2,ee)=(n_1n_2,e),$$

因此σ是N到$\widetilde{N}$的一个同构映射.从而$N\cong\widetilde{N}$.于是$\widetilde{N}\cong N$.

31. 由于$G=NH$,因此G中每个元素g可以表示成$g=nh$,其中$n\in N,h\in H$. 由于$N\cap H=\{e\}$,因此g表示成$g=nh$的表示法唯一. 由于$N\triangleleft G$,因此对于$g_1=n_1h_1,g_2=n_2h_2$,有
$$g_1g_2=n_1h_1n_2h_2=n_1(h_1n_2h_1^{-1})h_1h_2=n_1\sigma_{h_1}(n_2)h_1h_2,\quad \sigma_{h_1}(n_2)\in N.$$

由于σ_{h_1}是G的一个内自同构,因此σ_{h_1}是N的一个自同构. 又由于群G在集合G上的共轭作用引起了群G到S_G的一个同态σ,因此σ限制到H上(记做$\sigma|H$)是H到$\mathrm{Aut}(N)$的一个同态. 从而根据第30题,有N与H的半直积$N\rtimes H$. 令
$$\tau:G\to N\rtimes H$$
$$g\mapsto(n,h),$$

其中$g=nh$. 由于表示法唯一,因此τ是G到$N\rtimes H$的一个映射. 由τ的定义看出,τ是单射且是满射,从而τ是双射. 任给$g_1,g_2\in G$,设$g_1=n_1h_1,g_2=n_2h_2$,则
$$\tau(g_1g_2)=\tau(n_1\sigma_{h_1}(n_2)h_1h_2)=(n_1\sigma_{h_1}(n_2),h_1h_2),$$
$$\tau(g_1)\tau(g_2)=(n_1,h_1)(n_2,h_2)=(n_1\sigma(h_1)n_2,h_1h_2)=(n_1\sigma_{h_1}(n_2),h_1h_2).$$

因此,$\tau(g_1g_2)=\tau(g_1)\tau(g_2)$. 从而$\tau$是$G$到$N\rtimes H$的一个同构映射. 于是
$$G\cong N\rtimes H.$$

32. $[(g_1,\bar{g}_1)(g_2,\bar{g}_2)]\circ(x,y)=(g_1g_2,\bar{g}_1\bar{g}_2)\circ(x,y)=((g_1g_2)\circ x,(\bar{g}_1\bar{g}_2)\circ y)$
$$=(g_1\circ(g_2\circ x),\bar{g}_1\circ(\bar{g}_2\circ y))=(g_1,\bar{g}_1)\circ(g_2\circ x,\bar{g}_2\circ y)$$

$$= (g_1, \widetilde{g}_1) \circ [(g_2, \widetilde{g}_2) \circ (x, y)],$$
$$(e, \widetilde{e}) \circ (x, y) = (e \circ x, \widetilde{e} \circ y) = (x, y).$$

因此,这给出了群 $G \times \widetilde{G}$ 在集合 $\Omega \times W$ 上的一个作用.

(x, y) 的 $G \times \widetilde{G}$-轨道为
$$(G \times \widetilde{G})(x, y) = \{(g, \widetilde{g}) \circ (x, y) \mid (g, \widetilde{g}) \in G \times \widetilde{G}\}$$
$$= \{(g \circ x, \widetilde{g} \circ y) \mid g \in G, \widetilde{g} \in \widetilde{G}\}$$
$$= G(x) \times \widetilde{G}(y).$$

(x, y) 的稳定子群为
$$(G \times \widetilde{G})_{(x,y)} = \{(g, \widetilde{g}) \in G \times \widetilde{G} \mid (g, \widetilde{g}) \circ (x, y) = (x, y)\}$$
$$= \{(g, \widetilde{g}) \in G \times \widetilde{G} \mid g \circ x = x, \widetilde{g} \circ y = y\}$$
$$= G_x \times \widetilde{G}_y.$$

33. 根据习题 1.1 的第 6 题,n 阶循环群 G 的生成元有 $\varphi(n)$ 个,a^k 是 $\langle a \rangle$ 的生成元当且仅当 $(k, n) = 1$. 把小于 n 且与 n 互素的正整数记做 $k_1, k_2, \cdots, k_{\varphi(n)}$,其中 $k_1 = 1$,则 $a^{k_i}(i = 1, 2, \cdots, \varphi(n))$ 都是 $G = \langle a \rangle$ 的生成元. 任取 G 的一个自同构 τ,则 $\tau(a)$ 是 G 的一个生成元,从而 $\tau(a) = a^{k_i}$,对某个 $i \in \{1, 2, \cdots, \varphi(n)\}$. 反之,可令 $\tau_i(a^l) = a^{k_i l}$,则容易验证 τ_i 是 $G = \langle a \rangle$ 的一个自同构,$i = 1, 2, \cdots, \varphi(n)$. 因此,
$$\mathrm{Aut}(G) = \{\tau_1, \tau_2, \cdots, \tau_{\varphi(n)}\}.$$

令
$$\psi: \mathrm{Aut}(G) \to \mathbb{Z}_n^*$$
$$\tau_i \mapsto \overline{k_i},$$

则 ψ 是 $\mathrm{Aut}(G)$ 到 $\mathbb{Z}_n^*$ 的一个映射,且 ψ 是满射. 由于 $|\mathrm{Aut}(G)| = \varphi(n) = |\mathbb{Z}_n^*|$,因此 ψ 也是单射. 从而 ψ 是双射.
$$\psi(\tau_i)\psi(\tau_j) = \overline{k_i}\,\overline{k_j} = \overline{k_i k_j}.$$

设 $k_i k_j = qn + r, 0 \leqslant r < n$. 则 $\overline{r} = \overline{k_i k_j} = \overline{k_i}\,\overline{k_j} \in \mathbb{Z}_n^*$. 于是 $r = k_s$,对于某个 $s \in \{1, 2, \cdots, \varphi(n)\}$. 从而,
$$(\tau_i \tau_j)(a) = \tau_i(a^{k_j}) = a^{k_i k_j} = a^{qn+r} = a^r = a^{k_s} = \tau_s(a).$$

因此,$\tau_i \tau_j = \tau_s$. 于是
$$\psi(\tau_i \tau_j) = \psi(\tau_s) = \overline{k_s} = \overline{r} = \overline{k_i}\,\overline{k_j} = \psi(\tau_i)\psi(\tau_j).$$

因此 ψ 是 $\mathrm{Aut}(G)$ 到 $\mathbb{Z}_n^*$ 的一个同构映射. 于是 $\mathrm{Aut}(G) \cong \mathbb{Z}_n^*$.

习 题 1.9

1. 设群 G 的阶为 $148 = 2^2 \times 37$. G 的 Sylow 37-子群的个数 $r \equiv 1 \pmod{37}$,且 $r \mid 4$. 由此推出 $r = 1$. 因此 G 的 Sylow 37-子群 P 是正规子群. 从而 G 不是单群.

2. 设群 G 的阶为 $36=2^2\times 3^2$. G 的 Sylow 3-子群的个数 $r\equiv 1\pmod 3$,且 $r\mid 4$. 由此推出 $r=1$ 或 $r=4$. 若 $r=1$,则 G 的 Sylow 3-子群是正规子群. 下设 $r=4$. G 有 4 个 Sylow 3-子群: P_1,P_2,P_3,P_4. 它们组成的集合记做 Ω. 群 G 在集合 Ω 上有共轭作用,由此作用引起 G 到 S_4 的一个同态 ψ. 从而 $G/\mathrm{Ker}\psi\cong \mathrm{Im}\psi$. 由于 $\mathrm{Im}\psi\leqslant S_4$,因此 $|\mathrm{Im}\psi|\leqslant 24$. 而 $|G|=36$,因此 $\mathrm{Ker}\psi\neq \{e\}$. 假如 $\mathrm{Ker}\psi=G$,则对于所有 $g\in G$,有 $gP_1g^{-1}=P_1$. 于是 $P_1\triangleleft G$. 这与 $r=4$ 矛盾. 因此 $\mathrm{Ker}\psi\neq G$. 从而 $\mathrm{Ker}\psi$ 是 G 的非平凡正规子群. 综上所述,36 阶群 G 不是单群.

3. 设群 G 的阶为 $56=2^3\times 7$. G 的 Sylow 7-子群的个数 $r\equiv 1\pmod 7$,且 $r\mid 8$. 由此推出 $r=1$ 或 $r=8$. 若 $r=1$,则 G 的 Sylow 7-子群是正规子群. 下设 $r=8$,则 G 有 8 个 Sylow 7-子群,它们都是循环群. 因此每两个 Sylow 7-子群的交集只含单位元. 从而 G 恰有 48 个 7 阶元. 剩下的 8 个元素组成一个 Sylow 2-子群,从而 G 的 Sylow 2-子群是正规子群. 综上所述,56 阶群 G 不是单群.

4. 设群 G 的阶为 $30=2\times 3\times 5$,则 G 的 Sylow 5-子群的个数 $r\equiv 1\pmod 5$,且 $r\mid 6$. 于是 $r=1$ 或 $r=6$. 若 $r=1$,则 G 的 Sylow 5-子群是正规子群. 下设 $r=6$. 此时 G 的 Sylow 5-子群有 6 个,它们都是循环群. 从而 G 恰有 24 个 5 阶元. G 的 Sylow 3-子群的个数 $t\equiv 1\pmod 3$ 且 $t\mid 10$. 于是 $t=1$ 或 $t=10$. 若 $t=1$,则 G 的 Sylow 3-子群是正规子群. 若 $t=10$,则 G 的 Sylow 3-子群有 10 个. 从而 G 有 20 个 3 阶元. 这与 $|G|=30$ 矛盾. 因此 $t\neq 10$. 综上所述,30 阶群 G 不是单群.

5. $10=2\times 5$. 因此 10 阶群或者是循环群,或者同构于 D_5.

6. 设群 G 的阶为 $15=3\times 5$. G 的 Sylow 5-子群 P 在 G 中的指数为 3,根据习题 1.8 的第 28 题得,$P\triangleleft G$. G 的 Sylow 3-子群的个数 $r\equiv 1\pmod 3$ 且 $r\mid 5$,于是 $r=1$. 从而 G 的 Sylow 3-子群 H 是正规子群. $P\cap H=\{e\}$. $|PH|=\dfrac{|P||H|}{|P\cap H|}=15=|G|$. 于是 $G=PH$. 根据习题 1.6 的第 9 题得,$G=P\times H$. 由于 P,H 分别是 5 阶、3 阶循环群,因此 $G\cong (\mathbb{Z}_5,+)\oplus (\mathbb{Z}_3,+)=(\mathbb{Z}_5\oplus \mathbb{Z}_3,+)\cong (\mathbb{Z}_{15},+)$,即 15 阶群都是循环群.

7. 类似于第 6 题的方法可得,35 阶群都是循环群.

8. 设群 G 的阶为 $21=3\times 7$. G 的 Sylow 7-子群 P 在 G 中的指数为 3. 根据习题 1.8 的第 28 题得,$P\triangleleft G$. G 的 Sylow 3-子群的个数 $r\equiv 1\pmod 3$ 且 $r\mid 7$. 于是 $r=1$ 或 $r=7$.

情形 1 $r=1$,则 G 的 Sylow 3-子群 $H\triangleleft G$. 类似于第 6 题的方法可得,G 是 21 阶循环群.

情形 2 $r=7$,此时 G 的 Sylow 3-子群有 7 个. 取一个 Sylow 3-子群 H,则 $P\cap H=\{e\}$. $|PH|=21=|G|$. 于是 $G=PH$. 根据习题 1.6 的第 10 题

得，$G = P \rtimes H$.

综上所述，21 阶群或者是循环群，或者是它的 7 阶正规子群与它的一个 3 阶子群的半直积.

9. 设群 G 的阶为 pq，其中 p,q 是素数，且 $p<q$. 根据习题 1.8 的第 28 题得，G 的 Sylow q-子群 $N \triangleleft G$. G 的 Sylow p-子群的个数 $r \equiv 1 \pmod{p}$ 且 $r \mid q$.

情形 1 $q \not\equiv 1 \pmod{p}$，则 $r=1$. 从而 G 的 Sylow p-子群 $H \triangleleft G$. 与第 6 题的方法类似可得，G 是 pq 阶循环群.

情形 2 $q \equiv 1 \pmod{p}$，则 $r=1$ 或 $r=q$. 若 $r=1$，则从情形 1 知道，G 是 pq 阶循环群. 下设 $r=q$. 取 G 的一个 Sylow p-子群 H，则 $N \cap H = \{e\}$，$|NH| = pq = |G|$. 于是 $G=NH$. 根据习题 1.6 的第 10 题得，$G = N \rtimes H$.

综上所述，pq 阶群（p,q 都是素数且 $p<q$）或者是循环群，或者是它的 q 阶正规子群与它的一个 p 阶子群的半直积.

10. 设群 G 的阶为 $p^2 q$，其中 p,q 是不同的素数.

情形 1 $q<p$. 由于 G 的 Sylow p-子群 P 在 G 中的指数为 q，因此根据习题 1.8 的第 28 题得，$P \triangleleft G$.

情形 2 $q>p$. G 的 Sylow q-子群的个数 $r \equiv 1 \pmod{q}$ 且 $r \mid p^2$. 从 $r \mid p^2$ 推出 $r=1$ 或 p 或 p^2. 若 $r=1$，则 G 的 Sylow q-子群是正规子群. 若 $r=p$，由于 $q>p$，因此 $p \not\equiv 1 \pmod{q}$. 从而 $r \neq p$. 若 $r=p^2$，且 $p^2 \equiv 1 \pmod{q}$，则 G 的 Sylow q-子群有 p^2 个，它们都是循环群. 于是 G 有 $p^2(q-1)$ 个 q 阶元. 剩下的 $p^2 q - p^2(q-1) = p^2$ 个元素正好组成 G 的一个 Sylow p-子群，从而 G 的 Sylow p-子群是正规子群.

11. 由于 $|G|=p^3$，且 G 是非 Abel 群，因此 $|Z(G)|=p$ 或 p^2. 假如 $|Z(G)|=p^2$，则 $|G/Z(G)|=p$. 从而 $G/Z(G)$ 是 p 阶循环群. 根据习题 1.8 的第 6 题，G 为 Abel 群. 因此，$|Z(G)| \neq p^2$. 从而 $|Z(G)|=p$. 由于 $|G/Z(G)|=p^2$，因此根据 §1.8 的例 2 得，$G/Z(G)$ 是 Abel 群. 于是 $G' \subseteq Z(G)$. 从而 $G' = Z(G)$.

12. $|S_p| = p! = p(p-1)(p-2)\cdots 1$. 由于当 $1 \leqslant j < p$ 时，$(p,j)=1$，因此 $(p,(p-1)!)=1$. 从而 S_p 的 Sylow p-子群的阶为 p，于是它为循环群. 因此 S_p 的 Sylow p-子群必形如 $\langle \sigma \rangle$，其中 σ 是 p 阶元，从而 σ 为 p-轮换. 反之，S_p 中任一 p-轮换生成的子群是 Sylow p-子群. S_p 中 p-轮换的个数为 $\dfrac{1}{p}p! = (p-1)!$. 从而 S_p 的 Sylow p-子群的个数 $r = \dfrac{(p-1)!}{p-1} = (p-2)!$. 根据 Sylow 第三定理，$(p-2)! \equiv 1 \pmod p$. 由此得出，$(p-1)! = (p-1)(p-2)! \equiv p-1 \equiv -1 \pmod p$.

13. 任取 $g \in G$，由于 $P \subseteq N$，且 $N \triangleleft G$，因此 $gPg^{-1} \subseteq gNg^{-1} = N$. 从而 gPg^{-1} 也是 N 的一个 Sylow p-子群. 由于 N 的 Sylow p-子群在 N 中共轭，因此存在 $n \in$

N,使得 $n(gPg^{-1})n^{-1}=P$,即 $(ng)P(ng)^{-1}=P$. 于是 $ng\in N_G(P)$. 记 $ng=t\in N_G(P)$,则 $g=n^{-1}t\in N\cdot N_G(P)$. 由此得出,$G=N\cdot N_G(P)$.

14. 设群 G 的阶为 $n=2^l m$,$(m,2)=1$,$l>0$. 设 G 有一个循环的 Sylow 2-子群 $H=\langle a\rangle$. 于是 $|a|=2^l$. 考虑群 G 在集合 G 上的左平移,由此作用引起 G 到 S_n 的一个同态 ψ. 由于左平移是忠实的作用,因此 $G\cong\text{Im}\psi$. 由于 $\text{Im}\psi<S_n$,因此若能证明 $\text{Im}\psi$ 含有奇置换,则根据习题 1.6 的第 12 题,$\text{Im}\psi$ 有指数为 2 的子群,从而 G 有指数为 2 的子群. 考虑 $\psi(a)$,简记成 ψ_a. 对于任意 $g\in G$,按照定义有 $\psi_a(g)=ag$. 从而
$$\psi_a(ag)=a(ag)=a^2g,\quad\cdots,\quad \psi_a(a^{2^l-1}g)=a^{2^l}g=eg=g.$$
当 $0\leqslant i<j<2^l$ 时,$a^ig\neq a^jg$. 于是 ψ_a 的不相交轮换分解式中出现的每一个轮换都是 2^l-轮换. 由于 $n=2^l m$,因此 ψ_a 的轮换分解式中有 m 个 2^l-轮换. 由于每个 2^l-轮换可以表示成 2^l-1 个对换的乘积,因此 ψ_a 可表示成 $m(2^l-1)$ 个对换的乘积. 由于 $m(2^l-1)$ 是奇数,因此 ψ_a 是奇置换. 从而,$\text{Im}\psi$ 有指数为 2 的子群.

习 题 1.10

1. $12=2^2\times 3$,从而 12 阶 Abel 群的初等因子只有 2 种可能情形:$\{2^2,3\}$,$\{2,2,3\}$. 因此,12 阶 Abel 群有 2 种互不同构的类型,它们的代表分别是
$$(\mathbb{Z}_{2^2},+)\oplus(\mathbb{Z}_3,+)\cong(\mathbb{Z}_{12},+),\quad (\mathbb{Z}_2,+)\oplus(\mathbb{Z}_2,+)\oplus(\mathbb{Z}_3,+).$$
$108=2^2\times 3^3$. 108 阶 Abel 群的初等因子和每个同构类的代表分别为

$\{2^2,3^3\}$, $(\mathbb{Z}_{2^2},+)\oplus(\mathbb{Z}_{3^3},+)\cong(\mathbb{Z}_{108},+)$;

$\{2^2,3,3^2\}$, $(\mathbb{Z}_{2^2},+)\oplus(\mathbb{Z}_3,+)\oplus(\mathbb{Z}_{3^2},+)$;

$\{2^2,3,3,3\}$, $(\mathbb{Z}_{2^2},+)\oplus(\mathbb{Z}_3,+)\oplus(\mathbb{Z}_3,+)\oplus(\mathbb{Z}_3,+)$;

$\{2,2,3^3\}$, $(\mathbb{Z}_2,+)\oplus(\mathbb{Z}_2,+)\oplus(\mathbb{Z}_{3^3},+)$;

$\{2,2,3,3^2\}$, $(\mathbb{Z}_2,+)\oplus(\mathbb{Z}_2,+)\oplus(\mathbb{Z}_3,+)\oplus(\mathbb{Z}_{3^2},+)$;

$\{2,2,3,3,3\}$, $(\mathbb{Z}_2,+)\oplus(\mathbb{Z}_2,+)\oplus(\mathbb{Z}_3,+)\oplus(\mathbb{Z}_3,+)\oplus(\mathbb{Z}_3,+)$.

$360=2^3\times 3^2\times 5$,360 阶 Abel 群的初等因子和每个同构类的代表分别为

$\{2^3,3^2,5\}$, $(\mathbb{Z}_{2^3},+)\oplus(\mathbb{Z}_{3^2},+)\oplus(\mathbb{Z}_5,+)\cong(\mathbb{Z}_{360},+)$;

$\{2^3,3,3,5\}$, $(\mathbb{Z}_{2^3},+)\oplus(\mathbb{Z}_3,+)\oplus(\mathbb{Z}_3,+)\oplus(\mathbb{Z}_5,+)$;

$\{2,2^2,3^2,5\}$, $(\mathbb{Z}_2,+)\oplus(\mathbb{Z}_{2^2},+)\oplus(\mathbb{Z}_{3^2},+)\oplus(\mathbb{Z}_5,+)$;

$\{2,2^2,3,3,5\}$, $(\mathbb{Z}_2,+)\oplus(\mathbb{Z}_{2^2},+)\oplus(\mathbb{Z}_3,+)\oplus(\mathbb{Z}_3,+)\oplus(\mathbb{Z}_5,+)$;

$\{2,2,2,3^2,5\}$, $(\mathbb{Z}_2,+)\oplus(\mathbb{Z}_2,+)\oplus(\mathbb{Z}_2,+)\oplus(\mathbb{Z}_{3^2},+)\oplus(\mathbb{Z}_5,+)$;

$\{2,2,2,3,3,5\}$, $(\mathbb{Z}_2,+)\oplus(\mathbb{Z}_2,+)\oplus(\mathbb{Z}_2,+)\oplus(\mathbb{Z}_3,+)\oplus(\mathbb{Z}_3,+)\oplus(\mathbb{Z}_5,+)$.

$144=2^4\times 3^2$,144 阶 Abel 群的初等因子和每个同构类的代表分别为

$\{2^4,3^2\}$, $(\mathbb{Z}_{2^4},+)\oplus(\mathbb{Z}_{3^2},+)\cong(\mathbb{Z}_{144},+)$;

$\{2^4,3,3\}$, $(\mathbb{Z}_{2^4},+)\oplus(\mathbb{Z}_3,+)\oplus(\mathbb{Z}_3,+)$;

$\{2,2^3,3^2\}$, $(\mathbb{Z}_2,+)\oplus(\mathbb{Z}_{2^3},+)\oplus(\mathbb{Z}_{3^2},+)$;
$\{2,2^3,3,3\}$, $(\mathbb{Z}_2,+)\oplus(\mathbb{Z}_{2^3},+)\oplus(\mathbb{Z}_3,+)\oplus(\mathbb{Z}_3,+)$;
$\{2^2,2^2,3^2\}$, $(\mathbb{Z}_{2^2},+)\oplus(\mathbb{Z}_{2^2},+)\oplus(\mathbb{Z}_{3^2},+)$;
$\{2^2,2^2,3,3\}$, $(\mathbb{Z}_{2^2},+)\oplus(\mathbb{Z}_{2^2},+)\oplus(\mathbb{Z}_3,+)\oplus(\mathbb{Z}_3,+)$;
$\{2,2,2^2,3^2\}$, $(\mathbb{Z}_2,+)\oplus(\mathbb{Z}_2,+)\oplus(\mathbb{Z}_{2^2},+)\oplus(\mathbb{Z}_{3^2},+)$;
$\{2,2,2^2,3,3\}$, $(\mathbb{Z}_2,+)\oplus(\mathbb{Z}_2,+)\oplus(\mathbb{Z}_{2^2},+)\oplus(\mathbb{Z}_3,+)\oplus(\mathbb{Z}_3,+)$;
$\{2,2,2,2,3^2\}$, $(\mathbb{Z}_2,+)\oplus(\mathbb{Z}_2,+)\oplus(\mathbb{Z}_2,+)\oplus(\mathbb{Z}_2,+)\oplus(\mathbb{Z}_{3^2},+)$;
$\{2,2,2,2,3,3\}$, $(\mathbb{Z}_2,+)\oplus(\mathbb{Z}_2,+)\oplus(\mathbb{Z}_2,+)\oplus(\mathbb{Z}_2,+)\oplus(\mathbb{Z}_3,+)\oplus(\mathbb{Z}_3,+)$.

$216=2^3\times3^3$,216 阶 Abel 群的初等因子和每个同构类的代表分别为

$\{2^3,3^3\}$, $(\mathbb{Z}_{2^3},+)\oplus(\mathbb{Z}_{3^3},+)\cong(\mathbb{Z}_{216},+)$;
$\{2^3,3,3^2\}$, $(\mathbb{Z}_{2^3},+)\oplus(\mathbb{Z}_3,+)\oplus(\mathbb{Z}_{3^2},+)$;
$\{2^3,3,3,3\}$, $(\mathbb{Z}_{2^3},+)\oplus(\mathbb{Z}_3,+)\oplus(\mathbb{Z}_3,+)\oplus(\mathbb{Z}_3,+)$;
$\{2,2^2,3^3\}$, $(\mathbb{Z}_2,+)\oplus(\mathbb{Z}_{2^2},+)\oplus(\mathbb{Z}_{3^3},+)$;
$\{2,2^2,3,3^2\}$, $(\mathbb{Z}_2,+)\oplus(\mathbb{Z}_{2^2},+)\oplus(\mathbb{Z}_3,+)\oplus(\mathbb{Z}_{3^2},+)$;
$\{2,2^2,3,3,3\}$, $(\mathbb{Z}_2,+)\oplus(\mathbb{Z}_{2^2},+)\oplus(\mathbb{Z}_3,+)\oplus(\mathbb{Z}_3,+)\oplus(\mathbb{Z}_3,+)$;
$\{2,2,2,3^3\}$, $(\mathbb{Z}_2,+)\oplus(\mathbb{Z}_2,+)\oplus(\mathbb{Z}_2,+)\oplus(\mathbb{Z}_{3^3},+)$;
$\{2,2,2,3,3^2\}$, $(\mathbb{Z}_2,+)\oplus(\mathbb{Z}_2,+)\oplus(\mathbb{Z}_2,+)\oplus(\mathbb{Z}_3,+)\oplus(\mathbb{Z}_{3^2},+)$;
$\{2,2,2,3,3,3\}$, $(\mathbb{Z}_2,+)\oplus(\mathbb{Z}_2,+)\oplus(\mathbb{Z}_2,+)\oplus(\mathbb{Z}_3,+)\oplus(\mathbb{Z}_3,+)\oplus(\mathbb{Z}_3,+)$.

2. (1) $(\mathbb{Z}_{40},+)\oplus(\mathbb{Z}_{15},+)\oplus(\mathbb{Z}_{20},+)$
$\cong(\mathbb{Z}_2,+)\oplus(\mathbb{Z}_5,+)\oplus(\mathbb{Z}_3,+)\oplus(\mathbb{Z}_5,+)\oplus(\mathbb{Z}_4,+)\oplus(\mathbb{Z}_5,+)$
$\cong(\mathbb{Z}_2,+)\oplus(\mathbb{Z}_{2^2},+)\oplus(\mathbb{Z}_3,+)\oplus(\mathbb{Z}_5,+)\oplus(\mathbb{Z}_5,+)\oplus(\mathbb{Z}_5,+)$.

因此,它的初等因子为 $\{2,2^2,3,5,5,5\}$.

(2) $(\mathbb{Z}_{28},+)\oplus(\mathbb{Z}_{42},+)\cong(\mathbb{Z}_4,+)\oplus(\mathbb{Z}_7,+)\oplus(\mathbb{Z}_2,+)\oplus(\mathbb{Z}_3,+)\oplus(\mathbb{Z}_7,+)$
$\cong(\mathbb{Z}_2,+)\oplus(\mathbb{Z}_{2^2},+)\oplus(\mathbb{Z}_3,+)\oplus(\mathbb{Z}_7,+)\oplus(\mathbb{Z}_7,+)$.

因此,它的初等因子为 $\{2,2^2,3,7,7\}$.

(3) $(\mathbb{Z}_9,+)\oplus(\mathbb{Z}_{44},+)\oplus(\mathbb{Z}_6,+)\oplus(\mathbb{Z}_{16},+)$
$\cong(\mathbb{Z}_{3^2},+)\oplus(\mathbb{Z}_4,+)\oplus(\mathbb{Z}_{11},+)\oplus(\mathbb{Z}_2,+)\oplus(\mathbb{Z}_3,+)\oplus(\mathbb{Z}_{2^4},+)$.

因此,它的初等因子为 $\{2,2,2^4,3,3^2,7\}$.

3. $100=2^2\times5^2$. 100 阶 Abel 群的初等因子和每个同构类的代表分别为

$\{2^2,5^2\}$, $(\mathbb{Z}_{2^2},+)\oplus(\mathbb{Z}_{5^2},+)\cong(\mathbb{Z}_{100},+)$;
$\{2^2,5,5\}$, $(\mathbb{Z}_{2^2},+)\oplus(\mathbb{Z}_5,+)\oplus(\mathbb{Z}_5,+)$;
$\{2,2,5^2\}$, $(\mathbb{Z}_2,+)\oplus(\mathbb{Z}_2,+)\oplus(\mathbb{Z}_{5^2},+)$;
$\{2,2,5,5\}$, $(\mathbb{Z}_2,+)\oplus(\mathbb{Z}_2,+)\oplus(\mathbb{Z}_5,+)\oplus(\mathbb{Z}_5,+)$.

(1) 循环群 $(\mathbb{Z}_{100},+)$ 必有 10 阶循环子群,从而有 10 阶元.

$(\mathbb{Z}_{2^2},+)\oplus(\mathbb{Z}_5,+)\oplus(\mathbb{Z}_5,+)\cong(\mathbb{Z}_{20},+)\oplus(\mathbb{Z}_5,+)$,

循环群$(\mathbb{Z}_{20},+)$必有 10 阶循环子群,从而有 10 阶元.
$$(\mathbb{Z}_2,+)\oplus(\mathbb{Z}_2,+)\oplus(\mathbb{Z}_{5^2},+)\cong(\mathbb{Z}_2,+)\oplus(\mathbb{Z}_{50},+),$$
循环群$(\mathbb{Z}_{50},+)$必有 10 阶循环子群,从而有 10 阶元.
$(\mathbb{Z}_2,+)\oplus(\mathbb{Z}_2,+)\oplus(\mathbb{Z}_5,+)\oplus(\mathbb{Z}_5,+)\cong(\mathbb{Z}_{10},+)\oplus(\mathbb{Z}_{10},+)$,必有 10 阶元.

(2) 从第(1)小题的解题过程看出,100 阶 Abel 群 G 不含阶大于 10 的元素当且仅当 G 的初等因子为 $\{2,2,5,5\}$.

4. 设 Abel 群 G 的阶 $n=p_1p_2\cdots p_s$,其中 $p_1,p_2,\cdots,p_s$ 是两两不等的素数. 于是根据 §1.1 的定理 5 得
$$G\cong(\mathbb{Z}_{p_1},+)\oplus(\mathbb{Z}_{p_2},+)\oplus\cdots\oplus(\mathbb{Z}_{p_s},+)\cong(\mathbb{Z}_{p_1p_2\cdots p_s},+),$$
于是 G 为循环群.

5. 设 Abel p-群 G 的阶为 p^m. 若 $m=1$,则 G 是 p 阶循环群. 下面设 $m>1$. 设
$$G\cong(\mathbb{Z}_{p^{k_1}},+)\oplus(\mathbb{Z}_{p^{k_2}},+)\oplus\cdots\oplus(\mathbb{Z}_{p^{k_s}},+),$$
其中 $k_1\leqslant k_2\leqslant\cdots\leqslant k_s$,且 $k_1+k_2+\cdots+k_s=m$. 假如 $s>1$,$(\mathbb{Z}_{p^{k_1}},+)$ 有唯一的一个 p 阶子群 H_1,H_1 中有 $p-1$ 个 p 阶元. $(\mathbb{Z}_{p^{k_2}},+)$ 有唯一的一个 p 阶子群 H_2,H_2 中有 $p-1$ 个 p 阶元. 在 H_1 和 H_2 中分别任取一个 p 阶元 $\bar{a},\bar{b}$,则
$$(\bar{a},\bar{0},\cdots,\bar{0}),\quad(\bar{0},\bar{b},\bar{0},\cdots,\bar{0}),\quad(\bar{a},\bar{b},\bar{0},\cdots,\bar{0})$$
都是 G 的 p 阶元. G 的这些形式的 p 阶元的个数为 $(p-1)p+(p-1)=p^2-1$. 由于 $p^2-1>p-1$. 因此这与已知条件矛盾. 从而 $s=1$,于是 $G\cong(\mathbb{Z}_{p^m},+)$. 因此 G 是循环群.

6. $V\cong\mathbb{Z}_p^n$,从而 $(V,+)\cong(\mathbb{Z}_p^n,+)$. 由于 $\mathbb{Z}_p^n=\{(a_1,a_2,\cdots,a_n)\mid a_i\in\mathbb{Z}_p,i=1,2,\cdots,n\}$,因此
$$(\mathbb{Z}_p^n,+)\cong(\mathbb{Z}_p,+)\oplus(\mathbb{Z}_p,+)\oplus\cdots\oplus(\mathbb{Z}_p,+).$$
从而 $(\mathbb{Z}_p^n,+)$ 的初等因子为 $\{p,p,\cdots,p\}$. 于是 $(\mathbb{Z}_p^n,+)$ 是初等 Abel p-群. 因此 $(V,+)$ 是初等 Abel p-群.

第二章 环的理想，域的构造

习 题 2.1

1. 由于 $a\boldsymbol{E}_{11}-b\boldsymbol{E}_{11}=(a-b)\boldsymbol{E}_{11}$，$(a\boldsymbol{E}_{11})(b\boldsymbol{E}_{11})=ab\boldsymbol{E}_{11}$，因此 S 是环 $M_n(F)$ 的一个子环. 由于 $\boldsymbol{E}_{11}(a\boldsymbol{E}_{11})=a\boldsymbol{E}_{11}\boldsymbol{E}_{11}=a\boldsymbol{E}_{11}=(a\boldsymbol{E}_{11})\boldsymbol{E}_{11}=\boldsymbol{E}_{11}$，$\forall a\boldsymbol{E}_{11}\in S$，因此 $\boldsymbol{E}_{11}$ 是 S 的单位元.（注：环 $M_n(F)$ 的单位元是 $\boldsymbol{I}$，而 $M_n(F)$ 的子环 S 的单位元是 $a_{11}\boldsymbol{E}_{11}$. 这表明环 R 的子环 R_1 的单位元可以跟 R 的单位元不一致.）

2. 设 I 是 R 的一个非平凡的理想. 假如 $1\in I$，则对于任意 $r\in R$ 有 $r=r1\in I$. 从而 $R\subseteq I$. 于是 $I=R$，矛盾.

3. 假如域 F 有非平凡的理想 I，则 I 中有非零元 a. 于是 $1=a^{-1}a\in I$. 由第 2 题知道这是不可能的. 因此域 F 没有非平凡的理想.

4. 任取 R 的一个非零元 a，考虑 $Ra:=\{ra\mid r\in R\}$. 由于 $r_1a-r_2a=(r_1-r_2)a\in Ra$，$r(r_1a)=(rr_1)a\in Ra$，$(r_1a)r=(r_1r)a\in Ra$，因此 Ra 是 R 的一个理想. 由已知条件得，$Ra=R$. 于是 $1\in Ra$. 因此存在 $b\in R$，使得 $1=ba$. 从而 a 可逆. 于是，R 是一个域.

5. 由于 σ 是环 R 到 $\tilde{R}$ 的一个环同构，因此 σ 是 R 到 $\tilde{R}$ 的一个双射. 从而对于任意 $\tilde{r}\in \tilde{R}$，存在 $r\in R$，使得 $\tilde{r}=\sigma(r)$. 从而
$$\tilde{r}\sigma(1)=\sigma(r)\sigma(1)=\sigma(r1)=\sigma(r)=\tilde{r},\quad \sigma(1)\tilde{r}=\sigma(1)\sigma(r)=\sigma(1r)=\sigma(r)=\tilde{r}.$$
因此，$\sigma(1)$ 是环 $\tilde{R}$ 的单位元.

6. 只要证有限整环 R 的每个非零元可逆. 设 $R=\{a_1,a_2,\cdots,a_n\}$. 任取 R 的一个非零元 a_i，则 $a_ia_1,a_ia_2,\cdots,a_ia_n$ 两两不等（假如 $a_ia_j=a_ia_l$，由于整环 R 没有非平凡的零因子，因此从 $a_i(a_j-a_l)=0$ 得出 $a_j-a_l=0$，即 $a_j=a_l$）. 于是
$$\{a_ia_1,a_ia_2,\cdots,a_ia_n\}=R.$$
从而必有某个 $j\in\{1,2,\cdots,n\}$，使得 $a_ia_j=1$. 因此 a_i 可逆. 从而 R 是一个域.

7. 设 $R=\{a_1,a_2,\cdots,a_n\}$. 若 a_i 是非零元，且 a_i 不是零因子，则同第 6 题的证法得，必有某个 a_j 使得 $a_ia_j=1$. 同理有 $a_ja_i=1$. 因此 a_i 是可逆元.

8. $\mathscr{H}$ 是 $M_2(\mathbb{C})$ 的一个非空子集. 由于
$$\begin{pmatrix} \alpha_1 & \beta_1 \\ -\overline{\beta_1} & \overline{\alpha_1} \end{pmatrix} - \begin{pmatrix} \alpha_2 & \beta_2 \\ -\overline{\beta_2} & \overline{\alpha_2} \end{pmatrix} = \begin{pmatrix} \alpha_1-\alpha_2 & \beta_1-\beta_2 \\ -\overline{\beta_1}+\overline{\beta_2} & \overline{\alpha_1}-\overline{\alpha_2} \end{pmatrix} = \begin{pmatrix} \alpha_1-\alpha_2 & \beta_1-\beta_2 \\ -\overline{(\beta_1-\beta_2)} & \overline{\alpha_1-\alpha_2} \end{pmatrix},$$

$$\begin{pmatrix} \alpha_1 & \beta_1 \\ -\overline{\beta_1} & \overline{\alpha_1} \end{pmatrix}\begin{pmatrix} \alpha_2 & \beta_2 \\ -\overline{\beta_2} & \overline{\alpha_2} \end{pmatrix} = \begin{pmatrix} \alpha_1\alpha_2-\beta_1\overline{\beta_2} & \alpha_1\beta_2+\beta_1\overline{\alpha_2} \\ -\overline{\beta_1}\alpha_2-\overline{\alpha_1}\overline{\beta_2} & -\overline{\beta_1}\beta_2+\overline{\alpha_1}\overline{\alpha_2} \end{pmatrix}$$

$$= \begin{pmatrix} \alpha_1\alpha_2 - \beta_1\overline{\beta_2} & \alpha_1\beta_2 + \beta_1\overline{\alpha_2} \\ -\overline{(\alpha_1\beta_2 + \beta_1\overline{\alpha_2})} & \overline{(\alpha_1\alpha_2 - \beta_1\overline{\beta_2})} \end{pmatrix},$$

因此 $\mathscr{H}$ 是 $M_2(\mathbb{C})$ 的一个子环. 由于 $I \in \mathscr{H}$,因此 I 是 $\mathscr{H}$ 的单位元. 设

$$A = \begin{pmatrix} \alpha & \beta \\ -\overline{\beta} & \overline{\alpha} \end{pmatrix} \neq \mathbf{0},$$

则 $\alpha \neq 0$ 或 $\beta \neq 0$. 从而 $|A| = \alpha\overline{\alpha} + \beta\overline{\beta} = |\alpha|^2 + |\beta|^2 \neq 0$. 于是 A 可逆,并且

$$A^{-1} = \frac{1}{\alpha\overline{\alpha} + \beta\overline{\beta}} \begin{pmatrix} \overline{\alpha} & -\beta \\ \overline{\beta} & \alpha \end{pmatrix} \in \mathscr{H}.$$

因此 $\mathscr{H}$ 的每个非零元都可逆. 从而 $\mathscr{H}$ 是一个除环.

设 $\alpha = a + bi, \beta = c + di$,则

$$A = \begin{pmatrix} \alpha & \beta \\ -\overline{\beta} & \overline{\alpha} \end{pmatrix} = \begin{pmatrix} a+bi & c+di \\ -c+di & a-bi \end{pmatrix} = \begin{pmatrix} a & c \\ -c & a \end{pmatrix} + \begin{pmatrix} bi & di \\ di & -bi \end{pmatrix}$$

$$= a\begin{pmatrix} 1 & 0 \\ 0 & 1 \end{pmatrix} + c\begin{pmatrix} 0 & 1 \\ -1 & 0 \end{pmatrix} + b\begin{pmatrix} i & 0 \\ 0 & -i \end{pmatrix} + d\begin{pmatrix} 0 & i \\ i & 0 \end{pmatrix}.$$

令

$$\sigma: \mathscr{H} \to \mathbb{H}$$

$$A = \begin{pmatrix} \alpha & \beta \\ -\overline{\beta} & \overline{\alpha} \end{pmatrix} \mapsto a + bi + cj + dk,$$

则 σ 是 $\mathscr{H}$ 到 $\mathbb{H}$ 的一个映射,且 σ 是满射、单射. 容易验证,σ 保持加法运算. 由于

$$\begin{pmatrix} i & 0 \\ 0 & -i \end{pmatrix}^2 = \begin{pmatrix} 0 & 1 \\ -1 & 0 \end{pmatrix}^2 = \begin{pmatrix} 0 & i \\ i & 0 \end{pmatrix}^2 = -I, \quad \begin{pmatrix} i & 0 \\ 0 & -i \end{pmatrix}\begin{pmatrix} 0 & 1 \\ -1 & 0 \end{pmatrix} = \begin{pmatrix} 0 & i \\ i & 0 \end{pmatrix},$$

$$\begin{pmatrix} i & 0 \\ 0 & -i \end{pmatrix}\begin{pmatrix} 0 & 1 \\ -1 & 0 \end{pmatrix} = \begin{pmatrix} 0 & i \\ i & 0 \end{pmatrix} = -\begin{pmatrix} 0 & 1 \\ -1 & 0 \end{pmatrix}\begin{pmatrix} i & 0 \\ 0 & -i \end{pmatrix},$$

$$\begin{pmatrix} 0 & 1 \\ -1 & 0 \end{pmatrix}\begin{pmatrix} 0 & i \\ i & 0 \end{pmatrix} = \begin{pmatrix} i & 0 \\ 0 & -i \end{pmatrix} = -\begin{pmatrix} 0 & i \\ i & 0 \end{pmatrix}\begin{pmatrix} 0 & 1 \\ -1 & 0 \end{pmatrix},$$

$$\begin{pmatrix} 0 & i \\ i & 0 \end{pmatrix}\begin{pmatrix} i & 0 \\ 0 & -i \end{pmatrix} = \begin{pmatrix} 0 & 1 \\ -1 & 0 \end{pmatrix} = -\begin{pmatrix} i & 0 \\ 0 & -i \end{pmatrix}\begin{pmatrix} 0 & i \\ i & 0 \end{pmatrix},$$

且 $i^2 = j^2 = k^2 = -1, ij = k = -ji, jk = i = -kj, ki = j = -ik$,因此容易验证 σ 保持乘法运算. 从而 σ 是一个环同构. 于是 $\mathscr{H} \cong \mathbb{H}$.

9. 任取 $M_n(D)$ 的一个理想 J,且 $J \neq \{0\}$. 于是有 $A \in J$,且 $A \neq \mathbf{0}$. 从而 A 有一个元素 $a_{kl} \neq 0$. 由于 $E_{kk}AE_{ll} = a_{kl}E_{kl}$,因此 $a_{kl}E_{kl} \in J$. 从而 $E_{kl} = a_{kl}^{-1}(a_{kl}E_{kl}) \in J$. 于是 $E_{ij} = E_{ik}E_{kl}E_{lj} \in J, 1 \leq i, j \leq n$. 因此对于任意 $B = (b_{ij}) \in M_n(D)$,有

$$B = \sum_{i=1}^n \sum_{j=1}^n b_{ij} E_{ij} \in J.$$

从而 $M_n(D) \subseteq J$. 又有 $J \subseteq M_n(D)$,因此 $J = M_n(D)$. 这证明了 $M_n(D)$ 没有非平凡的

理想. 于是 $M_n(D)$ 是单环.

10. $M_n^{(j)}(D)$ 是 $M_n(D)$ 的非空子集. 容易验证, $M_n^{(j)}(D)$ 对于矩阵的减法封闭. 任取 $A=(a_{ij})\in M_n(D), H=(h_{ij})\in M_n^{(j)}(D)$, 则

$$AH = A(h_{1j}E_{1j}+h_{2j}E_{2j}+\cdots+h_{nj}E_{nj})$$

$$=\begin{pmatrix} 0 & \cdots & 0 & h_{1j}a_{11}+h_{2j}a_{12}+\cdots+h_{nj}a_{1n} & 0 & \cdots & 0 \\ 0 & \cdots & 0 & h_{1j}a_{21}+h_{2j}a_{22}+\cdots+h_{nj}a_{2n} & 0 & \cdots & 0 \\ \vdots & & \vdots & \vdots & \vdots & & \vdots \\ 0 & \cdots & 0 & h_{1j}a_{n1}+h_{2j}a_{n2}+\cdots+h_{nj}a_{nn} & 0 & \cdots & 0 \end{pmatrix} \in M_n^{(j)}(D).$$

第 j 列

因此 $M_n^{(j)}(D)$ 是 $M_n(D)$ 的一个左理想, $j=1,2,\cdots,n$.

任取 $M_n(D)E_{jj}$ 中的一个元素 AE_{jj}, 有

$$AE_{jj}=\begin{pmatrix} 0 & \cdots & 0 & a_{1j} & 0 & \cdots & 0 \\ 0 & \cdots & 0 & a_{2j} & 0 & \cdots & 0 \\ \vdots & & \vdots & \vdots & \vdots & & \vdots \\ 0 & \cdots & 0 & a_{nj} & 0 & \cdots & 0 \end{pmatrix}\in M_n^{(j)}(D).$$

第 j 列

于是 $M_n(D)E_{jj}\subseteq M_n^{(j)}(D)$. 任取 $H=(h_{ij})\in M_n^{(j)}(D)$, 则 $HE_{jj}=H$. 因此 $M_n^{(j)}(D)\subseteq M_n(D)E_{jj}$. 从而 $M_n^{(j)}(D)=M_n(D)E_{jj}$.

11. (1) 任取 $\tilde{a},\tilde{b}\in\sigma(I)$, 则存在 $a,b\in I$, 使得 $\tilde{a}=\sigma(a),\tilde{b}=\sigma(b)$. 由于 $a-b\in I$, 因此 $\tilde{a}-\tilde{b}=\sigma(a)-\sigma(b)=\sigma(a-b)\in\sigma(I)$. 任取 $\tilde{r}\in\tilde{R}$, 由于 σ 是 R 到 $\tilde{R}$ 的满射, 因此有 $r\in R$, 使得 $\tilde{r}=\sigma(r)$. 由于 $ra\in I, ar\in I$, 因此

$$\tilde{r}\tilde{a}=\sigma(r)\sigma(a)=\sigma(ra)\in\sigma(I),\quad \tilde{a}\tilde{r}=\sigma(a)\sigma(r)=\sigma(ar)\in\sigma(I).$$

综上所述, $\sigma(I)$ 是 $\tilde{R}$ 的一个理想.

(2) 任取 $a,b\in\sigma^{-1}(\tilde{I})$, 则 $\sigma(a),\sigma(b)\in\tilde{I}$. 由于 $\tilde{I}$ 是 $\tilde{R}$ 的一个理想, 因此 $\sigma(a)-\sigma(b)\in\tilde{I}$. 从而 $\sigma(a-b)=\sigma(a)-\sigma(b)\in\tilde{I}$. 于是 $a-b\in\sigma^{-1}(\tilde{I})$.

任取 $r\in R$, 则 $\sigma(ra)=\sigma(r)\sigma(a)\in\tilde{I}$. 从而 $ra\in\sigma^{-1}(\tilde{I})$. 同理可证, $ar\in\sigma^{-1}(\tilde{I})$. 综上所述, $\sigma^{-1}(\tilde{I})$ 是 R 的一个理想.

任取 $a\in\mathrm{Ker}\sigma$, 则 $\sigma(a)=\tilde{0}\in\tilde{I}$. 因此 $a\in\sigma^{-1}(\tilde{I})$. 这证明了 $\mathrm{Ker}\sigma\subseteq\sigma^{-1}(\tilde{I})$.

习 题 2.2

1. 证明等式左右两端的集合互相包含, 可得到

$$(f(x))(g(x))=(f(x)g(x)),\quad (f(x))\bigcap(g(x))=([f(x),g(x)]).$$

$$(f(x))+(g(x))=\{p(x)f(x)+q(x)g(x)\mid p(x),q(x)\in F[x]\}.$$

由于存在 $u(x),v(x)\in F[x]$, 使得 $u(x)f(x)+v(x)g(x)=(f(x),g(x))$, 因此

$(f(x), g(x)) \in (f(x)) + (g(x))$，从而$((f(x), g(x))) \subseteq (f(x)) + (g(x))$.
又由于
$$p(x)f(x) + q(x)g(x) = p(x)f_1(x)(f(x), g(x)) + q(x)g_1(x)(f(x), g(x))$$
$$= [p(x)f_1(x) + q(x)g_1(x)](f(x), g(x)),$$
因此 $p(x)f(x) + q(x)g(x) \in ((f(x), g(x))), \forall p(x), q(x) \in F[x]$. 于是
$$(f(x)) + (g(x)) \subseteq ((f(x), g(x))).$$
综上所述，$(f(x)) + (g(x)) = ((f(x), g(x)))$.
$(f(x))$与$(g(x))$互素 $\Leftrightarrow (f(x)) + (g(x)) = F[x] = (1)$
$\Leftrightarrow$ 存在 $u(x), v(x) \in F[x]$，使得 $u(x)f(x) + v(x)g(x) = 1$
$\Leftrightarrow f(x)$ 与 $g(x)$ 互素.

由本节的命题 3 立即得到
$f(x)$与$g(x)$互素 $\Leftrightarrow (f(x))$与$(g(x))$互素 $\Rightarrow (f(x))(g(x)) = (f(x)) \cap (g(x))$.

2. 由于 $0 \in I$，因此 $0 \in \operatorname{rad} I$. 任取 $r_1, r_2 \in \operatorname{rad} I$，则有正整数 n_1, n_2，使得 $r_1^{n_1} \in I, r_2^{n_2} \in I$. 由于 R 是交换环，因此二项式定理成立. 于是有
$$(r_1 - r_2)^{n_1+n_2} = \sum_{k=0}^{n_1+n_2} C_{n_1+n_2}^k r_1^{n_1+n_2-k} r_2^k$$
$$= \sum_{k=0}^{n_2} C_{n_1+n_2}^k r_1^{n_1+n_2-k} r_2^k + \sum_{k=n_2+1}^{n_1+n_2} C_{n_1+n_2}^k r_1^{n_1+n_2-k} r_2^k \in I.$$
任取 $r \in R$，有 $(rr_1)^{n_1} = r^{n_1} r_1^{n_1} \in I$，因此 $rr_1 \in \operatorname{rad} I$. 综上所述，$\operatorname{rad} I$ 是 R 的一个理想.

3. 由于 a 是幂零元，因此有正整数 n，使得 $a^n = 0$. 于是
$$(1-a)(1+a+\cdots+a^{n-1}) = 1-a^n = 1, \quad (1+a+\cdots+a^{n-1})(1-a) = 1-a^n = 1.$$
因此，$1-a$ 可逆.

4. 由幂零元的定义和理想 I 的根的定义得，环 R 中所有幂零元组成的集合是零理想(0)的根. 由于 R 是交换环，因此根据第 2 题得，$\operatorname{rad}(0)$ 是 R 的一个理想.

5. (1) 由于 $R = I_1 + I_2 + \cdots + I_s$，因此任给 $x \in R$，有
$$x = x_1 + x_2 + \cdots + x_s, \quad x_i \in I_i, i = 1, 2, \cdots, s.$$
如果 x 还有一种表示方法：$x = y_1 + y_2 + \cdots + y_s, y_i \in I_i, i = 1, 2, \cdots, s$，则
$$x_1 - y_1 = (y_2 - x_2) + (y_3 - x_3) \cdots + (y_s - x_s) \in I_1 \cap \left(\sum_{j=2}^s I_j\right).$$
由于 $I_i \cap \left(\sum_{j \neq i} I_j\right) = (0)$，因此 $x_1 - y_1 = 0$. 从而 $x_1 = y_1$. 类似地可证，$x_i = y_i$，$i = 2, 3, \cdots, s$. 从而 x 的表示法唯一.

(2) 根据第一章的 §1.5 的定理 2 得，有群同构：

$$(R,+) \cong (I_1,+) \oplus (I_2,+) \oplus \cdots \oplus (I_s,+),$$

其中群同构映射 σ 为

$$\sigma: x = x_1 + x_2 + \cdots + x_s \mapsto (x_1, x_2, \cdots, x_s).$$

当 $i \neq j$ 时,有

$$I_i I_j \subseteq I_i \cap I_j \subseteq I_i \cap \left(\sum_{k \neq i} I_k\right) = (0),$$

从而有 $x_i x_j = 0$,当 $i \neq j$. 任给 $x, y \in R$,设

$$x = x_1 + x_2 + \cdots + x_s, \quad y = y_1 + y_2 + \cdots + y_s, \quad x_i, y_i \in I_i, i = 1, 2, \cdots, s.$$

则
$$\sigma(xy) = \sigma[(x_1 + x_2 + \cdots + x_s)(y_1 + y_2 + \cdots + y_s)]$$
$$= \sigma(x_1 y_1 + x_2 y_2 + \cdots + x_s y_s) = (x_1 y_1, x_2 y_2, \cdots, x_s y_s)$$
$$= (x_1, x_2, \cdots, x_s)(y_1, y_2, \cdots, y_s)$$
$$= \sigma(x)\sigma(y).$$

因此 σ 保持乘法运算. 综上所述, σ 是 R 到 $I_1 \oplus I_2 \oplus \cdots \oplus I_s$ 的环同构. 从而
$$R \cong I_1 \oplus I_2 \oplus \cdots \oplus I_s.$$

6. 由于 $R/(0) \cong R$,因此从本节定理 1 立即得到有环同构:
$$R \cong R/I_1 \oplus R/I_2 \oplus \cdots \oplus R/I_s.$$

7. 设这队士兵有 x 人,则
$$\begin{cases} x \equiv 2 \pmod{3}, \\ x \equiv 1 \pmod{5}, \\ x \equiv 4 \pmod{7}. \end{cases}$$

对于 3 和 5×7 分别做辗转相除法:
$$35 = 11 \times 3 + 2, \quad 3 = 1 \times 2 + 1.$$

于是 $1 = 3 - 1 \times 2 = 3 - 1 \times (35 - 11 \times 3) = (-1) \times 35 + 12 \times 3$. 从而 $v_1 = -1$.

对 5 和 3×7 做辗转相除法,并且把 1 表示成 5 和 21 的倍数和:
$$21 = 4 \times 5 + 1, \quad 1 = 1 \times 21 - 4 \times 5.$$

从而 $v_2 = 1$.

对 7 和 3×5 做辗转相除法,并且把 1 表示成 7 和 15 的倍数和:
$$15 = 2 \times 7 + 1, \quad 1 = 1 \times 15 - 2 \times 7.$$

从而 $v_3 = 1$. 令
$$a = 2 \times (-1) \times 35 + 1 \times 1 \times 21 + 4 \times 1 \times 15 = 11.$$

同余方程组的全部解是 $11 + 105k, k \in \mathbb{Z}$. 这队士兵的人数根据实际问题来选取合适的正整数 k.

8. $91 = 7 \times 13$. 于是 $\sigma: \bar{x} \mapsto (\tilde{x}, \tilde{\tilde{x}})$ 是 $\mathbb{Z}_{91}$ 到 $\mathbb{Z}_7 \oplus \mathbb{Z}_{13}$ 的一个同构映射. 又由于 $\mathbb{Z}_7$ 和 $\mathbb{Z}_{13}$ 都是域,因此

$$\bar{x}^2 = \bar{1} \Leftrightarrow (\tilde{x}, \tilde{\tilde{x}})^2 = (\tilde{1}, \tilde{\tilde{1}}) \Leftrightarrow \tilde{x}^2 = \tilde{1} \text{ 且 } \tilde{\tilde{x}}^2 = \tilde{\tilde{1}}$$

$$\Leftrightarrow \tilde{x} = \pm \tilde{1} \text{ 且 } \tilde{\tilde{x}} = \pm \tilde{\tilde{1}}$$

$$\Leftrightarrow \begin{cases} x \equiv 1 \pmod 7, \\ x \equiv 1 \pmod{13}; \end{cases} \text{ 或 } \begin{cases} x \equiv 1 \pmod 7, \\ x \equiv -1 \pmod{13}; \end{cases}$$

$$\text{或 } \begin{cases} x \equiv -1 \pmod 7, \\ x \equiv 1 \pmod{13}; \end{cases} \text{ 或 } \begin{cases} x \equiv -1 \pmod 7, \\ x \equiv -1 \pmod{13}. \end{cases}$$

由于 $13 = 1 \times 7 + 6, 7 = 1 \times 6 + 1$,因此

$$1 = 7 - 1 \times 6 = 7 - 1 \times (13 - 1 \times 7) = (-1) \times 13 + 2 \times 7.$$

于是上述四个同余方程组的一个解分别是

$$a_1 = 1 \times (-1) \times 13 + 1 \times 2 \times 7 = 1, \quad a_2 = 1 \times (-1) \times 13 + (-1) \times 2 \times 7 = -27,$$

$$a_3 = (-1) \times (-1) \times 13 + 1 \times 2 \times 7 = 27, \quad a_4 = (-1) \times (-1) \times 13 + (-1) \times 2 \times 7 = -1.$$

从而在 $\mathbb{Z}_{91}$ 中 $\bar{1}$ 的全部平方根为

$$\bar{1}, \quad \overline{-27} = \overline{64}, \quad \overline{27}, \quad \overline{-1} = \overline{90}.$$

9. $85 = 5 \times 17$. 与第 8 题的解法类似可得,在 $\mathbb{Z}_{85}$ 中,$\bar{4}$ 的全部平方根为

$$\bar{2}, \quad \overline{32}, \quad \overline{53}, \quad \overline{83}.$$

10. $\bar{x}^2 = \bar{2} \Leftrightarrow \tilde{x}^2 = \tilde{2}$ 且 $\tilde{\tilde{x}}^2 = \tilde{\tilde{2}}$. 在 $\mathbb{Z}_5$ 中,$\tilde{2}$ 的平方根不存在,从而在 $\mathbb{Z}_{85}$ 中 $\bar{2}$ 的平方根不存在.

习 题 2.3

1. 根据命题 2,$F[x]$ 中的每一个理想都是主理想,其中非 (0) 的主理想可以由首项系数为 1 的多项式生成. 又若 $p(x)$ 是次数大于 0 的多项式,则

$$(p(x)) \text{ 是 } F[x] \text{ 的素理想} \Leftrightarrow p(x) \text{ 是不可约多项式}.$$

因此,$F[x]$ 的全部素理想为

$$(0), (x - c), \quad \text{其中 } c \in F.$$

2. 容易验证,$P \cap R_1$ 是 R_1 的一个理想. 由于 $P \neq R$,因此 $1 \notin P$. 从而 $P \cap R_1 \neq R_1$. 在 R_1 中任取 a, b. 若 $ab \in P \cap R_1$,则 $ab \in P$. 从而 $a \in P$ 或 $b \in P$. 由此得出,$a \in P \cap R_1$ 或 $b \in P \cap R_1$. 因此 $P \cap R_1$ 是 R_1 的一个素理想.

3. 由于 $\mathbb{Z}$ 的每一个理想是由一个非负整数生成的主理想,因此 $\mathbb{Z}/(30)$ 的每一个理想形如 $(k)/(30)$,其中 $(k) \supseteq (30)$. 于是 $30 \in (k)$. 从而 $k \mid 30$. 又有 $(k)/(30)$ 是 $\mathbb{Z}/(30)$ 的素理想当且仅当 $(\mathbb{Z}/(30))/((k)/(30))$ 是整环. 根据第二环同构定理得,$(\mathbb{Z}/(30))/((k)/(30)) \cong \mathbb{Z}/(k)$. 由于 $\mathbb{Z}/(k)$ 是整环当且仅当 (k) 是 $\mathbb{Z}$ 的素理想,因此 k 为素数. 结合 $k \mid 30$ 得,$k = 2, 3, 5$. 于是 $\mathbb{Z}/(30)$ 的全部素理想为

$$(2)/(30), \quad (3)/(30), \quad (5)/(30).$$

4. $\mathbb{Z}/(m)$ 的每一个理想形如 $(k)/(m)$,其中 $(k) \supseteq (m)$. 于是 $m \in (k)$. 从而 $k | m$,即 $k | p_1^{r_1} p_2^{r_2} \cdots p_s^{r_s}$. 若 $(k) \supseteq (m)$,则有环同构:$(\mathbb{Z}/(m))/((k)/(m)) \cong \mathbb{Z}/(k)$,从而有

$(k)/(m)$ 是 $\mathbb{Z}/(m)$ 的素理想 $\Leftrightarrow (\mathbb{Z}/(m))/((k)/(m))$ 是整环
$\Leftrightarrow \mathbb{Z}/(k)$ 是整环,且 $(k) \supseteq (m)$
$\Leftrightarrow (k)$ 是 $\mathbb{Z}$ 的素理想,且 $(k) \supseteq (m)$
$\Leftrightarrow k$ 是素数,且 $k | m = p_1^{r_1} p_2^{r_2} \cdots p_s^{r_s} \Leftrightarrow k = p_1, p_2, \cdots, p_s$.

因此,$\mathbb{Z}/(m)$ 的全部素理想为

$$(p_1)/(m), \quad (p_2)/(m), \quad \cdots, \quad (p_s)/(m).$$

*__5.__ R 的诣零根是由 R 的所有幂零元组成的集合,它等于 (0) 的根 $\text{rad}(0)$.

任取 R 的一个幂零元 a,则存在正整数 n,使得 $a^n = 0 \in P$,其中 P 是 R 的任一素理想. 设 r 是使得 $a^r \in P$ 的最小正整数. 假如 $r > 1$,则从 $a a^{r-1} \in P$ 可推出 $a \in P$ 或 $a^{r-1} \in P$. 这都与 r 的取法矛盾. 因此 $r = 1$,即 $a \in P$. 从而 a 属于 R 的所有素理想的交.

反之,设 b 为 R 的任一非幂零元,要证 b 不属于 R 的某一个素理想. 设 S 为 R 中与 $\{b^n | n \in \mathbb{N}^*\}$ 的交为空集的所有理想组成的集合. 由于 b 不是幂零元,因此 $\forall n \in \mathbb{N}^*$,有 $b^n \neq 0$. 从而 $(0) \in S$. 因此 S 非空集. S 按照集合的包含关系成为一个偏序集. 任取 S 的一条链:

$$T = \{I_\alpha | \alpha \in J\}, \quad \text{其中 } J \text{ 为指标集}.$$

令 $A = \bigcup_{\alpha \in J} I_\alpha$. 容易验证,$A$ 是 R 的一个理想,并且 $A \in S$. 由 A 的定义知道,A 是 T 的上界. 根据 Zorn 引理,S 有一个极大元素 P. 于是 P 是 R 的一个理想,且 $P \neq R$. 假如 P 不是 R 的素理想,则存在 $c, d \in R$,使得 $cd \in P$,但是 $c \notin P$ 且 $d \notin P$. 令 $H = (c) + P, K = (d) + P$,则 H, K 都是 R 的理想,且 $P \subseteq H$. 由于 $c \notin P$,因此 $P \neq H$. 由于 P 为 S 的极大元,因此 $H \notin S$. 从而存在 $b^s \in H$. 同理存在 $b^t \in K$. 于是 $b^{s+t} \in HK$. 但是

$$HK = [(c) + P][(d) + P] = (c)(d) + (c)P + P(d) + PP \subseteq P,$$

因此 HK 与 $\{b^n | n \in \mathbb{N}^*\}$ 的交为空集,矛盾. 所以 P 是 R 的一个素理想. 由于 P 与 $\{b^n | n \in \mathbb{N}^*\}$ 的交为空集,因此 $b \notin P$. 从而 b 不属于 R 的所有素理想的交.

综上所述,R 的所有素理想的交等于 R 的诣零根.

*__6.__ 由第 4 题得,$\mathbb{Z}/(m)$ 的全部素理想为 $(p_1)/(m), (p_2)/(m), \cdots, (p_s)/(m)$. 设 $(a) \supseteq (m), (b) \supseteq (m)$,则 $((a)/(m))((b)/(m))$ 中任一元素

$$\sum_{i=1}^n [k_i a + (m)][l_i b + (m)] = \sum_{i=1}^n [(k_i a)(l_i b) + (m)]$$

$$= \left(\sum_{i=1}^n k_i l_i\right) ab + (m) \in (ab)/(m);$$

又有$(ab)/(m)$中任一元素$kab+(m)=[ka+(m)][b+(m)]\in((a)/(m))((b)/(m))$. 因此$((a)/(m))((b)/(m))=(ab)/(m)$. 由此得出
$$((p_1)/(m))((p_2)/(m))\cdots((p_s)/(m))=(p_1p_2\cdots p_s)/(m).$$
设$(a)\supseteq(m),(b)\supseteq(m)$,且$a$与$b$互素,则存在$u,v\in\mathbb{Z}$,使得$ua+vb=1$. 从而$1+(m)=[ua+(m)]+[vb+(m)]\in(a)/(m)+(b)/(m)$. 于是$(a)/(m)+(b)/(m)=\mathbb{Z}/(m)$. 因此$(a)/(m)$与$(b)/(m)$互素. 根据§2.2的命题3得
$$(a)/(m)\cap(b)/(m)=((a)/(m))((b)/(m))=(ab)/(m).$$
由于$p_1,p_2,\cdots,p_s$两两互素,因此p_1与$p_2\cdots p_s$互素. 从而
$$(p_1)/(m)\cap(p_2\cdots p_s)/(m)=(p_1p_2\cdots p_s)/(m).$$
同理
$$(p_2)/(m)\cap(p_3\cdots p_s)/(m)=(p_2p_3\cdots p_s)/(m).$$
依次下去,可得
$$(p_1)/(m)\cap(p_2)/(m)\cap\cdots\cap(p_s)/(m)=(p_1p_2\cdots p_s)/(m).$$
于是根据第5题的结论得,$\mathbb{Z}/(m)$的诣零根等于$(p_1p_2\cdots p_s)/(m)$.

*7. 由于$\mathbb{Z}_{12}\cong\mathbb{Z}/(12)$,其环同构映射为$\bar{k}\mapsto k+(12)$,因此$\bar{a}$是$\mathbb{Z}_{12}$的幂零元当且仅当$a+(12)$是$\mathbb{Z}/(12)$的幂零元. 根据第6题得,$\mathbb{Z}/(12)$的诣零根等于$(6)/(12)$,因此$\mathbb{Z}/(12)$的全部幂零元为$0+(12),6+(12)$. 从而$\mathbb{Z}_{12}$的全部幂零元为$\bar{0},\bar{6}$.

8. (1) 任取$\mathbb{Z}e$的两个元素ke,le,有
$$ke-le=(k-l)e\in\mathbb{Z}e,\quad(ke)(le)=(kl)e\in\mathbb{Z}e.$$
因此,$\mathbb{Z}e$是R的一个子环. 令
$$\sigma:\mathbb{Z}\to\mathbb{Z}e$$
$$n\mapsto ne,$$
则σ是$\mathbb{Z}$到$\mathbb{Z}e$的一个映射,且σ是满射. 由于
$$\sigma(kl)=(kl)e=(ke)(le)=\sigma(k)\sigma(l),$$
$$\sigma(k+l)=(k+l)e=ke+le=\sigma(k)+\sigma(l),$$
因此σ是$\mathbb{Z}$到$\mathbb{Z}e$的一个环同态,且σ是满同态. 于是根据环同态基本定理得,$\mathbb{Z}/\mathrm{Ker}\sigma\cong\mathbb{Z}e$. 由于$\mathrm{Ker}\sigma$是$\mathbb{Z}$的一个理想,因此$\mathrm{Ker}\sigma$是由一个非负整数$m$生成的主理想$(m)$. 从而,$\mathbb{Z}/(m)\cong\mathbb{Z}e$.

(2) 如果R是整环,那么$\mathbb{Z}e$也是整环. 从而$\mathbb{Z}/(m)$是整环. 于是(m)为$\mathbb{Z}$的素理想. 因此$m=0$或者m为素数. 从而R的特征为0或者为一个素数.

9. 设R是有单位元$1(\neq0)$的交换环,则
(0)是R的极大理想 $\Leftrightarrow$ R中包含(0)的理想只有(0)和R
$\Leftrightarrow$ R的理想只有(0)和R
$\Leftrightarrow$ R是一个域.

10. 设 M 是 R 的极大理想,则 $M \neq R$,且 R/M 是域.由于域一定是整环,因此 R/M 是整环.从而 M 是 R 的素理想.

11. 在整系数一元多项式环 $\mathbb{Z}[x]$ 中,考虑由 x 生成的理想 (x).商环 $\mathbb{Z}[x]/(x)$ 的每一个元素形如:
$$a_0 + a_1 x + \cdots + a_n x^n + (x) = a_0 + (x).$$
令 $\psi: a_0 \mapsto a_0 + (x)$,则 ψ 是 $\mathbb{Z}$ 到 $\mathbb{Z}[x]/(x)$ 的一个映射,且 ψ 是满射、单射.容易验证,ψ 保持加法和乘法运算.因此,ψ 是 $\mathbb{Z}$ 到 $\mathbb{Z}[x]/(x)$ 的一个环同构.由于 $\mathbb{Z}$ 是整环,因此 $\mathbb{Z}[x]/(x)$ 也是整环.由于 $\mathbb{Z}$ 不是域,因此 $\mathbb{Z}[x]/(x)$ 也不是域.从而 (x) 是 $\mathbb{Z}[x]$ 的素理想,但它不是极大理想.

12. 由于 $4\mathbb{Z}$ 对减法封闭,且具有"左、右吸收性",因此 $4\mathbb{Z}$ 是 R 的一个理想,且 $4\mathbb{Z} \neq R$.设 I 是 R 的一个理想,且 $I \supsetneq 4\mathbb{Z}$.由于 $I \neq 4\mathbb{Z}$,且 R 中元素都是偶数,因此 I 中必有一个元素形如 $2(2l+1)$,记做 m,即 $m = 2(2l+1) = 4l+2$.从而 $2 = m - 4l \in I$.因此对一切整数 k,有 $2(2k+1) = 4k+2 \in I, 2(2k) \in I$.从而 $R \subseteq I$.因此 $I = R$.这证明了 $4\mathbb{Z}$ 是 R 的极大理想.

由于 $2 + 4\mathbb{Z} \neq 4\mathbb{Z}$,且 $(2 + 4\mathbb{Z})(2 + 4\mathbb{Z}) = 4 + 4\mathbb{Z} = 4\mathbb{Z}$,因此 $2 + 4\mathbb{Z}$ 是 $R/4\mathbb{Z}$ 的一个非零的零因子.从而 $R/4\mathbb{Z}$ 不是域.

习 题 2.4

1. 在 $\mathbb{Z}_3[x]$ 中找一个 2 次不可约多项式 $x^2 + \bar{1}$(由于 $\bar{0}, \bar{1}, \bar{2}$ 都不是 $x^2 + \bar{1}$ 的根,因此 $x^2 + \bar{1}$ 在 $\mathbb{Z}_3$ 上不可约).于是 $\mathbb{Z}_3[x]/(x^2 + \bar{1})$ 是一个域,它的每一个元素可以唯一地表示成
$$c_0 + c_1 u,$$
其中 $c_0, c_1 \in \mathbb{Z}_3$;$u = x + (x^2 + \bar{1})$,$u$ 满足 $u^2 + \bar{1} = \bar{0}$.从而 $\mathbb{Z}_3[x]/(x^2 + \bar{1})$ 是 9 元域,它的全部元素如下:
$$\bar{0}, \bar{1}, \bar{2}, u, \bar{1} + u, \bar{2} + u, \bar{2}u, \bar{1} + \bar{2}u, \bar{2} + \bar{2}u.$$

2. 由于 $\bar{1}$ 是 $\mathbb{Z}_3[x]/(x^2 + \bar{1})$ 的单位元,因此 $u = \bar{1}u$.从而 $-u = -(\bar{1}u) = \bar{2}u$.由于 9 元域的特征为 3,因此 $\bar{0} = 3u = 2u + u$.从而 $2u = -u = \bar{2}u$.于是
$$u + (\bar{1} + u) = \bar{1} + 2u = \bar{1} + \bar{2}u,$$
$$(\bar{2} + u) + (\bar{1} + \bar{2}u) = (\bar{2} + \bar{1}) + (\bar{1}u + \bar{2}u) = \bar{0} + (\bar{0}u) = \bar{0} + \bar{0} = \bar{0}.$$
由于 $u^2 + \bar{1} = \bar{0}$,因此 $u^2 = -\bar{1} = \bar{2}$.从而
$$u(\bar{1} + u) = u + u^2 = u + \bar{2},$$
$$(\bar{2} + u)(\bar{1} + \bar{2}u) = \bar{2} + \bar{1}u + \bar{1}u + \bar{2}u^2 = \bar{2} + \bar{2}u + \bar{2} \cdot \bar{2} = \bar{2} + \bar{2}u + \bar{1} = \bar{2}u.$$

3. 在 $\mathbb{Z}_2[x]$ 中找一个 3 次不可约多项式 $x^3 + x + \bar{1}$(由于 $\bar{0}, \bar{1}$ 都不是 $x^3 + x + \bar{1}$

的根,且它的次数为 3,因此它在 $\mathbb{Z}_2$ 上不可约),于是 $\mathbb{Z}_2[x]/(x^3+x+\bar{1})$ 是一个域,它的每一个元素形如:
$$c_0+c_1u+c_2u^2,$$
其中 $c_0,c_1,c_2\in\mathbb{Z}_2$;$u=x+(x^3+x+\bar{1})$,$u$ 满足 $u^3+u+\bar{1}=\bar{0}$. 从而 $\mathbb{Z}_8[x]/(x^3+x+\bar{1})$ 是 8 元域,它的全部元素如下:
$$\bar{0},\bar{1},u,\bar{1}+u,u^2,\bar{1}+u^2,u+u^2,\bar{1}+u+u^2.$$
由于 8 元域的特征为 2,因此 $u+u=2u=\bar{0}$. 从而
$$u=-u,\quad u^2+(\bar{1}+u^2)=\bar{1}+2u^2=\bar{1}+\bar{0}=\bar{1}.$$
由于 $u^3+u+\bar{1}=\bar{0}$,因此 $u^3=-u-\bar{1}=u+\bar{1}$. 从而
$$u^2(\bar{1}+u^2)=u^2+u^4=u^2+u(u+\bar{1})=u^2+u^2+u=2u^2+u=u,$$
$$(\bar{1}+u)(\bar{1}+u+u^2)=\bar{1}+u+u^2+u+u^2+u^3=\bar{1}+2u+2u^2+(u+\bar{1})=u.$$

4. 设 $\bar{a}$ 在 F 上的极小多项式为 $m(x)$. 由于 $F[x]$ 中所有以 $\bar{a}$ 为根的多项式组成的集合是 $(m(x))$,且 $p(x)$ 以 $\bar{a}$ 为根,因此 $p(x)\in(m(x))$. 从而在 $F[x]$ 中,$m(x)\mid p(x)$. 由于 $p(x)$ 不可约,且 $m(x)$ 的次数大于 0,因此 $m(x)$ 与 $p(x)$ 相伴(理由可看参考文献[4]的第五章 §5.2 的定义 2 和 §5.4 的定义 1). 又由于 $m(x)$ 与 $p(x)$ 的首项系数都为 1,因此 $m(x)=p(x)$(理由可看参考文献[4]的第五章 §5.2 的命题 1).

5. $t^2=(\sqrt{2}+\sqrt{3})^2=2+2\sqrt{6}+3=5+2\sqrt{6}$, $t^4=49+20\sqrt{6}$, 于是 $t^4-10t^2+1=0$. 从而 $t=\sqrt{2}+\sqrt{3}$ 是 $f(x)=x^4-10x^2+1$ 的一个实根. 因此 $\sqrt{2}+\sqrt{3}$ 是一个代数数. 把 $f(x)$ 看成实数域上的多项式进行分解:
$$f(x)=x^4-10x^2+1=x^4+2x^2+1-12x^2=(x^2+1)^2-(2\sqrt{3}x)^2$$
$$=(x^2+2\sqrt{3}x+1)(x^2-2\sqrt{3}x+1)$$
$$=[x-(\sqrt{2}-\sqrt{3})][x+(\sqrt{2}+\sqrt{3})][x-(\sqrt{2}+\sqrt{3})][x+(\sqrt{2}-\sqrt{3})].$$
于是根据唯一因式分解定理得,$f(x)=x^4-10x^2+1$ 在 $\mathbb{Q}[x]$ 中没有一次因式,也没有二次因式. 从而 x^4-10x^2+1 在 $\mathbb{Q}$ 上不可约. 因此根据第 4 题的结论得,$\sqrt{2}+\sqrt{3}$ 在 $\mathbb{Q}$ 上的极小多项式是 x^4-10x^2+1.

6. x^3-x+1 的有理根只可能是 ± 1,但是 ± 1 都不是它的根,因此 x^3-x+1 在 $\mathbb{Q}$ 上不可约. 从而它是 t 在 $\mathbb{Q}$ 上的极小多项式. 根据定理 3 得,$\mathbb{Q}(t)$ 的每一个元素可以唯一地表示成 $c_0+c_1t+c_2t^2$,其中 $c_0,c_1,c_2\in\mathbb{Q}$. 由于 $t^3-t+1=0$,因此 $t^3=t-1$. 从而
$$(5t^2+3t-1)(2t^2-2t+6)=2(5t^4-2t^3+11t^2+10t-3)$$
$$=2[5t(t-1)-2(t-1)+11t^2+10t-3]=2(16t^2+3t-1)=32t^2+6t-2.$$
设 $(3t^2-t+2)^{-1}=c_0+c_1t+c_2t^2$,则

$$1 = (3t^2 - t + 2)(c_0 + c_1 t + c_2 t^2)$$
$$= (3c_0 - c_1 + 5c_2)t^2 + (-c_0 + 5c_1 - 4c_2)t + (2c_0 - 3c_1 + c_2).$$

由于表示法唯一,因此

$$\begin{cases} 3c_0 - c_1 + 5c_2 = 0, \\ -c_0 + 5c_1 - 4c_2 = 0, \\ 2c_0 - 3c_1 + c_2 = 1. \end{cases}$$

解得 $c_0 = \frac{3}{7}, c_1 = -\frac{1}{7}, c_2 = -\frac{2}{7}$. 因此 $(3t^2 - t + 2)^{-1} = \frac{3}{7} - \frac{1}{7}t - \frac{2}{7}t^2$.

7. ξ_3 在 $\mathbb{Q}$ 上的极小多项式等于 3 阶分圆多项式 $f_3(x)$:
$$f_3(x) = (x - \xi_3)(x - \xi_3^2) = x^2 + x + 1.$$
$\mathbb{Q}(\xi_3)$ 的每一个元素可以唯一地表示成 $c_0 + c_1 \xi_3$, 其中 $c_0, c_1 \in \mathbb{Q}$.

8. i 在 $\mathbb{Q}$ 上的极小多项式等于 4 阶分圆多项式 $f_4(x)$:
$$f_4(x) = (x - \mathrm{i})(x - \mathrm{i}^3) = x^2 + 1.$$
$\mathbb{Q}(\mathrm{i})$ 的每一个元素可唯一一地表示成 $c_0 + c_1 \mathrm{i}$, 其中 $c_0, c_1 \in \mathbb{Q}$.

9. ξ_5 在 $\mathbb{Q}$ 上的极小多项式等于 5 阶分圆多项式 $f_5(x) = x^4 + x^3 + x^2 + x + 1$ (参看参考文献[6]的第七章§7.8 的例 5). $\mathbb{Q}(\xi_5)$ 的每一个元素可唯一地表示成 $c_0 + c_1 \xi_5 + c_2 \xi_5^2 + c_3 \xi_5^3$, 其中 $c_0, c_1, c_2, c_3 \in \mathbb{Q}$.

10. $\varphi(6) = \varphi(2 \times 3) = 2$. 因此本原 6 次单位根有两个: ξ_6 和 ξ_6^5. ξ_6 在 $\mathbb{Q}$ 上的极小多项式等于 6 阶分圆多项式 $f_6(x)$:

$$f_6(x) = (x - \xi_6)(x - \xi_6^5) = \left(x - \frac{1 + \sqrt{3}\mathrm{i}}{2}\right)\left(x - \frac{1 - \sqrt{3}\mathrm{i}}{2}\right) = x^2 - x + 1.$$

$\mathbb{Q}(\xi_6)$ 的每一个元素可唯一一地表示成 $c_0 + c_1 \xi_6$, 其中 $c_0, c_1 \in \mathbb{Q}$. 由于 $\xi_6^2 - \xi_6 + 1 = 0$, 因此 $\xi_6^2 = -1 + \xi_6$. 从而

$$(1 + \xi_6)(2 - 3\xi_6) = 2 - 3\xi_6 + 2\xi_6 - 3\xi_6^2 = 2 - \xi_6 - 3(-1 + \xi_6) = 5 - 4\xi_6.$$

设 $(2 + 3\xi_6)^{-1} = a + b\xi_6$, 则

$$1 = (2 + 3\xi_6)(a + b\xi_6) = 2a + 2b\xi_6 + 3a\xi_6 + 3b(-1 + \xi_6)$$
$$= (2a - 3b) + (3a + 5b)\xi_6.$$

由于表示法唯一, 因此 $2a - 3b = 1, 3a + 5b = 0$. 解得 $a = \frac{5}{19}, b = -\frac{3}{19}$. 于是

$$(2 + 3\xi_6)^{-1} = \frac{5}{19} - \frac{3}{19}\xi_6.$$

11. $(m + n\mathrm{i})(m - n\mathrm{i}) = m^2 + n^2, (m + n\mathrm{i}) + (m - n\mathrm{i}) = 2m$. 令
$$f(x) = x^2 - 2mx + m^2 + n^2,$$
则 $m + n\mathrm{i}$ 是 $f(x)$ 的一个复根. 由于 $f(x)$ 是首项系数为 1 的整系数多项式,因此 $m + n\mathrm{i}$ 是一个代数整数.

习 题 2.5

1. (1) $0 \in I$. 设 $a_1, a_2 \in I$, 则存在 $s_1, s_2 \in S$, 使得 $a_1 s_1 = 0, a_2 s_2 = 0$. 从而 $(a_1 - a_2) s_1 s_2 = a_1 s_1 s_2 - a_2 s_2 s_1 = 0$. 由于 $s_1 s_2 \in S$, 因此 $a_1 - a_2 \in I$. 任取 $r \in R$, 则 $(r a_1) s_1 = r(a_1 s_1) = r 0 = 0$, 因此 $r a_1 \in I$. 由于 R 是交换环, 因此 $a_1 r = r a_1 \in I$. 综上所述, I 是 R 的一个理想.

(2) 若 $0 \in S$, 则对任意 $r \in R$ 都有 $r 0 = 0$. 从而 $r \in I$. 因此 $I = R$.

设 $0 \notin S$. 假如 $I \cap S \neq \varnothing$, 则存在 $a \in I \cap S$. 于是存在 $s \in S$, 使得 $as = 0$. 由于 S 对 R 的乘法封闭, 因此 $as \in S$, 即 $0 \in S$, 矛盾. 因此若 $0 \notin S$, 则 $I \cap S = \varnothing$.

设 S 不含 R 的零因子. 任取 $a \in I$, 则存在 $s \in S$, 使得 $as = 0$. 由于 s 不是零因子, 因此 $a = 0$. 从而 $I = (0)$.

2. 令 $T = R \times S$. 在 T 上规定一个二元关系 $\sim$ 如下:
$$(a, s) \sim (a', s') :\Leftrightarrow as' - sa' \in I.$$
容易验证 $\sim$ 具有反身性、对称性. 下面证 $\sim$ 具有传递性:

设 $(a_1, s_1) \sim (a_2, s_2), (a_2, s_2) \sim (a_3, s_3)$, 则
$$a_1 s_2 - s_1 a_2 \in I, \quad a_2 s_3 - s_2 a_3 \in I.$$
由于
$$s_3 (a_1 s_2 - s_1 a_2) + s_1 (a_2 s_3 - s_2 a_3) = s_2 (a_1 s_3 - s_1 a_3),$$
因此 $s_2 (a_1 s_3 - s_1 a_3) \in I$. 从而存在 $s \in S$, 使得 $s_2 (a_1 s_3 - s_1 a_3) s = 0$, 即 $(a_1 s_3 - s_1 a_3) s_2 s = 0$. 由于 S 对 R 的乘法封闭, 因此 $s_2 s \in S$. 从而 $a_1 s_3 - s_1 a_3 \in I$. 因此 $(a_1, s_1) \sim (a_3, s_3)$. 综上所述, $\sim$ 是 T 上的一个等价关系.

把商集 $T/\sim$ 记做 $S^{-1} R$, 把 (a, s) 的等价类记成 $\dfrac{a}{s}$. 于是
$$\frac{a_1}{s_1} = \frac{a_2}{s_2} \Leftrightarrow a_1 s_2 - s_1 a_2 \in I.$$
在 $S^{-1} R$ 中规定:
$$\frac{a_1}{s_1} + \frac{a_2}{s_2} = \frac{a_1 s_2 + s_1 a_2}{s_1 s_2}, \quad \frac{a_1}{s_1} \cdot \frac{a_2}{s_2} = \frac{a_1 a_2}{s_1 s_2}.$$
现在来验证这两个规定是合理的: 设 $\dfrac{a_1}{s_1} = \dfrac{a_1'}{s_1'}, \dfrac{a_2}{s_2} = \dfrac{a_2'}{s_2'}$, 则
$$a_1 s_1' - s_1 a_1' \in I, \quad a_2 s_2' - s_2 a_2' \in I,$$
从而
$$(a_1 s_2 + s_1 a_2) s_1' s_2' - s_1 s_2 (a_1' s_2' + s_1' a_2') = (a_1 s_1' - s_1 a_1') s_2 s_2' + (a_2 s_2' - s_2 a_2') s_1 s_1' \in I.$$
因此, $\dfrac{a_1 s_2 + s_1 a_2}{s_1 s_2} = \dfrac{a_1' s_2' + s_1' a_2'}{s_1' s_2'}$. 从而 $\dfrac{a_1}{s_1} + \dfrac{a_2}{s_2} = \dfrac{a_1'}{s_1'} + \dfrac{a_2'}{s_2'}$.

类似地,可证 $\dfrac{a_1}{s_1} \cdot \dfrac{a_2}{s_2} = \dfrac{a_1'}{s_1'} \cdot \dfrac{a_2'}{s_2'}$. 因此,在 $S^{-1}R$ 中规定的加法和乘法是合理的. 容易验证, $S^{-1}R$ 中的加法、乘法都满足交换律、结合律,且满足乘法对于加法的分配律. 由于

$$\frac{0}{s_1} + \frac{a_2}{s_2} = \frac{s_1 a_2}{s_1 s_2} = \frac{a_2}{s_2},$$

因此, $\dfrac{0}{s}$ 是 $S^{-1}R$ 的零元,记做 $\tilde{0}$. 容易验证, $\dfrac{a}{s}$ 的负元是 $\dfrac{-a}{s}$; $\dfrac{s}{s}$ 是单位元,记做 $\tilde{1}$. 由于 $0 \notin S$,因此 $I \cap S = \varnothing$,从而 $\dfrac{s}{s} \neq \dfrac{0}{s}$,即 $\tilde{1} \neq \tilde{0}$. 综上所述, $S^{-1}R$ 是一个有单位元 $\tilde{1} (\neq \tilde{0})$ 的交换环. 由于 $1 \in S$,因此可以令

$$\sigma: R \to S^{-1}R$$
$$a \mapsto \frac{a}{1},$$

则 σ 是 R 到 $S^{-1}R$ 的一个映射. 任给 $a, b \in R$,有

$$\sigma(a+b) = \frac{a+b}{1} = \frac{a}{1} + \frac{b}{1} = \sigma(a) + \sigma(b),$$
$$\sigma(ab) = \frac{ab}{1} = \frac{a}{1} \cdot \frac{b}{1} = \sigma(a) \cdot \sigma(b),$$
$$\sigma(1) = \frac{1}{1} = \tilde{1}.$$

因此, σ 是 R 到 $S^{-1}R$ 的一个环同态.

任给 $s \in S$,由于 $\sigma(s) \cdot \dfrac{1}{s} = \dfrac{s}{1} \cdot \dfrac{1}{s} = \dfrac{s}{s} = \tilde{1}$,因此 $\sigma(s)$ 是 $S^{-1}R$ 的一个可逆元,且 $\sigma(s)^{-1} = \dfrac{1}{s}$. 由于 $a \in \mathrm{Ker}\sigma \Leftrightarrow \sigma(a) = \tilde{0} \Leftrightarrow \dfrac{a}{1} = \dfrac{0}{1} \Leftrightarrow a \in I$. 因此, $\mathrm{Ker}\sigma = I$.

$S^{-1}R$ 的元素 $\dfrac{a}{s}$ 可以表示成

$$\frac{a}{s} = \frac{a}{1} \cdot \frac{1}{s} = \sigma(a)\sigma(s)^{-1}.$$

综上所述, $S^{-1}R$ 是 R 关于乘性子集 S 的分式环.

3. 由于 $S = \mathbb{Z} \setminus (p)$,因此 S 由所有与 p 互素的整数组成. 从而 S 是 $\mathbb{Z}$ 的一个乘性子集. 由于 $0 \notin S$,且 $\mathbb{Z}$ 的零因子只有 0,因此 $I = (0)$.

根据第 2 题,存在 $\mathbb{Z}$ 关于 S 的分式环 $S^{-1}\mathbb{Z}$. 由于 $\mathrm{Ker}\sigma = I = (0)$,因此 σ 是单射. 从而,环同态 $\sigma: a \mapsto \dfrac{a}{1}$ 是单的环同态. 于是可把 a 与 $\dfrac{a}{1}$ 等同.

整数 a 是 $S^{-1}\mathbb{Z}$ 的可逆元 $\Leftrightarrow \dfrac{a}{1}$ 是 $S^{-1}\mathbb{Z}$ 的可逆元,且 $\left(\dfrac{a}{1}\right)^{-1} = \dfrac{1}{a}$

$\Leftrightarrow a \in S \Leftrightarrow a$ 与 p 互素.

$S^{-1}\mathbb{Z}$ 的元素 x 可写成 $x = \dfrac{a}{s} = \dfrac{rp^t}{s} = \dfrac{r}{s} \cdot \dfrac{p^t}{1} = \dfrac{r}{s} \cdot p^t$,其中 $(r,p)=1$.

由于 $(r,p)=1$,因此 $r \in S$,于是 $\dfrac{s}{r} \in S^{-1}R$. 由于 $\dfrac{r}{s} \cdot \dfrac{s}{r} = \dfrac{rs}{sr} = \tilde{1}$,因此 $\dfrac{r}{s}$ 是 $S^{-1}R$ 的可逆元. 从而

$$x = \dfrac{r}{s} \cdot p^t \text{ 是 } S^{-1}R \text{ 的可逆元} \Leftrightarrow p^t \text{ 是 } S^{-1}R \text{ 的可逆元}$$

$$\Leftrightarrow p^t \text{ 与 } p \text{ 互素}$$

$$\Leftrightarrow t = 0.$$

第三章 整环的整除性

习 题 3.1

1. $\mathbb{Z}[x]$ 是 $\mathbb{Q}[x]$ 的一个非空子集,并且 $\mathbb{Z}[x]$ 对减法和乘法封闭,因此 $\mathbb{Z}[x]$ 是环 $\mathbb{Q}[x]$ 的一个子环,且 $1 \in \mathbb{Z}[x]$. 由于 $\mathbb{Q}[x]$ 是整环,因此 $\mathbb{Z}[x]$ 也是整环.

设在 $\mathbb{Z}[x]$ 中, $x^2+5 \mid f(x)g(x)$,则在 $\mathbb{Q}[x]$ 中, $x^2+5 \mid f(x)g(x)$. 根据 Eisenstein 判别法可得, x^2+5 是 $\mathbb{Q}$ 上的不可约多项式. 从而,在 $\mathbb{Q}[x]$ 中有 $x^2+5 \mid f(x)$ 或 $x^2+5 \mid g(x)$. 于是存在 $h(x), k(x) \in \mathbb{Q}[x]$,使得
$$f(x)=h(x)(x^2+5) \text{ 或 } g(x)=k(x)(x^2+5).$$
由于 $f(x), g(x) \in \mathbb{Z}[x]$,且 x^2+5 是本原多项式,因此 $h(x), k(x) \in \mathbb{Z}[x]$. 从而在 $\mathbb{Z}[x]$ 中, $x^2+5 \mid f(x)$ 或 $x^2+5 \mid g(x)$. 因此, x^2+5 是 $\mathbb{Z}[x]$ 的一个素元.

2. 由于 $\mathbb{C}$ 的子环 $\mathbb{Z}[t]$ 对加法和乘法封闭,因此对于任意 $a_0, a_1, \cdots, a_n \in \mathbb{Z}$, 有 $a_0+a_1 t+\cdots+a_n t^n \in \mathbb{Z}[t]$. 于是集合
$$S=\{a_0+a_1 t+\cdots+a_n t^n \mid a_0, a_1, \cdots, a_n \in \mathbb{Z}, n \in \mathbb{N}\} \subseteq \mathbb{Z}[t].$$
容易验证, S 对 $\mathbb{C}$ 的减法和乘法封闭,因此 S 是 $\mathbb{C}$ 的一个子环,且 $S \supseteq \mathbb{Z} \cup \{t\}$,从而 $S \supseteq \mathbb{Z}[t]$. 于是 $S=\mathbb{Z}[t]$. (也可以从 §2.4 的定义 3 下面的一段论述立即得到结论.)

3. (1) 任给 $f(x) \in \mathbb{Z}[x]$,由于 $f(x)$ 表示成 $\sum_{i=0}^{n} a_i x^i$ 的表示法唯一,因此 σ_t 是 $\mathbb{Z}[x]$ 到 $\mathbb{C}$ 的一个映射. 把 $\mathbb{Z}[x]$ 中的多项式看成 $\mathbb{Q}[x]$ 中的多项式. 根据域 $\mathbb{Q}$ 上一元多项式环 $\mathbb{Q}[x]$ 的通用性质得, σ_t 保持加法和乘法运算,从而 σ_t 是 $\mathbb{Z}[x]$ 到 $\mathbb{C}$ 的一个环同态,且
$$\operatorname{Im} \sigma_t = \left\{ \sum_{i=0}^{n} a_i t^i \mid a_i \in \mathbb{Z}, i=0,1,\cdots,n; n \in \mathbb{N} \right\} = \mathbb{Z}[t].$$
根据环同态基本定理得
$$\mathbb{Z}[x]/\operatorname{Ker}\sigma_t \cong \mathbb{Z}[t].$$
由于
$$f(x) \in \operatorname{Ker}\sigma_t \Leftrightarrow f(t)=0 \Leftrightarrow t \text{ 是 } f(x) \text{ 的一个复根},$$
因此 $\operatorname{Ker}\sigma_t = \{f(x) \in \mathbb{Z}[x] \mid t \text{ 是 } f(x) \text{ 的一个复根}\}$.

(2) 若 t 是 $\mathbb{Z}$ 上的超越元,则对于 $\mathbb{Z}[x]$ 中每一个非零多项式 $f(x)$ 都有 $f(t) \neq 0$, 从而 $\operatorname{Ker}\sigma_t = (0)$. 于是
$$\mathbb{Z}[t] \cong \mathbb{Z}[x]/(0) \cong \mathbb{Z}[x].$$

(3) 若 t 是 $\mathbb{Z}$ 上的代数元,则 $\mathrm{Ker}\sigma_t \neq (0)$. 若 $a \in \mathrm{Ker}\sigma_t \cap \mathbb{Z}$,则 $0 = \sigma_t(a) = a$. 于是 $\mathrm{Ker}\sigma_t \cap \mathbb{Z} = \{0\}$. 由第(1)小题得
$$\mathbb{Z}[x]/\mathrm{Ker}\sigma_t \cong \mathbb{Z}[t].$$

4. 根据第二章 §2.1 的命题 3,$\mathbb{Z}[x]$ 到 $\mathbb{Z}[x]/I$ 有自然环同态 $\pi: f(x) \mapsto f(x) + I$,且 π 是满同态,$\mathrm{Ker}\pi = I$. π 在 $\mathbb{Z}$ 上的限制 $\pi|\mathbb{Z}$ 为 $a \mapsto a + I$. 由于 $I \cap \mathbb{Z} = \{0\}$,因此 $\pi|\mathbb{Z}$ 是 $\mathbb{Z}$ 到 $\mathbb{Z}[x]/I$ 的一个单射. 从而,$a \mapsto a + I$ 是 $\mathbb{Z}$ 到 $\mathbb{Z}[x]/I$ 的一个单的环同态. 根据第二章 §2.4 的定义 1 得,$\mathbb{Z}[x]/I$ 可看成是 $\mathbb{Z}$ 的一个扩环. 于是可以把 a 与 $a + I$ 等同. $\mathbb{Z}[x]/I$ 的元素形如:
$$f(x) + I = \sum_{i=0}^{n} a_i x^i + I = \sum_{i=0}^{n} (a_i + I)(x^i + I)$$
$$= \sum_{i=0}^{n} (a_i + I)(x + I)^i = \sum_{i=0}^{n} a_i u^i.$$
根据第二章 §2.4 的定义 3 及其下面的一段话得,$\mathbb{Z}[x]/I = \mathbb{Z}[u]$.

5. (1) $\mathbb{Z}[\sqrt{5}\mathrm{i}]$ 是 $\mathbb{C}$ 的一个子环,且 $1 \in \mathbb{Z}[\sqrt{5}\mathrm{i}]$. 由于 $\mathbb{C}$ 是整环,因此 $\mathbb{Z}[\sqrt{5}\mathrm{i}]$ 也是整环.

(2) 由于 $(\sqrt{5}\mathrm{i})^2 = -5 \in \mathbb{Z}$,因此根据第 2 题的结论得,$\mathbb{Z}[\sqrt{5}\mathrm{i}]$ 的每一个元素可以表示成 $a + b\sqrt{5}\mathrm{i}$,其中 $a, b \in \mathbb{Z}$. 根据两个复数相等的定义立即得到,若
$$a + b\sqrt{5}\mathrm{i} = c + d\sqrt{5}\mathrm{i},$$
则 $a = c, b = d$. 从而 $\mathbb{Z}[\sqrt{5}\mathrm{i}]$ 的每一个元素表示成 $a + b\sqrt{5}\mathrm{i}$ 的表示法唯一.

(3) 设 $\alpha = a + b\sqrt{5}\mathrm{i} \in \mathbb{Z}[\sqrt{5}\mathrm{i}]$,我们有 $|\alpha|^2 = a^2 + 5b^2 \in \mathbb{Z}$. 于是

α 是 $\mathbb{Z}[\sqrt{5}\mathrm{i}]$ 的可逆元 $\Leftrightarrow$ 存在 $\beta \in \mathbb{Z}[\sqrt{5}\mathrm{i}]$,使得 $\alpha\beta = 1$
$\Rightarrow$ 存在 $\beta \in \mathbb{Z}[\sqrt{5}\mathrm{i}]$,使得 $(\alpha\beta)(\overline{\alpha\beta}) = 1$,即 $|\alpha|^2 |\beta|^2 = 1$
$\Rightarrow |\alpha|^2 = 1 \Leftrightarrow a = \pm 1$ 且 $b = 0 \Leftrightarrow \alpha = \pm 1$.

反之,若 $\alpha = \pm 1$,则 α 是 $\mathbb{Z}[\sqrt{5}\mathrm{i}]$ 的可逆元. 因此,$\mathbb{Z}[\sqrt{5}\mathrm{i}]$ 的全部可逆元是 ± 1.

(4) 设 $\alpha \in \mathbb{Z}[\sqrt{5}\mathrm{i}]$,且 $|\alpha|^2 = 9$,则 $\alpha \neq 0$ 且根据第(3)小题得,α 不是可逆元. 任取 α 的一个因子 β,则有 $\gamma \in \mathbb{Z}[\sqrt{5}\mathrm{i}]$,使得 $\alpha = \beta\gamma$. 从而 $|\alpha|^2 = |\beta\gamma|^2 = |\beta|^2 |\gamma|^2$,即 $9 = |\beta|^2 |\gamma|^2$. 由于 $|\beta|^2, |\gamma|^2 \in \mathbb{Z}$,因此 $|\beta|^2 = 1$ 且 $|\gamma|^2 = 9$;或 $|\beta|^2 = 9$ $|\gamma|^2 = 1$;或 $|\beta|^2 = 3$ 且 $|\gamma|^2 = 3$. 设 $\beta = c + d\sqrt{5}\mathrm{i}$,若 $|\beta|^2 = 3$,则 $c^2 + 5d^2 = 3$,在 $\mathbb{Z}$ 中此方程无解. 因此 $|\beta|^2 \neq 3$. 从而 $|\beta|^2 = 1$ 或 $|\beta|^2 = 9$. 若 $|\beta|^2 = 1$,则 $\beta = \pm 1$,从而 β 是可逆元. 若 $|\beta|^2 = 9$,则 $|\gamma|^2 = 1$,γ 是可逆元,于是 $\alpha \sim \beta$. 这证明了 α 的任一因子 β 或者是可逆元,或者是 α 的相伴元. 从而 α 是不可约元.

由于 $|3|^2=9$,$|2\pm\sqrt{5}\mathrm{i}|^2=4+5=9$,因此 3 和 $2\pm\sqrt{5}\mathrm{i}$ 都是 $\mathbb{Z}[\sqrt{5}\mathrm{i}]$ 的不可约元.

(5) 由于 $9=3 \cdot 3$,且 $9=(2+\sqrt{5}\mathrm{i})(2-\sqrt{5}\mathrm{i})$,因此
$$3 \mid (2+\sqrt{5}\mathrm{i})(2-\sqrt{5}\mathrm{i}).$$

假如 $3 \mid (2+\sqrt{5}\mathrm{i})$,则存在 $a+b\sqrt{5}\mathrm{i}\in\mathbb{Z}[\sqrt{5}\mathrm{i}]$,使得 $2+\sqrt{5}\mathrm{i}=3(a+b\sqrt{5}\mathrm{i})$,从而 $2=3a$,于是 $a=\dfrac{2}{3}$,矛盾. 因此,$3\nmid 2+\sqrt{5}\mathrm{i}$. 同理 $3\nmid 2-\sqrt{5}\mathrm{i}$. 因此 3 不是 $\mathbb{Z}[\sqrt{5}\mathrm{i}]$ 的素元.

现在来证 $2+\sqrt{5}\mathrm{i}$ 不是 $\mathbb{Z}[\sqrt{5}\mathrm{i}]$ 的素元. 我们有 $(2+\sqrt{5}\mathrm{i})\mid 3 \cdot 3$. 假如 $(2+\sqrt{5}\mathrm{i})\mid 3$,则存在 $a+b\sqrt{5}\mathrm{i}\in\mathbb{Z}[\sqrt{5}\mathrm{i}]$,使得 $3=(2+\sqrt{5}\mathrm{i})(a+b\sqrt{5}\mathrm{i})$. 于是
$$2a-5b=3, \quad \sqrt{5}a+2\sqrt{5}b=0.$$

由此得出,$b=-\dfrac{1}{3}$,矛盾. 因此 $2+\sqrt{5}\mathrm{i}\nmid 3$. 从而 $2+\sqrt{5}\mathrm{i}$ 不是素元. 同理可证 $2-\sqrt{5}\mathrm{i}$ 不是素元.

(6) 由于 3 和 $2+\sqrt{5}\mathrm{i}$ 都是 $\mathbb{Z}[\sqrt{5}\mathrm{i}]$ 的不可约元,因此它们的因子只有 $\mathbb{Z}[\sqrt{5}\mathrm{i}]$ 的可逆元 ±1,以及它们自己的相伴元. 于是根据本节的命题 1 得,3 的因子只有 ±1,±3;$2+\sqrt{5}\mathrm{i}$ 的因子只有 ±1,$\pm(2+\sqrt{5}\mathrm{i})$. 从而 3 与 $2+\sqrt{5}\mathrm{i}$ 的公因子只有 ±1. 因此
$$(3,2+\sqrt{5}\mathrm{i})=1 \text{ 或 } -1.$$

假如 9 和 $6+3\sqrt{5}\mathrm{i}$ 有最大公因子,则从本节命题 4 的证明中看到,$(9,6+3\sqrt{5}\mathrm{i})=(3\cdot 3,3(2+\sqrt{5}\mathrm{i}))\sim 3(3,2+\sqrt{5}\mathrm{i})$. 由此得出,$(9,6+3\sqrt{5}\mathrm{i})=3$ 或 -3. 不妨设 $(9,6+3\sqrt{5}\mathrm{i})=3$. 由于 $(2+\sqrt{5}\mathrm{i})\mid 9$,$(2+\sqrt{5}\mathrm{i})\mid(6+3\sqrt{5}\mathrm{i})$,因此 $(2+\sqrt{5}\mathrm{i})\mid 3$,矛盾. 这证明了 9 和 $6+3\sqrt{5}\mathrm{i}$ 没有最大公因子.

6. 情形 1 $\deg f(x)<\deg m(x)$,则
$$f(x)=0m(x)+f(x), \quad \deg f(x)<\deg m(x).$$

情形 2 $\deg f(x)\geqslant\deg m(x)$. 对被除式的次数 n 做数学归纳法. 假设对于次数小于 n 的被除式,关于存在性的命题为真. 现在来看 n 次多项式 $f(x)=\sum\limits_{i=0}^{n}b_{i}x^{i}\in\mathbb{Z}[x]$. 令
$$f_1(x)=f(x)-b_n x^{n-r}m(x),$$

则 $f_1(x)\in\mathbb{Z}[x]$,且 $\deg f_1(x)<n$. 根据归纳假设,存在 $h_1(x),r_1(x)\in\mathbb{Z}[x]$,使得
$$f_1(x)=h_1(x)m(x)+r_1(x), \quad \deg r_1(x)<\deg m(x).$$

从而有

$$f(x) = f_1(x) + b_n x^{n-r} m(x) = (h_1(x) + b_n x^{n-r}) m(x) + r_1(x).$$

令 $h(x) = h_1(x) + b_n x^{n-r}$，则 $h(x) \in \mathbb{Z}[x]$，且

$$f(x) = h(x)m(x) + r_1(x), \quad \deg r_1(x) < \deg m(x).$$

根据数学归纳法原理，关于存在性的命题为真.

设 $h(x), r(x), h_0(x), r_0(x) \in \mathbb{Z}[x]$，使得

$$f(x) = h(x)m(x) + r(x), \quad \deg r(x) < \deg m(x),$$
$$f(x) = h_0(x)m(x) + r_0(x), \quad \deg r_0(x) < \deg m(x).$$

把 $\mathbb{Z}[x]$ 中的多项式看成 $\mathbb{Q}[x]$ 中的多项式，利用 $\mathbb{Q}[x]$ 中带余除法的唯一性成立得，$h(x) = h_0(x), r(x) = r_0(x)$.

7. (1) 由于 t 是代数整数，并且 $\mathbb{Z}[x]$ 中以 t 为根的所有非零多项式中次数最低的多项式有首项系数为 1 的多项式，记做 $m(x)$. 因此，$\mathbb{Z}[x]$ 中任一次数小于 $\deg m(x)$ 的非零多项式 $g(x)$，都有 $g(t) \neq 0$. 由于 $m(t) = 0$，因此 $(m(x)) \subseteq J$. 任取 $f(x) \in J$，根据第 6 题得，存在 $h(x), r(x) \in \mathbb{Z}[x]$，使得

$$f(x) = h(x)m(x) + r(x), \quad \deg r(x) < \deg m(x).$$

x 用 t 代入，从上式得，$f(t) = h(t)m(t) + r(t)$. 于是 $r(t) = 0$. 假如 $r(x) \neq 0$，则由于 $\deg r(x) < \deg m(x)$，因此 $r(t) \neq 0$，矛盾. 因此 $r(x) = 0$. 从而 $f(x) = h(x)m(x)$. 于是 $f(x) \in (m(x))$. 因此 $J \subseteq (m(x))$. 从而 $J = (m(x))$.

(2) 由于 t 是代数整数，因此 t 是 $\mathbb{Z}$ 上的代数元. 根据第 3 题，

$$\mathrm{Ker}\sigma_t = \{f(x) \in \mathbb{Z}[x] \mid t \text{ 是 } f(x) \text{ 的一个复根}\}.$$

结合本题得，$\mathrm{Ker}\sigma_t = J$. 由第 (1) 小题得，$\mathrm{Ker}\sigma_t = J = (m(x))$. 因此从第 3 题的第 (3) 小题得，$\mathbb{Z}[x]/(m(x)) \cong \mathbb{Z}[t]$.

8. $\sqrt{5}i$ 是 $x^2 + 5$ 的一个复根. 对于 $ax + b \in \mathbb{Z}[x]$ 且 $a \neq 0$，都有 $a\sqrt{5}i + b \neq 0$. 因此，$\sqrt{5}i$ 不是 $\mathbb{Z}[x]$ 中一次多项式的复根. 从而 $x^2 + 5$ 是 $\mathbb{Z}[x]$ 中以 $\sqrt{5}i$ 为根的所有非零多项式中次数最低的，又 $x^2 + 5$ 的首项系数为 1，因此根据第 7 题得

$$\mathbb{Z}[x]/(x^2 + 5) \cong \mathbb{Z}[\sqrt{5}i].$$

习 题 3.2

1. 由于 $\mathbb{Z}[i]$ 是 $\mathbb{C}$ 的一个子环，且 $1 \in \mathbb{Z}[i]$，因此 $\mathbb{Z}[i]$ 是整环. 任给 $\alpha \in \mathbb{Z}[i]$，设 $\alpha = a + bi$，则 $|\alpha|^2 = a^2 + b^2 \in \mathbb{N}$. 令 $\delta(\alpha) = |\alpha|^2$，则 δ 是 $\mathbb{Z}[i]^*$ 到 $\mathbb{N}$ 的一个映射.

任给 $\alpha, \beta \in \mathbb{Z}[i]$，且 $\beta \neq 0$，则 $\alpha\beta^{-1} = u + vi, u, v \in \mathbb{Q}$. 我们能找到整数 m, n，使得 $|m - u| \leq \dfrac{1}{2}, |n - v| \leq \dfrac{1}{2}$. 令 $\varepsilon = u - m, \eta = v - n$，则 $|\varepsilon| \leq \dfrac{1}{2}, |\eta| \leq \dfrac{1}{2}$. 于是

$$\alpha = \beta(u+vi) = \beta[(m+\varepsilon) + (n+\eta)i] = \beta\gamma + \omega,$$

其中 $\gamma = m + ni, \omega = \beta(\varepsilon + \eta i)$. 由于 $m, n \in \mathbb{Z}$, 因此 $\gamma \in \mathbb{Z}[i]$. 由于 $\omega = \alpha - \beta\gamma$, 因此 $\omega \in \mathbb{Z}[i]$. 若 $\omega \neq 0$, 则

$$\delta(\omega) = |\omega|^2 = |\beta|^2 |\varepsilon + \eta i|^2 = |\beta|^2 (\varepsilon^2 + \eta^2) \leqslant |\beta|^2 \left(\frac{1}{4} + \frac{1}{4}\right) < \delta(\beta).$$

因此, $\mathbb{Z}[i]$ 是一个欧几里得整环.

2. (1) 设 $\alpha = a + bi \in \mathbb{Z}[i]$, 则 $|\alpha|^2 = a^2 + b^2 \in \mathbb{N}$. 于是

α 是 $\mathbb{Z}[i]$ 的可逆元 $\Leftrightarrow$ 存在 $\beta \in \mathbb{Z}[i]$, 使得 $\alpha\beta = 1$

$\Rightarrow$ 存在 $\beta \in \mathbb{Z}[i]$, 使得 $|\alpha\beta|^2 = 1$, 即 $|\alpha|^2 |\beta|^2 = 1$

$\Rightarrow |\alpha|^2 = 1$, 即 $a^2 + b^2 = 1$

$\Leftrightarrow a = \pm 1$ 且 $b = 0$, 或者 $a = 0$ 且 $b = \pm 1$

$\Leftrightarrow \alpha = \pm 1$, 或者 $\alpha = \pm i$.

反之, $\pm 1, \pm i$ 都是 $\mathbb{Z}[i]$ 的可逆元. 因此 $\mathbb{Z}[i]$ 的全部可逆元是: $\pm 1, \pm i$.

(2) 设 $\alpha \in \mathbb{Z}[i]$, 且 $|\alpha|^2 = 2$, 则 $\alpha \neq 0$, 且根据第(1)小题得, α 不是可逆元. 任取 α 的一个因子 β, 则有 $\gamma \in \mathbb{Z}[i]$, 使得 $\alpha = \beta\gamma$. 从而 $|\alpha|^2 = |\beta|^2 |\gamma|^2$, 即 $2 = |\beta|^2 |\gamma|^2$. 于是, $|\beta|^2 = 1$ 且 $|\gamma|^2 = 2$, 或者 $|\beta|^2 = 2$ 且 $|\gamma|^2 = 1$. 若 $|\beta|^2 = 1$, 则 β 是 $\mathbb{Z}[i]$ 的可逆元. 若 $|\gamma|^2 = 1$, 则 γ 是 $\mathbb{Z}[i]$ 的可逆元, 从而 $\alpha \sim \beta$. 这证明了 α 的任一因子 β 或者是可逆元, 或者是 α 的相伴元. 从而, α 是 $\mathbb{Z}[i]$ 的不可约元. 由于 $|1-i|^2 = 2$, 因此, $1-i$ 是 $\mathbb{Z}[i]$ 的不可约元.

(3) 由于 $a_j \in (1-i)$, 因此 $1-i | a_j, j = 1, \cdots, n-1$. $1-i$ 不能整除 $1, (1-i)^2 = -2i$. 由于 $1-i$ 的因子只有 $\mathbb{Z}[i]$ 的可逆元 $\pm 1, \pm i$, 以及 $1-i$ 在 $\mathbb{Z}[i]$ 中的相伴元 $\pm(1-i), \pm i(1-i)$, 因此 $-2i$ 不是 $1-i$ 的因子, 从而 $(1-i)^2$ 不能整除 $1-i$. 由于 $\mathbb{Z}[i]$ 是欧几里得整环, 因此 $\mathbb{Z}[i]$ 是唯一因子分解整环. 又由于 $\mathbb{Q}(i)$ 是 $\mathbb{Z}[i]$ 的分式域, 因此根据定理 7 得, $f(x)$ 在 $\mathbb{Q}(i)[x]$ 中不可约.

3. 证法一 根据习题 2.3 的第 11 题的解答, 在 $\mathbb{Z}[x]$ 中, 由 x 生成的理想 (x) 不是极大理想, x 是 $\mathbb{Q}$ 上的不可约多项式, 并且 x 是本原多项式. 于是根据参考文献[6]的第七章§7.8 的例 23 得, x 也是 $\mathbb{Z}[x]$ 中的不可约多项式. 假如 $\mathbb{Z}[x]$ 是主理想整环, 则根据本节定理 2 得, (x) 是 $\mathbb{Z}[x]$ 的一个极大理想, 矛盾. 因此, $\mathbb{Z}[x]$ 不是主理想整环.

证法二 在 $\mathbb{Z}[x]$ 中, 假如 $(2, x^2+1) = (g(x))$, 则 $2 \in (g(x))$. 于是存在 $h(x) \in \mathbb{Z}[x]$, 使得 $2 = g(x)h(x)$. 把 $g(x), h(x)$ 看成 $\mathbb{Q}[x]$ 中的多项式, 由上式得, $0 = \deg g(x) + \deg h(x)$. 从而, $\deg g(x) = 0, \deg h(x) = 0$. 于是 $g(x) = a, h(x) = b$, 其中 $a, b \in \mathbb{Z}$. 又由于 $2 = ab$, 因此 $a = \pm 1$ 或 $a = \pm 2$. 于是 $g(x) = \pm 1$ 或 $g(x) = \pm 2$. 不妨设 $g(x) = 1$ 或 2. 另一方面, 由于 $g(x) \in (2, x^2+1)$, 因此, 存在 $u(x), v(x) \in$

$\mathbb{Z}[x]$,使得 $g(x)=2u(x)+(x^2+1)v(x)$. x 用 1 代入,从上式得,$g(1)=2(u(1)+v(1))$. 从而 $2\mid g(1)$. 因此 $g(x)=2$. 于是 $(2,x^2+1)=(2)$. 由 $x^2+1\in(2)$ 得,存在 $k(x)\in\mathbb{Z}[x]$,使得 $x^2+1=2k(x)$. 矛盾. 因此,$(2,x^2+1)$ 不是主理想. 从而 $\mathbb{Z}[x]$ 不是主理想整环.

4. **证法一** 根据习题 3.1 的第 5 题,3 是不可约元,但是 3 不是素元. 于是根据本节定理 4 和命题 1 得,$\mathbb{Z}[\sqrt{5}i]$ 不是唯一因子分解整环.

证法二 根据习题 3.1 的第 5 题,$3,2\pm\sqrt{5}i$ 都是 $\mathbb{Z}[\sqrt{5}i]$ 的不可约元. $9=3\cdot 3$,$9=(2+\sqrt{5}i)(2-\sqrt{5}i)$. 由于 $\mathbb{Z}[\sqrt{5}i]$ 的全部可逆元是 ± 1,因此 3 与 $2+\sqrt{5}i$ 不相伴,3 与 $2-\sqrt{5}i$ 也不相伴. 从而,9 有两种不可约元的分解式. 因此,$\mathbb{Z}[\sqrt{5}i]$ 不是唯一因子分解整环.

证法三 根据习题 3.1 的第 5 题,在 $\mathbb{Z}[\sqrt{5}i]$ 中,9 和 $6+3\sqrt{5}i$ 没有最大公因子. 因此根据本节定理 4 得,$\mathbb{Z}[\sqrt{5}i]$ 不是唯一因子分解整环.

5. 根据习题 3.1 的第 5 题,3 是 $\mathbb{Z}[\sqrt{5}i]$ 的不可约元. 下面来证 $2,1\pm\sqrt{5}i$ 都是 $\mathbb{Z}[\sqrt{5}i]$ 的不可约元. 任取 2 的一个因子 β,则有 $\gamma\in\mathbb{Z}[\sqrt{5}i]$,使得 $2=\beta\gamma$. 从而 $4=|\beta|^2|\gamma|^2$. 于是 $|\beta|^2=1$ 且 $|\gamma|^2=4$,或者 $|\beta|^2=2$ 且 $|\gamma|^2=2$,或者 $|\beta|^2=4$ 且 $|\gamma|^2=1$. 若 $|\beta|^2=2$,设 $\beta=c+d\sqrt{5}i$,则 $c^2+5d^2=2$,在 $\mathbb{Z}$ 中此方程无解. 因此,$|\beta|^2=1$ 或 $|\beta|^2=4$. 若 $|\beta|^2=1$,则 $\beta=\pm 1$,从而 β 是可逆元. 若 $|\beta|^2=4$,则 $|\gamma|^2=1$,同理 γ 是可逆元. 于是 β 是 2 的相伴元. 因此,2 是不可约元. 同样的方法可证 $1\pm\sqrt{5}i$ 都是不可约元.

由于 $\mathbb{Z}[\sqrt{5}i]$ 的全部可逆元是 ± 1,因此 2 与 $1\pm\sqrt{5}i$ 不相伴,3 与 $1\pm\sqrt{5}i$ 不相伴. 从而 $6=2\cdot 3$,$6=(1+\sqrt{5}i)(1-\sqrt{5}i)$ 是 6 的两种不可约元的分解式.

6. 在 $\mathbb{Z}[\sqrt{5}i]$ 中,由于 3 是不可约元,因此 3 的因子只有 $\pm 1,\pm 3$. 由于 $1+\sqrt{5}i$ 是不可约元,因此 $1+\sqrt{5}i$ 的因子只有 $\pm 1,\pm(1+\sqrt{5}i)$. 从而,3 与 $1+\sqrt{5}i$ 的公因子只有 ± 1. 因此 $(3,1+\sqrt{5}i)=1$ 或 -1.

假如 6 和 $2(1+\sqrt{5}i)$ 有最大公因子,则从 §3.1 的命题 4 的证明中看到,$(6,2(1+\sqrt{5}i))=(2\cdot 3,2(1+\sqrt{5}i))\sim 2(3,1+\sqrt{5}i)$. 由此看出,$(6,2(1+\sqrt{5}i))=2$ 或 -2. 不妨设 $(6,2(1+\sqrt{5}i))=2$. 由于 $(1+\sqrt{5}i)\mid 6$,$(1+\sqrt{5}i)\mid 2(1+\sqrt{5}i)$,因此 $(1+\sqrt{5}i)\mid 2$. 这与 2 是不可约元矛盾. 因此,6 与 $2(1+\sqrt{5}i)$ 没有最大公因子.

7. 由于整数 m 不含平方因子,因此 $m=\pm p_1p_2\cdots p_t$,其中 $p_1,p_2,\cdots,p_t$ 是两两不等的素数. 考虑 x^2-m,素数 p_1 符合 Eisenstein 判别法的条件,因此 x^2-m 在

$\mathbb{Q}$ 上不可约. 由于 $\sqrt{m}$ 是 x^2-m 的一个复根,因此 $\sqrt{m}$ 是一个代数数,且 x^2-m 是 $\sqrt{m}$ 在 $\mathbb{Q}$ 上的极小多项式. 于是 $\mathbb{Q}[\sqrt{m}]$ 是一个域. 由于 $(\sqrt{m})^2=m$,因此 $\mathbb{Q}[\sqrt{m}]$ 的元素形如 $a+b\sqrt{m},a,b\in\mathbb{Q}$. 把 $\mathbb{Q}[\sqrt{m}]$ 记做 $\mathbb{Q}(\sqrt{m})$.

8. 有理数 a 的极小多项式为 $x-a$. 因此有理数 a 为代数整数当且仅当 a 是整数. 在 $\mathbb{Q}(\sqrt{m})$ 中任取 $\alpha=a+b\sqrt{m}$,其中 $b\neq 0$. 把 $a-b\sqrt{m}$ 记做 $\tilde{\alpha}$,则 $\alpha+\tilde{\alpha}=2a$, $\alpha\tilde{\alpha}=a^2-mb^2$. 于是 $(x-\alpha)(x-\tilde{\alpha})=x^2-2ax+(a^2-mb^2)$. 从而 α 在 $\mathbb{Q}$ 上的极小多项式为 $x^2-2ax+(a^2-mb^2)$. 因此 α 为代数整数当且仅当 $2a$ 和 a^2-mb^2 都为整数. 令 $2a=k,2b=r$,则 $a^2-mb^2=\left(\dfrac{k}{2}\right)^2-m\left(\dfrac{r}{2}\right)^2=\dfrac{1}{4}(k^2-mr^2)$. 于是 α 为代数整数当且仅当 k 和 r 都是整数,并且 $k^2-mr^2\equiv 0\pmod{4}$. 此结论的充分性容易得到.

下面来证此结论的必要性. 设 α 为代数整数,则 $2a$ 和 a^2-mb^2 都是整数. 从而 k 和 $\dfrac{1}{4}(k^2-mr^2)$ 都是整数. 于是 k^2-mr^2 也是整数,记做 l. 设 $r=\dfrac{q}{p}$,其中 p,q 是互素的整数,则 $l=k^2-mr^2=k^2-m\dfrac{q^2}{p^2}$. 从而 $mq^2=p^2(k^2-l)$. 于是 $p^2\mid mq^2$. 由于 p 与 q 互素,因此 p^2 与 q^2 互素. 从而 $p^2\mid m$. 由于 m 无平方因子,因此 $p=\pm 1$. 于是 $r=\pm q$,即 r 为整数. 由于 $\dfrac{1}{4}(k^2-mr^2)$ 为整数,因此 $k^2-mr^2\equiv 0\pmod{4}$. 这证明了上述结论的必要性.

情形 1 $m\equiv 2\pmod{4}$. 设 $m=4n+2$,则
$$k^2-mr^2=k^2-(4n+2)r^2=-4nr^2+k^2-2r^2.$$
由于 $k^2-mr^2\equiv 0\pmod{4}$,因此 $k^2-2r^2\equiv 0\pmod{4}$. 于是存在整数 s,使得 $k^2-2r^2=4s$. 从而 $k^2=2r^2+4s=2(r^2+2s)$. 于是 k 为偶数. 设 $k=2t$,则 $2r^2=(2t)^2-4s=4t^2-4s$. 于是 $r^2=2t^2-2s$. 从而 r 为偶数. 因此 $a=\dfrac{k}{2},b=\dfrac{r}{2}$ 都为整数. 这证明了当 $m\equiv 2\pmod{4}$ 时,若 $\alpha=a+b\sqrt{m}$ 是代数整数,则 a,b 都是整数. 反之,若 a,b 都是整数,则 $2a$ 和 a^2-mb^2 都为整数,因此 $\alpha=a+b\sqrt{m}$ 为代数整数.

于是当 $m\equiv 2\pmod{4}$ 时,
$$R_m=\{a+b\sqrt{m}\mid a,b\in\mathbb{Z}\}.$$

情形 2 $m\equiv 3\pmod{4}$. 设 $m=4n+3$,则
$$k^2-mr^2=k^2-(4n+3)r^2=-4nr^2+k^2-3r^2.$$
由于 $k^2-mr^2\equiv 0\pmod{4}$,因此 $k^2-3r^2\equiv 0\pmod{4}$. 假如 k 为奇数,则 $k^2\equiv 1\pmod{4}$. 从而 $3r^2\equiv 1\pmod{4}$. 此时若 r 为偶数,则推出 $0\equiv 1\pmod{4}$,矛盾. 若 r

为奇数，则推出 $3\equiv 1(\bmod\ 4)$，矛盾. 因此 k 为偶数. 从而 $3r^2\equiv 0(\bmod\ 4)$. 于是 r 为偶数. 这证明了当 $m\equiv 3(\bmod\ 4)$ 时，若 $\alpha=a+b\sqrt{m}$ 为代数整数，则 a,b 都为整数. 反之显然. 因此当 $m\equiv 3(\bmod\ 4)$ 时，
$$R_m=\{a+b\sqrt{m}\mid a,b\in\mathbb{Z}\}.$$

情形 3　$m\equiv 1(\bmod\ 4)$. 由于 $k^2-mr^2\equiv 0(\bmod\ 4)$，因此 $k^2-r^2\equiv 0(\bmod\ 4)$. 于是当 k 为偶数时，$r^2\equiv 0(\bmod\ 4)$，从而 r 也为偶数；当 k 为奇数时，$1\equiv r^2(\bmod\ 4)$，从而 r 也为奇数. 因此当 $m\equiv 1(\bmod\ 4)$ 时，若 $\alpha=a+b\sqrt{m}$ 为代数整数，则 $a=\dfrac{k}{2},b=\dfrac{r}{2}$，且 k,r 同为偶数或同为奇数. 反之，若 k 和 r 同为偶数或同为奇数，则 $k^2-mr^2\equiv 0(\bmod\ 4)$. 从而 α 为代数整数. 因此当 $m\equiv 1(\bmod\ 4)$ 时，
$$R_m=\left\{\frac{1}{2}(k+r\sqrt{m})\mid k,r\in\mathbb{Z}\text{ 且 }k,r\text{ 同奇或同偶}\right\}.$$

我们有
$$\frac{1}{2}(k+r\sqrt{m})=\frac{k}{2}+\frac{r\sqrt{m}}{2}=\frac{k}{2}+\frac{-r+r+r\sqrt{m}}{2}=\frac{k-r}{2}+r\cdot\frac{1+\sqrt{m}}{2}.$$

记 $s=\dfrac{k-r}{2}$，当 k,r 同奇或同偶时，s 必为整数. 因此
$$R_m=\left\{s+r\cdot\frac{1+\sqrt{m}}{2}\;\middle|\; s,r\in\mathbb{Z}\right\}.$$

9. 当 $m\equiv 2$ 或 $3(\bmod\ 4)$ 时，$R_m=\{a+b\sqrt{m}\mid a,b\in\mathbb{Z}\}$. 由于
$$(a+b\sqrt{m})-(c+d\sqrt{m})=(a-c)+(b-d)\sqrt{m},$$
$$(a+b\sqrt{m})(c+d\sqrt{m})=(ac+bdm)+(ad+bc)\sqrt{m},$$
因此，R_m 对减法和乘法封闭. 从而 R_m 是 $\mathbb{Q}(\sqrt{m})$ 的一个子环.

当 $m\equiv 1(\bmod\ 4)$ 时，$R_m=\left\{s+r\cdot\dfrac{1+\sqrt{m}}{2}\mid s,r\in\mathbb{Z}\right\}$. 设 $m=4n+1$，由于
$$\left(s+r\cdot\frac{1+\sqrt{m}}{2}\right)-\left(u+v\cdot\frac{1+\sqrt{m}}{2}\right)=(s-u)+(r-v)\frac{1+\sqrt{m}}{2},$$
$$\left(s+r\cdot\frac{1+\sqrt{m}}{2}\right)\left(u+v\cdot\frac{1+\sqrt{m}}{2}\right)=su+(sv+ru)\frac{1+\sqrt{m}}{2}+rv\frac{1+2\sqrt{m}+4n+1}{4}$$
$$=(su+rvn)+(sv+ru+rv)\frac{1+\sqrt{m}}{2}.$$

因此，R_m 对减法和乘法封闭，从而 R_m 是 $\mathbb{Q}(\sqrt{m})$ 的一个子环.

由于 $(\sqrt{m})^2=m$，因此当 $m\equiv 2$ 或 $3(\bmod\ 4)$ 时，
$$R_m=\{a+b\sqrt{m}\mid a,b\in\mathbb{Z}\}=\mathbb{Z}[\sqrt{m}].$$

当 $m \equiv 1 \pmod{4}$ 时,设 $m = 4n+1$,则

$$\left(\frac{1+\sqrt{m}}{2}\right)^2 = \frac{1+2\sqrt{m}+4n+1}{4} = n + \frac{1+\sqrt{m}}{2}.$$

因此,$R_m = \left\{ s + r \cdot \dfrac{1+\sqrt{m}}{2} \;\middle|\; s, r \in \mathbb{Z} \right\} = \mathbb{Z}\left[\dfrac{1+\sqrt{m}}{2}\right]$.

10. 设 $\alpha = r + s\sqrt{m}, \beta = u + v\sqrt{m}$,则 $N(\alpha) = r^2 - s^2 m$, $N(\beta) = u^2 - v^2 m$. 由于 $\alpha\beta = (ru + svm) + (rv + su)\sqrt{m}$,因此

$$N(\alpha\beta) = (ru+svm)^2 - (rv+su)^2 m = (r^2 - s^2 m)(u^2 - v^2 m) = N(\alpha)N(\beta).$$

11. 由于 $2 \equiv 2 \pmod{4}$,因此 $R_2 = \{a + b\sqrt{2} \mid a, b \in \mathbb{Z}\}$. 对于 $\alpha = a + b\sqrt{2}$,则 $N(\alpha) = a^2 - 2b^2 \in \mathbb{Z}$. 令 $\delta(\alpha) = |N(\alpha)|$,则 δ 是 R_2^* 到 $\mathbb{N}$ 的一个映射.

任给 $\alpha, \beta \in R_2$ 且 $\beta \neq 0$,则 $\alpha\beta^{-1} = u + v\sqrt{2}, u, v \in \mathbb{Q}$. 我们能找到整数 m, n,使得 $|m-u| \leqslant \dfrac{1}{2}, |n-v| \leqslant \dfrac{1}{2}$. 令 $\varepsilon = u - m, \eta = v - n$,则 $|\varepsilon| \leqslant \dfrac{1}{2}, |\eta| \leqslant \dfrac{1}{2}$. 于是

$$\alpha = \beta(u + v\sqrt{2}) = \beta[(m+\varepsilon) + (n+\eta)\sqrt{2}] = \beta\gamma + \omega,$$

其中 $\gamma = m + n\sqrt{2}, \omega = \beta(\varepsilon + \eta\sqrt{2})$. 由于 $m, n \in \mathbb{Z}$,因此 $\gamma \in R_2$. 由于 $\omega = \alpha - \beta\gamma$,因此 $\omega \in R_2$. 若 $\omega \neq 0$,则

$$\delta(\omega) = |N(\omega)| = |N(\beta)N(\varepsilon + \eta\sqrt{2})| = |N(\beta)| \, |N(\varepsilon + \eta\sqrt{2})|$$
$$= |N(\beta)| \, |\varepsilon^2 - 2\eta^2| \leqslant |N(\beta)| \, (\varepsilon^2 + 2\eta^2)$$
$$\leqslant |N(\beta)| \left(\frac{1}{4} + 2 \cdot \frac{1}{4}\right) < |N(\beta)| = \delta(\beta).$$

因此,R_2 是一个欧几里得整环.

12. 对于 $\alpha = a + b\sqrt{3}$,令 $\delta(\alpha) = |N(\alpha)| = |a^2 - 3b^2|$,则 δ 是 R_3^* 到 $\mathbb{N}$ 的一个映射. 任给 $\alpha, \beta \in R_3$,且 $\beta \neq 0$. 与第 11 题的证明过程一样,得 $\alpha = \beta\gamma + \omega$,其中 $\omega = \beta(\varepsilon + \eta\sqrt{3})$. 若 $\omega \neq 0$,则

$$\delta(\omega) = |N(\beta)| \, |\varepsilon^2 - 3\eta^2|.$$

若 $|\varepsilon|$ 与 $|\eta|$ 不全等于 $\dfrac{1}{2}$,则

$$\delta(\omega) \leqslant |N(\beta)| \, (\varepsilon^2 + 3\eta^2) < |N(\beta)| \left(\frac{1}{4} + 3 \cdot \frac{1}{4}\right) \leqslant \delta(\beta).$$

若 $|\varepsilon| = |\eta| = \dfrac{1}{2}$,则

$$\delta(\omega) = |N(\beta)| \, |\varepsilon^2 - 3\eta^2| = |N(\beta)| \left|\frac{1}{4} - 3 \cdot \frac{1}{4}\right| < |N(\beta)| = \delta(\beta).$$

因此,R_3 是一个欧几里得整环.

13. 由于 $-3 \equiv 1 \pmod{4}$,因此 $R_{-3} = \left\{ a + b \dfrac{1+\sqrt{3}\mathrm{i}}{2} \,\Big|\, a,b \in \mathbb{Z} \right\}$. 任取 $\alpha \in R_{-3}$,设 $\alpha = a + b \dfrac{1+\sqrt{3}\mathrm{i}}{2} = a + \dfrac{b}{2} + \dfrac{b}{2}\sqrt{3}\mathrm{i}$,令

$$\delta(\alpha) = |\alpha|^2 = \left(a + \dfrac{b}{2}\right)^2 + \dfrac{3b^2}{4} = a^2 + ab + b^2 \in \mathbb{N},$$

则 δ 是 R_{-3}^* 到 $\mathbb{N}$ 的一个映射.

任给 $\alpha,\beta \in R_{-3}$,且 $\beta \neq 0$,则 $\alpha\beta^{-1} = u + \sqrt{3}v\mathrm{i}, u,v \in \mathbb{Q}$. 我们能找到一个整数 n,使得 $|2v - n| \leqslant \dfrac{1}{2}$,再找一个整数 m,使得 $\left|u - \dfrac{n}{2} - m\right| \leqslant \dfrac{1}{2}$. 令 $\varepsilon = u - \dfrac{n}{2} - m$,$\eta = v - \dfrac{n}{2}$,则 $|\varepsilon| \leqslant \dfrac{1}{2}$,$|\eta| \leqslant \dfrac{1}{4}$. 于是

$$\alpha = \beta(u + \sqrt{3}v\mathrm{i}) = \beta\left[\left(m + \dfrac{n}{2} + \varepsilon\right) + \sqrt{3}\left(\dfrac{n}{2} + \eta\right)\mathrm{i}\right] = \beta\gamma + \omega,$$

其中 $\gamma = \left(m + \dfrac{n}{2}\right) + \dfrac{n}{2}\sqrt{3}\mathrm{i}$, $\omega = \beta(\varepsilon + \eta\sqrt{3}\mathrm{i})$. 由于 $m,n \in \mathbb{Z}$,因此 $\gamma \in R_{-3}$.

由于 $\omega = \alpha - \beta\gamma$,因此 $\omega \in R_{-3}$. 若 $\omega \neq 0$,则

$$\delta(\omega) = |\beta|^2 \,|\varepsilon + \eta\sqrt{3}\mathrm{i}|^2 = |\beta|^2 \,(\varepsilon^2 + 3\eta^2) \leqslant |\beta|^2 \left(\dfrac{1}{4} + 3 \cdot \dfrac{1}{16}\right) < |\beta|^2 = \delta(\beta).$$

因此,R_{-3} 是一个欧几里得整环.

14. 由于 $13 \equiv 1 \pmod{4}$,因此 $R_{13} = \left\{ a + b \dfrac{1+\sqrt{13}}{2} \,\Big|\, a,b \in \mathbb{Z} \right\}$. 对于

$$\alpha = a + b \dfrac{1+\sqrt{13}}{2} = \left(a + \dfrac{b}{2}\right) + \dfrac{b}{2}\sqrt{13},$$

令

$$\delta(\alpha) = |N(\alpha)| = \left|\left(a + \dfrac{b}{2}\right)^2 - 13 \cdot \dfrac{b^2}{4}\right| = |a^2 + ab - 3b^2| \in \mathbb{N},$$

则 δ 是 R_{13}^* 到 $\mathbb{N}$ 的一个映射.

任取 $\alpha,\beta \in R_{13}$,且 $\beta \neq 0$,则 $\alpha\beta^{-1} = u + \sqrt{13}v, u,v \in \mathbb{Q}$. 与第 13 题的证明过程一样,得 $\alpha = \beta\gamma + \omega$,其中 $\omega = \beta(\varepsilon + \sqrt{13}\eta)$,$|\varepsilon| \leqslant \dfrac{1}{2}$,$|\eta| \leqslant \dfrac{1}{4}$. $\omega \in R_{13}$. 若 $\omega \neq 0$,则

$$\delta(\omega) = |N(\omega)| = |N(\beta)| \,|N(\varepsilon + \sqrt{13}\eta)| = |N(\beta)| \,|\varepsilon^2 - 13\eta^2|.$$

若 $\varepsilon^2 \geqslant 13\eta^2$,则

$$|\varepsilon^2 - 13\eta^2| = \varepsilon^2 - 13\eta^2 \leqslant \dfrac{1}{4} - 13\eta^2 \leqslant \dfrac{1}{4} < 1;$$

若 $\varepsilon^2 < 13\eta^2$,则

$$|\varepsilon^2 - 13\eta^2| = 13\eta^2 - \varepsilon^2 \leqslant 13 \cdot \frac{1}{16} - \varepsilon^2 \leqslant \frac{13}{16} < 1.$$

因此，$\delta(\omega) = |N(\beta)| |\varepsilon^2 - 13\eta^2| < |N(\beta)| = \delta(\beta)$. 从而，$R_{13}$ 是一个欧几里得整环.

习 题 3.3

1. 设 R 是诺特环，I 是 R 的一个理想. 根据 §2.1 的命题 4，商环 R/I 的任一理想形如 K/I，其中 K 是 R 的包含 I 的理想. 由于 R 是诺特环，因此 K 是有限生成的. 设 $K = (a_1, a_2, \cdots, a_s)$，则 K 中任一元素形如 $\sum_{i=1}^{s} r_i a_i$，其中 $r_i \in R, i = 1, 2, \cdots, s$. 于是，$K/I$ 中任一元素形如：

$$\sum_{i=1}^{s} r_i a_i + I = \sum_{i=1}^{s} (r_i a_i + I) = \sum_{i=1}^{s} (r_i + I)(a_i + I).$$

从而，$K/I = (a_1 + I, a_2 + I, \cdots, a_s + I)$. 因此，$R/I$ 是诺特环.

2. 根据第 2 题的提示，$R[x_1, x_2, \cdots, x_n]$ 到 $\tilde{R}$ 有一个环同态 $\sigma_{u_1, u_2, \cdots, u_n}$，简记做 σ，并且 $\text{Im}\sigma = R[u_1, u_2, \cdots, u_n]$. 于是

$$R[x_1, x_2, \cdots, x_n]/\text{Ker}\sigma \cong R[u_1, u_2, \cdots, u_n].$$

由于 R 是诺特环，因此根据本节推论 1 得，$R[x_1, x_2, \cdots, x_n]$ 也是诺特环. 再根据第 1 题得，$R[x_1, x_2, \cdots, x_n]/\text{Ker}\sigma$ 是诺特环. 在 $R[u_1, u_2, \cdots, u_n]$ 中任取一个理想 $\tilde{I}$，根据习题 2.1 的第 11 题得，$\sigma^{-1}(\tilde{I})$ 是 $R[x_1, x_2, \cdots, x_n]$ 的一个理想，且 $\sigma^{-1}(\tilde{I}) \supseteq \text{Ker}\sigma$，其中 $\sigma^{-1}(\tilde{I})$ 表示在 σ 下 $\tilde{I}$ 的原像集. 记 $\sigma^{-1}(\tilde{I}) = I$，则 $\sigma(I) = \tilde{I}$. 由于 $R[x_1, x_2, \cdots, x_n]$ 是诺特环，因此 I 是有限生成的. 设 $I = (f_1, \cdots, f_s)$，其中 $f_i \in R[x_1, x_2, \cdots, x_n]$, $i = 1, \cdots, s$. 于是 I 中任一元素形如：

$$\sum_{i=1}^{s} h_i f_i, \quad h_i \in R[x_1, x_2, \cdots, x_n], i = 1, \cdots, s.$$

从而，$\tilde{I} = \sigma(I)$ 中任一元素形如：

$$\sigma\left(\sum_{i=1}^{s} h_i f_i\right) = \sum_{i=1}^{s} \sigma(h_i)\sigma(f_i), \quad \sigma(h_i), \sigma(f_i) \in R[u_1, u_2, \cdots, u_n], i = 1, \cdots, s.$$

因此 $\tilde{I} = (\sigma(f_1), \cdots, \sigma(f_s))$. 这证明了 $R[u_1, u_2, \cdots, u_n]$ 的任一理想 $\tilde{I}$ 是有限生成的. 因此，$R[u_1, u_2, \cdots, u_n]$ 是诺特环.

3. 根据习题 3.2 的第 9 题，当 $m \equiv 2$ 或 $3 \pmod 4$ 时，$R_m = \mathbb{Z}[\sqrt{m}]$；当 $m \equiv 1 \pmod 4$ 时，$R_m = \mathbb{Z}\left[\frac{1+\sqrt{m}}{2}\right]$. 由于 $\mathbb{Z}$ 是诺特环，因此根据第 2 题得，$\mathbb{Z}[\sqrt{m}]$，$\mathbb{Z}\left[\frac{1+\sqrt{m}}{2}\right]$ 都是诺特环. 于是，R_m 都是诺特环.

第四章 域扩张，伽罗瓦理论

习 题 4.1

1. 设 $\sum_{i=1}^{m}\sum_{j=1}^{s}k_{ij}(\gamma_j\beta_i)=0$，则 $\sum_{i=1}^{m}\left(\sum_{j=1}^{s}k_{ij}\gamma_j\right)\beta_i=0$. 由于 $\beta_1,\cdots,\beta_m$ 是域 L 上线性空间 K 的一个基，因此

$$\sum_{j=1}^{s}k_{ij}\gamma_j=0, \quad i=1,\cdots,m.$$

给定 $i\in\{1,\cdots,m\}$，由于 $\gamma_1,\cdots,\gamma_s$ 是域 F 上线性空间 L 的一个基，因此 $k_{ij}=0$，$j=1,\cdots,s$. 从而

$$k_{ij}=0, \quad j=1,\cdots,s; i=1,\cdots,m.$$

因此 $\{\gamma_j\beta_i\mid 1\leqslant i\leqslant m, 1\leqslant j\leqslant s\}$ 在 F 上线性无关.

2. 由于 α' 是 $m(x)$ 在 $\widetilde{R}$ 中的另一个根，因此 α' 是 F 上的代数元. 由于 $m(x)$ 在 F 上不可约，因此 $m(x)$ 是 α' 在 F 上的极小多项式. 从而 $F(\alpha')=F[\alpha']\cong F[x]/(m(x))$. 又 $F(\alpha)\cong F[x]/(m(x))$，因此 $F(\alpha)\cong F(\alpha')$. 设 $\deg m(x)=r$，则从 $F[x]/(m(x))$ 到 $F(\alpha)$ 的一个同构映射 ψ_1 为

$$\psi_1(c_0+c_1u+\cdots+c_{r-1}u^{r-1})=c_0+c_1\alpha+\cdots+c_{r-1}\alpha^{r-1}.$$

从 $F[x]/(m(x))$ 到 $F[\alpha']$ 的一个同构映射 ψ_2 为

$$\psi_2(c_0+c_1u+\cdots+c_{r-1}u^{r-1})=c_0+c_1\alpha'+\cdots+c_{r-1}\alpha'^{r-1}.$$

于是有 $F(\alpha)$ 到 $F(\alpha')$ 的一个同构映射 $\eta=\psi_2\psi_1^{-1}$，使得

$$\eta(\alpha)=\psi_2\psi_1^{-1}(\alpha)=\psi_2(u)=\alpha',$$
$$\eta(a)=\psi_2\psi_1^{-1}(a)=\psi_2(a)=a, \quad \forall a\in F.$$

3. 设 K/F 是有限扩张，对域扩张次数 $[K:F]$ 做数学归纳法. 当 $[K:F]=1$ 时，K/F 的一个基为 α，由于 K/F 是有限扩张，因此 K/F 是代数扩张. 从而 α 是 F 上的代数元. 由于 $K\supseteq F(\alpha)\supseteq F$，因此由定理 3 得，$[F(\alpha):F]=1$. 从而 α 在 F 上的极小多项式 $m(x)$ 的次数为 1，于是 $m(x)=x-\alpha$. 由此推出 $\alpha\in F$. 从而 K 中任一元素 $a\alpha\in F$. 因此 $K=F$. 从而 $K=F(\alpha)$，即 K/F 是单代数扩张.

假设对于域扩张次数小于 $[K:F]$ 时，命题成立. 现在来看域扩张 K/F，其扩张次数 $[K:F]>1$，取一个 $\alpha_1\in K$ 但 $\alpha_1\notin F$. 由于 K/F 是有限扩张，因此 α_1 是 F 上的代数元. 记 $F_1=F(\alpha_1)$，则 F_1/F 是单代数扩张，且 $[F_1:F]>1$. 从而由定理 3 得，$[K:F_1]<[K:F]$. 根据归纳假设，K/F_1 有一个单代数扩张升链：

$$F_1\subsetneqq F_2\subsetneqq\cdots\subsetneqq F_s=K.$$

于是 K/F 有一个单代数扩张升链：

$$F\subsetneqq F_1\subsetneqq F_2\subsetneqq\cdots\subsetneqq F_s=K.$$

反之，设域扩张 K/F 有一个单代数扩张有限升链：

$$F=F_0\subsetneqq F_1\subsetneqq F_2\subsetneqq\cdots\subsetneqq F_s=K,$$

则 F_1/F 和 F_2/F_1 都是单代数扩张。从而由定理 2 得，它们都是有限扩张。再由定理 3 得，F_2/F 是有限扩张。同理，F_3/F_2 是有限扩张。对 $F\subsetneqq F_2\subsetneqq F_3$ 用定理 3 得，F_3/F 是有限扩张。依次下去，得 K/F 是有限扩张。

4. 任取 $\alpha\in K$。由 K/L 是代数扩张，因此 α 是 L 上的一个代数元。设 α 在 L 上的极小多项式 $g(x)$ 为

$$g(x)=x^r+l_{r-1}x^{r-1}+\cdots+l_1x+l_0,\quad l_i\in L, i=0,1,\cdots,r-1.$$

又由于 L/F 是代数扩张，因此 l_i 是 F 上的代数元，$0\leqslant i<r$。令

$$F_0=F,\ F_1=F_0(l_0),\ F_2=F_0(l_0,l_1),\ \cdots,\ F_i=F_0(l_0,l_1,\cdots,l_{i-1}),\cdots,$$
$$F_r=F_0(l_0,l_1,\cdots,l_{r-1}),\ F_{r+1}=F_r(\alpha).$$

由于 $F_{i+1}=F_0(l_0,l_1,\cdots,l_{i-1},l_i)=F_0(l_0,l_1,\cdots,l_{i-1})(l_i)=F_i(l_i)$，其中 $i=0,1,\cdots,r-1$；且 $F_{r+1}=F_r(\alpha)$，因此

$$F=F_0\subseteq F_1\subseteq F_2\subseteq\cdots\subseteq F_r\subseteq F_{r+1}$$

是单代数扩张升链。若有某个 j 使得 $F_j=F_{j+1}$，则可去掉 F_{j+1}。从而可以使每个 $\subseteq$ 变成 $\subsetneqq$。根据第 3 题得，F_{r+1}/F 为有限扩张。由于 $\alpha\in F_{r+1}$，因此 α 是 F 上的代数元。从而 K/F 是代数扩张。

5. 证法一 由于 α 是域 F 上的代数元，因此 $F(\alpha)/F$ 是单代数扩张。由于 β 是域 F 上的代数元，因此 β 是域 F 上的一个非零多项式 $g(x)$ 的根。由于 $g(x)$ 也可看成是 $F(\alpha)$ 上的一个多项式，因此 β 也是域 $F(\alpha)$ 上的代数元。从而 $F(\alpha)(\beta)/F(\alpha)$ 是单代数扩张。由于 $F(\alpha,\beta)=F(\alpha)(\beta)$，因此 $F(\alpha,\beta)/F(\alpha)$ 是单代数扩张。对 $F(\alpha,\beta)\supseteq F(\alpha)\supseteq F$ 用第 4 题的结论得，$F(\alpha,\beta)/F$ 是代数扩张。由于 $\alpha\pm\beta,\alpha\beta,\alpha\beta^{-1}$ $(\beta\neq 0)$ 都属于 $F(\alpha,\beta)$，因此 $\alpha\pm\beta,\alpha\beta,\alpha\beta^{-1}$ $(\beta\neq 0)$ 都是 F 上的代数元。

证法二 由于 α 是域 F 上的代数元，因此 $F(\alpha)/F$ 是单代数扩张，从而 $F(\alpha)/F$ 是有限扩张。由于 β 是域 F 上的代数元，从而 β 也是域 $F(\alpha)$ 上的代数元，因此得出 $F(\alpha)(\beta)/F(\alpha)$ 是单代数扩张，从而 $F(\alpha)(\beta)/F(\alpha)$ 是有限扩张。

于是 $F(\alpha,\beta)/F(\alpha)$ 是有限扩张。对 $F(\alpha,\beta)\supseteq F(\alpha)\supseteq F$ 用定理 3 得，$F(\alpha,\beta)/F$ 是有限扩张。由于 $\alpha\pm\beta,\alpha\beta,\alpha\beta^{-1}$ $(\beta\neq 0)$ 都属于 $F(\alpha,\beta)$，因此 $\alpha\pm\beta,\alpha\beta,\alpha\beta^{-1}$ $(\beta\neq 0)$ 都是域 F 上的代数元。

习 题 4.2

1. (1) 由于 $x^3-1=(x-1)(x-\omega)(x-\omega^2)$，其中 $\omega=\dfrac{-1+\sqrt{3}\mathrm{i}}{2}$，因此 x 用 $\dfrac{x}{\sqrt[3]{5}}$ 代入，从上式得

$$\left(\frac{x}{\sqrt[3]{5}}\right)^3-1=\left(\frac{x}{\sqrt[3]{5}}-1\right)\left(\frac{x}{\sqrt[3]{5}}-\omega\right)\left(\frac{x}{\sqrt[3]{5}}-\omega^2\right).$$

于是

$$x^3-5=(x-\sqrt[3]{5})(x-\sqrt[3]{5}\omega)(x-\sqrt[3]{5}\omega^2).$$

令 $E=\mathbb{Q}(\sqrt[3]{5},\sqrt[3]{5}\omega,\sqrt[3]{5}\omega^2)$，则 x^3-5 在 $E[x]$ 中分解成了一次因式的乘积. 从而 E 是 x^3-5 在 $\mathbb{Q}$ 上的一个分裂域.

由于 $f(x)=x^3-5$ 在 $\mathbb{Q}$ 上不可约，因此 $f(x)$ 是它在 E 中的一个根 $\sqrt[3]{5}$ 在 $\mathbb{Q}$ 上的极小多项式. 从而 $[\mathbb{Q}(\sqrt[3]{5}):\mathbb{Q}]=3$.

计算得，$x^3-5=(x-\sqrt[3]{5})(x^2+\sqrt[3]{5}x+(\sqrt[3]{5})^2)$. 由于

$$x^2+\sqrt[3]{5}x+(\sqrt[3]{5})^2=(x-\sqrt[3]{5}\omega)(x-\sqrt[3]{5}\omega^2),$$

且 $\sqrt[3]{5}\omega,\sqrt[3]{5}\omega^2\notin\mathbb{Q}(\sqrt[3]{5})$，因此 $x^2+\sqrt[3]{5}x+(\sqrt[3]{5})^2$ 在域 $\mathbb{Q}(\sqrt[3]{5})$ 上不可约，从而它是 $\sqrt[3]{5}\omega$ 在 $\mathbb{Q}(\sqrt[3]{5})$ 上的极小多项式. 于是 $[\mathbb{Q}(\sqrt[3]{5})(\sqrt[3]{5}\omega):\mathbb{Q}(\sqrt[3]{5})]=2$. 由于 $\sqrt[3]{5}\omega^2\in\mathbb{Q}(\sqrt[3]{5})(\sqrt[3]{5}\omega)$，因此

$$E=\mathbb{Q}(\sqrt[3]{5},\sqrt[3]{5}\omega,\sqrt[3]{5}\omega^2)=\mathbb{Q}(\sqrt[3]{5})(\sqrt[3]{5}\omega).$$

从而

$$[E:\mathbb{Q}]=[\mathbb{Q}(\sqrt[3]{5})(\sqrt[3]{5}\omega):\mathbb{Q}(\sqrt[3]{5})][\mathbb{Q}(\sqrt[3]{5}):\mathbb{Q}]=2\times 3=6.$$

(2) $g(x)=(x^2-2)(x^2-3)=(x+\sqrt{2})(x-\sqrt{2})(x+\sqrt{3})(x-\sqrt{3})$.

令 $E=\mathbb{Q}(\sqrt{2},\sqrt{3})$，则 $g(x)$ 在 $E[x]$ 中分解成了一次因式的乘积. 因此 $E=\mathbb{Q}(\sqrt{2},\sqrt{3})$ 是 $g(x)$ 在 $\mathbb{Q}$ 上的一个分裂域.

由于 x^2-2 在 $\mathbb{Q}$ 上不可约，因此 x^2-2 是 $\sqrt{2}$ 在 $\mathbb{Q}$ 上的极小多项式. 从而

$$[\mathbb{Q}(\sqrt{2}):\mathbb{Q}]=2.$$

由于 $x^2-3=(x+\sqrt{3})(x-\sqrt{3})$，因此 x^2-3 在 $\mathbb{Q}(\sqrt{2})$ 上不可约. 从而，x^2-3 是 $\sqrt{3}$ 在 $\mathbb{Q}(\sqrt{2})$ 上的极小多项式. 于是 $[\mathbb{Q}(\sqrt{2})(\sqrt{3}):\mathbb{Q}(\sqrt{2})]=2$. 因此，

$$[E:\mathbb{Q}]=[\mathbb{Q}(\sqrt{2})(\sqrt{3}):\mathbb{Q}(\sqrt{2})][\mathbb{Q}(\sqrt{2}):\mathbb{Q}]=2\times 2=4.$$

(3) $h(x)=x^4-2=(x^2-\sqrt{2})(x^2+\sqrt{2})$

$$=(x-\sqrt[4]{2})(x+\sqrt[4]{2})(x-\sqrt[4]{2}\mathrm{i})(x+\sqrt[4]{2}\mathrm{i}).$$

令 $E=\mathbb{Q}(\sqrt[4]{2},\sqrt[4]{2}\mathrm{i})$，则 $h(x)$ 在 $E[x]$ 中分解成了一次因式的乘积. 因此，$E=\mathbb{Q}(\sqrt[4]{2},\sqrt[4]{2}\mathrm{i})$ 是 $h(x)$ 在 $\mathbb{Q}$ 上的一个分裂域.

由于 x^4-2 在 $\mathbb{Q}$ 上不可约，因此 x^4-2 是 $\sqrt[4]{2}$ 在 $\mathbb{Q}$ 上的极小多项式. 从而
$$[\mathbb{Q}(\sqrt[4]{2}):\mathbb{Q}]=4.$$

由于 $x^2+\sqrt{2}=(x-\sqrt[4]{2}\mathrm{i})(x+\sqrt[4]{2}\mathrm{i})$，因此 $x^2+\sqrt{2}$ 在 $\mathbb{Q}(\sqrt[4]{2})$ 上不可约. 从而，$x^2+\sqrt{2}$ 是 $\sqrt[4]{2}\mathrm{i}$ 在 $\mathbb{Q}(\sqrt[4]{2})$ 上的极小多项式. 于是 $[\mathbb{Q}(\sqrt[4]{2})(\sqrt[4]{2}\mathrm{i}):\mathbb{Q}(\sqrt[4]{2})]=2$. 因此，
$$[E:\mathbb{Q}]=[\mathbb{Q}(\sqrt[4]{2})(\sqrt[4]{2}\mathrm{i}):\mathbb{Q}(\sqrt[4]{2})][\mathbb{Q}(\sqrt[4]{2}):\mathbb{Q}]=2\times 4=8.$$

2. 情形 1 $f(x)$ 在 F 上不可约，则 $F[x]/(f(x))$ 是一个域. 令 $\alpha=x+(f(x))$，则 $F[x]/(f(x))=F(\alpha)$，且 $f(\alpha)=0$. 于是 α 是 $f(x)$ 在 $F(\alpha)$ 中的一个根. $f(x)$ 的另一个根是 $-a-\alpha\in F(\alpha)$. 从而，$f(x)$ 在 $F(\alpha)[x]$ 中分解成了一次因式的乘积. 因此，$F(\alpha,-a-\alpha)=F(\alpha)$ 是 $f(x)$ 在 F 上的一个分裂域. 由于 $f(x)$ 是 α 在 F 上的极小多项式，因此 $[F(\alpha):F]=2$.

情形 2 $f(x)$ 在 F 上可约，则在 $F[x]$ 中 $f(x)=(x-c_1)(x-c_2)$. 令 $E=F(c_1,c_2)=F$，则 F 是 $f(x)$ 在 F 上的分裂域. $[F:F]=1$.

3. $x^p-1=(x-1)(x-\zeta)(x-\zeta^2)\cdots(x-\zeta^{p-1})$，其中 $\zeta=\mathrm{e}^{\mathrm{i}\frac{2\pi}{p}}$，令 $E=\mathbb{Q}(\zeta,\zeta^2,\cdots,\zeta^{p-1})$，则在 $E[x]$ 中 x^p-1 分解成了一次因式的乘积. 从而，E 是 x^p-1 在 $\mathbb{Q}$ 上的一个分裂域. 由于
$$x^p-1=(x-1)(x^{p-1}+x^{p-2}+\cdots+x+1),$$
并且 $x^{p-1}+x^{p-2}+\cdots+x+1$ 在 $\mathbb{Q}$ 上不可约（参看参考文献[4]的第五章 §5.8 例 5），因此 $x^{p-1}+x^{p-2}+\cdots+x+1$ 是 ζ 在 $\mathbb{Q}$ 上的极小多项式. 从而 $[\mathbb{Q}(\zeta):\mathbb{Q}]=p-1$. 由于 $E=\mathbb{Q}(\zeta,\zeta^2,\cdots,\zeta^{p-1})=\mathbb{Q}(\zeta)$，因此 $[E:\mathbb{Q}]=p-1$.

4. 由于 $x^p-1=(x-1)(x-\zeta)\cdots(x-\zeta^{p-1})$，其中 $\zeta=\mathrm{e}^{\mathrm{i}\frac{2\pi}{p}}$. x 用 $\dfrac{x}{\sqrt[p]{2}}$ 代入，从上式得
$$\left(\frac{x}{\sqrt[p]{2}}\right)^p-1=\left(\frac{x}{\sqrt[p]{2}}-1\right)\left(\frac{x}{\sqrt[p]{2}}-\zeta\right)\cdots\left(\frac{x}{\sqrt[p]{2}}-\zeta^{p-1}\right),$$
从而
$$x^p-2=(x-\sqrt[p]{2})(x-\sqrt[p]{2}\zeta)\cdots(x-\sqrt[p]{2}\zeta^{p-1}).$$
令 $E=\mathbb{Q}(\sqrt[p]{2},\sqrt[p]{2}\zeta,\cdots,\sqrt[p]{2}\zeta^{p-1})$，则 x^p-2 在 $E[x]$ 中分解成了一次因式的乘积. 从而，E 是 x^p-2 在 $\mathbb{Q}$ 上的一个分裂域.

由于 x^p-2 在 $\mathbb{Q}$ 上不可约，因此 x^p-2 是 $\sqrt[p]{2}$ 在 $\mathbb{Q}$ 上的极小多项式. 从而
$$[\mathbb{Q}(\sqrt[p]{2}):\mathbb{Q}]=p.$$

$$x^p - 2 = (x - \sqrt[p]{2})\left[x^{p-1} + \sqrt[p]{2}x^{p-2} + \cdots + (\sqrt[p]{2})^{p-2}x + (\sqrt[p]{2})^{p-1}\right].$$

由于

$$x^{p-1} + \sqrt[p]{2}x^{p-2} + \cdots + (\sqrt[p]{2})^{p-2}x + (\sqrt[p]{2})^{p-1} = (x - \sqrt[p]{2}\zeta)\cdots(x - \sqrt[p]{2}\zeta^{p-1}),$$

因此,$x^{p-1} + \sqrt[p]{2}x^{p-2} + \cdots + (\sqrt[p]{2})^{p-2}x + (\sqrt[p]{2})^{p-1}$ 在 $\mathbb{Q}(\sqrt[p]{2})$ 上不可约. 从而,它是 $\sqrt[p]{2}\zeta$ 在 $\mathbb{Q}(\sqrt[p]{2})$ 上的极小多项式. 于是 $[\mathbb{Q}(\sqrt[p]{2})(\sqrt[p]{2}\zeta):\mathbb{Q}(\sqrt[p]{2})] = p - 1$. 由于

$$E = \mathbb{Q}(\sqrt[p]{2}, \sqrt[p]{2}\zeta, \cdots, \sqrt[p]{2}\zeta^{p-1}) = \mathbb{Q}(\sqrt[p]{2}, \sqrt[p]{2}\zeta) = \mathbb{Q}(\sqrt[p]{2})(\sqrt[p]{2}\zeta),$$

因此

$$[E:\mathbb{Q}] = [\mathbb{Q}(\sqrt[p]{2})(\sqrt[p]{2}\zeta):\mathbb{Q}(\sqrt[p]{2})][\mathbb{Q}(\sqrt[p]{2}):\mathbb{Q}] = (p-1)p.$$

5. $f(x) = x^3 - 2x - 2$ 的判别式 $D(f) = -4(-2)^3 - 27(-2)^2 < 0$,因此 $f(x) = x^3 - 2x - 2$ 有一个实根 α 和一对共轭虚根 $\beta, \bar{\beta}$(参看参考文献[6]的第七章 §7.10 的例 7 和例 8). 于是令 $E = \mathbb{Q}(\alpha, \beta, \bar{\beta})$,则 $x^3 - 2x - 2$ 在 $E[x]$ 中能分解成一次因式的乘积: $x^3 - 2x - 2 = (x - \alpha)(x - \beta)(x - \bar{\beta})$. 因此,$E$ 是 $f(x)$ 在 $\mathbb{Q}$ 上的一个分裂域.

素数 2 满足 Eisenstein 判别法的条件,因此 $x^3 - 2x - 2$ 在 $\mathbb{Q}$ 上不可约. 于是 α 在 $\mathbb{Q}$ 上的极小多项式是 $x^3 - 2x - 2$. 因此,$[\mathbb{Q}(\alpha):\mathbb{Q}] = 3$.

由于 $x^3 - 2x - 2 = (x - \alpha)[x^2 - (\beta + \bar{\beta})x + \beta\bar{\beta}]$,因此在 $E[x]$ 中,$x - \alpha \mid x^3 - 2x - 2$. 从而在 $\mathbb{Q}(\alpha)[x]$ 中,$x - \alpha \mid x^3 - 2x - 2$. 于是存在 $h(x) \in \mathbb{Q}(\alpha)[x]$,使得 $x^3 - 2x - 2 = (x - \alpha)h(x)$. 把此式看成 $E[x]$ 中的等式,由带余除法的唯一性得,$h(x) = x^2 - (\beta + \bar{\beta})x + \beta\bar{\beta}$,因此 $x^2 - (\beta + \bar{\beta})x + \beta\bar{\beta} \in \mathbb{Q}(\alpha)[x]$. 又由于 $x^2 - (\beta + \bar{\beta})x + \beta\bar{\beta} = (x - \beta)(x - \bar{\beta})$,且 $\beta, \bar{\beta} \notin \mathbb{Q}(\alpha)$,因此 $x^2 - (\beta + \bar{\beta})x + \beta\bar{\beta}$ 在 $\mathbb{Q}(\alpha)$ 上不可约. 从而它是 β 在 $\mathbb{Q}(\alpha)$ 上的极小多项式,因此 $[\mathbb{Q}(\alpha)(\beta):\mathbb{Q}(\alpha)] = 2$. 由于

$$E = \mathbb{Q}(\alpha, \beta, \bar{\beta}) = \mathbb{Q}(\alpha, \beta) = \mathbb{Q}(\alpha)(\beta),$$

因此

$$[E:\mathbb{Q}] = [\mathbb{Q}(\alpha)(\beta):\mathbb{Q}(\alpha)][\mathbb{Q}(\alpha):\mathbb{Q}] = 2 \times 3 = 6.$$

6. (1) 根据本节定理 1,域 $\mathbb{Z}_p$ 上的多项式 $x^q - x$ 在 $\mathbb{Z}_p$ 上有一个分裂域 E. 于是 $x^q - x$ 在 $E[x]$ 中能分解成一次因式的乘积. 由于在 $\mathbb{Z}_p[x]$ 中有

$$(x^q - x)' = qx^{q-1} - \bar{1} = q\bar{1}x^{q-1} - \bar{1} = \bar{q}x^{q-1} - \bar{1} = -\bar{1},$$

因此在 $\mathbb{Z}_p[x]$ 中,$(x^q - x, (x^q - x)') = (x^q - x, -\bar{1}) = \bar{1}$. 由于互素性不随域的扩大而改变(参看参考文献[4]的第五章 §5.3 的推论 1 和 §5.9 的命题 4 下面的一段话),因此在 $E[x]$ 中,$(x^q - x, (x^q - x)') = \bar{1}$. 从而 $x^q - x$ 在 $E[x]$ 中没有重因式(参看参考文献[4]的第五章 §5.9 的第 250 页第 4 行至第 14 行). 于是 $x^q - x$ 在 $E[x]$ 中分解成了不同的一次因式的乘积. 因此 $x^q - x$ 在 E 中恰好有 q 个不同

的根,设它们为 $\alpha_1, \alpha_2, \cdots, \alpha_q$,则 $E = \mathbb{Z}_p(\alpha_1, \alpha_2, \cdots, \alpha_q)$. 令
$$K = \{\alpha_1, \alpha_2, \cdots, \alpha_q\}.$$
我们来证 K 是 E 的一个子域. 由于
$$(\alpha_i - \alpha_j)^q = \alpha_i^q - \alpha_j^q = \alpha_i - \alpha_j,$$
$$(\alpha_i \alpha_j^{-1})^q = \alpha_i^q (\alpha_j^q)^{-1} = \alpha_i \alpha_j^{-1}, \quad \text{当 } \alpha_j \neq 0,$$
因此 $\alpha_i - \alpha_j, \alpha_i \alpha_j^{-1} (\alpha_j \neq 0)$ 都是 $x^q - x$ 在 E 中的根. 从而它们都属于 K. 因此 K 是 E 的一个子域. 由于 $\bar{1}$ 是 $x^q - x$ 在 E 中的一个根,因此 $\bar{1} \in K$. 从而 $\mathbb{Z}_p$ 中任一元素 $\bar{i} = i\bar{1} \in K$. 于是 K 是包含 $\mathbb{Z}_p \cup \{\alpha_1, \alpha_2, \cdots, \alpha_q\}$ 的一个子域. 因此
$$K \supseteq \mathbb{Z}_p(\alpha_1, \alpha_2, \cdots, \alpha_q) = E.$$
由此推出,$K = E$. 这证明了 E 是含 q 个元素的域.

(2) 设 L 是任意一个 q 元有限域,用 e 表示 L 的单位元. 由于 $q = p^n$,因此域 L 的特征是 p. 令
$$L_p = \{0, e, 2e, \cdots, (p-1)e\}.$$
容易验证,L_p 是 L 的一个子域(称 L_p 是 L 的**素域**). 由于 L^* 是 $q-1$ 阶循环群,因此 L^* 中每一个元素 β 满足 $\beta^{q-1} = e$. 从而 $\beta^q = \beta$. 于是 L 的全部元素是 $L_p[x]$ 中多项式 $x^q - x$ 在 L 中的全部根. 因此 L 是 $x^q - x$ 在 L_p 上的一个分裂域. 容易验证,$\sigma: \bar{i} \mapsto ie$ 是 $\mathbb{Z}_p$ 到 L_p 的一个同构. 记 $f(x) = x^q - x \in \mathbb{Z}_p[x]$,则 $f^\sigma(x) = x^q - x \in L_p[x]$. 根据本节定理 2,$\sigma$ 可以开拓成 E 到 L 的一个同构,因此 $E \cong L$. 再根据同构关系的对称性和传递性得,任意两个 q 元有限域都同构.

7. 由于 $\bar{0}, \bar{1}, \bar{2}$ 都不是 $f(x) = x^3 + \bar{2}x + \bar{2}$ 在 $\mathbb{Z}_3$ 中的根,因此 $\mathbb{Z}_3$ 上的多项式 $x^3 + \bar{2}x + \bar{2}$ 在 $\mathbb{Z}_3$ 上不可约. 从而 $\mathbb{Z}_3[x]/(x^3 + \bar{2}x + \bar{2})$ 是一个域. 记 $\alpha = x + (x^3 + \bar{2}x + \bar{2})$,则 $\mathbb{Z}_3[x]/(x^3 + \bar{2}x + \bar{2}) = \mathbb{Z}_3[\alpha]$,并且 α 是 $x^3 + \bar{2}x + \bar{2}$ 在 $\mathbb{Z}_3(\alpha)$ 中的一个根. 于是 $x^3 + \bar{2}x + \bar{2}$ 是 α 在 $\mathbb{Z}_3$ 上的极小多项式. 因此 $[\mathbb{Z}_3(\alpha) : \mathbb{Z}_3] = 3$. 直接计算可得
$$f(x) = x^3 + \bar{2}x + \bar{2} = (x - \alpha)(x^2 + \alpha x + \alpha^{-1}).$$
$\mathbb{Z}_3(\alpha)$ 的每一个元素形如 $c_0 + c_1 \alpha + c_2 \alpha^2$,其中 $c_0, c_1, c_2 \in \mathbb{Z}_3$. 假如 $c_0 + c_1 \alpha + c_2 \alpha^2$ 是 $x^2 + \alpha x + \alpha^{-1}$ 在 $\mathbb{Z}_3(\alpha)$ 中的一个根,先设 $c_2 = \bar{0}$,经计算得矛盾. 从而 $c_2 \neq \bar{0}$. 设 $c_1 = \bar{0}$,经计算得矛盾. 于是 $c_1 \neq \bar{0}$. 分别设 $c_0 = \bar{0}, c_0 = \bar{1}, c_0 = \bar{2}$,经计算均得矛盾. 因此多项式 $x^2 + \alpha x + \alpha^{-1}$ 在 $\mathbb{Z}_3(\alpha)$ 中没有根,从而 $x^2 + \alpha x + \alpha^{-1}$ 在 $\mathbb{Z}_3(\alpha)$ 上不可约. 于是 $\mathbb{Z}_3(\alpha)[x]/(x^2 + \alpha x + \alpha^{-1})$ 是一个域. 记 $\beta = x + (x^2 + \alpha x + \alpha^{-1})$,则
$$\mathbb{Z}_3(\alpha)[x]/(x^2 + \alpha x + \alpha^{-1}) = \mathbb{Z}_3(\alpha)(\beta),$$
并且 β 是 $x^2 + \alpha x + \alpha^{-1}$ 在 $\mathbb{Z}_3(\alpha)(\beta)$ 中的一个根. 从而 $x^2 + \alpha x + \alpha^{-1}$ 是 β 在 $\mathbb{Z}_3(\alpha)$ 上的极小多项式. 因此 $[\mathbb{Z}_3(\alpha)(\beta) : \mathbb{Z}_3(\alpha)] = 2$. $x^2 + \alpha x + \alpha^{-1}$ 在 $\mathbb{Z}_3(\alpha)$ 中

的另一个根为 $-\beta-\alpha$. 令 $E=\mathbb{Z}_3(\alpha,\beta,-\beta-\alpha)=\mathbb{Z}_3(\alpha,\beta)$，则 $x^3+\bar{2}x+\bar{2}$ 在 $E[x]$ 中分解成了一次因式的乘积：
$$x^3+\bar{2}x+\bar{2}=(x-\alpha)(x-\beta)[x-(-\beta-\alpha)].$$
从而，$E=\mathbb{Z}_3(\alpha,\beta)$ 是 $x^3+\bar{2}x+\bar{2}$ 在 $\mathbb{Z}_3$ 上的一个分裂域，并且
$$[E:\mathbb{Z}_3]=[\mathbb{Z}_3(\alpha)(\beta):\mathbb{Z}_3(\alpha)][\mathbb{Z}_3(\alpha):\mathbb{Z}_3]=2\times 3=6.$$

8. 由于 $\mathbb{Z}_p$ 的特征为素数 p，因此 $\forall\,\bar{a},\bar{b}\in\mathbb{Z}_p$，有 $(\bar{a}+\bar{b})^p=\bar{a}^p+\bar{b}^p$（参看参考文献[2]第一章§1.4 的命题 2，或者本书习题 0.3 的第 23 题）. 由此可推出 $(x+(-\bar{1}))^{p^r}=x^{p^r}+(-\bar{1})^{p^r}$. 根据费马小定理（参看参考文献[2]第一章§1.4 的定理 5，或者本书第一章§1.4 的费马小定理）得，$(-\bar{1})^{p^r}=\overline{(p-1)}^{p^r}=\overline{p-1}=-\bar{1}$. 因此 $x^{p^r}-\bar{1}=[x+(-\bar{1})]^{p^r}$. 这表明 $x^{p^r}-\bar{1}$ 在 $\mathbb{Z}_p[x]$ 中能分解成一次因式的乘积. 因此 $x^{p^r}-\bar{1}$ 在 $\mathbb{Z}_p$ 上的分裂域是 $\mathbb{Z}_p$ 自身. 从而 $[\mathbb{Z}_p:\mathbb{Z}_p]=1$.

习 题 4.3

1. (1) 根据习题 4.2 的第 1 题，$f(x)=x^3-5$ 在 $\mathbb{Q}$ 上的一个分裂域是 $E=\mathbb{Q}(\sqrt[3]{5},\sqrt[3]{5}\omega)$，其中 $\omega=\dfrac{-1+\sqrt{3}\mathrm{i}}{2}$，$[E:\mathbb{Q}]=6$. x^3-5 在 $E[x]$ 中分解成了不同的一次因式的乘积，因此 x^3-5 在 E 中没有重根. 又由于 x^3-5 在 $\mathbb{Q}$ 上不可约，因此 x^3-5 是 $\mathbb{Q}[x]$ 中的可分多项式. 根据本节定理 1 得，$E/\mathbb{Q}$ 是有限伽罗瓦扩张. 根据本节命题 1 得，$|\mathrm{Gal}(E/\mathbb{Q})|=[E:\mathbb{Q}]=6$. 令 $\Omega=\{\sqrt[3]{5},\sqrt[3]{5}\omega,\sqrt[3]{5}\omega^2\}$，则 Ω 是 $\sqrt[3]{5}$ 在 $\mathbb{Q}$ 上的极小多项式 x^3-5 在 E 中的全部根组成的集合. 由于 $E_1=\mathbb{Q}(\sqrt[3]{5},\sqrt[3]{5}\omega,\sqrt[3]{5}\omega^2)=E$，因此根据本节推论 2 得，$\mathrm{Gal}(E/\mathbb{Q})$ 同构于 S_Ω 的一个子群. 又由于 $S_\Omega\cong S_3$，因此 $|S_\Omega|=|S_3|=6=|\mathrm{Gal}(E/\mathbb{Q})|$. 从而 $\mathrm{Gal}(E/\mathbb{Q})\cong S_3$.

(2) 根据习题 4.2 的第 1 题，$g(x)=(x^2-2)(x^2-3)$ 在 $\mathbb{Q}$ 上的一个分裂域 $E=\mathbb{Q}(\sqrt{2},\sqrt{3})$，$[E:\mathbb{Q}]=4$.

令 $\Omega_1=\{\sqrt{2},-\sqrt{2}\}$，则 Ω_1 是 $\sqrt{2}$ 在 $\mathbb{Q}$ 上的极小多项式 x^2-2 在 E 中的全部根. 令 $E_1=\mathbb{Q}(\sqrt{2},-\sqrt{2})=\mathbb{Q}(\sqrt{2})$，根据本节推论 2 得，$\mathrm{Gal}(E_1/\mathbb{Q})$ 同构于 S_{Ω_1} 的一个子群. 又由于 $S_{\Omega_1}\cong S_2$，因此 $|S_{\Omega_1}|=|S_2|=2=[\mathbb{Q}(\sqrt{2}):\mathbb{Q}]$. 根据本节命题 1 得，$|\mathrm{Gal}(E_1/\mathbb{Q})|=[E_1:\mathbb{Q}]=2$. 因此 $\mathrm{Gal}(E_1/\mathbb{Q})\cong S_{\Omega_1}$.

把 x^2-3 看成 $E_1=\mathbb{Q}(\sqrt{2})$ 上的多项式. 由于 $x^2-3=(x-\sqrt{3})(x+\sqrt{3})$，因此 $\mathbb{Q}(\sqrt{2})(\sqrt{3},-\sqrt{3})=\mathbb{Q}(\sqrt{2})(\sqrt{3})=E$ 是 x^2-3 在 E_1 上的一个分裂域. 任取 $\sigma\in\mathrm{Gal}(E_1/\mathbb{Q})$，根据§4.2 的定理 2 得，$\sigma$ 可以开拓成域 E 到 E 的一个同构，即 σ 可以开拓成 $\mathrm{Gal}(E/\mathbb{Q})$ 的一个元素，并且从 σ 开拓成的 $\mathrm{Gal}(E/\mathbb{Q})$ 的元素数目等

于 $[E:E_1]=[E:\mathbb{Q}(\sqrt{2})]=2$. 从 §4.2 的引理 1 的充分性的证明中看到,对于 x^2-3 在 E 中的一个根 $\sqrt{3}$,从 σ 开拓成的 $E=\mathbb{Q}(\sqrt{2})(\sqrt{3})$ 到 E 的同构 $\psi_{\sqrt{3}}$,使得

$$\psi_{\sqrt{3}}(\sqrt{3})=\sqrt{3}, \quad \psi_{\sqrt{3}}(-\sqrt{3})=-\sqrt{3};$$

对于 x^2-3 在 E 中的另一个根 $-\sqrt{3}$,从 σ 开拓成的 $E=\mathbb{Q}(\sqrt{2})(\sqrt{3})$ 到 E 的同构 $\psi_{-\sqrt{3}}$,使得

$$\psi_{-\sqrt{3}}(\sqrt{3})=-\sqrt{3}, \quad \psi_{-\sqrt{3}}(-\sqrt{3})=-(-\sqrt{3})=\sqrt{3}.$$

由于 $\sigma \in \mathrm{Gal}(E_1/\mathbb{Q})$ 且 $\mathrm{Gal}(E_1/\mathbb{Q}) \cong S_{\Omega_1}$,因此 $\mathrm{Gal}(E_1/\mathbb{Q})$ 中有 2 个元素 σ_1 和 σ_2,其中 σ_1 是 Ω_1 上的恒等变换;$\sigma_2(\sqrt{2})=-\sqrt{2}, \sigma_2(-\sqrt{2})=\sqrt{2}$. 从 σ_1 开拓成的 $\mathrm{Gal}(E/\mathbb{Q})$ 的元素有两个:$\psi_{1,\sqrt{3}}, \psi_{1,-\sqrt{3}}$,其中 $\psi_{1,\sqrt{3}}$ 在 $\Omega=\{\sqrt{2},-\sqrt{2},\sqrt{3},-\sqrt{3}\}$ 上的限制是 Ω 上的恒等变换;且

$$\psi_{1,-\sqrt{3}}(\sqrt{2})=\sqrt{2}, \psi_{1,-\sqrt{3}}(-\sqrt{2})=-\sqrt{2}, \psi_{1,-\sqrt{3}}(\sqrt{3})=-\sqrt{3}, \psi_{1,-\sqrt{3}}(-\sqrt{3})=\sqrt{3}.$$

从 σ_2 开拓成的 $\mathrm{Gal}(E/\mathbb{Q})$ 的元素有两个:$\psi_{2,\sqrt{3}}, \psi_{2,-\sqrt{3}}$,其中

$$\psi_{2,\sqrt{3}}(\sqrt{2})=-\sqrt{2}, \psi_{2,\sqrt{3}}(-\sqrt{2})=\sqrt{2}, \psi_{2,\sqrt{3}}(\sqrt{3})=\sqrt{3}, \psi_{2,\sqrt{3}}(-\sqrt{3})=-\sqrt{3};$$

$$\psi_{2,-\sqrt{3}}(\sqrt{2})=-\sqrt{2}, \psi_{2,-\sqrt{3}}(-\sqrt{2})=\sqrt{2}, \psi_{2,-\sqrt{3}}(\sqrt{3})=-\sqrt{3}, \psi_{2,-\sqrt{3}}(-\sqrt{3})=\sqrt{3}.$$

由于 $g(x)=(x^2-2)(x^2-3)$ 在 E 中没有重根,因此 $g(x)$ 是可分多项式. 从而 $E/\mathbb{Q}$ 是有限伽罗瓦扩张,因此 $|\mathrm{Gal}(E/\mathbb{Q})|=[E:\mathbb{Q}]=4$. 于是

$$\mathrm{Gal}(E/\mathbb{Q})=\{\psi_{1,\sqrt{3}},\psi_{1,-\sqrt{3}},\psi_{2,\sqrt{3}},\psi_{2,-\sqrt{3}}\}.$$

(3) 根据习题 4.2 的第 1 题,$h(x)=x^4-2$ 在 $\mathbb{Q}$ 上的一个分裂域是 $E=\mathbb{Q}(\sqrt[4]{2},\sqrt[4]{2}\mathrm{i})$,且 $h(x)$ 在 E 中没有重根,因此 $h(x)$ 是可分的. 从而 $E/\mathbb{Q}$ 是有限伽罗瓦扩张,$|\mathrm{Gal}(E/\mathbb{Q})|=[E:\mathbb{Q}]=8$. E 中元素 $\sqrt[4]{2}$ 在 $\mathbb{Q}$ 上的极小多项式为 x^4-2. x^4-2 在 E 中的全部根组成的集合 $\Omega=\{\sqrt[4]{2},-\sqrt[4]{2},\sqrt[4]{2}\mathrm{i},-\sqrt[4]{2}\mathrm{i}\}$. 由于

$$E_1=\mathbb{Q}(\sqrt[4]{2},-\sqrt[4]{2},\sqrt[4]{2}\mathrm{i},-\sqrt[4]{2}\mathrm{i})=\mathbb{Q}(\sqrt[4]{2},\sqrt[4]{2}\mathrm{i})=E,$$

因此根据本节推论 2 得,$\mathrm{Gal}(E/\mathbb{Q})$ 同构于 S_Ω 的一个子群. 又由于 $S_\Omega \cong S_4$,因此 $\mathrm{Gal}(E/\mathbb{Q})$ 同构于 S_4 的一个 8 阶子群. 根据第 2 题,S_4 的 8 阶子群有 3 个:

$$\langle(1234),(24)\rangle, \quad \langle(1342),(14)\rangle, \quad \langle(1324),(34)\rangle.$$

它们都同构于二面体 $D_4=\langle a,b \mid a^4=b^2=e, bab^{-1}=a^{-1}\rangle$. 因此 $\mathrm{Gal}(E/\mathbb{Q})$ 同构于 S_4 的 8 阶子群 $\langle(1234),(24)\rangle$,它的元素为

$$(1), (1234), (13)(24), (1432), (24), (12)(34), (13), (14)(23).$$

(4) 根据习题 4.2 的第 5 题,$k(x)=x^3-2x-2$ 在 $\mathbb{Q}$ 上的一个分裂域是 $E=\mathbb{Q}(\alpha,\beta,\bar{\beta})$,其中 α 是 $k(x)$ 的一个实根,β 和 $\bar{\beta}$ 是 x^3-2x-2 的一对共轭虚根. $[E:\mathbb{Q}]=6$. x^3-2x-2 在 $\mathbb{Q}$ 上不可约,且它在 E 中没有重根,因此 x^3-2x-2 是

可分多项式. 从而 $E/\mathbb{Q}$ 是有限伽罗瓦扩张, 且 $|\mathrm{Gal}(E/\mathbb{Q})|=[E:\mathbb{Q}]=6$. E 中元素 α 在 $\mathbb{Q}$ 上的极小多项式是 x^3-2x-2. x^3-2x-2 在 E 中的全部根组成的集合 $\Omega=\{\alpha,\beta,\bar{\beta}\}$. 由于 $E_1=\mathbb{Q}(\alpha,\beta,\bar{\beta})=E$, 因此根据本节推论 2 得, $\mathrm{Gal}(E/\mathbb{Q})$ 同构于 S_Ω 的一个子群. 又由于 $S_\Omega\cong S_3$, 且 $|S_3|=6=|\mathrm{Gal}(E/\mathbb{Q})|$, 因此 $\mathrm{Gal}(E/\mathbb{Q})$ 同构于 S_3.

2. 由于 $|S_4|=4!=24=2^3\times 3$, 因此 S_4 的 8 阶子群是它的 Sylow 2-子群, 其个数 $r=2k+1$ 且 $r\mid 3$, 于是 $r=1$ 或 3. 假如 $r=1$, 则 S_4 的 Sylow 2-子群 P 是正规子群. 由于 $|S_4/P|=\dfrac{24}{8}=3$, 因此 S_4/P 是 Abel 群. 于是 $P\supseteq S_4'$. 我们知道 $S_4'=A_4$, 这推出 $P\supseteq A_4$, 矛盾. 因此 $r=3$, 即 S_4 有 3 个 8 阶子群. 第一章 §1.9 的例 3 决定了 8 阶群的类型, 又 S_4 的 3 个 Sylow 2-子群彼此共轭, 于是我们可求出 S_4 的 3 个 8 阶子群为

$$\langle (1234),(24)\rangle,\quad \langle (1342),(14)\rangle,\quad \langle (1324),(34)\rangle,$$

它们都同构于二面体 $D_4=\langle a,b\mid a^4=b^2=e, bab^{-1}=a^{-1}\rangle$.

3. $K=\mathbb{Q}(\sqrt[3]{5})$, 由于 $\sqrt[3]{5}$ 是 $\mathbb{Q}$ 上不可约多项式 x^3-5 在它的分裂域 E 中的一个根, 因此 x^3-5 是 $\sqrt[3]{5}$ 在 $\mathbb{Q}$ 上的极小多项式. 从而

$$\mathbb{Q}(\sqrt[3]{5})=\{c_0+c_1\sqrt[3]{5}+c_2(\sqrt[3]{5})^2\mid c_0,c_1,c_2\in\mathbb{Q}\}.$$

任取 $\mathbb{Q}(\sqrt[3]{5})$ 的一个 $\mathbb{Q}$-自同构 σ, 再任取 $\alpha\in\mathbb{Q}(\sqrt[3]{5})$, 则 α 可以唯一地表示成 $a_0+a_1\sqrt[3]{5}+a_2(\sqrt[3]{5})^2$, 其中 $a_0,a_1,a_2\in\mathbb{Q}$. 由于 $\sigma\mid\mathbb{Q}$ 是 $\mathbb{Q}$ 上的恒等变换, 且 σ 保持加法和乘法, 因此

$$\sigma(\alpha)=a_0+a_1\sigma(\sqrt[3]{5})+a_2\left[\sigma(\sqrt[3]{5})\right]^2.$$

由于 $\sigma(\alpha)\in\mathbb{Q}(\sqrt[3]{5})$, 因此 $\sigma(\alpha)$ 可以唯一地写成 $c_0+c_1\sqrt[3]{5}+c_2(\sqrt[3]{5})^2$. 于是 σ 或者是 $\mathbb{Q}(\sqrt[3]{5})$ 上的恒等变换 I, 或者 $\sigma(\sqrt[3]{5})=(\sqrt[3]{5})^2, \sigma((\sqrt[3]{5})^2)=\sqrt[3]{5}$. 若 σ 为后者, 则

$$\sigma(\sqrt[3]{5})\sigma(\sqrt[3]{5})=(\sqrt[3]{5})^2(\sqrt[3]{5})^2=5\sqrt[3]{5}\neq\sigma((\sqrt[3]{5})(\sqrt[3]{5})),$$

因此 σ 必为恒等变换 I. 从而 $\mathrm{Gal}(K/\mathbb{Q})=\{I\}$. 于是

$$\mathrm{Inv}(\mathrm{Gal}(K/\mathbb{Q}))=K.$$

4. 由于 $\mathbb{Z}_p[t]\cong\mathbb{Z}_p[x]$, 因此 $\mathbb{Z}_p[t]$ 是唯一因子分解整环, 且 t 是不可约元. 根据 §3.2 的定理 7(Eisenstein 判别法)得, $g(x)=x^2+tx+t$ 和 $f(x)=x^{2p}+tx^p+t$ 都在 $F=\mathbb{Z}_p(t)$ 上不可约. 设 E_1 是 $g(x)$ 在 F 上的分裂域, 则在 $E_1[x]$ 中, $g(x)=(x-\gamma)(x-\delta)$. 假如 $\gamma=\delta$, 则 $t=-(\gamma+\delta)=-2\gamma, t=\gamma\delta=\gamma^2$. 若 $p=2$, 则 $t=0$, 矛盾. 若 $p>2$, 则 $t^2-\overline{4}t=0$, 这与 t 是 $\mathbb{Z}_p$ 上的超越元矛盾. 因此 $\gamma\neq\delta$. 于是在 $E_1[x]$ 中, $f(x)=g(x^p)=(x^p-\gamma)(x^p-\delta)$. 由于 E 是 $f(x)$ 在 F 上的分裂域, 因

此 $x^p-\gamma$ 和 $x^p-\delta$ 在 E 中都有根. 设 α,β 分别是 $x^p-\gamma,x^p-\delta$ 在 E 中的一个根, 则 $\alpha^p=\gamma,\beta^p=\delta$. 于是在 $E[x]$ 中, $f(x)$ 分解成

$$f(x)=(x^p-\alpha^p)(x^p-\beta^p)=(x-\alpha)^p(x-\beta)^p.$$

由于 $\gamma\neq\delta$, 因此 $\alpha\neq\beta$. 这表明 $f(x)$ 在 E 中不同的根只有两个: α 和 β. 任取 $\sigma\in\mathrm{Gal}(E/F)$, 从 $f(\alpha)=0$ 得, $\alpha^{2p}+t\alpha^p+t=0$. 两边用 σ 作用得, $\sigma(\alpha)^{2p}+t\sigma(\alpha)^p+t=0$. 于是 $\sigma(\alpha)$ 是 $f(x)$ 在 E 中的一个根. 从而 $\sigma(\alpha)=\alpha$ 或 $\sigma(\alpha)=\beta$. 同理 $\sigma(\beta)=\beta$ 或 $\sigma(\beta)=\alpha$. 因此 σ 或者是 E 上的恒等变换 I, 或者 $\sigma(\alpha)=\beta$ 且 $\sigma(\beta)=\alpha$. 于是 $\mathrm{Gal}(E/F)=\{I,\sigma\}$, 其中 σ 把 α 与 β 互变.

令 $\alpha+\beta=u,\alpha\beta=v$, 则

$$u^p=(\alpha+\beta)^p=\alpha^p+\beta^p=\gamma+\delta=-t, \quad v^p=\alpha^p\beta^p=\gamma\delta=t.$$

令 $F_1=F(u,v)$. 由于

$$\sigma(u)=\sigma(\alpha+\beta)=\sigma(\alpha)+\sigma(\beta)=\alpha+\beta=u,$$
$$\sigma(v)=\sigma(\alpha\beta)=\sigma(\alpha)\sigma(\beta)=\alpha\beta=v,$$

因此 $\mathrm{Inv}(\mathrm{Gal}(E/F))\supseteq F(u,v)$. 由于 $u^p=-t$, 因此 $u\notin F$, 理由如下: 假如 $u\in F=\mathbb{Z}_p(t)$, 则 $u=\dfrac{a_0+a_1t+\cdots+a_nt^n}{b_0+b_1t+\cdots+b_mt^m}$, 其中 $a_0,\cdots,a_n,b_0,\cdots,b_m$ 都是 $\mathbb{Z}_p$ 中不全为 0 的元素. 于是 $u^p=\dfrac{a_0+a_1t^p+\cdots+a_nt^{pn}}{b_0+b_1t^p+\cdots+b_mt^{pm}}$. 从而

$$a_0+a_1t^p+\cdots+a_nt^{pn}+t(b_0+b_1t^p+\cdots+b_mt^{pm})=0.$$

这与 t 是 $\mathbb{Z}_p$ 上的超越元矛盾. 因此 $u\notin F$. 同理 $v\notin F$. 因此 $F(u,v)\supsetneq F$. 从而

$$\mathrm{Inv}(\mathrm{Gal}(E/F))\supsetneq F.$$

5. 对于域 $\mathbb{F}_q$ 上的多项式 $x^{q^m}-x$, 由于域 q 的特征为 p, 因此

$$(x^{q^m}-x)'=q^mx^{q^m-1}-1=p^{rm}x^{q^m-1}-1=-1.$$

从而在 $\mathbb{F}_q[x]$ 中, $(x^{q^m}-x,(x^{q^m}-x)')=1$. 由于互素性不随域的扩大而改变, 因此在 $\mathbb{F}_{q^m}[x]$ 中, $(x^{q^m}-x,(x^{q^m}-x)')=1$. 从而 $x^{q^m}-x$ 在 $\mathbb{F}_{q^m}[x]$ 中没有重因式, 于是它分解成了不同的一次因式的乘积. 从而 $x^{q^m}-x$ 在 $\mathbb{F}_{q^m}$ 中没有重根. 由于 $\mathbb{F}_q$ 与它的子域 $\mathbb{F}_p$ 的单位元是同一个元素, 因此 $x^{q^m}-x$ 也可看成是 $\mathbb{F}_p$ 上的多项式. 而后者在 $\mathbb{F}_p$ 上的分裂域是 $\mathbb{F}_{p^{rm}}=\mathbb{F}_{q^m}$. 从而 $x^{q^m}-x$ 在 $\mathbb{F}_q$ 上的分裂域是 $\mathbb{F}_{q^m}$. 于是 $\mathbb{F}_{q^m}/\mathbb{F}_q$ 是有限伽罗瓦扩张. 从而

$$|\mathrm{Gal}(\mathbb{F}_{q^m}/\mathbb{F}_q)|=[\mathbb{F}_{q^m}:\mathbb{F}_q]=m.$$

对于任意 $\alpha,\beta\in\mathbb{F}_{q^m}$, 由于域 $\mathbb{F}_{q^m}$ 的特征为 p, 因此

$$\sigma_q(\alpha+\beta)=(\alpha+\beta)^q=\alpha^q+\beta^q=\sigma_q(\alpha)+\sigma_q(\beta),$$
$$\sigma_q(\alpha\beta)=(\alpha\beta)^q=\alpha^q\beta^q=\sigma_q(\alpha)\sigma_q(\beta),$$

从而 σ_q 是环同态. 若 $\alpha^q = \beta^q$, 则 $0 = \alpha^q - \beta^q = (\alpha - \beta)^q$. 从而 $\alpha - \beta = 0$. 于是 $\alpha = \beta$, 因此 σ_q 是单射. 由于 $\mathbb{F}_{q^m}$ 是有限集, 因此 σ_q 也是满射. 从而 σ_q 是域 $\mathbb{F}_{q^m}$ 的一个自同构. 对于 $a \in \mathbb{F}_q$, 有 $\sigma_q(a) = a^q = a$. 因此 σ_q 是 $\mathbb{F}_{q^m}$ 的一个 $\mathbb{F}_q$-自同构. 从而 $\sigma_q \in \mathrm{Gal}(\mathbb{F}_{q^m}/\mathbb{F}_q)$.

对于任意 $\alpha \in \mathbb{F}_{q^m}$, 有

$$\sigma_q^m(\alpha) = \alpha^{q^m}.$$

从习题 4.2 的第 6 题的证明过程看到, $\mathbb{F}_{q^m}$ 恰好由 $x^{q^m} - x$ 在 $\mathbb{F}_{q^m}$ 中的 q^m 个根组成. 因此 $\alpha^{q^m} = \alpha$. 从而 $\sigma_q^m(\alpha) = \alpha$, $\forall \alpha \in \mathbb{F}_{q^m}$. 于是 σ_q^m 是 $\mathbb{F}_{q^m}$ 上的恒等变换. $\mathbb{F}_{q^m}^*$ 是 $q^m - 1$ 阶循环群. 设 ξ 是 $\mathbb{F}_{q^m}^*$ 的一个生成元, 则当 $1 < l < m$ 时, 有

$$\sigma_q^l(\xi) = \xi^{q^l} \neq \xi.$$

从而 σ_q^l 不是 $\mathbb{F}_{q^m}$ 上的恒等变换. 因此 σ_q 的阶为 m. 又由于 $\langle \sigma_q \rangle \subseteq \mathrm{Gal}(\mathbb{F}_{q^m}/\mathbb{F}_q)$, 且 $|\mathrm{Gal}(\mathbb{F}_{q^m}/\mathbb{F}_q)| = m = |\langle \sigma_q \rangle|$, 因此

$$\mathrm{Gal}(\mathbb{F}_{q^m}/\mathbb{F}_q) = \langle \sigma_q \rangle.$$

习 题 4.4

1. $f'(x) = 5x^4 + 20 = 5(x^4 + 4)$. 对 $f(x), f'(x)$ 做辗转相除法:

$$f(x) = \frac{1}{5} x f'(x) + (16x + 16), \quad f'(x) = \frac{5}{16}(x^3 - x^2 + x - 1)(16x + 16) + 25.$$

$$16x + 16 = \left(\frac{16}{25}x + \frac{16}{25}\right) 25.$$

因此 $(f(x), f'(x)) = 1$. 从而 $f(x)$ 在 $\mathbb{Q}[x]$ 中没有重因式. 设 $f(x)$ 在 $\mathbb{Q}$ 上的分裂域为 E, 由于有无重因式不随数域的扩大而改变, 因此 $f(x)$ 在 $E[x]$ 中也没有重因式. 从而在 $E[x]$ 中

$$f(x) = (x - \alpha_1)(x - \alpha_2)(x - \alpha_3)(x - \alpha_4)(x - \alpha_5),$$

其中 $\alpha_1, \alpha_2, \alpha_3, \alpha_4, \alpha_5$ 是 E 中两两不等的元素. 于是 $E = \mathbb{Q}(\alpha_1, \alpha_2, \alpha_3, \alpha_4, \alpha_5)$.

由于 $\deg f(x) = 5$, 因此 $f(x)$ 至少有一个实根. 不妨设 α_1 是 $f(x)$ 的实根.

把 $f(x)$ 的系数模 3 得 $\mathbb{Z}_3[x]$ 中的多项式 $\tilde{f}(x) = x^5 + \bar{2}x + \bar{1}$. 由于 $\bar{0}, \bar{1}, \bar{2}$ 都不是 $\tilde{f}(x)$ 在 $\mathbb{Z}_3$ 中的根. 因此 $\tilde{f}(x)$ 没有一次因式.

假如 $\tilde{f}(x) = (x^2 + \bar{a}x + \bar{b})(x^3 + \bar{c}x + \bar{d})$, 则

$$\bar{a} = \bar{0}, \quad \bar{c} + \bar{b} = \bar{0}, \quad \bar{d} + \bar{a}\bar{c} = \bar{0}, \quad \bar{a}\bar{d} + \bar{b}\bar{c} = \bar{2}, \quad \bar{b}\bar{d} = \bar{1}.$$

由此得出, $\bar{a} = \bar{0}, \bar{d} = \bar{0}$. 这与 $\bar{b}\bar{d} = \bar{1}$ 矛盾. 因此 $\tilde{f}(x)$ 没有二次因式. 从而 $\tilde{f}(x)$ 在 $\mathbb{Z}_3$ 上不可约. 根据参考文献[6]的第七章 §7.12 的命题 5 得, $f(x)$ 在 $\mathbb{Q}$ 上不可约. 从而 $f(x)$ 是 α_1 在 $\mathbb{Q}$ 上的极小多项式. 因此 $[\mathbb{Q}(\alpha_1) : \mathbb{Q}] = 5$. 于是 α_1 是无理数.

令 $M = \max\{20, 16\} = 20$. 根据参考文献[6]的第七章 §7.7 的推论 2 得, $f(x)$

的实根全都在区间 $\left(-1-\frac{20}{1}, 1+\frac{20}{1}\right) = (-21, 21)$ 内.

从 $f(x)$ 与 $f'(x)$ 的辗转相除法, 令 $f_2(x) = -(16x+16), f_3(x) = -25$. 由此得到 $f(x)$ 的标准序列:

$$f_0 = f, \quad f_1 = f', \quad f_2, \quad f_3.$$

计算得

$$f_0(-21) = f(-21) = (-21)^5 + 20 \times (-21) + 16 < 0,$$
$$f_1(-21) = f'(-21) = 5 \times [(-21)^4 + 4] > 0,$$
$$f_2(-21) = -[16 \times (-21) + 16] > 0, f_3(-21) = -25 < 0.$$

因此 $V_{-21} = 2$. 计算得,

$$f_0(21) > 0, \quad f_1(21) = f'(21) > 0, \quad f_2(21) < 0, \quad f_3(21) < 0.$$

因此 $V_{21} = 1$. 于是 $V_{-21} - V_{21} = 2 - 1 = 1$. 根据参考文献[6]的第七章§7.7的定理5 (Sturm 定理)得, $f(x)$ 在 $[-21, 21]$ 内的不同实根的个数等于1. 于是 $f(x)$ 只有一个实根 α_1. 从而

$$f(x) = (x-\alpha_1)(x-\alpha_2)(x-\overline{\alpha_2})(x-\alpha_4)(x-\overline{\alpha_4}),$$

其中 α_2, α_4 都是虚数. 令 $g(x) = (x-\alpha_2)(x-\overline{\alpha_2})(x-\alpha_4)(x-\overline{\alpha_4})$, 由于在 $E[x]$ 中, $f(x) = (x-\alpha_1)g(x)$, 因此 $x-\alpha_1 \mid f(x)$. 从而在 $\mathbb{Q}(\alpha_1)$ 中, $x-\alpha_1 \mid f(x)$. 由此推出 $g(x) \in \mathbb{Q}(\alpha_1)[x]$. 由于 $\alpha_2, \overline{\alpha_2}, \alpha_4, \overline{\alpha_4} \notin \mathbb{Q}(\alpha_1)$, 因此 $g(x)$ 在 $\mathbb{Q}(\alpha_1)$ 上不可约. 从而 $g(x)$ 是 α_2 在 $\mathbb{Q}(\alpha_1)$ 上的极小多项式. 因此 $[\mathbb{Q}(\alpha_1)(\alpha_2) : \mathbb{Q}(\alpha_1)] = 4$. 令 $h(x) = (x-\overline{\alpha_2})(x-\alpha_4)(x-\overline{\alpha_4})$, 则 $g(x) = (x-\alpha_2)h(x)$. 于是在 $E[x]$ 中, $x-\alpha_2 \mid g(x)$. 从而在 $\mathbb{Q}(\alpha_1, \alpha_2)$ 中, $x-\alpha_2 \mid g(x)$. 由此推出, $h(x) \in \mathbb{Q}(\alpha_1, \alpha_2)$. 可以证明 $\overline{\alpha_2}, \alpha_4, \overline{\alpha_4} \notin \mathbb{Q}(\alpha_1, \alpha_2)$, 因此 $h(x)$ 在 $\mathbb{Q}(\alpha_1, \alpha_2)$ 上不可约. 于是 $h(x)$ 是 $\overline{\alpha_2}$ 在 $\mathbb{Q}(\alpha_1, \alpha_2)$ 上的极小多项式. 从而 $[\mathbb{Q}(\alpha_1, \alpha_2)(\overline{\alpha_2}) : \mathbb{Q}(\alpha_1, \alpha_2)] = 3$.

令 $k(x) = (x-\alpha_4)(x-\overline{\alpha_4})$, 则 $h(x) = (x-\overline{\alpha_2})k(x)$. 从而在 $E[x]$ 中, $x-\overline{\alpha_2} \mid h(x)$. 于是在 $\mathbb{Q}(\alpha_1, \alpha_2, \overline{\alpha_2})$ 中, $x-\overline{\alpha_2} \mid h(x)$. 由此推出, $k(x) \in \mathbb{Q}(\alpha_1, \alpha_2, \overline{\alpha_2})$. 可以证明 $\alpha_4, \overline{\alpha_4} \notin \mathbb{Q}(\alpha_1, \alpha_2, \overline{\alpha_2})$, 因此 $k(x)$ 在 $\mathbb{Q}(\alpha_1, \alpha_2, \overline{\alpha_2})$ 上不可约. 于是 $k(x)$ 是 α_4 在 $\mathbb{Q}(\alpha_1, \alpha_2, \overline{\alpha_2})$ 上的极小多项式. 从而 $[\mathbb{Q}(\alpha_1, \alpha_2, \overline{\alpha_2})(\alpha_4) : \mathbb{Q}(\alpha_1, \alpha_2, \overline{\alpha_2})] = 2$. 由于

$$x^5 + 20x + 16 = (x-\alpha_1)(x-\alpha_2)(x-\overline{\alpha_2})(x-\alpha_4)(x-\overline{\alpha_4}),$$

因此 $\alpha_1 + \alpha_2 + \overline{\alpha_2} + \alpha_4 + \overline{\alpha_4} = 0$. 从而 $\overline{\alpha_4} = -(\alpha_1 + \alpha_2 + \overline{\alpha_2} + \alpha_4) \in \mathbb{Q}(\alpha_1, \alpha_2, \overline{\alpha_2}, \alpha_4)$.

于是 $E = \mathbb{Q}(\alpha_1, \alpha_2, \overline{\alpha_2}, \alpha_4, \overline{\alpha_4}) = \mathbb{Q}(\alpha_1, \alpha_2, \overline{\alpha_2}, \alpha_4)$. 因此

$$[E : \mathbb{Q}] = [\mathbb{Q}(\alpha_1, \alpha_2, \overline{\alpha_2}, \alpha_4) : \mathbb{Q}(\alpha_1, \alpha_2, \overline{\alpha_2})][\mathbb{Q}(\alpha_1, \alpha_2, \overline{\alpha_2}) : \mathbb{Q}(\alpha_1, \alpha_2)] \cdot$$
$$[\mathbb{Q}(\alpha_1, \alpha_2) : \mathbb{Q}(\alpha_1)][\mathbb{Q}(\alpha_1) : \mathbb{Q}]$$
$$= 2 \times 3 \times 4 \times 5 = 120.$$

由于 E 是 $\mathbb{Q}$ 上可分多项式 $x^5+20x+16$ 在 $\mathbb{Q}$ 上的分裂域,因此 $E/\mathbb{Q}$ 是有限伽罗瓦扩张,从而 $|\mathrm{Gal}(E/\mathbb{Q})|=[E:\mathbb{Q}]=120$. 又由于 α_1 在 $\mathbb{Q}$ 上的极小多项式 $x^5+20x+16$ 在 E 中的全部根组成的集合 $\Omega=\{\alpha_1,\alpha_2,\overline{\alpha_2},\alpha_4,\overline{\alpha_4}\}$,且 $E_1=\mathbb{Q}(\alpha_1,\alpha_2,\overline{\alpha_2},\alpha_4,\overline{\alpha_4})=E$,因此根据 §4.3 的推论 2 得,$\mathrm{Gal}(E/\mathbb{Q})$ 同构于 S_Ω 的一个子群. 又由于 $S_\Omega \cong S_5$,且 $|S_5|=5!=120$,因此
$$\mathrm{Gal}(E/\mathbb{Q}) \cong S_5.$$
由于 S_5 是不可解群,因此 $\mathrm{Gal}(E/\mathbb{Q})$ 是不可解群. 从而 $x^5+20x+16$ 不是根式可解的.

2. $g(x)=x^5+x^4-x^3-4x^2-4x-2$
$= (x^5-2x^3-2x^2)+(x^4-2x^2-2x)+(x^3-2x-2)$
$= (x^2+x+1)(x^3-2x-2).$

于是 $g(x)=0$ 当且仅当 $x^2+x+1=0$ 或 $x^3-2x-2=0$. $x^2+x+1=0$ 的两个复根是 $\dfrac{-1\pm\sqrt{3}\mathrm{i}}{2}$.

根据习题 4.3 第 1 题,x^3-2x-2 在 $\mathbb{Q}$ 上的分裂域 $E/\mathbb{Q}$ 的伽罗瓦群 $\mathrm{Gal}(E/\mathbb{Q})$ 同构于 S_3. 由于 S_3 是可解群,因此 $\mathrm{Gal}(E/\mathbb{Q})$ 是可解群. 从而 $x^3-2x-2=0$ 是根式可解的.

综上所述,$g(x)=0$ 是根式可解的.

习 题 4.5

1. 在 $\mathbb{Z}_3[x]$ 中找一个 3 次不可约多项式 x^3+2x+1,则
$$\mathbb{F}_{27}=\mathbb{Z}_3[x]/(x^3+2x+1)=\mathbb{F}_3(u),$$
其中 $u=x+(x^3+2x+1)$,$u^3+2u+1=0$. 于是 u 是 $\mathbb{F}_{27}/\mathbb{F}_3$ 的一个本原元素.

2. 对于任一 $\alpha \in \mathbb{F}_{2^m}$,有
$$\mathrm{Tr}_{\mathbb{F}_{2^m}/\mathbb{F}_2}(\alpha)=\alpha+\alpha^2+\alpha^{2^2}+\cdots+\alpha^{2^{m-1}},$$
$\mathrm{Tr}_{\mathbb{F}_{2^m}/\mathbb{F}_2}(\alpha^2)=\alpha^2+(\alpha^2)^2+(\alpha^2)^{2^2}+\cdots+(\alpha^2)^{2^{m-2}}+(\alpha^2)^{2^{m-1}}$
$=\alpha^2+\alpha^{2^2}+\alpha^{2^3}+\cdots+\alpha^{2^{m-1}}+\alpha^{2^m}$
$=\alpha^2+\alpha^{2^2}+\alpha^{2^3}+\cdots+\alpha^{2^{m-1}}+\alpha=\mathrm{Tr}_{\mathbb{F}_{2^m}/\mathbb{F}_2}(\alpha).$

3. 对于 $k_1,k_2 \in F$,$\alpha_1,\alpha_2,\beta \in E$,有
$f(k_1\alpha_1+k_2\alpha_2,\beta)=\mathrm{Tr}_{E/F}[(k_1\alpha_1+k_2\alpha_2)\beta]=\mathrm{Tr}_{E/F}(k_1\alpha_1\beta+k_2\alpha_2\beta)$
$=\mathrm{Tr}_{E/F}(k_1\alpha_1\beta)+\mathrm{Tr}_{E/F}(k_2\alpha_2\beta)=k_1\mathrm{Tr}_{E/F}(\alpha_1\beta)+k_2\mathrm{Tr}_{E/F}(\alpha_2\beta)$
$=k_1 f(\alpha_1,\beta)+k_2 f(\alpha_2,\beta).$

同理有 $f(\alpha,k_1\beta_1+k_2\beta_2)=k_1 f(\alpha,\beta_1)+k_2 f(\alpha,\beta_2)$. 因此 f 是 E 上的一个双线性

函数. 由于
$$f(\alpha,\beta)=\mathrm{Tr}_{E/F}(\alpha\beta)=\mathrm{Tr}_{E/F}(\beta\alpha)=f(\beta,\alpha),$$
因此 f 是对称双线性函数.

任给 $\alpha\in E, \alpha_L:\beta\mapsto f(\alpha,\beta)$ 是 E 上的一个线性函数. 由于
$$\alpha_L(\beta)=\mathrm{Tr}_{E/F}(\alpha\beta),$$
因此 $\alpha_L=0$ 当且仅当 $\forall\beta\in E$ 有 $\mathrm{Tr}_{E/F}(\alpha\beta)=0$. 根据推论 5, $\mathrm{Tr}_{E/F}$ 是 E 到 F 的满射, 因此存在 $\gamma\in E$, 使得 $\mathrm{Tr}_{E/F}(\gamma)=1$. 若 $\alpha\neq 0$, 则存在 $\beta=\alpha^{-1}\gamma$, 使得
$$\mathrm{Tr}_{E/F}(\alpha\beta)=\mathrm{Tr}_{E/F}(\alpha(\alpha^{-1}\gamma))=1,$$
从而 $\alpha_L\neq 0$. 于是 f 在 E 中的左根 $\mathrm{rad}_L E=\{0\}$. 进而 f 在 E 中的右根也等于 $\{0\}$. 因此 f 是非退化的. (关于双线性函数的 f 的左根和右根的定义可参看参考文献 [4] 第七章 §7.1 第 405—407 页.)

4. (1) 由于 ξ 是 $\mathbb{C}$ 中的一个本原 p 次单位根, 因此定义 $\xi^{\bar{i}}=\xi^i$ 是合理的. 从而 χ_a 是 G 到 $\mathbb{C}^*$ 的一个映射. 由于
$$\chi_a(\alpha+\beta)=\xi^{\mathrm{Tr}_{F_q/F_p}(a(\alpha+\beta))}=\xi^{\mathrm{Tr}_{F_q/F_p}(a\alpha)+\mathrm{Tr}_{F_q/F_p}(a\beta)}=\chi_a(\alpha)\chi_a(\beta),$$
因此 χ_a 是 G 到 $\mathbb{C}^*$ 的一个群同态.

(2) 假设 $\chi_a=\chi_b$, 则 $\forall\alpha\in\mathbb{F}_q$ 有 $\chi_a(\alpha)=\chi_b(\alpha)$, 即 $\xi^{\mathrm{Tr}_{F_q/F_p}(a\alpha)}=\xi^{\mathrm{Tr}_{F_q/F_p}(b\alpha)}$. 又由于
$$\xi^i=\xi^j\Leftrightarrow\xi^{i-j}=1\Leftrightarrow p\mid i-j\Leftrightarrow i\equiv j\pmod p$$
$$\Leftrightarrow \text{在}\ \mathbb{Z}_p\ \text{中}, \bar{i}=\bar{j}.$$
因此 $\mathrm{Tr}_{F_q/F_p}(a\alpha)=\mathrm{Tr}_{F_q/F_p}(b\alpha)$. 从而 $\mathrm{Tr}_{F_q/F_p}((a-b)\alpha)=0$. 利用第 3 题得, $f(a-b,\alpha)=0$, $\forall\alpha\in\mathbb{F}_q$. 由于 f 是非退化的, 因此 $a-b=0$, 即 $a=b$.

第五章 模

习 题 5.1

1. $f(\lambda)(\alpha+\beta) = f(\mathscr{A})(\alpha+\beta) = f(\mathscr{A})(\alpha) + f(\mathscr{A})(\beta) = f(\lambda)\alpha + f(\lambda)\beta,$
$(f(\lambda) + g(\lambda))\alpha = (f(\mathscr{A}) + g(\mathscr{A}))\alpha = f(\mathscr{A})\alpha + g(\mathscr{A})\alpha = f(\lambda)\alpha + g(\lambda)\alpha,$
$(f(\lambda)g(\lambda))\alpha = (f(\mathscr{A})g(\mathscr{A}))\alpha = f(\mathscr{A})(g(\mathscr{A})\alpha) = f(\lambda)(g(\lambda)\alpha),$
$$1\alpha = 1_V(\alpha) = \alpha.$$
因此,$(V, +)$ 是左 $F[\lambda]$-模.

2. *必要性* 设 V_1 是左 $F[\lambda]$-模 V 的一个子模,则 V_1 是 $(V, +)$ 的一个子群,并且对于任意 $f(\lambda) \in F[\lambda], \alpha \in V_1$,有 $f(\lambda)\alpha \in V_1$. 特别地,对于任意 $k \in F$,有 $k\alpha \in V_1$. 因此,V_1 是线性空间 V 的一个子空间. 特别地,有 $\lambda\alpha \in V_1$,于是 $\mathscr{A}\alpha \in V_1$. 因此,$V_1$ 是 $\mathscr{A}$ 的一个不变子空间.

充分性 设 V_1 是 $\mathscr{A}$ 的一个不变子空间,则 V_1 是 $(V, +)$ 的一个子群,并且对于任意 $f(\lambda) \in F[\lambda], \alpha \in V_1$,有
$$f(\lambda)\alpha = f(\mathscr{A})\alpha \in V_1.$$
因此,V_1 是左 $F[\lambda]$-模 V 的一个子模.

3. 由第一群同构定理得,$\psi: y + H \cap K \mapsto y + K$ 是群 $H/H \cap K$ 到 $(H+K)/K$ 的一个群同构. 任取 $r \in R, y + H \cap K \in H/H \cap K$,有
$$\psi[r(y + H \cap K)] = \psi(ry + H \cap K) = ry + K = r(y + K) = r[\psi(y + H \cap K)].$$
因此 ψ 是模同构. 从而 $H/H \cap K$ 与 $(H+K)/K$ 模同构.

4. 设 S 是商模 M/H 的一个子模,则 S 是商群 M/H 的一个子群. 于是 $S = K/H$,其中 K 是 M 的包含 H 的子群. 任给 $r \in R, x \in K$,由于 S 是模 M/H 的子模,因此 $r(x + H) \in S = K/H$. 从而,$rx + H \in K/H$. 因此 $rx \in K$. 这证明了 K 是 M 的一个子模,即商模 M/H 的每一个子模形如 K/H,其中 K 是 M 的包含 H 的子模.

反之,若 K 是模 M 的包含 H 的一个子模,则 K/H 是商群 M/H 的一个子群,并且对于任意 $r \in R, x + H \in K/H$,有 $r(x + H) = rx + H \in K/H$. 从而,$K/H$ 是 M/H 的一个子模.

综上所述,商模 M/H 的所有子模组成的集合为
$$\{K/H \mid K \text{ 是 } M \text{ 的包含 } H \text{ 的子模}\}.$$

5. 根据第 4 题,K/H 是 M/H 的一个子模. 由第二群同构定理得
$$(M/H)/(K/H) \cong M/K,$$

其中同构映射 ψ 为
$$\psi:(x+H)+K/H \mapsto x+K.$$
任给 $r \in R, (x+H)+K/H \in (M/H)/(K/H)$ 有
$$\psi[r((x+H)+K/H)] = \psi[r(x+H)+K/H] = \psi[(rx+H)+K/H]$$
$$= rx+K = r(x+K) = r[\psi(x+H)+K/H].$$
因此，ψ 是模同构. 从而，$(M/H)/(K/H)$ 与 M/K 模同构.

6. 定义 $\psi(x_1,\cdots,x_s) = \psi_1(x_1,0,\cdots,0) + \cdots + \psi_s(0,\cdots,0,x_s)$，其中 $(x_1,\cdots,x_s) \in M$，则对于 $(y_1,\cdots,y_s) \in M$，有
$$\psi[(x_1,\cdots,x_s)+(y_1,\cdots,y_s)] = \psi[(x_1+y_1,\cdots,x_s+y_s)]$$
$$= \psi_1(x_1+y_1,0,\cdots,0) + \cdots + \psi_s(0,\cdots,0,x_s+y_s)$$
$$= \psi_1(x_1,0,\cdots,0) + \psi_1(y_1,0,\cdots,0) + \cdots + \psi_s(0,\cdots,0,x_s) + \psi_s(0,\cdots,0,y_s)$$
$$= \psi(x_1,\cdots,x_s) + \psi(y_1,\cdots,y_s).$$
因此，ψ 是 M 到 $\widetilde{M}$ 的一个群同态. 任给 $r \in R$，有
$$\psi[r(x_1,\cdots,x_s)] = \psi(rx_1,\cdots,rx_s) = \psi_1(rx_1,0,\cdots,0) + \cdots + \psi_s(0,\cdots,0,rx_s)$$
$$= \psi_1[r(x_1,0,\cdots,0)] + \cdots + \psi_s[r(0,\cdots,0,x_s)]$$
$$= r[\psi_1(x_1,0,\cdots,0)] + \cdots + r[\psi_s(0,\cdots,0,x_s)]$$
$$= r[\psi_1(x_1,0,\cdots,0) + \cdots + \psi_s(0,\cdots,0,x_s)]$$
$$= r[\psi(x_1,\cdots,x_s)].$$
因此，ψ 是 M 到 $\widetilde{M}$ 的一个模同态.

唯一性 若 η 是 M 到 $\widetilde{M}$ 的一个模同态，且使得
$$\eta(0,\cdots,0,x_i,0,\cdots,0) = \psi_i(0,\cdots,0,x_i,0,\cdots,0), \quad i=1,\cdots,s,$$
则
$$\eta(x_1,\cdots,x_s) = \eta[(x_1,0,\cdots,0) + \cdots + (0,\cdots,0,x_s)]$$
$$= \eta(x_1,0,\cdots,0) + \cdots + \eta(0,\cdots,0,x_s)$$
$$= \psi_1(x_1,0,\cdots,0) + \cdots + \psi_s(0,\cdots,0,x_s).$$
因此，$\eta = \psi$. 从而唯一性成立.

习 题 5.2

1. (1) $\mathbb{Z}_6$ 中任一元素 $\bar{i} = \bar{i}\,\bar{1}$，且 $\bar{1}$ 是 $\mathbb{Z}_6$-线性无关的，因此 $\bar{1}$ 是 $\mathbb{Z}_6$-模 $\mathbb{Z}_6$ 的一个基. 于是 $\mathbb{Z}_6$ 是秩为 1 的自由 $\mathbb{Z}_6$-模.

(2) $\{\bar{0},\bar{2},\bar{4}\}$ 对减法封闭，并且对于任意 $\bar{i} \in \mathbb{Z}_6$，有
$$\bar{i}\,\bar{0} = \bar{0}, \quad \bar{i}\,\bar{2} = \overline{2i} \in \{\bar{0},\bar{2},\bar{4}\}, \quad \bar{i}\,\bar{4} = \overline{4i} \in \{\bar{0},\bar{2},\bar{4}\}.$$
因此，$\{\bar{0},\bar{2},\bar{4}\}$ 是 $\mathbb{Z}_6$-模 $\mathbb{Z}_6$ 的一个子模.

假如 $\{\overline{0},\overline{2},\overline{4}\}$ 是自由 $\mathbb{Z}_6$-模,则它有一个基,从基的定义知道,一个基必是一组生成元. $\{\overline{0},\overline{2},\overline{4}\}$ 的生成元是 $\overline{2}$ 或者 $\overline{4}$. 由于 $3\overline{2}=\overline{0}$,因此 $\overline{2}$ 不是 $\mathbb{Z}_6$-线性无关的. 从而 $\overline{2}$ 不是 $\{\overline{0},\overline{2},\overline{4}\}$ 的一个基. 同理, $\overline{4}$ 也不是基. 因此 $\{\overline{0},\overline{2},\overline{4}\}$ 不是自由 $\mathbb{Z}_6$-模.

2. 情形 1 M 有有限基,设 $\alpha_1,\alpha_2,\cdots,\alpha_n$ 是 M 的一个基,则 M 的任一个元素 x 可以唯一地表示成
$$x=r_1\alpha_1+r_2\alpha_2+\cdots+r_n\alpha_n.$$
由于每个 r_i 都有 $|R|$ 种取法,因此 M 所含元素的个数不少于 R 的元素个数.

情形 2 M 的一个基 S 是无限子集,则 M 的任一元素 x 可以唯一地表示成 $x=r_1\alpha_{i_1}+r_2\alpha_{i_2}+\cdots+r_m\alpha_{i_m}$,其中 $\{\alpha_{i_1},\alpha_{i_2},\cdots,\alpha_{i_m}\}$ 是 S 的一个有限子集. 由于每个 r_j 有 $|R|$ 种取法,因此 M 所含元素的个数不少于 R 的元素个数.

3. 设 M 是主理想整环 R 上的一个有限生成模, $x_1,x_2,\cdots,x_s$ 是 M 的一组生成元. 任取 M 的一个子模 N. 令
$$\sigma:R^s\to M$$
$$\sum_{i=1}^s r_i\varepsilon_i\mapsto\sum_{i=1}^s r_ix_i.$$
由于 R^s 是一个秩为 s 的自由 R-模,因此根据定理 1 得, σ 是 R^s 到 M 的一个模同态. 由于 $x_1,x_2,\cdots,x_s$ 是 M 的一组生成元,因此 σ 是满射. 记 $H=\sigma^{-1}(N)$. 容易验证, H 是 R^s 的一个子模. 根据定理 4 得, H 是自由 R-模, H 的秩 $t\leqslant s$. 取 H 的一个基 $h_1,h_2,\cdots,h_t$. 对于 N 中任一元素 y,存在 $h\in H$,使得 $\sigma(h)=y$. 设
$$h=b_1h_1+b_2h_2+\cdots+b_th_t,\quad \text{其中 } b_i\in R, i=1,\cdots,t,$$
则 $y=\sigma(b_1h_1)+\sigma(b_2h_2)+\cdots+\sigma(b_th_t)=b_1\sigma(h_1)+b_2\sigma(h_2)+\cdots+b_t\sigma(h_t)$.

因此 $\sigma(h_1),\sigma(h_2),\cdots,\sigma(h_t)$ 是 N 的一组生成元. 这证明了 N 是有限生成的.

参 考 文 献

[1] 丘维声. 抽象代数基础. 北京:高等教育出版社,2003.
[2] 丘维声. 数学的思维方式与创新. 北京:北京大学出版社,2011.
[3] 丘维声. 解析几何(第二版). 北京:北京大学出版社,1996.
[4] 丘维声. 高等代数. 北京:科学出版社,2013.
[5] 丘维声. 高等代数(上册)—大学高等代数课程创新教材. 北京:清华大学出版社,2010.
[6] 丘维声. 高等代数(下册)—大学高等代数课程创新教材. 北京:清华大学出版社,2010.
[7] 丘维声. 群表示论. 北京:高等教育出版社,2011.
[8] 聂灵沼,丁石孙. 代数学引论(第二版). 北京:高等教育出版社,2000.
[9] Jacobson N. Basic Algebra (I). San Francisco:W. H. Freeman and Company,1974.